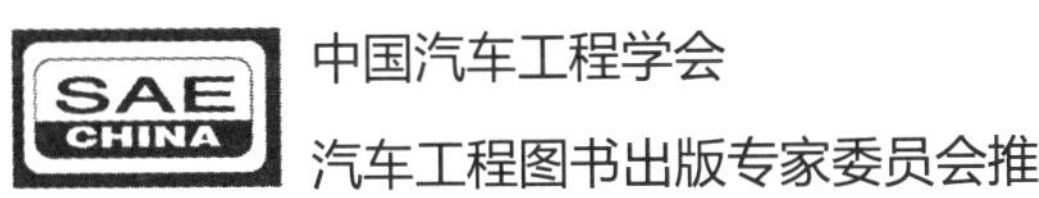

燃料电池技术

——基础、材料、应用、制氢

[德]彼得·库兹韦尔（Peter Kurzweil） 著
北京永利信息技术有限公司 译
陈 瑶 韩维文 审

BRENNSTOFFZELLENTECHNIK
—GRUNDLAGEN, MATERIALIEN, ANWENDUNGEN, GASERZEUGUNG 3.AUFLAGE

北京理工大学出版社
BEIJING INSTITUTE OF TECHNOLOGY PRESS

图书在版编目（CIP）数据

燃料电池技术：基础、材料、应用、制氢／（德）彼得·库兹韦尔（Peter Kurzweil）著；北京永利信息技术有限公司译．—北京：北京理工大学出版社，2019.9

ISBN 978－7－5682－7622－1

Ⅰ.①燃…　Ⅱ.①彼…　②北…　Ⅲ.①燃料电池－研究　Ⅳ.①TM911.4

中国版本图书馆 CIP 数据核字（2019）第 210521 号

北京市版权局著作权合同登记号图字：01－2017－5479 号

Translation from the German language edition:

Brennstoffzellentechnik

Grundlagen, Materialien, Anwendungen, Gaserzeugung

by Peter Kurzweil

This Springer imprint is published by Springer Nature

The registered company is Springer Fachmedien Wiesbaden GmbH

出版发行／北京理工大学出版社有限责任公司
社　　址／北京市海淀区中关村南大街 5 号
邮　　编／100081
电　　话／（010）68914775（总编室）
（010）82562903（教材售后服务热线）
（010）68948351（其他图书服务热线）
网　　址／http://www.bitpress.com.cn
经　　销／全国各地新华书店
印　　刷／保定市中画美凯印刷有限公司
开　　本／710 毫米×1000 毫米　1/16
印　　张／27.25
字　　数／443 千字
版　　次／2019 年 9 月第 1 版　2019 年 9 月第 1 次印刷
定　　价／149.00 元

责任编辑／张鑫星
文案编辑／张鑫星
责任校对／周瑞红
责任印制／李志强

图书出现印装质量问题，请拨打售后服务热线，本社负责调换

第 3 版序言

本德文教科书和参考书受到高等教育与专业实践行业广泛好评。经重新编辑和扩展的第 3 版考虑到读者来信中的建议。新章节“冷却系统”和第 4 章的更新是我与先前的同事 Ottmar Schmid 硕士（FH）（戴姆勒公司）合作编写的。

教授 Peter Kurzweil 博士
p. kurzweil@ oth – aw. de
2016 年 8 月于安伯格

摘自早期版本的序言

燃料电池——一种散发着无限魅力的技术！激情和创造力促使几代研究人员致力于将化学能源中的原始力量造福于人类。无须通过机械能转换而直接地从化石和无机燃料中获取电力这种实际应用似乎指日可待。然而，距离其大范围部署的技术和经济目标仍存在一定的差距。

燃料电池的历史标志着从 19 世纪末到我们载人航天时代的技术努力。燃料电池可驱动潜艇和电动汽车，为家庭供暖，为航天舱和航天飞机供电。自 20 世纪 50 年代末期起，其在太空轨道和深海中的短时应用开始兴起，并开始在日常生活中与强大耐用的内燃机技术展开竞争。1973 年的石油危机，20 世纪 80 年代的环境法和 1990 年的海湾战争给其进一步发展带来了强大的动力。燃料电池成为未来能源和车辆技术的替代技术。它将过时的化石原料利用与可再生能源迫切需要相结合，直至通过生物质、现有物质和富裕社会所产生的废物进行发电。

无活塞，无运动部件，无燃烧火焰且效率无卡诺限制，那么这种机器是如何工作的？这是一个只能通过跨学科回答的问题。本书针对的是所有学科的学生和实践者，它将把你引入一个化学、物理、过程工程、机械工程和电气工程之间的激动人心的世界。由于燃料电池技术需要应用到广泛的知识和跨学科技能，这也使 Grove 和 Ostwald 的早期经验在 150 年后的一般应用中达到顶峰。

条理清晰的排版使初学者和高级用户都能够在说明文字与切合实际的附加信息之间快速切换。资料表则架起了从文本到当前研究的桥梁。通过计算示例充实了基础原理。

常数

光在真空中的速度	c	$=299\ 792\ 458$	m/s(精确值)
基本电荷	e	$=1.602\ 176\ 565(35)\times10^{-19}$	C
法拉第常数	$F=N_A e$	$=96\ 485.336\ 5(21)$	C/mol
重力加速度	g	$=9.806\ 65$	m/s^2(精确值)
普朗克常数	h	$=6.626\ 069\ 57(29)\times10^{-34}$	J·s
玻耳兹曼常数	$k=R/N_A$	$=1.380\ 648\ 8(13)\times10^{-23}$	J/K
阿伏伽德罗常数	N_A	$=6.022\ 141\ 29(27)\times10^{23}$	mol^{-1}
标准压力	p^0	$=101\ 325$	Pa(精确值)
摩尔气体常数	$R=kF/e$	$=8.314\ 462\ 1(75)$	J/(mol·K)
能斯特电压(25 ℃)	$U_N=RT/F$	$=0.025\ 693$	V
	$U_N=\ln10\cdot RT/F$	$=0.059\ 159$	V
理想气体的摩尔标准体积			
–273.15 K,101 325 Pa	$V_m=RT/p$	$=22.413\ 968(20)\times10^{-3}$	m^3/mol
–273.15 K,100 kPa		$=22.710\ 953(21)\times10^{-3}$	m^3/mol
–298.15 K,101 325 Pa		$=24.465\ 40$	L/mol
洛施米德常数	$\boldsymbol{N_L=N_A/V_m}$	$=2.686\ 780\ 5(24)\times10^{25}$	m^{-3}

续表

原子质量单位	$u=\frac{1}{12}m(^{12}\mathrm{C})$	$=1.660\ 538\ 921(73)\times10^{-27}$	kg
真空阻抗	$Z_0=\sqrt{\mu_0 c^2}=\mu_0 c$	$=376.730\ 313\ 461\cdots$	Q(精确值)
电场常数	$\varepsilon_0=1/(\mu_0 c^2)$	$=8.854\ 187\ 817\cdots\times10^{-12}$	F/m(精确值)
真空磁导率	$\mu_0=4\pi\times10^{-7}$	$=12.566\ 370\ 614\cdots\times10^{-7}$	N/A^2(精确值)
斯蒂芬－玻耳兹曼常数	$\sigma=\frac{\pi^2}{60}\frac{k^4}{h^3c^2}$	$=5.670\ 373(21)\times10^{-8}$	$W/(m^2\cdot K^4)$

资料来源:2010 年基础物理常数的国际科技数据委员会(CODATA)推荐值:physics. nist. gov/constants

示例：$R=8.314\ 462\ 1\ (75)\ \mathrm{J\cdot mol^{-1}\cdot K^{-1}}$应当读为：$R=(8.314\ 4721\pm0.000\ 007\ 5)\ \mathrm{J\cdot mol^{-1}\cdot K^{-1}}$。

颗粒密度 N/V 和摩尔浓度的转换：$N/V=N_A c$

公式符号

物理量	符号	单位		定义
面积，横截面	A	m^2		
加速度	a	m/s^2	$= m \cdot s^{-2}$	$\boldsymbol{a} = \frac{d\boldsymbol{v}}{dt} = \dot{\boldsymbol{v}}$
活性（α 相中的离子 i）	$\alpha_i^{(\alpha)}$	mol/L	$= m^{-3} \cdot kmol$	$a_i = \gamma_i c_i$
热扩散系数	a	m^2/s	$= m^2 \cdot s^{-1}$	$\alpha = \lambda/(\rho c p)$
磁通密度	$\vec{B}$	$T = V \cdot s \cdot m^{-2}$	$= Wb/m^2 = kg \cdot s^{-2} \cdot A^{-1}$	$\boldsymbol{F} = Q\boldsymbol{v} \times \boldsymbol{B}$
摩尔浓度	b	mol/kg		$b_i = n_i/m_{Lm}$
电容量	C	$F = C/V$	$= m^{-2} \cdot kg^{-1} \cdot s^4 \cdot A^2$	$c = Q/U$
摩尔热容量	C_m	$J \cdot mol^{-1} \cdot K^{-1}$	$= m^2 \cdot kg \cdot s^{-2} \cdot K^{-1} \cdot mol^{-1}$	
比热容	Cp	$J \cdot kg^{-1} \cdot K^{-1}$	$= m^2 \cdot s^{-2} \cdot K^{-1}$	$c_p = C_p/m$
摩尔浓度	C	mol/L	$= m^{-3} \cdot kmol$	$C_i = n_i/\boldsymbol{V}$
电流密度	$\vec{D}$	C/m^2	$= m^{-2} \cdot s \cdot A$	$\mathrm{div}\ \boldsymbol{D} = Q/V$
扩散系数	D	m^2/s	$= m^2 \cdot s^{-1}$	$\dot{n} = -DA dc/dx$
距离，直径，厚度	d	m		
活化能	E_A	J/mol	$= m^2 \cdot kg \cdot s^{-2} \cdot mol^{-1}$	$E_A = RT^2 d \ln k/dT$
电场强度	$\vec{E}$	V/m	$= m \cdot kg \cdot s^{-3} \cdot A^{-1}$	$E = -\mathrm{grad}\ \varphi$
电池电压	E	V	$= m^2 \cdot kg \cdot s^{-3} \cdot A^{-1}$	$E = E^0 - (RT/zF) \ln K$

续表

物理量	符号	单位		定义
标准电势	E^0	V	$= m^2 \cdot kg \cdot s^{-3} \cdot A^{-1}$	$E^0 = -\Delta_r G^0 / (zF)$
可逆电池电压	E_0	V	$= m^2 \cdot kg \cdot s^{-3} \cdot A^{-1}$	$E_0 = \Delta E^0 = E^0_{还原} - E^0_{氧化}$
力	$\boldsymbol{F}$	N	$= m \cdot kg \cdot s^{-2}$	$\boldsymbol{F} = d\boldsymbol{p}/dt = m\boldsymbol{a}$
亥姆霍兹自由能	F	J	$= m^2 \cdot kg \cdot s^{-2}$	$F = U - TS$
频率	f, v	Hz	$= s^{-1}$	$f = T^{-1} = c/\lambda$
吉布斯自由焓	G	J	$= m^2 \cdot kg \cdot s^{-2}$	$G = H - TS$
电导率	G	$S = Q^{-1} = A/V$	$= m^{-2} \cdot kg^{-1} \cdot s^3 \cdot A^2$	$G = 1/R$
焓	H	J	$= m^2 \cdot kg \cdot s^{-2}$	$dH = dU + pdV = TdS$
比热值	H_u	J/kg	$= m^2 \cdot s^{-2}$	
比燃烧值	H_o	J/kg	$= m^2 \cdot s^{-2}$	$H_o = -\Delta_r H$
电流强度	I	A		
电流密度	i	A/m^2	$= m^{-2} \cdot A$	$i = I/A$
交换电流密度	i_0	A/m^2		
平衡常数	K	versch.	$(mol/L)^{\Delta v}$	$K = c_1^{v1} c_2^{v2} \cdots$
速率常数	k	$(mol^{-1} \cdot m^3)^{n-1} s''$	1	$k_{ox} = I/(zFAK)$
电化学当量	k	kg/C	$= kg \cdot A^{-1} \cdot s^{-1}$	$k = M/zF$
电池常数	k	m^{-1}		$k = d/A$

续表

物理量	符号	单位		定义
传热系数	k	$\mathrm{W \cdot m^{-2} \cdot K^{-1}}$	$\mathrm{= kg \cdot s^{-3} \cdot K^{-1}}$	$\dot{\boldsymbol{Q}} = kA\Delta T$
（特征）长度	l	m		
扭矩	M	$\mathrm{N \cdot m}$	$\mathrm{= m^2 \cdot kg \cdot s^{-2}}$	$\boldsymbol{M} = \boldsymbol{r} \times \boldsymbol{F}$
摩尔质量	M	kg/mol		$M_i = m_i/n_i$
质量	m	kg		
质量流量	$\dot{m}$	kg/s		$\dot{m} = \mathrm{d}m/\mathrm{d}t$
粒子数	N	—	= 1	
物质量	n	mol		$n_i = N_i = N\mathrm{A}$
物质流	$\dot{n}$	mol/s		$\dot{n} = \mathrm{d}n/\mathrm{d}t$
反应级数	n	—	= 1	
功率	P	W	$\mathrm{= J/s = m^2 \cdot kg \cdot s^{-3}}$	$P = \mathrm{d}W/\mathrm{d}t$
脉冲	$\vec{p}$	$\mathrm{N \cdot s}$	$\mathrm{= m \cdot kg \cdot s^{-1}}$	$\boldsymbol{p} = m\boldsymbol{v}$
压力，分压	p	$\mathrm{Pa = N \cdot m^{-2}}$	$\mathrm{= m^{-1} \cdot kg \cdot s^{-2}}$	$p = F/A = \Sigma p_i$
热量，热能	Q	J	$\mathrm{= m^2 \cdot kg \cdot s^{-2}}$	
热流	$\dot{Q}$	W = J/s	$\mathrm{= m^2 \cdot kg \cdot s^{-3}}$	$\dot{Q} = \mathrm{d}Q/\mathrm{d}t$
电荷	Q	C	$\mathrm{= A \cdot s}$	$Q = It$
（有效）电阻	R	Ω	$\mathrm{= V/A = m^2 \cdot kg \cdot s^{-3} \cdot A^{-2}}$	$R = U/I = Z \cos \varphi$
离子半径	r_i	m		
反应速度	r	$\mathrm{mol \cdot m^{-3} \cdot s^{-1}}$		$r = \dot{\xi}/V = \dot{c}/v_i$

续表

物理量	符号	单位		定义
表面积	S	m^2		
熵	S	J/K	$= m^2 \cdot kg \cdot s^{-2} \cdot K^{-1}$	$dS \geqslant dQ/T$
视在功率	$\underline{S}$	W	$= J/s = m^2 \cdot kg \cdot s^{-3}$	$\underline{S} = \underline{U}\ \underline{I}^*$
温度	T	K	基本单位	
时间	t	s	基本单位	
运输数量	t	—	$= 1$	$t_i = Q_i/Q$
内部能量	U	J	$= m^2 \cdot kg \cdot s^{-2}$	
电压	U	$V = J/A \cdot s$	$= m^2 \cdot kg \cdot s^{-3} \cdot A^{-1}$	$U = \Delta\varphi$
（电荷载体的）移动性	u	$m^2 \cdot V^{-1} \cdot s^{-1}$	$= kg^{-1} \cdot s^2 \cdot A$	$u_i = v_i/E$
体积	V	m^3		
体积流量，流量	$\dot{V}$	m^3/s		$\dot{V} = dV/dt$
摩尔体积	V_m	m^3/mol		$V_m = V/n_i$
速度	$\vec{v}$	m/s		$\boldsymbol{v} = d\boldsymbol{r}/dt = \dot{\boldsymbol{r}}$
功，能量	W	J	$= m^2 \cdot kg \cdot s^{-2}$	$W = \int \boldsymbol{F} ds$
质量比，重量百分比	ω	—	$= 1$	$\boldsymbol{wi = mi/\Sigma mi}$
电抗	X	Ω	$= V/A = m^2 \cdot kg \cdot s^{-3} \cdot A^{-2}$	$X = Z \sin\varphi$
摩尔分数，物质量比例	x	—	$= 1$	$x_i = n_i/n_{ges}$
阻抗	$\underline{Z}$	Ω	$= V/A = m^2 \cdot kg \cdot s^{-3} \cdot A^{-2}$	$\underline{Z} = R + iX$
离子电荷，电化学价	z，$z_{\oplus}$，$z_{\ominus}$	—	$= 1$	$Z_i = Q_i/e$

公式中的希腊字母

物理量	符号	单位		定义
电流增益	a	—	$=1$	
电化学对称系数	a	—	$=1$	
离散度	a	—	$=1$	
传热系数	a	$W \cdot m^{-2} \cdot K^{-1}$	$= kg \cdot s^{-3} \cdot K^{-1}$	
线性热膨胀系数	a	K^{-1}		$a = (dl/dT)/l$
质量浓度	β	kg/m^3		$\beta_i = m_i/V$
质量传递系数	β	m/s	$= m \cdot s^{-1}$	
X 电位，表面电位	χ	V		$\chi = \psi - \varphi$
磁化率	χ	—	$=1$	$\chi = \mu_r - 1$
层厚度，膜厚度，边界层厚度	δ	m		
损耗角	δ	rad	$=1$	$\delta = (n/2) + \varphi i - \varphi u$
介电常数	ε	F/m	$= m^{-3} \cdot kg^{-1} \cdot s^4 \cdot A^2$	$\boldsymbol{D} = \varepsilon_{ij} \boldsymbol{E}$
动态黏度	η	Pa · s	$= m^{-1} \cdot kg \cdot s^{-1}$	$Tx, z = \eta dv_x/dz$
效率	η	—	$=1$	
过压	η	V	$= m^2 \cdot kg \cdot s^{-3} \cdot A^{-1}$	$n = E - E_0 - IR_{el}$
表面浓度	Γ	mol/m^2		$\Gamma = n/A$
活度系数	γ	—	$=1$	$a_i = \gamma_i c_i / c^*$

续表

物理量	符号	单位		定义
体积热膨胀系数	γ	K^{-1}		$\Delta V = \gamma V_1 \Delta t$
电导率	k	$S/m = Q^{-1} \cdot m^{-1}$	$= m^{-3} \cdot kg^{-1} \cdot s^3 \cdot A^2$	$\boldsymbol{j} = \kappa \boldsymbol{E}$
等熵指数	k	—	$=1$	
摩尔电导率	Λ_m	$S \cdot m^2/mol$	$= kg^{-1} \cdot s^3 \cdot A^2 \cdot mol^{-1}$	$\Lambda_i = \kappa / c_i$
离子电导率	λ	$S \cdot m^2/mol$	$= kg^{-1} \cdot s^3 \cdot A^2 \cdot mol^{-1}$	$\lambda_i = \mid z_i \mid Fu_i$
波长	λ	m		$\lambda = c/v$
导热系数	λ	$W \cdot K^{-1} \cdot m^{-1}$	$= m \cdot kg \cdot s^{-3} \cdot K^{-1}$	$d\phi = -\lambda (\delta T/\delta t) dA$
渗透率	μ	$H/m = N/A^2$	$= V s/(Am) = m \cdot kg \cdot s^{-2} \cdot A^{-2}$	$\boldsymbol{B} = \mu \boldsymbol{H}$
电偶极矩	$\vec{\mu}, \vec{p}$	$C \cdot m$	$= ms \cdot A$	$\boldsymbol{p} = \int \boldsymbol{P} dV$
磁偶极矩	$\vec{\mu}, \vec{m}$	$Am^2 = J/T$	$= m^2 \cdot A$	
化学势（α 相中）	$\mu_i^{(\alpha)}$	J/mol	$= m^2 \cdot kg \cdot s^{-2} \cdot mol^{-1}$	$\mu_i = (\partial G/\partial n_i)_{T,P,nj}$
电化学势	$\tilde{\mu}_i$	J/mol	$= m^2 \cdot kg \cdot s^{-2} \cdot mol^{-1}$	
波数	$\tilde{v}$	m^{-1}		$\tilde{v} = \lambda^{-1}$
运动黏度	v	m^2/s	$= m^2 \cdot s^{-1}$	$v = \eta/\rho$
化学计量因子	v_i	—	$=1$	（组分 i）
立体角	Ω	sr	$=1$	$\Omega = A/r^2$
角频率，角速度	ω	rad/s	$= s^{-1}$	$\omega = \dot{\varphi} = 2\pi f$
电势，伽伐尼电位（Galvani）	φ	$V = J/C$	$= m^2 \cdot kg \cdot s^{-3} \cdot A^{-1}$	
相移（相位差）	φ	rad	$=1$	

续表

物理量	符号	单位		定义
体积比	φ	—	$=1$	
逸度系数	φ	—	$=1$	
伏打电位差（Volta）	Ψ	V	$=\mathrm{m}^2\cdot\mathrm{kg}\cdot\mathrm{s}^{-3}\cdot\mathrm{A}^{-1}$	
密度	ρ	$\mathrm{kg}\cdot\mathrm{m}^{-3}$		$\rho=m/V$
比电阻	ρ	$\mathrm{Q}\cdot\mathrm{m}$	$=\mathrm{m}^3\cdot\mathrm{kg}\cdot\mathrm{s}^{-3}\cdot\mathrm{A}^{-2}$	$\rho=RA/d$
机械应力	σ	Pa	$=\mathrm{m}^{-1}\cdot\mathrm{kg}\cdot\mathrm{s}^{-2}$	$\sigma=\mathrm{d}F_{\mathrm{n}}=\mathrm{d}A$
表面张力	σ，γ	$\mathrm{N/m}=\mathrm{kg/s}^2$	$=\mathrm{m}\cdot\mathrm{kg}^{-2}$	
表面电荷密度	σ	$\mathrm{C/m}^2$	$=\mathrm{As}\cdot\mathrm{m}^{-2}$	$\sigma=Q/\mathrm{A}$
时间常数	τ	s		$\tau=RC$
剪切应力	τ	$\mathrm{Pa}=\mathrm{N/m}^2$	$=\mathrm{m}^{-1}\cdot\mathrm{kg}\cdot\mathrm{s}^{-2}$	$\tau=\mathrm{d}F_{\mathrm{t}}/\mathrm{d}A$
表面占比	θ	—	$=1$	
反应常数，转化率	ξ	mol		$\Delta\xi=\Delta n/v$
周转率	ξ	$\mathrm{mol}\cdot\mathrm{s}^{-1}$		$\xi=\mathrm{d}\xi/\mathrm{d}t$
电动电位（Zeta）	ξ	V	$=\mathrm{m}^2\cdot\mathrm{kg}\cdot\mathrm{s}^{-3}\cdot\mathrm{A}^{-1}$	

元素周期表

原子序数 ← 19 K → 元素符号
钾 → 元素名称
原子量 ← 39.0983(1)
注 * 的是人造元素

族 周期	IA	IIA	IIIB	IVB	VB	VIB	VIIB	VIIIB			IB	IIB	IIIA	IVA	VA	VIA	VIIA	VIIIA	电子层
1	1 H 氢 1.00794(7)																	2 He 氦 4.002602(2)	K
2	3 Li 锂 6.941(2)	4 Be 铍 9.012182(3)											5 B 硼 10.811(7)	6 C 碳 12.0107(8)	7 N 氮 14.0067(2)	8 O 氧 15.9994(3)	9 F 氟 18.9984032(5)	10 Ne 氖 20.1797(6)	L K
3	11 Na 钠 22.989770(2)	12 Mg 镁 24.3050(6)											13 Al 铝 26.981538(2)	14 Si 硅 28.0855(3)	15 P 磷 30.973761(2)	16 S 硫 32.065(5)	17 Cl 氯 35.453(2)	18 Ar 氩 39.948(1)	M L K
4	19 K 钾 39.0983(1)	20 Ca 钙 40.078(4)	21 Sc 钪 44.955910(8)	22 Ti 钛 47.867(1)	23 V 钒 50.9415	24 Cr 铬 51.9961(6)	25 Mn 锰 54.938049(9)	26 Fe 铁 55.845(2)	27 Co 钴 58.933200(9)	28 Ni 镍 58.6934(2)	29 Cu 铜 63.546(3)	30 Zn 锌 65.409(4)	31 Ga 镓 69.723(1)	32 Ge 锗 72.64(1)	33 As 砷 74.92160(2)	34 Se 硒 78.96(3)	35 Br 溴 79.904(1)	36 Kr 氪 83.798(2)	N M L K
5	37 Rb 铷 85.4678(3)	38 Sr 锶 87.62(1)	39 Y 钇 88.90585(2)	40 Zr 锆 91.224(2)	41 Nb 铌 92.90638(2)	42 Mo 钼 95.94(2)	43 Tc 锝 * 97.907	44 Ru 钌 101.07(2)	45 Rh 铑 102.90550(2)	46 Pd 钯 106.42(1)	47 Ag 银 107.8682(2)	48 Cd 镉 112.411(8)	49 In 铟 114.818(3)	50 Sn 锡 118.710(7)	51 Sb 锑 121.760(1)	52 Te 碲 127.60(3)	53 I 碘 126.90447(3)	54 Xe 氙 131.293(6)	O N M L K
6	55 Cs 铯 132.90545(2)	56 Ba 钡 137.327(7)	57—71 La-Lu 镧系	72 Hf 铪 178.49(2)	73 Ta 钽 180.9479(1)	74 W 钨 183.84(1)	75 Re 铼 186.207(1)	76 Os 锇 190.23(3)	77 Ir 铱 192.217(3)	78 Pt 铂 195.078(2)	79 Au 金 196.96655(2)	80 Hg 汞 200.59(2)	81 Tl 铊 204.3833(2)	82 Pb 铅 207.2(1)	83 Bi 铋 208.98038(2)	84 Po 钋 208.98	85 At 砹 209.99	86 Rn 氡 222.02	P O N M L K
7	87 Fr 钫 * 223.02	88 Ra 镭 226.03	89—103 Ac-Lr 锕系	104 Rf 𬬻 * 261.11	105 Db 𬭊 * 262.11	106 Sg 𬭳 * 263.12	107 Bh 𬭛 * 264.12	108 Hs 𬭶 * 265.13	109 Mt 鿏 * 266.13	110 Ds 𫟼 * (269)	111 Rg 𬬭 * (272)	112 Cn 鎶 * (277)	113 Uut * (278)	114 Fl 𫓧 (289)	115 Uup * (288)	116 Lv 𫟷 (289)		118 Uuo * (294)	Q P O N M L K

镧系	57 La 镧 138.9055(2)	58 Ce 铈 140.116(1)	59 Pr 镨 140.90765(2)	60 Nd 钕 144.24(3)	61 Pm 钷 * 144.91	62 Sm 钐 150.36(3)	63 Eu 铕 151.964(1)	64 Gd 钆 157.25(3)	65 Tb 铽 158.92534(2)	66 Dy 镝 162.500(1)	67 Ho 钬 164.93032(2)	68 Er 铒 167.259(3)	69 Tm 铥 168.93421(2)	70 Yb 镱 173.04(3)	71 Lu 镥 174.967(1)
锕系	89 Ac 锕 227.03	90 Th 钍 232.0381(1)	91 Pa 镤 231.03588(2)	92 U 铀 238.02891(3)	93 Np 镎 237.05	94 Pu 钚 244.06	95 Am 镅 * 243.06	96 Cm 锔 * 247.07	97 Bk 锫 * 247.07	98 Cf 锎 * 251.08	99 Es 锿 * 252.08	100 Fm 镄 * 257.10	101 Md 钔 * 258.10	102 No 锘 * 259.10	103 Lr 铹 * 260.11

目录

第Ⅰ部分 理论基础

第Ⅱ部分 技术与应用

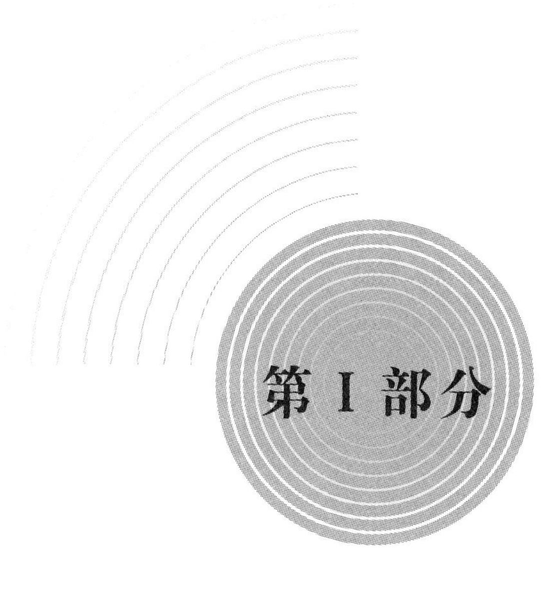

理论基础

第1章

燃料电池的原理

燃料电池并不会带火光且伴随热量释放来“燃烧”燃料。与其名称恰恰相反，而是像电池一样，氢气通常通过电化学过程变为电能，而不是燃烧。燃料电池将储存在燃料中的化学能直接转化为电能，而无须通过热能来转换。

与电动机、发电机、燃气轮机、内燃机和铝熔体流动电解一起，燃料电池为19世纪的工业带来了一场革命：化石能源载体通过电化学氧化成水和二氧化碳的静态燃烧或低温燃烧。1894年，W. Ostwald赞扬了直流电源比蒸汽机和发电机（$\eta=10\%$）的结合具有更高的效率与环保性。然而，迄今为止仍没有找到用于推进船舶的直接燃料元素。相反，内燃机在19和20世纪占据了主导地位。在分散的能源供应和再生能源供应（表1.1）的背景下，石油、天然气和煤炭的长期短缺以及全球环境污染使得燃料电池技术在20世纪60年代被用于太空舱与潜艇中，并自20世纪90年代后也被用于电动汽车中。

表1.1　再生能源供应　%

德国的发电量（2014） 5.908×10^{14} W·h≈591 TW·h	
原子能	15.5
褐煤	24.4
硬煤	18.4
天然气	10.0
水力发电	3.3
风力发电	9.6

续表

德国的发电量（2014） 5.908×10^{14} W · h≈591 TW · h	
生物质	7.0
光伏	5.9
垃圾	0.8
燃油以及其他	5.1

资料来源：BDEW（联邦能源和水工业协会）。

燃料电池、电解槽、电池、电化学电容和化学传感器是具有类似结构的电化学能量转换器，如图 1.1 所示。

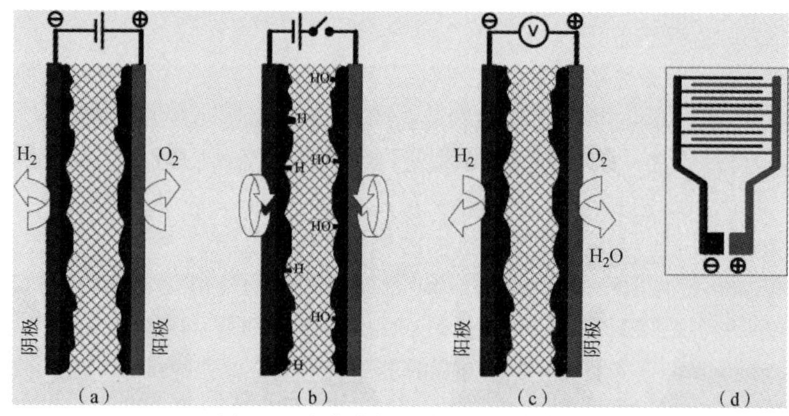

图 1.1　电化学能量转换器和传感器

（a）水电解技术（>1.23 V）；（b）双层电容（≈1 V）；
（c）氧氢爆鸣气燃料电池（<1 V）；（d）梳形气体传感器（≪1 V）

1.1　氢－氧元素

燃料电池是由燃料气体电极和氧气电极构成的。固体或液体离子导体以及诸如酸或碱等电解质则位于电子导体和电极之间。电流反应发生在电极和电解质之间的界面上。

研究人员 Schönbein 和 Grove 在 1840 年左右发现了燃料电池的原理。在水溶液电解中，当分解电压超过 1.23 V 时，生成氧气和氢气。① 如果电化学电池的电流被中断，其电压并不会立即消失，而是像双层电容一样缓慢放电。如果

① 在实践中，会在约为 1.5 V 的过电压下分解。

氢气和氧气继续长时间流过电极，则会发生与电解相反的过程，氢氧燃料电池（爆鸣气燃料电池）将像电池一样产生约1 V的电压。

在最简单的情况下，由铂板制成的电极可通过多孔的铂黑来增加其表面积。Grove已经认识到三相边界电极/电解质/气体空间在铂黑电极中的重要性，当铂黑电极变湿时，其性能显著降低。现代电池中通过塑料以及聚四氟乙烯的电极结构的疏水性①可防止电解液通过这些孔泄漏。

氢氧燃料电池电极的电化学过程的氧化还原方程为

$$\oplus\text{阴极}\quad \overset{0}{O}_2 + 4H^{\oplus} + 4e^{\ominus} \rightleftharpoons 2H_2\overset{-2}{O} \qquad E^0 = 1.23\ \text{V}$$

$$\ominus\text{阳极}\quad 2H_2 \rightleftharpoons 4H^{\oplus} + 4e^{\ominus} \qquad E^0 = 0\ \text{V}$$

$$2H_2 + O_2 \underset{\text{电解}}{\overset{\text{燃料电池}}{\rightleftharpoons}} 2\ H_2O \qquad \Delta E^0 = 1.23\ \text{V}$$

氢电极形成负极，氧电极形成正极（图1.1）。在电化学电池中：

（1）阴极发生还原反应（吸收电子）；

（2）阳极发生氧化反应（发送电子）。

氧分子O_2被分解；价态从0变为-2，这意味着，每个氧原子都吸收了两个电子：$\langle O\rangle + 2e^{\ominus} \longrightarrow O^{2\ominus}$。吸收电子并形成负电荷粒子（阴离子），对于非金属来说是典型的反应。氧离子与水溶液中存在的少量质子$H^{\oplus}$（也被称为水合氢离子$H_3O^{\oplus}$），快速形成水，从而使得在溶液中观察不到$O^{2\ominus}$。只有在无水盐中溶解时，即在所谓的固体电解质中才会存在氧离子。燃料电池的历史见表1.2。

表1.2 燃料电池的历史

燃料电池的历史
1839/1840年，C. F. Schönbein（1799—1868，巴塞尔）：在电解硫酸时发现了臭氧和燃料电池。 1839/1842年，William R. Grove[4]（1811—1896，律师、教授，斯旺西和伦敦常任上诉法官）：硫酸中带条状铂电极的H_2/O_2燃料电池，电解氢气和氧气，还通过酸对锌的作用生成H_2。此外还有使用氯爆鸣气、樟脑、油、乙醚和酒精的电池。

① hydrophob = 疏水的。

续表

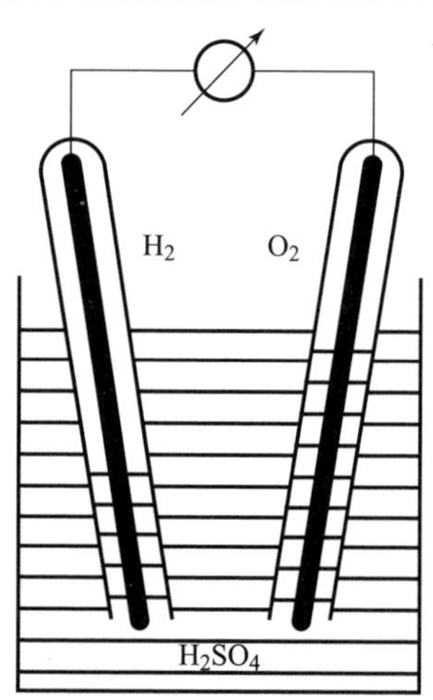

1860 年，M. Vergnes：带铂化焦电极的硫酸元素（美国专利号 28317）。

1880 年，C. Westphal：通过直接转化化石燃料（DRP）发电。

1889 年，L. Mond，C. Langer：带电镀铂箔与隔膜（由石膏、黏土、纸板、石棉制成）的硫酸燃料电池。发现了氧电极的过电压和电极副产品 CO。

1902 年，J. H. Reid：带苛性钾的碱性燃料电池。

1920 年，E. W. Jungner（DRP 348393）：使用了石蜡疏水的电极。

1923 年 4 月，A. Schmid：发明了气体扩散电极[8]。

在化学反应中，金属和氢主要形成带正电的粒子（阳离子）。H_2 分子分解成不稳定的 H 原子，其立即发送出一个电子：$\langle H\rangle \rightarrow H^{\oplus} + e^{\ominus}$。在此氧化反应中（发送电子），H 原子的价态从 0 变为 +1。

可通过以下化学方程式来正确描述氧化还原反应的化学计量：

（1）写下带氧化价的反应物和产物。方程式的左侧和右侧必须有相同数量的氧化还原活性原子。所有元素的氧化价为零，并且离子与离子电荷相同。化合物为 F^{-1}，O^{-2}（在过氧化物中为 -1），H^{+1}（在氢化物中为 -1）。所有原子的氧化价加起来等于粒子的总电荷。

（2）通过电子平衡氧化价的差。

（3）通过酸性燃料电池中的 $H^{\oplus}$（或者 $H_3O^{\oplus}$），碱性燃料电池中的 $OH^{\ominus}$ 或者电解熔液中的 $O^{2\ominus}$ 来平衡电荷差异。

（4）只要方程仍没有平衡，通过 H_2O 来平衡 $H^{\oplus}$、$OH^{\ominus}$ 或者 $O^{2\ominus}$。氧化还原方程可以如数学方程一样乘以数学因子。$O_2 + 4e^{\ominus} + 4H^{\oplus} \rightleftharpoons 2H_2O$ 和 $\frac{1}{2}O_2$ +

$2e^{\ominus}+2H^{\oplus} \rightleftharpoons H_2O$ 是完全相同的。

建立的氧还原方程式见表1.3。

表1.3 建立的氧还原方程式

$\overset{0}{O_2} \longrightarrow 2H_2\overset{-2}{O}$

平衡氧化价：

$2\times 0+x=2\times(-2) \Rightarrow x=-4$

即四个电子。

$O_2+4e^{\ominus} \cdots\longrightarrow 2H_2O$

平衡电荷：

$0+(-4)+x=2\times 0 \Rightarrow x=+4$

即四个 $H^{\oplus}$。

$O_2+4e^{\ominus}+4H^{\oplus} \cdots\longrightarrow 2H_2O$

$4H^{\oplus}$ 相应于 $2H_2O$。

$O_2+4e^{\ominus}+4H^{\oplus} \rightleftharpoons 2H_2O$

这就是正确的答案！

标准电极电位 E^0 表示元素标准状态（25 ℃，101 325 Pa）下在水溶液中形成离子的趋势的标准值。电极反应的标准电极电位差被测定为电池在无负荷下的可逆电池电压或空载电压。

$$\Delta E^0=E^0_{阴极}-E^0_{阳极}=1.23-0.00>0(\mathrm{V})$$

电池反应和反应价见表1.4。

表1.4 电池反应和反应价

在电池反应中：

$O_2+4H^{\oplus}+4e^{\ominus} \rightleftharpoons 2H_2$

$2H_2 \rightleftharpoons 4H^{\oplus}+4e^{\ominus}$

$2H_2+O_2 \rightleftharpoons 2H_2O$

两个 H_2 置换掉4个电子，即每摩尔 H_2 的 $z=4/2=2$。

在电池反应中：

$\frac{1}{2}O_2+2H^{\oplus}+2e^{\ominus} \rightleftharpoons H_2$

$H_2 \rightleftharpoons 2H^{\oplus}+2e^{\ominus}$

$H_2+\frac{1}{2}O_2 \rightleftharpoons H_2O$

每个 H_2 置换掉2个电子，即每摩尔 H_2 的 $z=2$。

如果 ΔE^0 为正，电极反应为自发的，电池发电。在电池反应 $2H_2 + O_2 \longrightarrow 2H_2O$ 中，4 个电子在氧化还原方程中被 2 个氢分子置换，即 $z=2$。吉布斯自由焓描述了每摩尔燃料气体的可用能量：

$$\Delta G^0 = -zF\Delta E^0$$
$$= -\frac{4}{2}\times 96\,485\times 1.23 \approx \frac{-475}{2} = -237.5(\mathrm{kJ/mol})$$

式中，F 为法拉第常数；z 为电极反应价。

电池反应的理论电量，即可用电荷为 zF。电子交换的氧化还原反应可产生 96 485 A·s/mol = 26.8 A·h/mol 的电量。

通过串联单个燃料电池可达到更高的电压。工作电压为单个电池电压的倍数。

1.2 燃料电池的类型

从 19 世纪的历史根源（图 1.2）中衍生出广泛的应用（表 1.5）。根据工作温度，燃料电池又被区分为低、中、高温燃料电池。所使用的电解质被表征在燃料电池类型的名称缩写中。

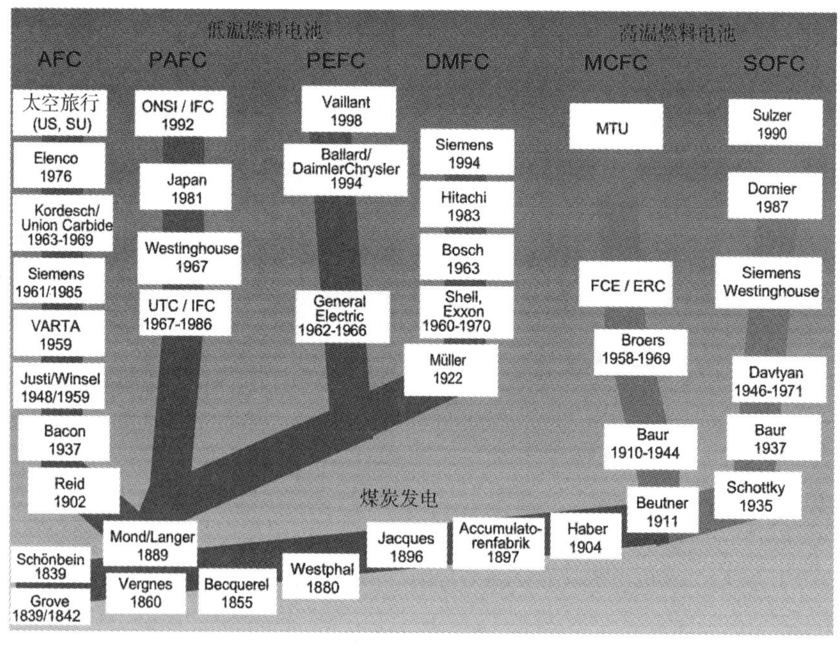

图 1.2　燃料电池技术的开发轨迹

碱性燃料电池（Alkaline Fuel Cell，AFC）
磷酸燃料电池（Phosphoric Acid Fuel Cell，PAFC）
聚合物电解质燃料电池（Polymer Electrolyte Fuel Cell，PEFC）
带质子交换膜的燃料电池（Proton Exchange Membrane Fuel Cell，PEM－FC）
直接甲醇燃料电池（Direct Methanol Fuel Cell，DMFC）
熔融碳酸盐燃料电池（Molten Carbonate Fuel Cell，MCFC）
固体氧化物燃料电池、氧化陶瓷燃料电池（Solid Oxide Fuel Cell，SOFC）
在第Ⅱ部分中将对最近的发展情况加以描述。

表1.5　燃料电池技术的应用

静态系统	可移动系统	便携式电源
天然气发电	电动汽车	计算机
热电联产		移动电话
预热发电		应急发电机

在燃料电池中，原材料和反应产物来回流动，不同燃料的热值 H_u 见表1.6。任何具有足够负自由焓（自发反应）的电池反应都可发生。诸如氢这样的还原剂释放电子到阳极材料上；电子通过外部电路流到阴极，在那里它们与氧化剂（通常是氧气）相遇，如图1.3所示。

表1.6　不同燃料的热值

不同燃料的热值	$H_u/(\mathrm{MJ\cdot kg^{-1}})$
氢	120.0
甲醇	19.5
丙烷	46.3
天然气	44
汽油	42.5

注：1 MJ＝277.8 W·h。（见2.3节）

燃料气体是氢气或其化石前体。然而，甲烷、乙烷、CO和天然气的电化学氧化是在200 ℃以下缓慢进行的。在所有情况中，氨可能成为低温燃料电池，但它会引起腐蚀。氧化剂是氧气或空气，但原则上也可以是“氯爆鸣气燃料电池”中的氯。

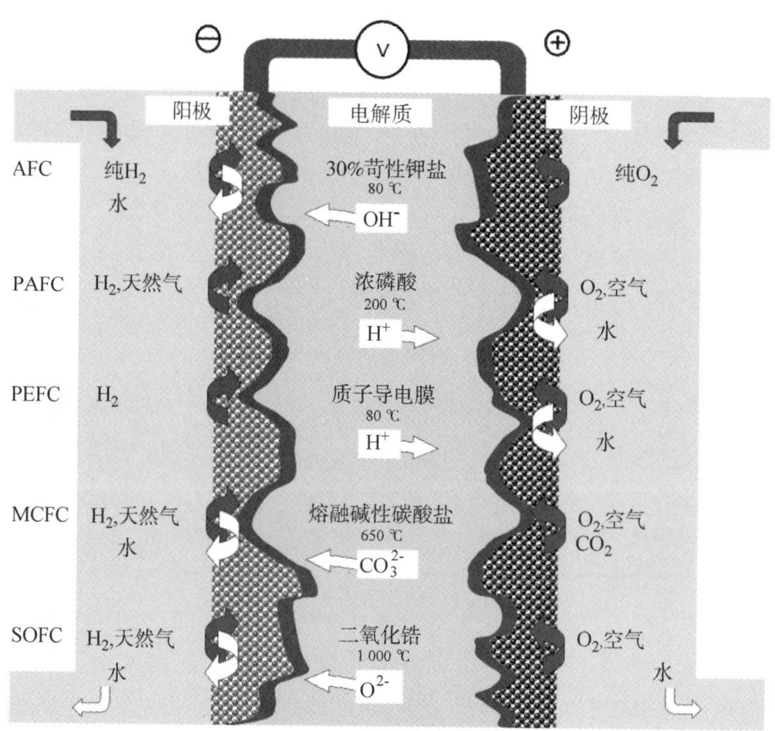

图 1.3　目前燃料电池类型的电池反应

根据燃料电池类型的不同，反应产物可以是阳极或阴极形成的水，但排水在实际操作中绝不是件容易的事。

1.3　电池元件

燃料电池的核心是气体扩散电极，其应当是在电催化剂、电解质和气体空间之间产生的尽可能最大的三相边界。气体扩散电极的原理如图 1.4 所示。

多孔气体电极①（双孔电极或双重骨架催化剂电极）细小的孔隙为电解质侧带来了气体空间。毛细管力将电解液固定在这些小孔中，因为需要更高的压力才能将大孔中的气体压入更狭窄的孔中。非常薄的电解质膜覆盖在气体侧大孔的壁上，在那里电流密度最大。电解质膜与液面的距离越小，气体向电极表

① 多孔电极可提供较小的扩散路径和致密的气体－电解质－电极三相线，只有部分电解质能够渗入孔中。

面的扩散路径也就越小；但是因为通过孔的流动路径较长，所以电解质的阻力也较大。

F. T. Bacon 已经使用了两层烧结镍，其中气体侧具有约 30 μm 的孔隙，而碱性电解质具有 16 μm 的孔隙。恒定横截面的孔隙会使电解液溢出；气泡可能渗入电极内部并排出电解液。根据 F. T. Bacon 原理制成的双孔电极如图 1.5 所示。

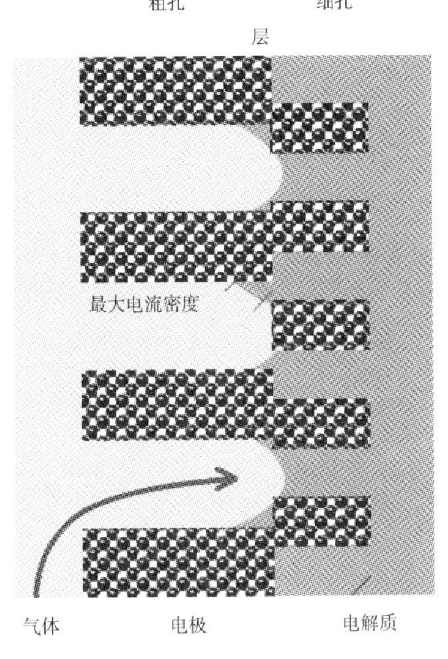

图 1.4　气体扩散电极的原理

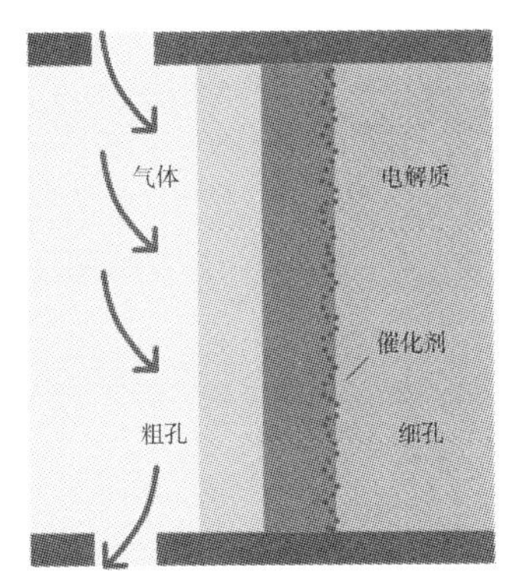

图 1.5　根据 F. T. Bacon 原理制成的双孔电极

较早的 Januse[①] 电极由三层组成：将粗孔工作层添加到粗孔导气层上，并且在电解质侧形成细孔外层。在液体电解质的情况下，工作层应当是疏水的。

固定区电极（Union Carbide）由浸渍有电催化剂的可浸润碳层（电解质侧）组成，接着是几个更加疏水的碳层和防水的烧结镍层。

1. 支撑电极

支撑电极通过金属或塑料网为薄电极和隔膜提供大面积支撑。可以用 PTFE（聚四氟乙烯）作为黏合剂，将糊状活性炭和金属氧化物涂布在镍格栅上。

2. 膜电极单元

膜电极单元（MEA，图 1.6）直接将带有两个催化剂层的多孔电极支撑在

① 来自罗马城入口和出口的双面门神，开始和结束的保护神。

100 μm 厚的固体电解质层上。它们是 PEM（质子交换膜）燃料电池中最先进的技术。催化剂通过丝网印刷来施加。

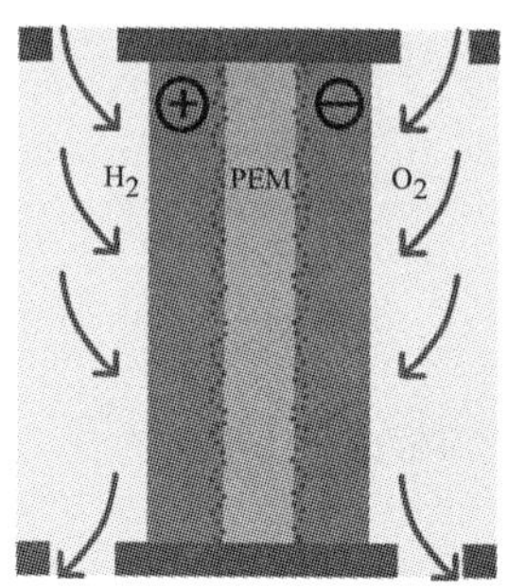

图 1.6　膜电极单元

由几个单个电池的燃料电池聚集体（堆栈）相邻气体室之间，另外需要有一个耐腐蚀的双极板。PEM 燃料电池使用了带有铣削面的流动通道的金属或石墨板，这些通道用于向电极横截面提供均匀的气体。

3. 分离器

分离器（薄的半透膜 = 半透性隔板）可以防止电极短路并用于储存电解质，如图 1.7 所示。

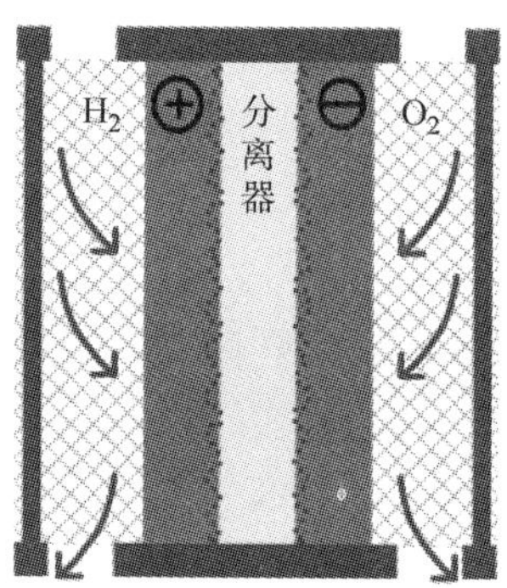

图 1.7　带分离器（电解液空间）和间隔物（气室）的燃料电池
（双极板将堆栈中的各个单元分开）

（1）由多孔陶瓷或聚合物材料制成的绝缘基体材料通过毛细管力来固定液体电解质。先前的石棉纸被陶瓷纤维织物（如由氧化锆制成的）和诸如薄膜浇铸等工艺制成的聚合物所代替，如图 1.8 所示。

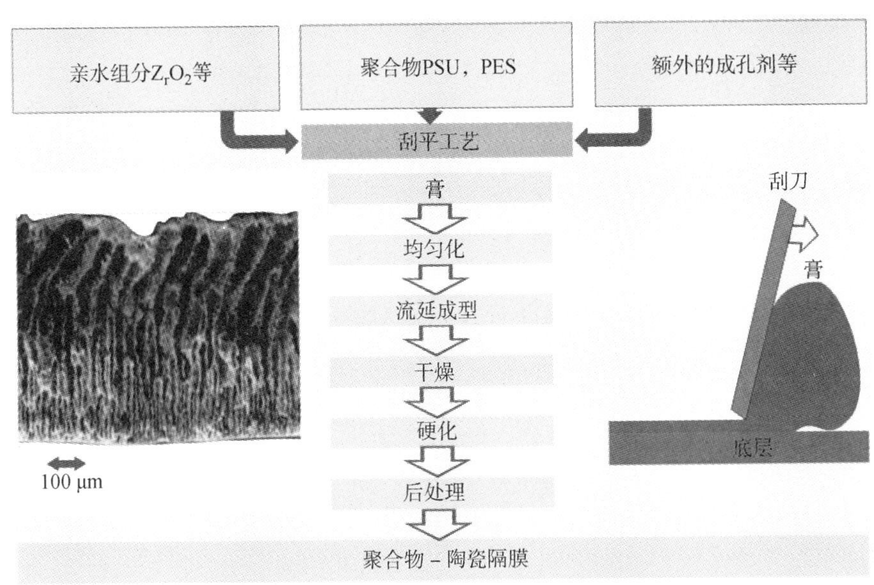

图 1.8 带液体电解质的燃料电池用陶瓷膜

（2）诸如 Nafion® 等离子交换膜可根据离子大小分离离子：小离子通过，大离子保留。质子交换膜（PEM）实际上仅传输质子并阻挡所有其他离子。

（3）凝胶电解质含有能够吸附离子导电溶液的多孔吸收剂（氧化铝、二氧化硅、聚环氧乙烷等）。随着电解质含量的增大，凝胶从黏稠变成糊状，然后将其涂在电极上。

PTFE 制成的孔网被用作电极和双极板之间经常仅有毫米级的气体空间中的间隔物（隔离物）。现代燃料电池具有复杂的流动板。

1.4 使用液体燃料发电

空气呼吸燃料电池和再生电池直接使用液体燃料发电。在填充材料①中，从多孔电极背面供应无机或有机燃料或将其溶解在电解质中，如图 1.9 所示。空气呼吸燃料电池和再生电池直接燃烧液体燃料，如表 1.7 所示。填充材料可以容易且经济地进行重新填充，但是由于燃料体积相对于电极表面较大，所以功率密度较低。氧化剂是空气、硝酸（酸性电池）或过氧化氢（碱性电池）。

① 相对于干元件的湿电池。

碱性电解质适用于镀铂镍阳极和带银催化剂的阴极。所有燃料的可逆电池电压为 1 ~1.2 V。

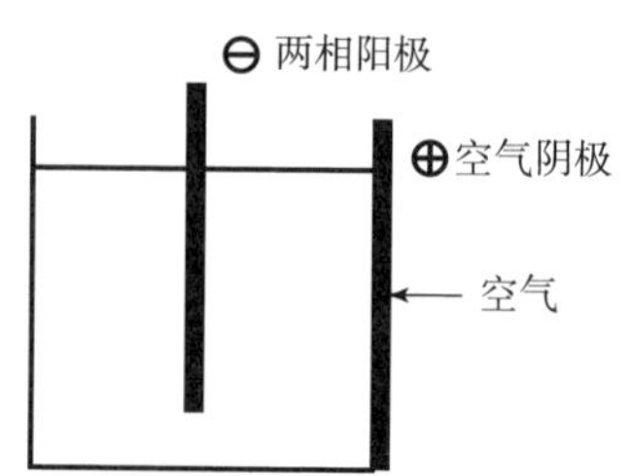

图 1.9　填充材料的原理

表 1.7　液体燃料

甲醇	CH_3OH
乙二醇	$HO\text{–}CH_2CH_2\text{–}OH$
甲醛	HCHO
乙酸	$H\text{—}C(=O)\text{—}OH$
钾	$HCOO^{\ominus}K^{\oplus}$
肼	$H_2N\text{—}NH_2$
氨	NH_3
植物油和醚类	

与其电池反应消耗苛性碱（$OH^{\ominus}$）的碱式甲酸盐燃料电池相反，甲酸燃料电池对二氧化碳不敏感①。通过吸附的中间体在铂电极上进行甲酸的氧化反应，与其相反，在钯上更加直接和快速。理论能量密度为 2 086（W·h）/L。电池电压 1.23 -0.19 =1.04（V）。

$$\ominus\text{阳极}\qquad \overset{+2}{H}COOH \longrightarrow \overset{+4}{C}O_2 + 2H^{\oplus} + 2e^{\ominus}$$

$$\oplus\text{阴极}\qquad \frac{1}{2}O_2 + 2H^{\oplus} + 2e^{\ominus} \rightleftharpoons H_2O$$

$$HCOOH + \frac{1}{2}O_2 \longrightarrow CO_2 + H_2O$$

① 碱性溶液吸收二氧化碳生成碳酸盐。

肼燃料电池的能量密度为3 850 W·h/kg，但燃料具有毒性和致癌性。

$$\begin{array}{ll} \ominus\text{阳极} & N_2H_4 + 4OH^{\ominus} \longrightarrow N_2 + 4H_2O + 4e^{\ominus} \\ \oplus\text{阴极} & O_2 + 2H_2O + 4e^{\ominus} \rightleftharpoons 4OH^{\ominus} \\ \hline & N_2H_4 + O_2 \longrightarrow N_2 + 2H_2O \end{array}$$

直接甲醇燃料电池（DMFC）原则上使用燃烧焓为726 kJ/mol =6 300（W·h）/kg =4 690（W·h）/L的甲醇。

$$\begin{array}{ll} \ominus\text{阳极} & CH_3OH + H_2O \longrightarrow CO_2 + 6H^{\oplus} + 6e^{\ominus} \\ \oplus\text{阴极} & \frac{3}{2}O_2 + 6H^{\oplus} + 6e^{\ominus} \rightleftharpoons 3H_2O \\ \hline & CH_3OH + \frac{3}{2}O_2 \longrightarrow CO_2 + 2H_2O \end{array}$$

汞齐空气燃料电池含有有毒的汞。作为早期氯碱电解（汞齐工艺）中分解剂的替代品，氢氧化钠溶液的副产物是电而不是氢，但其具有投资和运营成本方面的优势[12]。其中的液体燃料是钠汞齐。

$$\begin{array}{lll} \ominus\text{阳极} & Na(Hg) \longrightarrow Hg + Na^{\oplus} + e^{\ominus} & \mid \times 4 \\ \oplus\text{阴极} & O_2 + 2H_2O + 4e^{\ominus} \rightleftharpoons 4OH^{\ominus} & \\ \hline & 4Na + O_2 + 2H_2O \longrightarrow 4NaOH & \end{array}$$

氯碱电解

在以前的汞齐工艺中，汞阴极底上通过电解盐溶液形成钠汞齐，然后与水反应放热分解，形成氢氧化钠溶液和氢气，这种反应热被用于电力方面。在尺寸稳定的钛阳极（DSA）上生成氯。在今天的SPE（固体萃取）膜工艺中，耗氧阴极被用于节能。

金属氢化物直接发电。例如，在30%的硼氢化钠水溶液中，可避免使用氢气。可逆电压：[0.4 –（–1.24）] =1.64（V）；比能量：9 300（W·h）/kg。

$$\begin{array}{lll} \ominus\text{阳极} & BH_4^{\ominus} + 8OH^{\ominus} \rightleftharpoons BO_2^{\ominus} + 8e^{\ominus} + 6H_2O & \\ \oplus\text{阴极} & O_2 + 2H_2O + 4e^{\ominus} \rightleftharpoons 4OH^{\ominus} & \mid \times 2 \\ \hline & BH_4^{\ominus} + 2O_2 \rightleftharpoons BO_2^{\ominus} + 2H_2O & \end{array}$$

在实践中，空载电压可达到0.8 ~1.26 V，电量可达到0.2 W/cm^2。阳极

8电子氧化需要使用金电极；在其他材料（表1.8）上可能会发生部分氧化和氢释放。

表1.8 催化剂

阳极	阴极	电解液
镍 铜 铂 钯 硼化镍 Ni_2B	银/镍 铂/碳 二氧化锰 MnO_2	铂/碳 铂/钴酸锂 钌纳米团簇 $CoCl_2 \cdot 6H_2O$，Co_2B RANEY－镍和钴

该溶液在pH = 14的氮气氛下可保持约1年。在中性溶液和催化剂存在下，在偏硼酸盐和氢气中发生水解反应：

$$NaBH_4 + 2H_2O \longrightarrow NaBO_2 + 4H_2$$

1.5 煤炭发电

煤炭是19世纪最重要的原材料，但其直接发电的效果到目前为止仍然不能令人满意，煤炭发电史见表1.9。实际上，煤炭直接电池是一种爆鸣气燃料电池。碳不会被阳极反应氧化成碳酸盐，而是在上游化学反应中与熔融电解质生成氢[5]。类似的CE（毛细管电泳）机理解释了CO和发生炉煤气的直接发电。

阳极

化学反应 $C + 2OH^{\ominus} + H_2O \rightleftharpoons CO_3^{2\ominus} + 2H_2$

电化学氧化 $2H_2 + 4OH^{\ominus} \rightleftharpoons 4H_2^3O + 4e^{\ominus}$

$$C + 6OH^{\ominus} \rightleftharpoons CO_3^{2\ominus} + 3H_2O + 4e^{\ominus}$$

阴极

电化学还原 $O_2 + 2H_2O + 4e^{\ominus} \rightleftharpoons 4OH^{\ominus}$

$$C + O_2 + 2OH^{\ominus} \rightleftharpoons CO_3^{2\ominus} + H_2O$$

碳在碱性熔体中随时间溶解。煤和碳酸盐所含灰分会污染电解质。向电池中尽可能稳定地供应纯碳在技术上并不是一件轻而易举的事情。

表 1.9　煤炭发电史

煤炭发电史
1855 年，A. C. 和 A. E. Becquerel：硝酸钠熔体中的碳棒、铂或铁坩埚作为反向电极。 1896 年，W. W. Jacques：用于驱动船舶的燃料电池（高达 100 V 和 1.5 kW），带纯碳阳极的 KOH 溶液并从容器底部吹入空气（铁阴极）。 1897 年，C. Liebenow，L. Strasser（蓄电池厂股份公司，后来的 VARTA 股份公司），在 KOH 溶液中的碳和铁上测量电势。 1904/1906 年，F. Haber 等人[5]：煤炭发电机理；两面涂覆铂或金的玻璃介质上的电池电压的温度和压力相关性。 1918—1920 年，K. A. Hofmann：在带铂空气电极的碱性溶液中用铜板上的 CO 直接发电。

惰性的铁和铂形成明确的氧电极，特别是在少量锰酸盐存在下，锰酸盐是先前被包含在氢氧化钾中的杂质。

在后面的章节中还将对用于化石燃料发电的现代高温燃料电池进行详细阐述。

1.6　生物燃料电池

生物燃料电池是使用有机体或酶作为生物催化剂来用于供电的氧化还原过程，自然不会以爆炸的方式喷出氢。呼吸链可几乎完美地提供 1.135 V 爆鸣气燃料电池的电势[27]。氢与电池内还原的辅酶结合。① 氧化还原体系 NAD/NADH、FMN/$FMNH_2$、辅酶 Q_6、细胞色素（b，c 和 a）将 H_2 级联式传递到氧。219 kJ/mol 的可用能量被用于建立 3 mol ATP，即哺乳动物细胞的能量载体。

微生物燃料电池可从细菌代谢中获得电子，H 受体可以是 NAD，如图 1.10 和图 1.11 所示。

$$\ominus\text{阳极}\qquad H_2\cdot[\text{受体}] \rightleftharpoons 2H^{\oplus}\cdot[\text{供体}]+2e^{\ominus}$$

$$\oplus\text{阴极}\qquad O_2+4H^{\oplus}+4e^{\ominus} \rightleftharpoons 2H_2O$$

$$\text{或}\qquad [Fe(CH)_6]^{4\ominus}+e^{\ominus} \rightleftharpoons [Fe(CN)_6]^{3\ominus}$$

$$BH_4^{\ominus}+2O_2 \rightleftharpoons BO_2^{\ominus}+2H_2O$$

---

① 辅酶：一种可传递电子、质子或分子基团的酶结合低分子量物质。

细菌
CO_2
H⊕
O_2

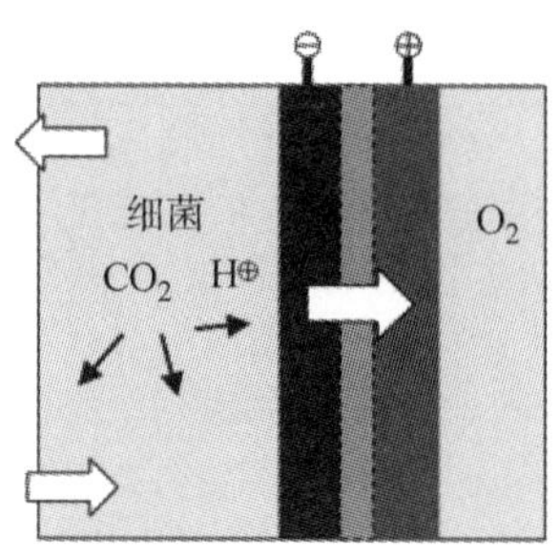

图 1.10　带有固体电解质膜的生物燃料电池

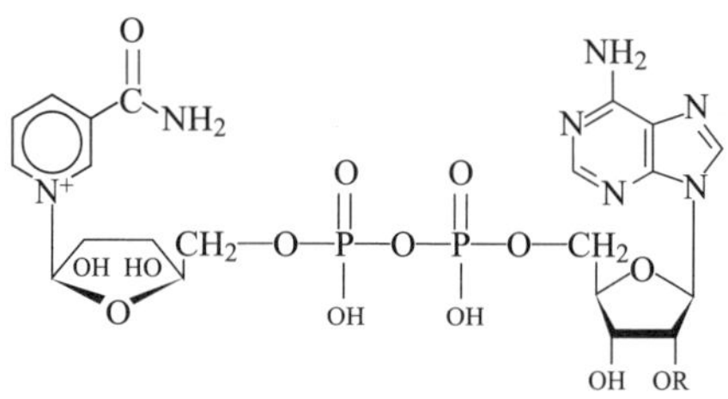

NAD（R=H），NADP[R=PO（OH）$_2$]

图 1.11　氢转移酶的辅酶

(1) 所用氧化还原介质将电子从不导电的细菌细胞壁转移到阳极膜（表 1.10）。诸如铜绿假单胞菌等细菌自身也能产生二氮蒽和奥奈达湖希瓦氏菌醌。

表 1.10　还原氧化介质

吩嗪（中性红、番红）
吩噻嗪（亚甲基蓝等）
吩恶噻
醌
二茂铁
$[Fe(CN)_6]^{4\ominus}$

(2) 在细菌（地杆菌、希瓦氏菌、红育菌）中，通过运输蛋白可直接转移电子。细胞色素 P_{450} 是氧化 C－H 键的酶族。蛋白质结合的铁中心通过隧穿效应①而不是通过配体交换传输电子。

① 隧穿效应：通过能量屏障传输电子，类似于通过电化学双层进行的电荷迁移。

脱硫细菌可在海洋中发电[25]。它们在贫氧海床中的石墨电极上氧化有机营养物质；此外，微生物产生的硫化氢与硫反应。在游离海水中的阴极处，凝胶氧被还原。功率只有 3～5 mW。脱硫弧菌可将硫酸盐还原：$SO_4^{2\ominus}+8H^{\oplus}+8e^{\ominus}\rightleftharpoons S^{2\ominus}+4H_2O$（$E^0=-0.22$ V）。碳化钨（WC）适于用作阳极材料。锰氧化菌可完成氧还原；由 Mn（Ⅱ）生成 MnO_2 可以通过电化学反应再次还原。

酶燃料电池使用酶电极。固定在导电聚合物、水凝胶或碳纳米管上的酶允许建立没有膜的燃料电池。酶可以通过氧化还原活性的杂环锇（Ⅱ/Ⅲ）络合物直接与电极结合，见表 1.11。

表 1.11　酶电极

阳极	阴极
脱氢酶（适用于乳酸、酒精、葡萄糖） 氧化酶（适用于葡萄糖）	氧化酶（适用于细胞色素、胆红素） 过氧化物酶 氧化还原酶（漆酶）

基本上能够实现用于在人血液中产生能量的葡萄糖呼吸燃料电池。动力学抑制可防止完全氧化至二氧化碳和水。

$$\text{D-葡萄糖}\longrightarrow\text{葡萄糖酸内酯}+2H^{\oplus}+2e^{\ominus}$$

1.7　溶液中的氧化还原过程

氧化还原电池使用在几种氧化态中出现并在水溶液中发生氧化还原反应的金属离子，其历史见表 1.12。电化学发电发生在电池外与氧和氢的化学再氧化和/或还原之后。理论上，z 电子的氧化还原反应可产生的电荷为

$$z\times 96\,485\ \text{A}\cdot\text{s/mol}=26.8\ \text{A}\cdot\text{h/mol}$$

阳极

电化学氧化　$Ce^{2\oplus}\rightleftharpoons Ce^{4\oplus}+2e^{\ominus}$

化学还原　$H_2+Ce^{4\oplus}\rightleftharpoons Ce^{2\oplus}+2H^{\oplus}$

阴极

电化学还原　$Ce^{4\oplus}+2e^{\ominus}\rightleftharpoons Ce^{2\oplus}$

化学氧化　$Ce^{2\oplus}+\frac{1}{2}O_2+H_2O\rightleftharpoons Ce^{4\oplus}+2OH^{\ominus}$

$$H_2+\frac{1}{2}O_2\rightleftharpoons H_2O$$

表 1.12　氧化还原电池的历史

1912 年，W. Nernst（DRP 264026，DRP 264424）：用氧和氢氧化或还原酸性溶液中的多价离子（Ti，Tl，Ce）。
1955/1958 年，E. K. Rideal 及其合作者对氧化还原电池进行了研究，但没有找到燃料电池的快速氧化还原系统。

电解液流过由隔膜分隔的原电池的两部分。但是，这些间接爆鸣气燃料电池功率很低。双层电容器中诸如 RuO_2 和 IrO_2 等氧化还原活性金属氧化物可提供1 ~10 kW/kg 的短期功率密度[23]。燃料电池的适用性不如铂催化剂。图 1. 12 所示为二氧化钌在水溶液中的氧化还原过程。

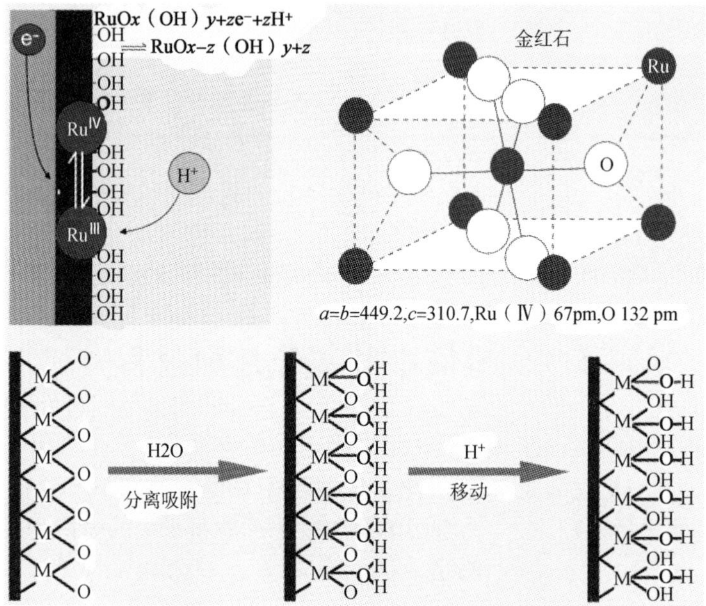

图 1. 12　二氧化钌在水溶液中的氧化还原过程

1.8　静态燃料电池系统

静态燃料电池系统可与柴油发电机和燃气轮机竞争，它们在小型工厂和分散式能源供应（热电联产）领域具有明显较高的效率。但仍需证明用于中央发电高温燃料电池（MCFC，SOFC）的燃气和蒸汽轮机发电厂的性能与可靠性，如图 1. 13 所示。

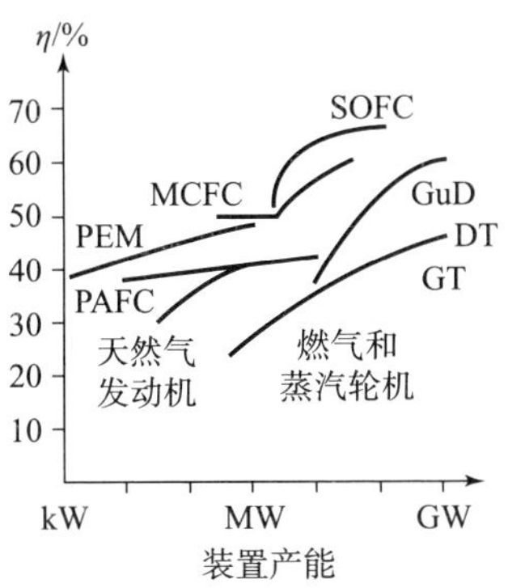

图 1.13　天然气的系统效率［GEC Alsthom（通用电气阿尔斯通）］

发电技术对气体制备、工艺工程、废热利用和运行电子设备的周边环境有特殊要求，如图 1.14 所示。燃料气体的纯度对除尘、脱硫和除去卤化物与可冷凝烃有强制性要求。

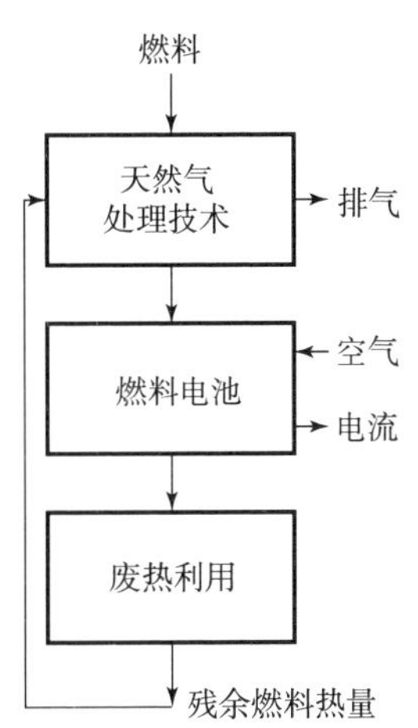

图 1.14　燃料电池系统

迄今为止，作为燃料气体的氢气来源仍然是化石燃料；它是通过对低硫烃或甲醇进行蒸汽重整，部分氧化或裂解而生产的。1937 年，“兴登堡” LZ 129 飞艇在纽约湖哈斯特登陆时爆炸引发了人们对氢气技术的反感，尽管煤油和汽油引发的事故也并不少见。如今，人们将液态氢储存在压力容器中。氢化物和碳纤维加工仍然没有足够的可逆性与快速性。出于安全考虑，可以使用机器人通过燃料泵进行加氢，这种做法在公交车队的测试运行中获得了成功。更换现有加油站基础设施需要数十亿欧元。根据需要通过诸如甲醇等廉价的前体来生产氢气则更为理想（第 4 和 10 章）。

再生能量系统①将燃料电池和电解装置结合在一起，或者通过相同的电化学电池进行双功能运行。太阳能电力能够长期提供电解氢。非洲沙漠的太阳能发电厂和用于向欧洲输送电力的超导电缆仍然是一个梦幻般的未来愿景。

随着风能和太阳能在能源供应中所占份额的增加，这也正在威胁着电网的稳定。2008 年 2 月，Vattenfall 高压电网风力发电停止 9 天损失 540 GW · h 的电量。特别是与德国一样的泵存储装置，可产生相当于大约 7 GW 的过量电力和 4 ~ 8 h 的负载峰值。电池存储装置适用于白天的小功率波动。② 以氢气作为

① RFCS = 再生燃料电池系统（Regenerative Fuel Cell System）。

② 例如，带铅蓄电池的 1 180 V 西柏林 EWAG 储存装置（1986—1995）。

化学储存形式的大量能量的季节性平衡则预示着需要一个 MW 规模的功能性燃料电池技术。能量存储装置见表 1. 13。

表 1. 13　能量存储装置

机械存储装置	蓄电装置	储热装置	化学存储装置
泵存储装置、飞轮、压缩空气	电池、电容器、电磁线圈	地热 热水（太阳能热） 潜热存储装置	氢气、甲烷、甲醇

1.9　移动应用

便携式电子和车辆驱动用可移动燃料电池可与蓄电池竞争，但它们具有快速补充性、几乎无限的容量、长期有利的开发成本和使用再生氢的优点。车辆制动能量回收也需要混合使用燃料电池——蓄电池。

目前正在开发作为手机、电脑和医疗器械电池替代品的便携式燃料电池，光刻制备的燃料电池芯由只有约 0. 5 μm 厚的 SiO_2 绝缘层的 p 掺杂硅载体组成，其中包含有氢氟酸蚀刻出的结构。通过电子束法来安装钛/金电流导体和铂/钌电极，如图 1. 15 所示。在商业应用中，微型直接甲醇燃料电池特别引人注目。与传统电池相比，小型化也意味着巨大的能量密度。然而，可靠系统的生产仍很困难。

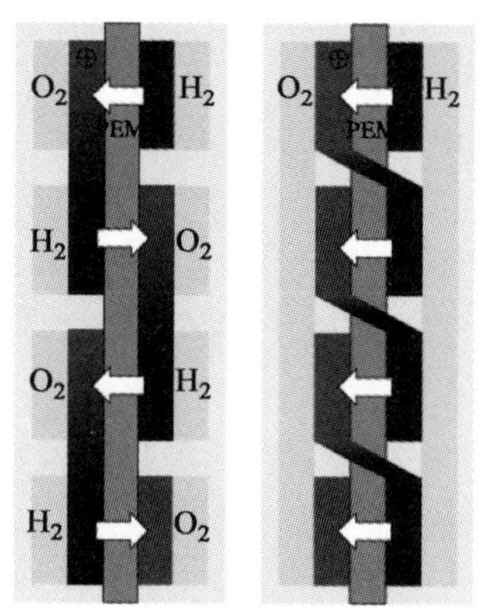

图 1. 15　微型燃料电池

混合电流源是燃料电池与电池或超级电容器的组合。在负载快速变化的情况下，燃料电池可提供大电流峰值，这样就可使消费者免受过电流的影响。如果负载不能脉冲式消耗任何能量，燃料电池则会将多余电量存储到所携带的电池中，这将缩短混合动力系统的使用寿命，如图 1. 16 所示。

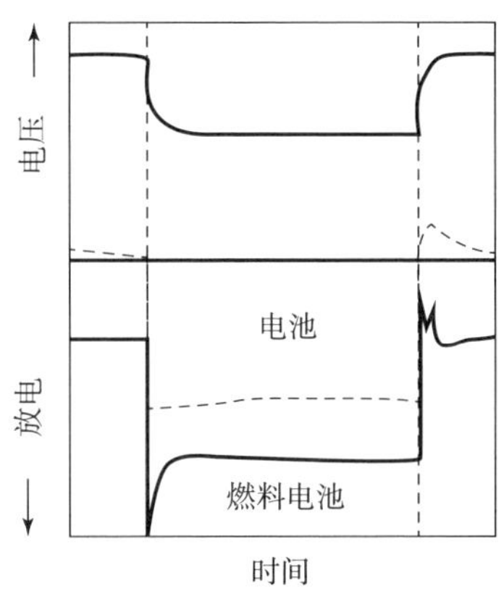

图 1. 16　燃料电池和蓄电池的并联：电流 - 电压曲线

军用燃料电池应当可作为便携式电源完成携带受限的任务。DMFC[①] 在散热、噪声水平、大量燃料适应性和燃料安全性方面比 PEM 和 SOFC 系统[②]更具优势。可尝试用氢（此外，还可以通过硼氢化钠来生产氢）、甲醇和丙烷/丁烷[③]作为燃料。在水下，不能使用空气驱动电池，并且战场上的污染也容易使电极中毒。有前景的项目是含硫柴油燃料电池。

在汽车和公共汽车的驱动系统中，氢燃料驱动的 PEM 燃料电池占有主导地位，如图 1. 17 所示。在车上用天然气生产氢气较为复杂。出于经济原因，盛行通过压缩气瓶供应氢气。2006 年全球已有 140 个氢气加气站。已经尝试将燃料电池用作汽车车载电源的辅助能量发生器[④]。

与汽车的快速负载变化不同，使用燃料电池驱动飞机要求其在长时间内保持一致的功率。2003 年，加利福尼亚 Aero Vironment 公司首次试飞了带有 PEM 单元和硼氢化钠储存装置的无人机。客机需要 15 倍的功率密度。

---

① 例如，SFC Smart Fuel Cell 生产的直接甲醇燃料电池。

② 例如，美国 Adaptive Materials 公司（AMI）用丙烷驱动的 SOFC。

③ LPG = 液化石油气（Liquefied Petroleum Gas）。

④ 辅助动力单元（Auxiliary Power Unit，APU）。

空气阻力	$\frac{1}{2}\rho c_W A v^3$
+ 滚动阻力	μmgv
+ 加速	$mv\frac{dv}{dt}$
+ 爬坡	$mgv\sin\alpha$

ρ—空气密度；c_W—阻力系数；A—高程面；v—速度；

m—质量；g—重力加速度；α—角度

图 1.17　车辆驱动装置的驱动功率

燃料电池技术发展到市场成熟的程度需要在减少材料成本、制造费用和运营成本方面做出决定性的努力。昂贵的贵金属催化剂和固体电解质，燃料重整而导致的产出不理想，平庸的功率密度以及复杂的工艺技术和电池监测所需的技术与经济解决方案，使得其可能要到 21 世纪中叶才会实现。

1.10　用电合成发电

通过高温燃料电池可成功地同时使用电和热。当将附加的反应物与燃料气体导入到气体扩散电极中时，除发电之外，还可以生产化学品[11]。在诸如乙腈的氢化二聚和碱金属氯化物电解等工业合成中，可明显节约能源，见表 1.14。电化学合成允许比非均相催化更低的反应温度。

表 1.14　水溶液中的复合电合成

$2NO + 3H_2 \longrightarrow 2NH_2OH + H_2O$（在 $HClO_4$ 中，玻璃棉隔膜）

$2SO_2 + O_2 + 2H_2O \longrightarrow 2H_2SO_4$（在 H_2SO_4 中，PEM）

$H_2 + O_2 + OH^{\ominus} \longrightarrow HO_2^{\ominus} + H_2O$（在氢氧化钾溶液中）

$2C_2H_5OH + O_2 \longrightarrow 2CH_3CHO + 2H_2O$（在硫酸中）

苯 $+ 3H_2 \longrightarrow$ 环己烷

烯烃 $+ H_2 \longrightarrow$ 链烷烃（在 $HClO_4$ 中）

注：⊖氧化，⊕还原。

带水性电解质的燃料电池可以将来自烟气的杂质转化为有价值的物质，如将羟胺中的一氧化氮用于合成尼龙 6，见表 1.15。

表 1.15　PAFC 中的复合电合成

反应
乙烷 + $\frac{3}{2}O_2 \longrightarrow$ 乙酸 + H_2O
乙烯 + CO + $H_2 \longrightarrow$ 丙醛
2 乙烯 + $O_2 \longrightarrow$ 乙醛
丙烷 + $O_2 \longrightarrow$ 丙酮 + H_2O
甲苯 + $O_2 \longrightarrow$ 苯（甲）醛 + H_2O

PEM 燃料电池适用于在氧气电极上对过氧化氢（来自氧气）、环己胺（来自硝基苯）和丙醇（来自丙烯醇）进行还原电合成。在氢侧会产生被水包围的质子。

$$H_2 \longrightarrow 2H^{\oplus} + 2e^{\ominus}$$

$$RCH = CHR' + 2H^{\oplus} + 2e^{\ominus} \longrightarrow RCH_2CH_2R'$$

磷酸燃料电池有利于电化学过程，如合成乙醛、丙酮、苯酚（来自苯）和甲酸甲酯（来自乙醇），见表 1.16。

表 1.16　SOFC 中的复合电合成

反应
$2H_2S + 3O_2 \longrightarrow 2SO_2 + 2H_2O$
$4NH_3 + 5O_2 \longrightarrow 4NO + 6H_2O$
$2CH_3OH + O_2 \longrightarrow 2HCHO + 2H_2O$
$2CH_4 + O_2 \longrightarrow H_2C = CH_2 + 2H_2O$

固体氧化物燃料电池（SOFC）允许内部重整过程和氧化，如氰化氢（来自甲烷和氨）、苯乙烯（来自乙苯）、乙烯、乙烷或 CO（来自甲烷）的合成。在氧电极上生成氧化物，在氢侧则生成水。

参考文献

历史概况

[1] A. J. Appleby, F. R. Foulkes. *Fuel Cell Handbook*, Malabar FL. USA: Krieger Publishing Comp., 1993.

[2] L. J. Blomen, M. N. Mugerwa (Hg.). *Fuel Cell Systems*. New York: Plenum Press, Reprint, 2013.

[3] (a) K. - J. EULER. *Entwicklung der elektrochemischen Brennstoffzellen*,

Thieme - Verlag, München, 1974.

(b) K. - J. EULER. *Energiedirektumwandlung*, München: Thiemig, 1967.

[4] W. R. Grove. *Philosophical Magazine* Ⅲ 14 (1839) 127 - 130; 21 (1842) 417 - 420; 8 (1854) 405; und *Proc. Royal Soc. London* 4 (1833) 463 - 465; 5 (1845) 557 - 559.

[5] F. HABER (mit L. BRUNNER, A. MOSER), *Z. Elektrochem.* 10 (1904) 697 - 713; 11 (1904) 593 - 609; 12 (1906) 78 - 79; *Z. Anorg. Allg. Chem.* 51 (1906) 245 - 288, 289 - 314, 356 - 368; *Österr. Patent* 27743 (1907).

[6] (a) A. K. Kordesch, G. Simader. *Fuel cells and their applications*, Weinheim: Wiley - VCH, 1996.

(b) K. Kordesch, *Brennstoffbatterien*, Berlin: Springer, 1984.

(c) K. Kordesch et. al. *Electrochem. Techn.* 3 (1965) 166; *Allg. u. prakt. Chem.* 17 (1966) 39.

[7] (a) E. K. Rideal, *Z. Elektrochem.* 62 (1958) 325 - 327; (b) A. M. POSNER, *Fuel* 34 (1955) 330 - 338.

[8] (a) A. Schmid, *Die Diffusionsgaselektrode*, Stuttgart: Enke, 1923; (b) *Helv. Chim. Acta* 7 (1924) 370 - 373.

[9] H. Spengler, *Brennstoffelemente*, *Angew. Chem.* 68 (1956) 689.

[10] W. Vielstich, *Brennstoffelemente*, Weinheim: Verlag Chemie, 1965.

基础和技术概述

[11] *Encyclopedia of Electrochemical Power Sources*, J. Garche, CH. Dyer, P. Moseley, Z. Ogumi, D Rand, B. Scrosati (Eds.), Vol. 1: Applications. Amsterdam: Elsevier; 2009.

[12] C. H. Hamann, W. Vielstich. *Elektrochemie*, Weinheim: Wiley - VCH, 4 2005.

[13] G. Kortüm. *Lehrbuch der Elektrochemie*, Weinheim: Verlag Chemie, 4 1970, S. 522 - 526.

[14] P. Kurzweil. *Chemie*, Kap. 9: Elektrochemie. Wiesbaden: Springer Vieweg, 10 2015.

[15] P. Kurzweil, B. Frenzel, F. Gebhard. *Physik - Formelsammlung für Ingenieure und Naturwissenschaftler*. Wiesbaden: Springer Vieweg, 3 2014.

[16] P. Kurzweil. *Das Vieweg Einheiten - Lexikon*, Wiesbaden: Springer Vieweg, 2 2002.

[17] K. Ledjeff - hey, F. Mahlendorf, J. Roes, *Brennstoffzellen*, Heidelberg: C. F. Müller, 2 2001.

[18] W. Vielstich, H. A. Gasteiger, H. Yokokawa, et al.., *Handbook of Fuel Cells*, 6 Bände, Chichester: John Wiley & Sons, 2009.

[19] T. Haug, S. Rauscher, K. Rebstock, et al.., *Casting tool and method of producing a component*, EP 1183120(2002).

便携式和可逆系统

[20] P. P. Kundu, K. Dutta. *Hydrogen fuel cells for portable applications*, *in*: *Compendium of Hydrogen Energy*, Vol. 4: Hydrogen Use, Safety and the Hydrogen Economy, Amsterdam: Elsevier, Woodhead Publishing, 2016, S. 111 – 131.

[21] V. N. Nguyen, L. Blum. *Reversible fuel cells*, in: Compendium of Hydrogen Energy, Vol. 3, Amsterdam: Elsevier, Woodhead Publishing, 2016, S. 115 – 145.

[22] S. Trasatti. *Electrodes of conductive metallic oxides*, Part A, pp. 332ff, Amsterdam: Elsevier, 1980.

[23] (a) S. Trasatti, P. Kurzweil. *Electrochemical Supercapacitors as versatile energy stores*, *Platinum Metals. Rev.* 38 (1994) 46 – 56. (b) P. Kurzweil. *Precious Metal Oxides for Electrochemical Energy Converters*: Pseudocapacitance and pH Dependence of Redox Processes, *Journal of Power Sources* 190(1)(2009)189 – 200.

[24] U. Benz, H. Preiss, O. Schmid. FAE – Elektrolyse, *Dornier post*, No. 2 (1992).

生物燃料电池

[25] (a) D. R. Bond. *Electrode – reducing microorganisms that harvest energy from marine sediments*, *Science* 295 (2002) 483 – 485. (b) *Chem. unserer Zeit* 36 (2002)355. (c) U. Schröder. *J. Solid State Electrochem.* 15(2011)1481 – 1486.

[26] G. Squadrito, P. Cristiani. *Microbial and enzymatic fuel cells*, in: Compendium of Hydrogen Energy, Vol. 3, Woodhead Publishing, 2016, S. 147 – 173.

[27] P. Karlson. *Biochemie und Pathobiochemie*, Stuttgart: Thieme, 2005.

第 2 章

燃料电池的热力学和动力学

燃料电池的性能参数和运行特点是由电极过程的热力学与动力学特征决定的。电池活度的数值计算只是个近似值，这种方法是基于经验测量的。

2.1 安静地燃烧

燃料电池并不是一个热机械，而是一个原电池，因此以前将之称为“燃料电池”。它们将燃料的化学能转换成电能，即电化学氧化还原反应的自由焓 ΔG 的变化，而没有转换成热量。其效率在理论上可达到 100%。

没有循环过程，也没有像热机中那样的 Carnot 限制，如图 2.1 所示。[①] 内部能量不会作为热量传递给诸如水或蒸汽等工作介质。在燃料电池中，不存在明火燃烧和爆炸性自由基反应。只要存在热力学不平衡（$\Delta G < 0$），燃料就会发生“安静”的电化学氧化。

燃料的直接燃烧不会立即做任何有用功；只有当释放的热量被转换到较低的温度时才会做功。通过燃料电池中的等温可逆反应，理论上可以利用 100% 的自由反应焓（表 2.1）；而这也是燃料电池相对于内燃机的一个根本优势。

---

① Carnot 过程：理想气体在压缩过程中被加热，当压力降低时被冷却。输入和输出热量之间的差异就是所做的有用功（等于曲线之间的面积），如图 2.1 所示。

但在实践中会发生能量损失：在内燃机中，热交换速度有限；而在燃料电池中会有过电压。

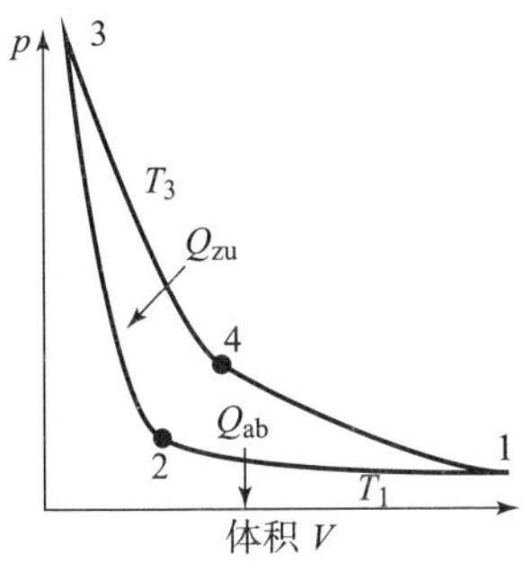

1→2: 等温压缩
2→3: 等熵压缩
3→4: 等温膨胀
4→1: 等熵膨胀

有用功　$W=-\oint p\,\mathrm{d}V$

效率　$\eta=\frac{|W|}{Q_{zu}}=1-\frac{T_1}{T_3}$

T_1—环境温度;
T_3—系统温度上限

图 2.1　Carnot 发动机过程

表 2.1　氢－氧反应的可用能量

$2H_2+O_2 \longrightarrow 2H_2O$
直接燃烧 $W=\Delta H\cdot\frac{T-T_0}{T}$ $(T_0=298\ \mathrm{K}=25℃)$ 100 ℃：46.0 kJ/mol 200 ℃：84.6 kJ/mol 500 ℃：140.4 kJ/mol 1 000 ℃：175.0 kJ/mol
燃料电池 $W=\Delta G=-zFE$ 25 ℃：237.4 kJ/mol

例如：氢气的燃烧热（焓）在 25 ℃时为 $\Delta H=-285.83$ kJ/mol。在内燃机中，只能使用这些能量中的一小部分，如图 2.2 所示。

理论上，$\Delta G_0=-237.13$ kJ/mol 的氢氧气反应的自由反应焓可以在没有损失的情况下全部转化为电压 $E^0=-\frac{\Delta G^0}{zF}=\frac{237.13}{2\times 96\,485}\approx 1.23$（V），见 1.1 节。

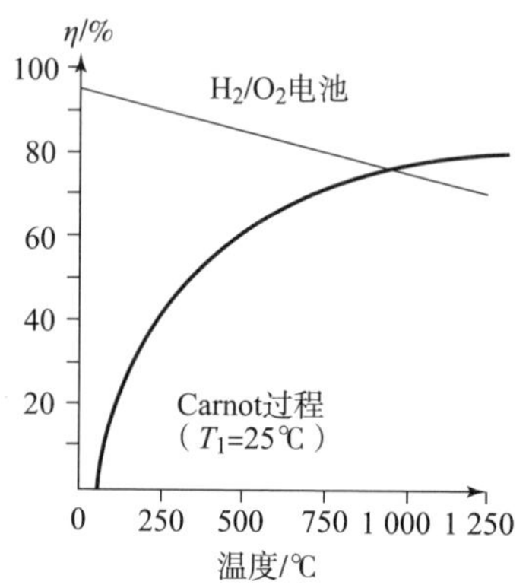

图 2. 2　燃料电池和内燃机的理想效率

2. 2　能量转换器

除了燃料电池之外，还有其他能源转换器可以不需通过燃烧转换而直接产生电能。热量和辐射能量直接转化为电力只能提供很小的电流，见表 2. 2。

表 2. 2　根据 E. W. Justi 等人的理论进行的能量转换[29]

能量形式	机械能	热能	辐射能	电能	化学能
机械能	变速器 活塞泵 水力涡轮机 风力转换器	摩擦热 热力泵 冰箱 压缩机	摩擦发光	发电机 麦克风 压电效应	不释放
热能	汽轮机和 燃气轮机	热交换器 吸收式制冷机	白炽灯 辐射加热器	塞贝克效应 热离子二极管 磁流体动力发电机	吸热反应
辐射能	辐射计 辐射压力	光吸收 太阳能收集器 核裂变	荧光探伤 光导体	光电池 核素电池	光合作用 光解作用
电能	电动机 电渗透作用 电磁起重机	电温差效应 汤姆逊效应 电加热	荧光灯 光谱灯 无线电发射机	变压器 抽水蓄能电站	电解 电渗析 蓄电池（充电）
化学能	渗透作用 肌肉	放热反应 燃烧	化学发光 萤火虫	蓄电池 燃料电池	化学反应

（1）MHD 发电机（图 2.3）利用了磁场中的流体力学定律。在高压下通过喷嘴流出的流体会部分脱附成离子。在电渗的反方向上，可以形成一个电势。在高温下，会出现热电离，从而形成等离子体。等离子体发电机使用燃气和碳酸钾作为电离助剂在 2 300 ℃下运行。管中的粒子束通过 3T 的垂直磁场，由此在空间上脱附正离子和电子，并使两个放电电极横向于磁场。在放电电极之间产生一个电压 U。剩余的热气射流（1 200 ℃）通过热交换器为带发电机的涡轮产生蒸汽。

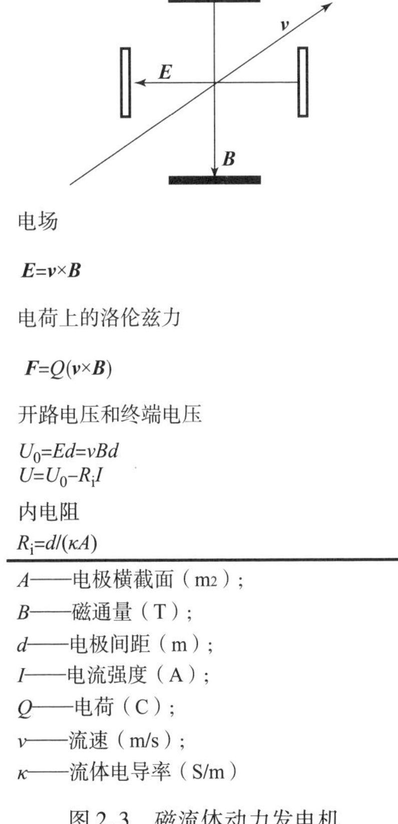

图 2.3　磁流体动力发电机

（2）用可见光或紫外光、电离射线、X 射线和 γ 射线的光电半导体产生光电。

（3）热电偶通过温度梯度，也可通过放射性照射产生电流。热离子核素电池由铌板（作为集电极，600 ℃）之间的钨囊（作为发射极，1 400 ℃）中的 $^{242}Cm_2O_3$ 构成。

2.3 电池电压和电极电位

理论上最高但实际上达不到的焓或热中性电池电压或假想的热值电压 E_{th} 是从发热量 H_o（之前被称为“热值上限值”）推导出来的。这是燃料 H_2 的反应焓或燃烧热，包括水分和产物水基于温度 25 ℃的汽化热[25]。

$$H_o = -\Delta H^0 = z\ F\ E_{th} \quad \Rightarrow \quad E_{th} = 1.48\ V \tag{2.1}$$

如果燃料电池产生的是气态水而不是液态水，则应当使用（之前被称为“下限”）热值 H_u，其是反应焓减去燃料气体的不可用的蒸发热。

$$H_u = H_o - \omega \cdot \Delta H_v \tag{2.2}$$

$$H_u = z\ F\ E_{th} \quad \Rightarrow \quad E_{th} = 1.25\ V \tag{2.3}$$

式中，ΔH^0 为燃烧焓；S 为熵；T 为热力学温度；ω 为燃料的含水量（kg/kg 质量比），水的蒸发焓：ΔH_v = 2 442 kJ/kg = 44 kJ/mol（25 ℃）。

式（2.2）也适用于特定量和摩尔量。燃烧焓有负号（能量释放），热值为正号，数值是相同的。

燃料电池在电化学平衡下可提供最大（电）有用功 ΔG。这时，电池反应的余热最小。可逆电池电压 E 或开路电压①为无外部电流 I 时开路端子上的电位差，其相当于电池反应的自由反应焓 ΔG，可通过电池反应的热力学数据来计算，见表 2.3、表 2.4 和 2.12 节。

$$\Delta G = -zFE \quad (I \to 0) \tag{2.4}$$

式中，F 为法拉第常数，F = 96 485 C/mol；G 为吉布斯自由焓，J/mol；z 为氧化还原方程中交换的电子数。

表 2.3 氧气、氢气、水的形成焓和熵：l = 液体，g = 气体[1]

材料	$\Delta H^0/(kJ \cdot mol^{-1})$	$\Delta G^0/(kJ \cdot mol^{-1})$	$S^0/(J \cdot mol^{-1} \cdot K^{-1})$
O_2（g）	0	0	205.14
H_2（g）	0	0	130.68
H_2O（l）	−285.83	−237.13	69.91
H_2O（g）	−241.82	−228.57	188.83

注：^{0}是指：25 ℃，101 325 Pa。

① 原始电位、稳定电位、电动势（EMF）、开路电压（Open Circuit Voltage，OCP）。

表 2.4 焓和熵

焓
$H = U + pV$
吉布斯自由焓
$G = H - TS$
可逆的热量变化
$-\Delta Q_{rev} = \Delta G - \Delta H = T\Delta S$
可逆电池电压
$E \equiv \Delta E = -\dfrac{\Delta G}{zF}$
在 25 ℃，101 325 Pa 下：
$\Delta E^0 = -\dfrac{\Delta G^0}{zF}$
标准熵变
$\Delta S^0 = zF\dfrac{\partial E^0}{\partial T}$
标准反应热
$\Delta H^0 = -zF\left(E^0 - T\dfrac{\partial E^0}{\partial T}\right)$

如果是直流电源在起作用，那么 ΔG 是负值，并且化学亲和力 $A = -\Delta G$，而电池电压 E 是正值。用高电阻电压表测得的可逆电池电压是电极电位差：

$$E = E_{阴极} - E_{阳极} \quad (I \to 0) \tag{2.5}$$

在标准条件（25 ℃，101 325 Pa）下，可逆电池电压是阴极反应（还原）与阳极反应（氧化）标准电极电位（标准电势）之间的差值 E^0：

$$\Delta G^0 = \sum_{i=1}^{n} G_i^0(产物) - \sum_{i=1}^{n} G_i^0(反应物) = -zF\Delta E^0$$

$$\Delta E^0 = E^0_{阴极} - E^0_{阳极} > 0 \tag{2.6}$$

1. 实际电位的测量

电极电位是测量半电池①相对于氢电极或另一参比电极的电压。如果想要研究特定电压下载流电极处的过程，则电解质中的对应电极和欧姆电压降会相互干扰。因此，可在高电阻下相对于参比电极测量电极电位，参比电极通过电解液填充的鲁金毛细管在距离工作电极几毫米处接入电路中。在这个三电极装置中，电流 I 在工作电极和对应电极之间流动，后者应该尽可能大。测得的参比电极和工作电极之间的电压 E 仅与电极电位（相对于参比电位的）相对应，

① 半电池 = 电极 + 电解液。

如图 2.4 所示。

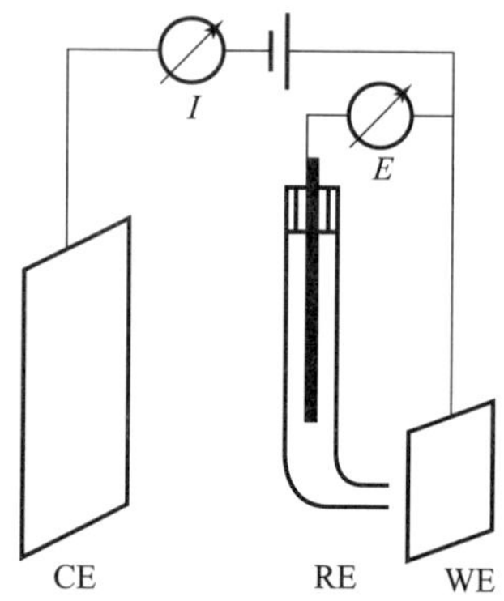

图 2.4　由工作电极（WE）、参比电极（RE）和对应电极（CE）组成的三电极布置

$$E(I) = \varphi(I) - \varphi_{ref} \tag{2.7}$$

符号 E 表示相对于参照物所测得的电极电位，即电势差。由于缺少电路，φ 是不可测量的绝对电位。

参比电极是非极化电极，即它在小电流下具有恒定的平衡电势 φ_{ref}。

（1）标准氢电极（NHE）① 被用作电极电位的国际参考体系：在 25 ℃和 101 325 Pa 的空气压力下，在 1 价活性盐酸中用氢气冲刷镀铂铂片。② 将电极过程 $H_2 \rightleftharpoons 2H^{\oplus} + 2e^{\ominus}$专门定义为零电位，③ 也就是说，这适用于所有温度。NHE 的电位取决于环境温度、酸浓度和空气压力（相对于标准压力 p^0 的氢分压）：

$$\varphi_{标准氢电极} = \underbrace{\varphi^0_{标准氢电极}}_{0} + \frac{RT}{2F}\ln\frac{a^2_{H\oplus}}{p_{H_2}/p^0} = \frac{RT}{F}\ln\frac{a_{H\oplus}}{\sqrt{p_{H_2}/p^0}} \tag{2.8}$$

待研究的氧化还原系统通过半渗透膜与正常的氢气半电池连接在一起，如图 2.5 所示。即使氧化还原系统放出电子，它也被根据定义表达为反应方程：

$$氧化物 + 电子 \rightleftharpoons 还原物$$

① 标准氢电极（Standard Hydrogen Electrode，SHE）。IUPAC 自 1982 年以来建议将 p（H_2）$=10^5$ Pa 作为标准压力。E^0（101 325 Pa）$=E^0$（10^5 Pa）$+0.17$ mV。

② 摩尔浓度 b（$H^{\oplus}$）$=1.184$ mol/kg，相应于活度 $a\pm$（HCl）$=1$。

③ $\Delta G^0 = 868$ kJ/mol，实际上相应于 $\varphi_{NHE} = \Delta G/(2F) = 4.44$ V。溶液中的 $H^{\oplus}_{aq}$浓度：$S^0 = \Delta H^0_f = \Delta G^0_f = 0$。

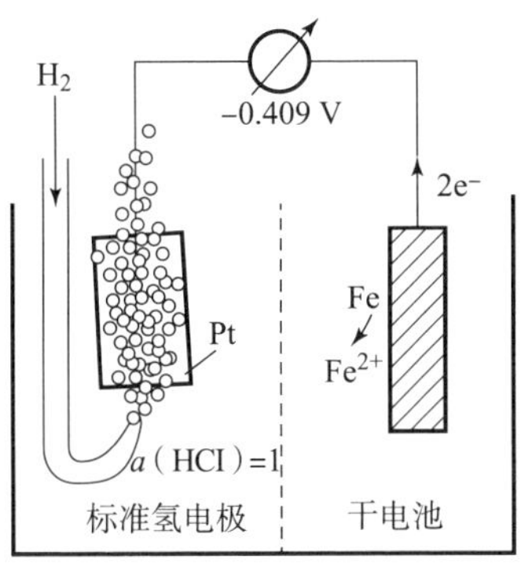

$$H_2 \rightleftharpoons 2H^{\oplus} + 2e^{\ominus}$$
$$Fe^{2\oplus} + 2e^{\ominus} \rightleftharpoons Fe$$

图 2.5　标准氢电极

标准电位 $E^0 = \varphi^0 - \varphi^0_{\text{标准氢电极}}$ 与化学计算系数无关。还原剂如果是较活泼的铁，放出电子并因此而相对于 NHE 加载负电荷（$E^0 < 0$）。氧化剂如果是不活泼的铜，有一个正的标准电位，因为接受了电子，见表 2.5。

表 2.5　电位序列

↑ 强还原剂
$E^0 < 0$：不活泼
阳极：氧化，负极
K，Na，Mg，Al，Ti，Zn，Fe，Sn，…
0 氢
↓ 温和的还原剂
$Sn^{2\oplus}$，H_2SO_3，H_2O_2/O_2
对苯二酚，$Fe^{2+/3+}$，HNO_2
↓ 温和的氧化剂
Cu^{2+}，Ag^+，NO_3^-
↓ 强氧化剂
$E^0 > 0$：活泼
阴极：还原，正极
Ag^+，O_2，$Cr_2O_7^{2-}$，MnO_4^-
HOCl，PbO_2，H_2O_2，$S_2O_8^{2-}$

对于常规测量，NHE 成本过高。相反，可使用“第二类电极”，其中的金属、溶解的金属离子和微溶盐处于平衡状态。

（2）银－氯化银电极是由银线构成的，当其被浸入盐酸中并施加正电压时，会在银线上镀上一层薄的氯化银。其被完全浸入装有饱和或稀释的氯化钾溶液的玻璃管中，并且通过一个隔膜套管与样品溶液隔开。相对于标准氢电极的电位是 +0.197 6 V NHE（饱和KCl，25 ℃）。电极在105 ℃以下稳定，在短时间内可以在小电流下使用。

2. 能斯特方程

在任何温度和浓度（或者活度）下，氧化还原反应都会产生一个可逆的有用功 ΔG。

$$(\text{氧化})\,a\ \mathrm{A}+b\ \mathrm{B}+\cdots \rightleftharpoons c\ \mathrm{C}+d\ \mathrm{D}+\cdots(\text{还原})$$

$$\left.\begin{aligned}\Delta G &= \sum_{i-1}^{N} G_{i,\text{产物}} - \sum_{i-1}^{N} G_{i,\text{反应物}}\\ \Delta G^0 &= \sum_{i-1}^{N} G^0_{i,\text{产物}} - \sum_{i-1}^{N} G^0_{i,\text{反应物}}\\ \hline \Delta G &= \Delta G^0 + RT\ln\frac{a_\mathrm{C}^c a_\mathrm{D}^d\cdots}{a_\mathrm{A}^a a_\mathrm{B}^b\cdots}\end{aligned}\right\}\ \Delta G=\Delta G^0+RT\ln K'$$

经过很长时间后，各高电压或低电压的电极达到平衡电位。在 $\Delta G=-zFE$ 和 $\Delta G^0=-zFE^0$ 的情况下，电极电势 E 遵循能斯特方程（没有外部电流流动）。在化学平衡中，$\Delta G=0=RT\ln(K'/K)$，反应熵 K' 等于氧化还原反应的平衡常数 K。

$$\begin{aligned}E(T)&=E^0-\frac{RT}{zF}\ln\frac{a_\mathrm{C}^c a_\mathrm{D}^d\cdots(\text{还原})}{a_\mathrm{A}^c a_\mathrm{B}^b\cdots(\text{氧化})}=E^0-\frac{RT}{zF}\ln K'\\ E(25\ ℃)&=E^0-\frac{0.059\ 16}{z}\lg K'\end{aligned}\tag{2.9}$$

对于气体电极，则使用分压来代替浓度（表2.6）。$H^{\oplus}$ 或 $OH^{\ominus}$ 在氧化还原方程中引起电极电位的pH依赖性。对于电化学电池：$E\equiv\Delta E=E_{\text{阴极}}-E_{\text{阳极}}$。

表2.6 能斯特方程

氢电极
（氧化）$2H^{\oplus}+2e^{\ominus}\rightleftharpoons H_2$（还原） $E=-\frac{RT}{2F}\ln\frac{p_{H_2}/p^0}{a^2_{H\oplus}}$ $E=-\frac{RT}{2F}\ln\frac{\sqrt{p_{H_2}/p^0}}{a_{H\oplus}}$ 对于25 ℃ =298 K： $E=-0.059\times\left(pH+\frac{1}{2}\lg\frac{p_{H_2}}{p^0}\right)$

续表

氧电极

$O_2 + 2H_2O + 4e^{\ominus} \rightleftharpoons 4OH^{\ominus}$

$$E = E^0 - \frac{RT}{4F}\ln\frac{a^4_{OH^{\ominus}}}{p_{O_2}/p^0}$$

$$E = E^0 - \frac{RT}{F}\ln\frac{a_{OH^{\ominus}}}{(p_{O_2}/p^0)^{1/4}}$$

对于 25 ℃ = 298 K：

$$E = 1.23 - 0.059\left(\mathrm{pH} + \frac{1}{4}\lg\frac{p_{O_2}}{p^0}\right)$$

金属离子电极

（氧化）$M^{z\oplus} + ze^{\ominus} \rightleftharpoons M$（还原）

$$E = E^0 - \frac{RT}{zF}\ln\frac{1}{a_{M^{z\oplus}}}$$

$$E = E^0 + \frac{RT}{zF}\ln a_{M^{z\oplus}}$$

银－氯化银电极

$AgCl + e^{\ominus} \rightleftharpoons Ag + Cl^{\ominus}$

对于 25 ℃

$E = 0.197 - 0.059\lg a_{Cl^{\ominus}}$

平衡常数

$K = e^{-\Delta G^0/(RT)} = e^{zFE^0/(RT)}$

a——活度；
K——平衡常数；
E——电极电位；
E^0——标准电位；
p^0——标准压力（101 325 Pa）；
RT/F——能斯特电压

示例：优先选用高锰酸盐在酸性溶液中进行氧化。酸的添加增加了氧化还原电位。

$$MnO_4^{\ominus} + 5e^{\ominus} + 8H^{\oplus} \rightleftharpoons Mn^{2\oplus} + 4H_2O$$

$$E = 1.51\ \mathrm{V} - \frac{0.059}{5}\lg\frac{c(Mn^{2\oplus})}{c(MnO_4^{\ominus})\cdot c(H^{\oplus})^8}$$

如果 $c(H^{\oplus}) \to \infty$ 增加，则反应熵消失，$1/c(H^{\oplus}) \to 0$。一个很小的数的对数会是很大的负值，即电池电压升高（$E \to \infty$）。

2.4 熵和放热

氢氧气反应的反应熵 ΔS 是负值，因为两个 H_2 分子和一个 O_2 分子只能生成两个水分子。气相因此消耗了颗粒，ΔH 则超过 $\Delta G = \Delta H - T\Delta S$，热量释放。

在 100 ℃以上时，会生成水蒸气，反应熵小于液体，电池电压的温度和压力依赖性较低，见表 2.7，计算示例见表 2.8。

表 2.7 可逆电池电压的温度依赖性

电池反应	E/V	dE/dT/(mV · K^{-1})
$\frac{1}{2}H_2(g) + \frac{1}{2}Cl_2(g) \longrightarrow HCl(fl)$	1.4	-1.2
$H_2(g) + \frac{1}{2}O_2(g) \longrightarrow H_2O(fl)$	1.23	-0.85
$H_2(g) + \frac{1}{2}O_2(g) \longrightarrow H_2O(g)$	1.18	-0.23

表 2.8 氢气-氧气-燃料电池的计算示例

两相系统（气态/液态）： <100 ℃：液态水。	气相反应： >100 ℃：水蒸气。
反应方程式 （1）阳极 $H_2 \rightleftharpoons 2H^{\oplus} + 2e^{\ominus}$ （2）阴极 $2H^{\oplus} + \frac{1}{2}O_2 + 2e^{\ominus} \rightleftharpoons H_2O$	
整体反应 H_2（g）$+\frac{1}{2}O_2$（g）$\rightleftharpoons H_2O$（l），	H_2（g）$+\frac{1}{2}O_2$（g）$\rightleftharpoons H_2O$（g）
吉布斯自由反应焓的变化： 元素（H_2，O_2）的形成焓 ΔH^0 为零！	25 ℃，101 325 Pa 表 2.3
$\Delta G^0 = \Delta H^0 - T\Delta S^0$ $= \Delta H^0(H_2O) - T\left[S^0(H_2O) - S^0(H_2) - \frac{1}{2}S^0(O_2)\right]$ $= -285.83 + 298.15 \times 0.163\,34$ ≈ -237.13（kJ/mol）	 $-241.82 + 298.15 \times 0.044\,4$ $=228.58$（kJ/mol）
可逆电池电压（25 ℃）	

续表

$E=-\frac{\Delta G^0}{zF}=-\frac{-237.13}{2\times 96\ 435}\approx 1.23\ (\mathrm{V})$	$E=\frac{-228.57}{2\times 96\ 485}\approx 1.18\ (\mathrm{V})$
热中性电压：基于燃烧值	基于热值
$E_n=-\frac{\Delta H^0}{zF}=-\frac{-285.83}{2\times 96\ 485}\approx 1.48\ (\mathrm{V})$	$E_n=-\frac{-241.8}{2\times 96\ 485}\approx 1.25\ (\mathrm{V})$
热力学效率	
$\eta_{rev}=\frac{\Delta G^0}{\Delta H^0}=\frac{-237.13}{-285.83}\times 100\%\approx 83.0\%$	$\eta_{rev}\frac{-228.57}{-241.82}\times 100\%\approx 94.5\%$
反应焓的变化	
$\Delta S^0=S^0(H_2O)-S^0(H_2)-\frac{1}{2}S^0(O_2)$	
$=69.91-130.684-\frac{1}{2}\times 205.138$ $\approx -163.34\ [\mathrm{J/(mol\cdot K)}]$	$188.83-130.68-\frac{1}{2}\times 205.14$ $\approx 44.42\ [\mathrm{J/(mol\cdot K)}]$
电池电压的温度依赖性	
$\frac{\mathrm{d}E}{\mathrm{d}T}=\frac{\Delta S^0}{2F}=-0.85\ (\mathrm{mV/K})$	$\frac{\mathrm{d}E}{\mathrm{d}T}=-0.23\ (\mathrm{mV/K})$
气体空间中的物质变化（每摩尔 H_2）	
生成液态水（0 mol 气体空间）	产生 1 mol 的水蒸气。
$\Delta n=\left[0-\left(1+\frac{1}{2}\right)\right]=-\frac{3}{2}\ (\mathrm{mol})$	$\Delta n=\left[1-\left(1+\frac{1}{2}\right)\right]=-\frac{1}{2}\ (\mathrm{mol})$
电池电压的压力依赖性	
$\frac{\mathrm{d}E}{\mathrm{d}\log p}=-\frac{\Delta n\ RT\ln 10}{2F}=\frac{0.059\times\frac{3}{2}}{2}\approx 44\ [\mathrm{mV/(°)}]$	15 mV/(°)

1. 电池电压的温度依赖性

随着温度升高，可逆电池电压 E 会因为反应熵降低而降低。理想的是一个正的温度系数 $\mathrm{d}E/\mathrm{d}T$，然后环境热量就可被转换成有用功。从 $\Delta G=-zFE$ 和 $(\partial G/\partial T)_p=[(-S\mathrm{d}T+V\mathrm{d}p)/\partial T]_p=-S$ 可得出如下结果：

$$\left(\frac{\partial E}{\partial T}\right)_p = -\frac{1}{zF}\left(\frac{\partial \Delta G}{\partial T}\right)_p = -\frac{\Delta S}{zF} \quad \Rightarrow E(T) = E(298\ \mathrm{K}) + \left(\frac{\partial E}{\partial T}\right)_p (T - 298\ \mathrm{K}) \tag{2.10}$$

2. 电池电压的压力依赖性

对于气体电极，自 10 bar 起就会影响电池电压的熵效应。对于理想气体，通过$(\partial G/\partial p)_T = [(-S\,\mathrm{d}T + V\,\mathrm{d}p)/\partial p]_T = V$和$pV = nRT$可得出：

$$\left(\frac{\partial E}{\partial p}\right)_T = -\frac{1}{zF}\left(\frac{\partial \Delta G}{\partial p}\right)_T = -\frac{\Delta V}{zF} \quad \Rightarrow E(p) = E(101\ 325\ \mathrm{Pa}) - \sum_i \frac{n_i RT}{zF}\ln p_i \tag{2.11}$$

例如，氢气－氧气－电池：

$$E(p) = 1.23\ \mathrm{V} + \frac{1}{2} \times 0.059 \lg p_{\mathrm{H_2}}\sqrt{p_{\mathrm{O_2}}}$$

压力升高 1 bar→30 bar 可改善 E 约 0.065 V。

3. 通过电池反应放热

电池反应在电化学平衡下可产生较少的热量，这时熵最大（$\mathrm{d}S = 0$）。一旦电池反应的熵下降（$\Delta S < 0$），就会因为颗粒数量变得极少而使得$|\Delta H| > |\Delta G|$，即电池反应产生热量（Q 的符号为负）。

$$Q = \Delta H + W_{\mathrm{el}} = -(\Delta G - \Delta H) = +T\,\Delta S(\text{在 } T = \text{常数下})$$

在实践中，动态引发的电极反应过电压 η 会产生热损失并且增大电解质的电阻。此过程中热有时可用于燃料和热水制备或者驱动汽轮机。

$$-\dot{Q} = -I\left[\frac{\Delta H}{zF} + E(I)\right] = -I\frac{T\Delta S}{zF} + I|\eta| + I^2 R_{\mathrm{i}}$$

式中 $E(I)$——实际电池电压，端子电压（V）；
E——可逆电池电压（V）；
F——法拉第常数；
Q——热量（J）；
$\dot{Q}$——热功率（W）；
I——电流（A）；
R——摩尔气体常数；
R_i——电解质电阻（Ω）；
S——熵（J/K）；
T——温度（K）；
z——反应价；
η——电极上过电压之和（V）

2.5　效率

燃料电池的热力学效率或理想效率是所产生的电能 $\Delta G = -zFE$（可逆有用功）与电池反应的反应焓 ΔH 之比。根据热值[①]计算出的效率比根据燃烧值所得的更高。[②]

$$\eta_{rev} = \frac{\Delta G}{\Delta H} = \frac{\Delta H - T\,\Delta S}{\Delta H} = 1 - \frac{T\,\Delta S}{\Delta H} = \frac{E}{E_{th}} = \frac{E}{E - T(\mathrm{d}E/\mathrm{d}T)_p} \qquad (2.12)$$

在热机中，伴随着熵增加（气体空间中的粒子数增加）的放热反应不可能提供高于 100% 的效率，并且有用能量超过反应热，从而使电池或环境冷却。具有熵损失的反应会加热电池见表 2.9。熵增加的吸热反应适用于冷混合物：$Ba(OH)_2 \cdot 8H_2O + 2NH_4SCN \longrightarrow Ba(SCN)_2 + 2NH_3 + 10H_2O$。

表 2.9　25 ℃下不同电池反应的理想效率和熵的变化

放热电池反应	η_{rev}	ΔS	$\Delta H/\Delta G$
$2H_2(g) + O_2(g) \longrightarrow 2H_2O(l)$	85%	负值	>1:加热
$CH_3OH(l) + \frac{3}{2}O_2 \longrightarrow CO_2 + 2H_2O(l)$	97%		
$C(s) + O_2(g) \longrightarrow CO_2(g)$	100%	零	1
$2C + O_2 \longrightarrow 2CO$	124%		
$C(l) + \frac{1}{2}O_2(g) \longrightarrow CO(g)$ (150 ℃)	137%	正值	<1：冷却

注：s—固态，l—液态，g—气态。

实际效率或负载效率是指基于反应焓的有用电功。端子电压与开路电压之比得出的电压效率或“电化学效率”η_U 描述了由于催化、电解质和电池设计产生的内部损耗。[③] 电流效率或法拉第效率给出了作为给定电压下电池反应选择性的电流利用率。[④] 包括所有副反应在内的实际电流 I 是指根据法拉第定律计算出的理论值。[⑤]

---

① 热值 H_u，低热值（LHV）：燃烧热减去燃烧气不可用的蒸发热。

② 燃烧值 $H_o = -\Delta H^0$，高热值（HHV）：25 ℃，包括湿气和产物水的蒸发热。

③ 在电池中：η_U = 放电平均电压 U_{ex}/充电电压 U_{in} 的平均电压。

④ 例如：DMFC 中甲醇氧化生成甲醛和甲酸而不是 CO_2。

⑤ 在电池中：η_I = 释放电荷 Q_{ex}/存储电荷 Q_{in}。

$$\text{实际效率} \quad \eta_p = \eta_{rev} \cdot \eta_U = \frac{\Delta G + zF|\eta|}{\Delta H} = \frac{-zF\ E(I)}{\Delta H} \tag{2.13}$$

$$\text{电压效率} \quad \eta_U = \frac{E(I)}{E} = \frac{-zF\ E(I)}{\Delta G} < 1 \tag{2.14}$$

$$\text{电流效率} \quad \eta_{I,i} = \frac{I}{I_{th}} = \frac{I}{zF\ \dot{n}_i} \tag{2.15}$$

$$\text{电效率} \quad \eta_{el} = \eta_U \cdot \eta_I \tag{2.16}$$

式中：E 为可逆电池电压；I 为电流强度；F 为法拉第常数（A·s）；$\dot{n}_i$为元素的质量流；i，z 为电极反应价。

天然气动力燃料电池系统的效率见表 2.10。

表 2.10　天然气动力燃料电池系统的效率

热力学效率	$\eta_{rev} = \frac{\text{自由反应焓 } \Delta G_r}{\text{反应焓 } \Delta H_r}$	
电压效率	$\eta_U = \frac{\text{实际电池电压 } E\ (I)}{\text{可逆电池电压 } E}$	
电流效率	$\eta_I = \frac{\text{实际电池电流 } I}{\text{理论电池电流 } I_{max}}$	
燃料气体利用率	$\eta_u = \frac{\text{转化氢}}{\text{供应的氢}}$	
热值效率	$\eta_H = \frac{\text{氢的热值 } H_u x_u}{\text{混合燃料气体的热值} \sum H_{u,i} x_i}$	
燃料电池的效率	$\eta_{FC} = \eta_{rev} \cdot \eta_U \cdot \eta_I \cdot \eta_u \cdot \eta_H$	
	$\eta_{FC} = \frac{\text{所产生的直流电功率}}{\text{所供应的阳极气体的热值}}$	
或者	$\eta_{FC} = \frac{\text{所产生的直流电功率}}{\text{所消耗氢气的热值}}$	(48%)
气体的生成效率	$\eta_{FP} = \frac{\text{氢的热值（转化器后）}}{\text{天然气的热值（转化器前）}}$	(82%)
功率调整器效率	$\eta_{PC} = \frac{\text{所产生的交流功率（交/直流转换器之后）}}{\text{所供应的直流功率（交/直流转换器之前）}}$	(96%)
辅助设备效率	$\eta_{AU} = \frac{\text{交流输出功率（负荷前）}}{\text{交/直流转换器的交流输出功率}}$	(97%)
系统总效率	$\eta_{ges} = \eta_{FP}\eta_{FC}\eta_{PC}\eta_{AU} = \frac{\text{交流功率}}{\text{天然气的热值（转化器前）}}$	(37%)
• 带热电联供：	$\eta_{ges} = \eta_{FP}\eta_{FC}\eta_{PC}\eta_{AU} = \frac{\text{交流功率}+\text{有效热量}}{\text{天然气的热值（转化器前）}}$	

续表

系统净效率	$\eta_{eff}=\dfrac{\text{交流功率}-\text{功率损耗}}{\text{天然气的热值}}$

AU－辅助动力，FC－燃料电池，FP－燃料处理器，PC－功率调节器（就做了转换器），$X=4.5$ MW PAFC 的摩尔分数数值（热值相关）。其他燃料电池类型能够达到更高的值。

系统效率，实际效率或有效效率考虑了电流和电压效率，运行模式（温度、压力、燃空比、燃料利用率等）和系统组件（气体处理技术、空气供应等）。

例如：在 95% 的气体利用率下，AFC 的系统效率：$\eta_{eff}=95\%\times0.9/1.48\approx58\%$。

燃料利用率包括未发电的过剩氢气，这种过剩在燃料电池的实际运行中可预防电极上的燃料不足。

热值效率只考虑了燃料气体混合物中的氢气阳极氧化，而 CH_4 和 CO 不发电，尽管它们也增加了热值。

气体的生成效率包括由于重整产物驱动的涡轮压缩机（用于供应压缩空气）和阴极废气驱动的催化燃烧器造成的损失。

2.6　电池电压

当燃料电池将电流馈送到外部导体电路中时，实际电池电压远小于端子开路时的可逆电池电压。在电气工程中，为此引入了术语端电压 U（当电流流动时）和开路电压 U_0（在零电流时）。电流越大，由于电解质和电极中的欧姆损耗，电池电压也就越低（图 2.6 和表 2.11）。电解质的电阻和电极反应结合形成内阻 R_i。由电极反应引起的电压损失称为过电压 η，以便不会与电压效率混淆，如图 2.7 所示。

$$U(I)=U_0-IR_i=\Delta E_0-\eta_{\text{阳极}}-\left|\eta_{\text{阴极}}\right|-IR_{el} \tag{2.17}$$

内阻　$R_i=\dfrac{U_0-U(I)}{I}$

过电压　$\eta=U(I)-U_0=I(R_i-R_{el})$

电压效率　$\eta_U=U(I)/U_0$

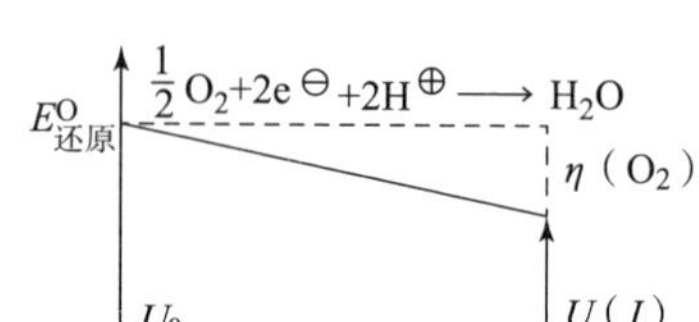

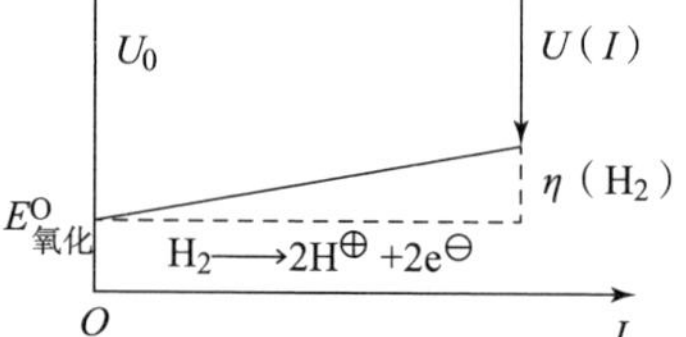

图 2.6　氢氧气体电池的开路电压、端电压和过电压

表 2.11　符号

状态	电极电位	电池电压
开路	E	$U_0=\Delta E_0$
在负荷下	$E\ (I)$	$U(I)=\Delta E$

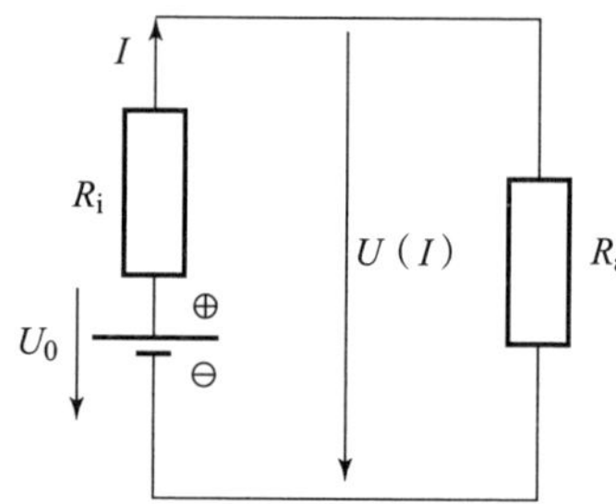

图 2.7　带内阻和外部电阻的电源的替代电路

2.7　功率

瞬时电功率是电池电压和电流的乘积。电源内阻上的电压降会产生废热。

$$P=UI=\underbrace{IU_0}_{电功率}-\underbrace{I^2R_i}_{热功率} \tag{2.18}$$

在开路电压降低一半的情况下，原电池的电压在电流密度突然下降之前可提供其最大功率。

$$P=UI=U_xU_0/R_i=(1-x)\ xU_0^2/R_i \text{ 和} \frac{dP}{dx}=0\text{，在 } x=\frac{1}{2}\text{时}$$

$$\Rightarrow P_{max}=\frac{U_0^2}{4R_i}\text{，} U=\frac{1}{2}U_0=IR_i=IR_a \tag{2.19}$$

当耗电器 R_a 和内阻 R_i 相等时，功率最大（功率调整）。

燃料电池在平均电流下可达到最大功率。随着温度升高，电池电压升高，过电压降低，功率增加。功率密度（单位电极横截面的功率）比电流密度更适合于燃料电池的比较。当电流 - 电压曲线看起来水平时，功率 - 电流密度特征曲线呈抛物线状，如图 2.8 所示。

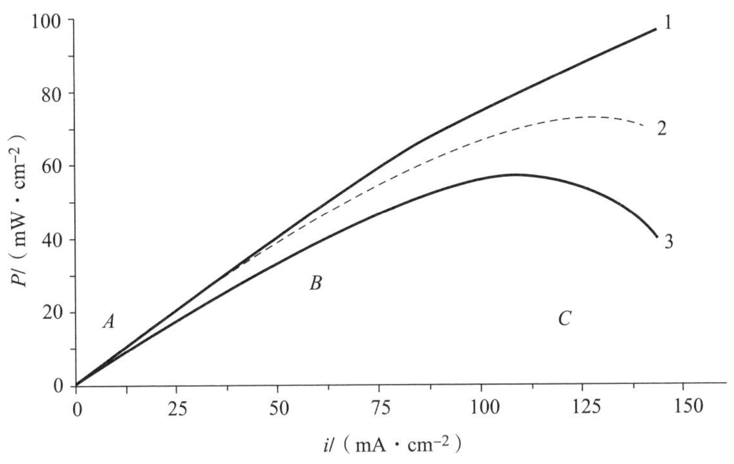

图 2.8　碱性燃料电池的功率特征曲线

2.8　过电压

过电压（overpotential），以前也称极化电压（表 2.12），其描述了电流从工作电极的可逆静止电位流出时的电极电位差。过电压的原因是电极过程缓慢，就像在电阻器作用下一样，限制了电荷传输。为了克服动力学抑制，电极电位必须有比理论上足够的平衡电位更高的过电压，以便进行所期望的电极反应。过电压 η 取决于电极材料以及电解质的类型、浓度、pH 值和流量，其随温度和电流密度的增加而增加，并且随电极表面积的增加而减小。

表 2.12　过电压

过电压
电极：
$\eta = \varphi(I) - \varphi_0 = E(I) - E_0$
电化学电池：
$\eta_{阳极} + \lvert \eta_{阴极} \rvert = U - U_0$

续表

符号：⊕阳极 ⊖阴极 φ——绝对电极电位； φ_0——恒电压； E——相对于参考电极的电极电位； U——电池电压； U_0——可逆电池电压 （2.13 节）

总过电压是由电极过程的各个部分过电压组成的，但是电解质中的欧姆电压降（IR 压降）不包括在内。①

$$\eta = \eta_D + \eta_d + \eta_r + \eta_k + \cdots \tag{2.20}$$

式中：η_D 为电子迁移过电压，V；η_d 为浓差过电压，V；η_r 为反应过电压，V；η_k 为晶化过电压，V。

为了将废热保持在较低的水平，内部电阻 R_i 和电解质电阻 R_{el} 必须较小，从而得到较快的电极反应、较大的电极表面、电导率较高的电解液以及较小的电极间距，这些都是有利条件。

电子迁移过电压 η_D 描述了电极上电子在燃料和氧化剂之间的传递速度②。在燃料电池中，通常会确定阴极（氧气电极）的总过电压，而忽略阴极的（氢气电极）。

在铂、钯和镍电极上氢很容易氧化。高温下，在银、活性炭和锂化氧化镍上氧还原可以令人满意地进行，见表 2.13。

表 2.13　氢气和氧气的过电压

氢气和氧气的过电压 在 1 mol/L 的碱液和 25 ℃以及 1 mA/cm^2 下	η（H_2）	η（O_2）
Pd	<0.01	0.31
Pt	<0.01	0.5
Au	0.2	0.23
Ni	0.25	0.23

① 晶化过电压在电解金属沉积中起作用，但在燃料电池中不起作用。

② charge transfer，电荷传递。

续表

Fe	0.2	0.3
Ag	0.3	0.32
Cu	0.35	—
Pb	0.6	0.89
Hg	1.3	—
石墨	—	0.5

在较大的电流密度下还会出现浓差过电压。其原因是气体传输到反应性三相界面，或者在碱性燃料电池中 $OH^{\ominus}$ 离子从阴极传输到阳极和反向传输水都有延迟。另一个原因是气体在电解质中的溶解度有限。多孔气体扩散电极可保持较短的扩散路径并使 η_d 降低。

2.9　电流－电压特征曲线

像电化学能量转换器一样，燃料电池也具有一个非线性的特征曲线，如图 2.9 所示。这是因为内阻 R_i 不是恒定的，而是取决于流动的电流。以下部分将对其特点予以阐述。

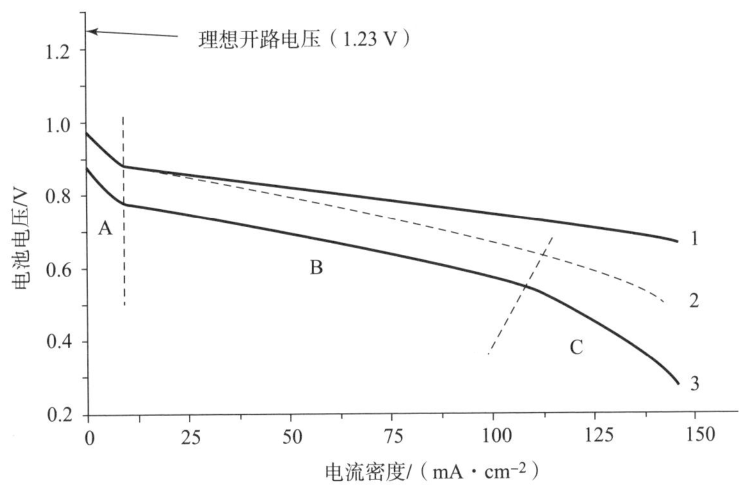

图 2.9　碱性燃料电池的电流－电压特征曲线（根据 Elenco，6.6 mol/L KOH，70 ℃）

1—H_2/O_2（铂）；2—H_2/空气（铂）；3—H_2/空气（无铂）

典型的步骤：

A—电极活化（电子传递反应等）；B—电解质中的电压降；C—有限的传质

（1）平均开路电压（Open Circuit Potential，OCP）明显低于 1.23 V 的可逆电池电压的理论值（在诸如 PAFC、AFC、PEM 等氢氧气体电池中）。因为氧气在阴极被还原的同时铂、碳或杂质被氧化，它形成一个混合电位，如图 2.10 所示。因此，在电流极小的情况下，实际效率比理论值要小 8% ~16% 。

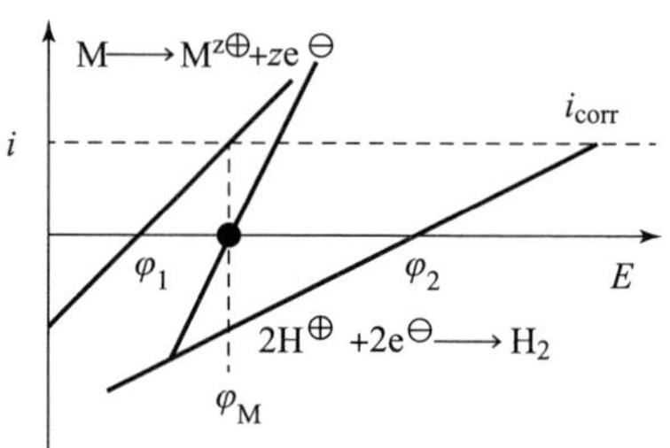

图 2.10 在碱腐蚀下，金属溶解 φ_1 和氢脱附 φ_2 平衡电位的混合电位 φ_M

（2）活化范围。在电流流动下，通过电子迁移反应会产生电压损失，在反应中电子会“穿过”电极和电解质之间的相界面。重要的是，氧还原（阴极）决定了电流－电压曲线，而氢电极的过电压接近零（铂）。此近似级数级的电压降 $E(I)-E_0$ 被称为活化过电压，其强烈地取决于温度，并且具有典型的电极电催化活性，可以通过塔费尔（Tafel）方程进行线性化，如图 2.11 所示。

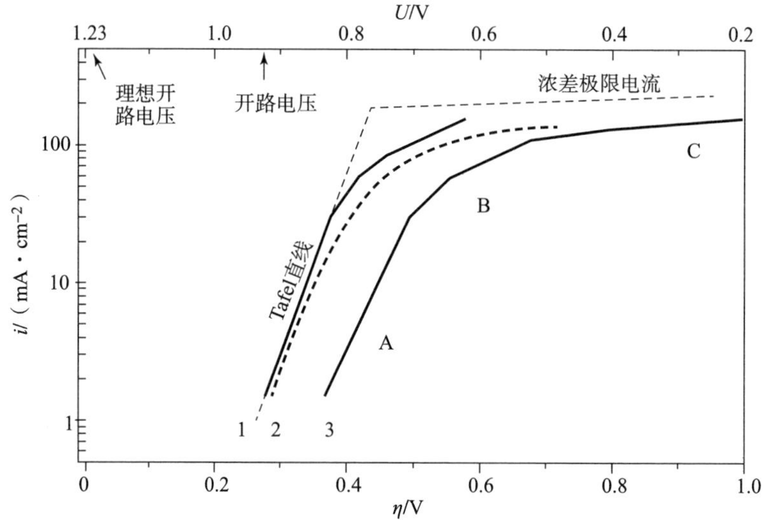

图 2.11 碱性燃料电池的电流密度－过电压的对数特性曲线
氧电极决定了电池电压（理论见 2.13 节）

$$E(I) = E_0 - b\log I - I R_{el} \quad 且 \quad E_0 = E_{00} + b\log I_0$$

式中　E_0——恒电压；

$E(I)$ ——电极电位；

I——电流强度；

I_0——交换电流（氧气还原）；

R_{el}——电解质电阻；

b——Tafel 斜率。

高温燃料电池具有较高的交换电流密度（$>1\ mA/cm^2$），因此 0 到几百 mA/cm^2 的特征曲线几乎都是线性的。

（3）工作范围。电解质和电极材料中的欧姆电压降（IR 压降）与电流成比例地增加。其优点是具有高导电率的离子导体，即较小的电解质电阻 R_{el}。

（4）极限电流范围。在电流较大的情况下，当反应物进入或离开反应的速率被确定时，特征曲线会发生扭曲，并且通过扩散和对流进行传质也会限制更快的电化学反应。电极前会形成一个浓度梯度。使用结构化的气体扩散电极和复杂的流量控制，在现代燃料电池中，只有电流密度达到几 A/cm^2 的情况下才会产生传质抑制。

电流 - 电压曲线的定性分析

$$\frac{dE}{dI} = -\frac{b}{I} - R_{el}$$

较小的电流：陡峭的电池电压降、活化过电压、电子迁移反应等。

中等电流密度：电极中的欧姆电压降（$R_{el} \propto b/I$）

较大的电流：浓差过电压以及浓差电流。

电极动力学由最慢的子步骤确定：在小电流下的电子迁移反应和在大电流下的附加扩散过程。有机燃料的特征曲线比氢氧气体电池的更为复杂。

2.10　阻抗谱

阻抗谱为对电极过程动力学进行深入了解打开了一扇窗。电子和离子导电材料对给定频率的交流电有一个复杂的电阻，即阻抗（视在阻抗）。交流电阻在数学上被当作一个复数量，并被表示为复平面中长度为 $Z = |\underline{\mathbf{Z}}|$ 和角度为 φ 的矢量 $\underline{\mathbf{Z}}$（表 2.14）。交流电流和电压随时间周期性地变化，它们不能同时达到最大值，并因此推后了 $\varphi T/(2\pi)$[φ 为相角（单位为弧度），T 为周期]。

表 2.14 阻抗谱

阻抗
欧姆定律 $\underline{Z}=\frac{\mathrm{U}(t)}{\underline{I}(t)}=\frac{\hat{\underline{U}}}{\hat{\underline{I}}}=\frac{\hat{U}}{\hat{I}}\mathrm{e}^{\mathrm{j}(\varphi_u-\varphi_i)}$ $=\lvert\underline{Z}\rvert\mathrm{e}^{\mathrm{j}\varphi}=Z(\cos\varphi+\mathrm{j}\sin\varphi)$ $=\underline{U}/\underline{I}$ $=\mathrm{Re}\underline{Z}+\mathrm{j}\ \mathrm{Im}\underline{Z}=R+\mathrm{j}X$ 有效电阻（电阻） $R=\mathrm{Re}\underline{Z}=Z'=\lvert\underline{Z}\rvert\cos\varphi$ 电抗 $X=\mathrm{Im}\underline{Z}=Z''=\lvert\underline{Z}\rvert\sin\varphi$ 阻抗值 $Z=\lvert\underline{Z}\rvert=\frac{U_{\mathrm{eff}}}{I_{\mathrm{eff}}}=\frac{\hat{U}}{\hat{I}}$ $=\sqrt{(\mathrm{Re}\underline{Z})^2+(\mathrm{Im}\underline{Z})^2}$ 电压和电流之间的相移角 $\tan\varphi=\tan(\varphi_u-\varphi_i)$ $=\frac{\mathrm{Im}\underline{Z}}{\mathrm{Re}\underline{Z}}=\frac{X}{R}=\arctan\frac{Q}{P}$ 导纳(视在导纳)
$\underline{Y}=\frac{1}{\underline{Z}}$ 电容
$C(\omega)=\mathrm{Re}\lvert\underline{C}\rvert=\frac{\mathrm{Im}\underline{Y}}{\omega}=\frac{-\mathrm{Im}\underline{Z}}{\omega\lvert\underline{Z}\rvert^2}$

为了得到交流电流通过电极或电池的阻抗，可测量以下两项：

（1）欧姆电阻或者有效电阻（由电极材料、电解质、供应线路、触点、面层产生的）在电流通过时的发热量。

（2）电感和电容（通过可逆和不可逆电极反应产生）的作用与电抗一样并在电流通过时不会放热。

如果电抗 X 是负值，则阻抗 $\underline{Z}$ 为容抗，即电压紧随在电流之后并且 φ 为负。

如果电抗 X 是正值，则阻抗 $\underline{Z}$ 为感抗，电压在电流之前并且 φ 为正。

阻抗量 Z 取决于频率，并且随着频率的降低而近似于直流极化电阻 R_{P}。

$$Z(\omega) = Z_L + R_{el} + Z_D + Z_d + Z_r + Z_k + \cdots \tag{2.21}$$

R_P 结合了所有电动力学抑制的欧姆电阻，并产生电解中的分解电压和燃料电池中的实际电池电压。极化电阻和电解质电阻一起构成了电池内部电阻 R_i。

$$R_i = R_L + R_{el} + \underbrace{R_D + R_d + R_r + R_k + \cdots}_{R_P} \tag{2.22}$$

式中：R_i 为内阻；R_P 为极化电阻；R_L 为线缆电阻；R_{el} 为电解质电阻；R_D 为电子传递电阻；R_d 为浓差电阻；R_k 为晶化电阻；Z 为电池阻抗，Ω；Z_L 为供电线路的阻抗；Z_D 为扩散阻抗；Z_d 为浓差阻抗；Z_k 为晶化阻抗；ω 为角频率，$\omega = 2\pi f$。

极化电容 $C_P(\omega)$ 描述了电极的电化学活性。

方程适用于单电极和电池堆。电阻和电容通常基于电极面积，分别以 $\Omega \cdot cm^2$ 和 F/cm^2 为单位给出。

燃料电池或者单个电极的阻抗谱包含三个弯曲并显示当前的运行状态，如图 2.12 所示。

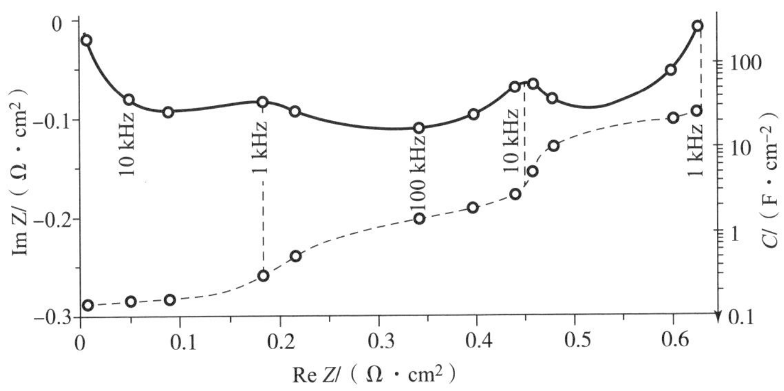

图 2.12　PEM 燃料电池的阻抗谱：轨迹（约定的数学符号）和电容的频率响应

>1 kHz：高分子电解质；

<1 kHz：电子迁移反应；

<10 Hz：扩散抑制。

（解释见 4.4 节）

（1）电解质弧段。高频弧（ > 1 kHz，位于轨迹左侧）描述了电解质的欧姆和电容特性。弧的直径对应于电解质电阻 R_{el}，曲线最小时的角频率 ω_m 是时间常数 τ 的倒数。

①在能够很好地传导电流（高达 1 S/cm）的稀释酸和碱水溶液中，电解质弧段不会在通常的测量频率（ <1 MHz）下出现。在这种情况下，可将 R_{el}

确定为轨迹与实轴的高频交点。[1]

②熔体和固体电解质显示出明显的电解质弧段。[2] 对于膜而言，电解质弧段的电阻和电容还能给出有关湿度的信息。

（2）电极弧段。中频弧（1～1 000 Hz）反映了电极过程的速度，特别是电极与电解质中的反应性物质之间的电子传递（电子传递过程）。电子传递电阻 R_D 和双层电容 C_D 与电催化剂的活性相关，如图 2.12 所示。

（3）传质弧段。低频弧（ <1 Hz）反映了从电极离开和进入电极的反应物与产物传质抑制。典型的扩散抑制是理论上 45°倾斜的直线线段，其仅在低频时包含在圆弧中。其原因可能是高电流下的燃料气供应不足，或因为燃料气必须首先渗透电极表面的水膜，然后才能在电催化剂处进行反应。

由于其较小的过电压，氢电极只起基准电极的作用，因此测得的阻抗和电池电压基本上显示氧电极处的情况。一般来说，阻抗谱覆盖了所有电池组件的阻抗，见表 2.15。

表 2.15

电解质电阻
$R_{el}=\frac{\rho d}{A}=\frac{K}{\kappa}$ $K=\frac{d}{A}$ 角频率 $\omega=2\pi f$ 时间常数 $\tau=RC=\frac{1}{\omega_m}$ 电池阻抗
$Z=Z_{阳极}+Z_{阴极}+Z_{电解质}$ 电池电容
$\frac{1}{C}=\frac{1}{C_{阳极}}+\frac{1}{C_{阴极}}$
κ——电导率（S/m）； ρ——比电阻（Ω·m）； A——实际电极横截面（m^2）； d——电极间距（m）； K——电池常数（m^{-1}）； m——弧最小值

① 例如：在硫酸溶液中或在碱性体系中（AFC）。

② 例如：YSZ（在 SOFC 中）和 PEM（在 PEFC 中）。

2.11　等效电路

电极过程可通过电子技术网络建模，最简单的方法是将双电层电容 C_D 与电子迁移电阻 R_D 和其他阻抗元件 $Z_P(\omega)$ 并联在一起，然后再与电解质电阻 R_{el}并联连接。

网络元件

R_{el}电解质电阻：测量电极之间的溶液的欧姆电阻（图 2.13 和图 2.14）。

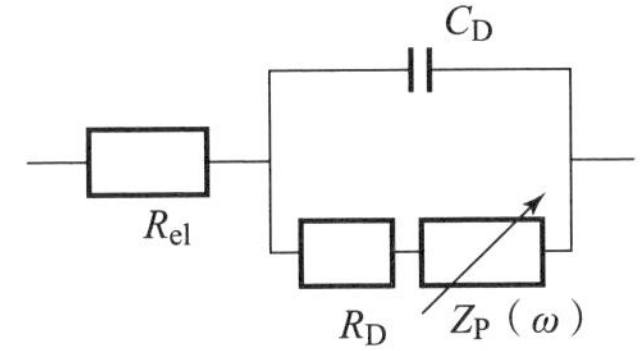

图 2.13　交流载流电极的一般等效电路

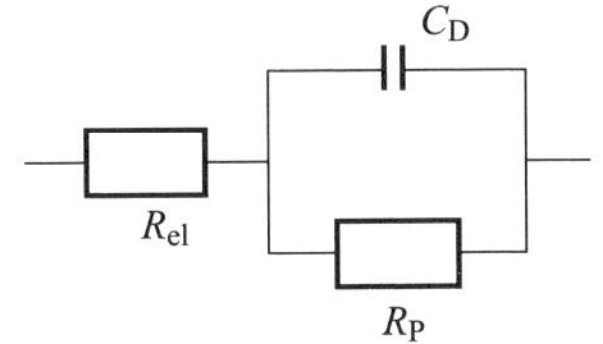

图 2.14　电子迁移电极的等效电路

Z_L 感抗（电感）：对载流导体中的自感应进行建模，如电缆电感。

$$Z_L = j\omega L \quad , \quad U = -L\frac{dI}{dt}$$

Z_C 容抗：对由于电解双层（吸附层或封盖层）中的电压变化而引起的充电过程进行建模。电极和电池容量是有损的并且取决于电压。

无损电容：$Z_C = [j\omega C]^{-1}$，$C = \dfrac{dQ}{dU}$

恒相角元件（Constant Phase Element，CPE）：有损电容的经验模型（$B = 0 \sim 1$）。

$$Y_{CPE} = A(j\omega)^B = A\omega^B[\cos(\varphi\pi/2) + j\sin(\varphi\pi/2)]$$

在 $B = 0.5$ 时，相当于 Warburg 阻抗。

Z_d 浓差阻抗：通过线性扩散来模拟电极表面与溶液之间的传质抑制。

（1）Warburg 阻抗：无限延伸的扩散层的扩散阻抗。Warburg 参数 A（单位：$\Omega s^{-0.5}$）是测量扩散阻抗 R_d 的一个量。

$$Z_W = \frac{A}{\sqrt{j\omega}} = \frac{A}{\sqrt{2\omega}} = -j\frac{A}{\sqrt{2\omega}}$$

$$A = \frac{|v_i| m_i RT}{(zF)^2 c_i \sqrt{D_i} A} \frac{|I_i|}{I}$$

式中：c_i 为浓度；D_i 为扩散系数；i 为活性物质；A 为电极表面；I_i 为阴离子流或阳离子流分量；I 为电流。

（2）Nernst 阻抗：有限扩散层厚度 δ_N 的扩散阻抗。

$$Z_N = \frac{A}{j\omega}\tanh\left[\sqrt{\frac{j\omega}{k_N}}\right]$$

浓度波的穿透深度 $d_i = \sqrt{\frac{2D_i}{\omega}} = \delta_N\sqrt{\frac{2k_N}{\omega}}$ 不小于扩散层 δ_N，特别是在直流下。速率常数 $k_N = D_i/d_N^2 = 1/\tau_N$。

Langmuir 等温吸附的反应级数：$m_i = 1$。

扩散层厚度

（1）静态电极

$$\delta_N = \frac{zFDc^b}{i_{lim}}$$

（2）旋转圆盘电极层流，Levich 方程

$$\delta_N = 1.75\ (2\pi f)^{-0.5} v^{1/6} D^{1/3}$$

Z_r 反应阻抗：带上游均相或非均相化学反应的电子传递反应等效电路图中的电路元件。

Z_{ad} 吸附阻抗：通过从电解质中吸附物质产生的传质抑制。吸附阻力、吸附能力和扩散阻抗的串联电路。

2.12 电极表面

在没有外部电流和外部电压的情况下，如果将导体浸入溶液，会发生什么情况？在电子导体（电极）和离子导体（电解质）之间的相界面会形成电解双层，如图 2.15 所示。

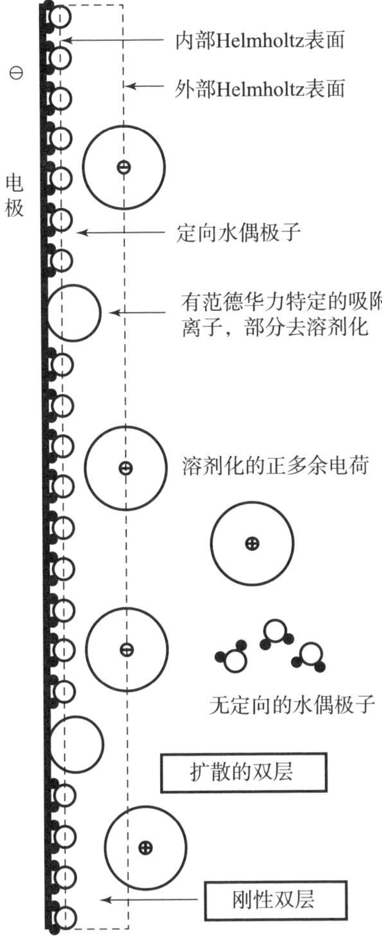

图 2.15　电极表面前双层电解质结构

1. 刚性双层的 Helmholtz 模型

根据它们的标准电极电位，金属倾向于自愿地释放电子以形成阳离子。由此加载的电极表面可从电解质中吸引带相反电荷的离子，从而形成约 100 nm 厚的刚性双层。电极 σ 和电解质侧 $-\sigma$ 的表面电荷密度大小相等。

$$|\vec{D}| = \frac{Q}{A} = \varepsilon_r \varepsilon_0 |\vec{E}| = \frac{\varepsilon \Delta\varphi}{d} \tag{2.23}$$

式中：$\vec{D}$ 为介质位移，C/m^2；$\Delta\varphi$ 为伽伐尼电压。

电极内部（E）和电解质内部（L）具有不同的未知电位，所以在双层中，伽伐尼电压 $\Delta\varphi=\varphi_E-\varphi_L$ 下降，也称为电极电位，可以相对于参比电极测量。① 在刚性层中，电势线性下降，如图 2.16 所示。

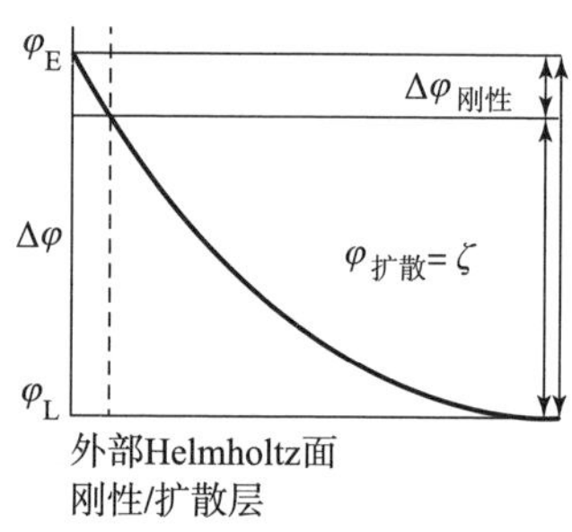

图 2.16　双层中的电位曲线

双层电容在光滑表面上可达 5 ~ 50 μF/cm²，在粗糙表面上只有几毫法，并可通过平板电容器建模。

$$C_D(H)=\frac{dQ}{dU}=A\frac{d^2\sigma}{d(\Delta\varphi)^2}=\frac{\varepsilon_0\varepsilon_r A}{d} \tag{2.24}$$

2. Stern 双层模型

双层电容取决于电解质溶液的浓度。Stern 模型结合了刚性的 Helmholtz 层和“扩散的” Gouy - Chapman 层，其中电极前的多余电荷通过热运动和渗透进入电解质内部。溶剂层在电极前扩散。溶剂化离子吸附在外部的 Helmholtz 面（OHP）上。②

在稀电解质溶液中，扩散层较宽；离子强度从 0.1 mol/L 起，然而，高电位实际上出现在刚性双层中（在 100 kV/m 下约 0.1 nm）。

假设电解质溶液被细分成相互之间热平衡的平行层 dx，并且每层中离子的能量会根据局部电势 φ 连续变化，通过对称含水电解质的 Poisson - Boltzmann 公式可以得出扩散双层中空间上下降的电位曲线。电极的电荷或电势 φ_0 越大，$\varphi(x)$ 下降越陡，并且双层也就越紧凑。

双层电容随电压而变化。在零电荷电位 φ_z③ 时，电极表面前第一个单层中的水偶极子从与氢原子的吸附中翻转到氧原子。在零电荷电位时：

（1）双层电容最小，即无自由的多余电荷，刚性双层，不带电表面。

（2）ζ 电势④为零（$\zeta=\varphi_{OHP}-\varphi_L=0$）。

---

① $E=\Delta\varphi=\varphi_E-\varphi_{ref}$，其中 φ_L 被排除。

② 伏打电位 ψ，外部电位；双层离子含量的（多余电荷）。

③ Lippmann 电位，零电荷电位（PZC），见表 2.17。

④ 扩散双层的 ζ 电势、电动势、伽伐尼电压对于移动溶液非常重要。

(3) 表面张力最大［电毛细现象最小（ECM）；同性电荷排斥最小］。[①]

对称电解质（例如：NaCl）的电位曲线，如图 2.16 所示。

电荷密度

$$\varphi(x)=\frac{4kT}{ze}\arctan\left[\tanh\left(\frac{ze\varphi_0}{4kT}\right)\mathrm{e}^{-B(x-x_{\mathrm{OHP}})}\right]$$

$$B=\sqrt{\frac{2z^2e^2N^{\mathrm{b}}/V}{\varepsilon kT}}\approx 3.288\times10^9\ z\sqrt{c^{\mathrm{b}}}/\mathrm{m}(25\ ℃)$$

$$\sigma=-\varepsilon\left(\frac{\mathrm{d}\varphi}{\mathrm{d}x}\right)_{\mathrm{OHP}}=\sqrt{\frac{8kT\varepsilon N^{\mathrm{b}}}{V}}\sinh\left(\frac{ze\varphi_{\mathrm{OHP}}}{2kT}\right)$$

双层电容（单位为 F/m^2）。刚性层和扩散层反复相加（串联）。对于光滑的电极：

$$\frac{1}{C_{\mathrm{D}}}=\left(\frac{\mathrm{d}\sigma}{\mathrm{d}\varphi_0}\right)^{-1}=\underbrace{\frac{x_{\mathrm{OHP}}}{\varepsilon}}_{\text{刚性}}+\underbrace{\left[F\sqrt{\frac{2z^2\varepsilon c^{\mathrm{b}}}{RT}}\cosh\left(\frac{zF\varphi_0}{2RT}\right)\right]^{-1}}_{\text{扩散}}$$

双层的等效电路如图 2.17 所示。

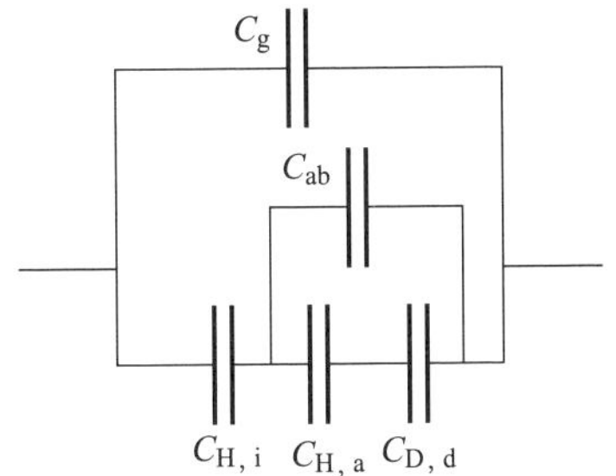

$C_{H,i}$：内部Helmholtz面；
$C_{H,a}$：外部Helmholtz面；
$C_{D,d}$：扩散双层；
C_{ad}：吸附能力；
C_g：几何容量

图 2.17　双层的等效电路

表面张力　$\gamma=\dfrac{1}{A}\iint_{\varphi_z}^{\varphi}C_{\mathrm{d}}\mathrm{d}\varphi$　（$N/m = kg/s^2$）

① 电毛细管作用。毛细管中与电解质接触的汞或镓高度在施加电压时会发生改变。当用硫酸润湿时，汞滴会变平（表面张力降低）。

德拜（Debye）长度 $\beta = \frac{1}{B} = \sqrt{\frac{\varepsilon_0 \varepsilon_r kT}{2N_A e^2 I}}$

离子强度 $I = \frac{1}{2}\sum_{i=1}^{N} z_i^2 c_i$ (in mol/L)

Debye 长度：25 ℃下水溶电解质（1∶1）中的扩散双层厚度见表 2. 16，汞的零电荷电位见表 2. 17。

表 2. 16 Debye 长度：25 ℃下水溶电解质（1∶1）中的扩散双层厚度

$c^b/(\mathrm{mol \cdot L^{-1}})$	1	0. 1	0. 01	0. 001	0. 0001
β/nm	0. 3	0. 96	3. 04	9. 62	30. 4

表 2. 17 汞的零电荷电位 mV NHE

$c/(\mathrm{mol \cdot L^{-1}})$	NaF	NaCl	KBr	KI
1	192	276	370	540
0. 1	192	225	300	440
0. 01	200	—	260	380

2. 13 电极过程的动力性

电极表面开始进行电化学过程，如图 2. 18 所示。

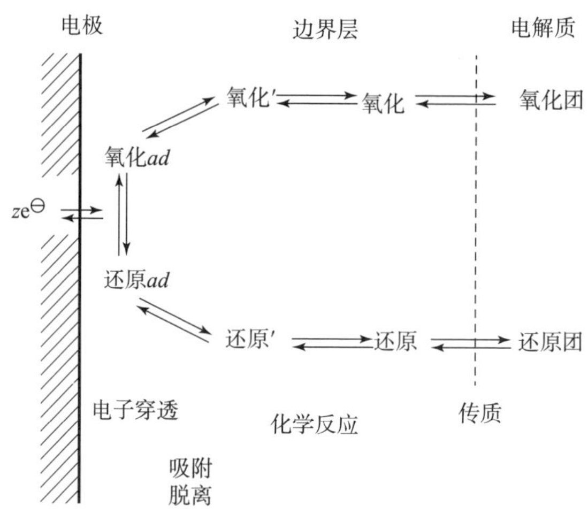

图 2. 18 电极和电解质之间相界面上的过程

(1) 传质（扩散、对流）。

(2) 电子转移（穿透过程）。

(3) 在电子迁移反应之前或之后发生的均相或非均相催化反应。

(4) 表面反应（吸附、晶化）。

电极过程受到动力学抑制，即其无法任意快速地运行，但最慢的步骤决定了整个电极反应的速度，从而决定了电流流动的密度。

不可逆的电极过程起到了电阻的作用并释放热量，如电荷迁移、异相反应。

可逆电极过程就像电抗一样，遵循能斯特方程和法拉第定律，如反应抑制和扩散抑制。

对电极的动力学影响，包括以下几个方面。

(1) 外部变量：温度、压力、时间、平衡位置。

(2) 电物理量：电势、电流、电荷、极性。

(3) 电极材料：几何形状、表面。

(4) 传质：扩散、对流、表面浓度、吸附。

(5) 电解质：体浓度、pH 值、溶剂。

(6) 测量方法：系统在负荷下的改变。

电极反应类型见表 2.18。

表 2.18　电极反应类型（r 可逆的，q 准可逆的，i 不可逆的）

电极反应	$Ox + ze^{\ominus} \rightleftharpoons Red$
上游化学反应（第 1 级）	$Y \rightleftharpoons Ox \underset{}{\overset{ze^{\ominus}}{\rightleftharpoons}} Red$
催化反应（第 1 级）	$A + e^{\ominus} \rightleftharpoons B \longrightarrow A + C$
（第 2 级）	$2A + 2e^{\ominus} \rightleftharpoons 2B \longrightarrow A + C$
$EC_{r,q,i}$ – 机理：电化学	$Ox + ze^{\ominus} \rightleftharpoons Red \longrightarrow P$
$ECE_{r,q,i}$ – 机理	$Ox + ze^{\ominus} \rightleftharpoons Red \longrightarrow A \xrightarrow{ze^{\ominus}} B$
二聚作用	$Ox + ze^{\ominus} \rightleftharpoons Red \xrightarrow{Red} Red_2$
聚合作用	$Ox + ze^{\ominus} \rightleftharpoons Red \cdots \xrightarrow{n\ Ox} Red \cdot Ox_n \longrightarrow B$
电极上…	$Ox \rightleftharpoons Ox_{ad} \xrightarrow{+ze^{\ominus}} B_1$
和在溶液中的平行反应	$Ox \xrightarrow{+ze^{\ominus}} B_2$
速度决定的吸附	$Ox \xrightarrow{+ze^{\ominus}} Red \longrightarrow Red_{ad}$
吸附过程	$Ox \rightleftharpoons Ox_{ad}$
初步反应和吸附	$Y \rightleftharpoons Ox \rightleftharpoons Ox_{ad}$

2.13.1 无扩散下的电子迁移动力学

电荷迁移的速度，即电子通过相界的迁移决定了电极的电化学活性。电活性原子、离子或分子在外部 Helmholtz 表面中的电极前方自由地徘徊[①]或被吸附在内部 Helmholtz 表面上。[②] 电子从电解质中的活性物质穿过电解双层进入阳极的导带（在阴极处返回）。根据法拉第定律，在迁移电极处，[③] 电流 I 和通过电极-电解质界面输送电荷 Q 的反应速率 r 成比例。在“阻塞电极”处，会发生非法拉第过程（吸附、脱离）。

Butler - Volmer 方程：模拟迁移受限电极反应 $S_{ox} + ze^{\ominus} \rightleftharpoons S_{red}$ 的电流密度过电压曲线 i（η）。公式符号参见下一页：

$$i = i_0 \left[\frac{c_{ox}(0,t)}{c_{ox}^{b}} e^{\alpha zF\eta/RT} - \frac{c_{red}(0,t)}{c_{red}^{b}} e^{-(1-\alpha)zF\eta/RT} \right]$$

特殊情况：快速传质（搅拌溶液），表面浓度 = 体积浓度

$$i = i_0 [e^{\alpha zF\eta/RT} - e^{-(1-\alpha)zF\eta/RT}] = i_0 [e^{\ln 10 \cdot \eta/b_{\oplus}} - e^{-\ln 10 \cdot \eta/b_{\ominus}}] = i_{\oplus} + i_{\ominus}$$

交换电流密度。在电化学平衡中，没有外部电流流过电极。穿过电极/电解质相界的阴离子和阳离子电流密度相等。k 为异相电极反应速率常数。

$$i_0 = i_{\oplus} = | i_{\ominus} | = zFk \, (c_{ox}^{b})^{1-\alpha} \, (c_{red}^{b})^{\alpha} \approx zFkc^{b}$$

法拉第电流密度：迁移反应的速率与电流成正比。符号：⊕阳极氧化，⊖阴极还原；r 为反应速率。

$$i = \frac{I}{A} = \frac{1}{A}\frac{dQ}{dt} = -\frac{zF}{A}\frac{dn}{dt} = zFr$$

Tafel 公式：在过电压较大时（$\eta \gg 70$ mV，$RT/F \ll 1$），即逆反应可忽略时，电流密度过电压曲线是线性的（不可逆电子迁移动力学）。迁移反应的 Tafel 图表如图 2.19 所示。

$$|\eta| = \underbrace{\frac{RT \ln 10}{\alpha zF}}_{b_1} (\lg i - \lg i_0) \qquad \text{（阳极）}$$

$$|\eta| = \underbrace{\frac{RT \ln 10}{(1-\alpha)\, zF}}_{b_2} (\underbrace{\lg i}_{x} - \underbrace{\lg i_0}_{a/b_2}) \qquad \text{（阴极）}$$

① OHP = outer Helmholtz plane（外部 Helmholtz 面）：由距离电极有效离子半径（Debye 长度）处溶剂化多余离子的电荷中心形成的平面（为 0.3～1 nm）。

② IHP = inner Helmholtz plane（内部 Helmholtz 面）：由吸附的水偶极子和部分去溶剂化的离子形成的面。见图 2.15。

③ charge transfer electrode（电荷传输电极）或者 nonblocking electrode（非阻塞电极）。

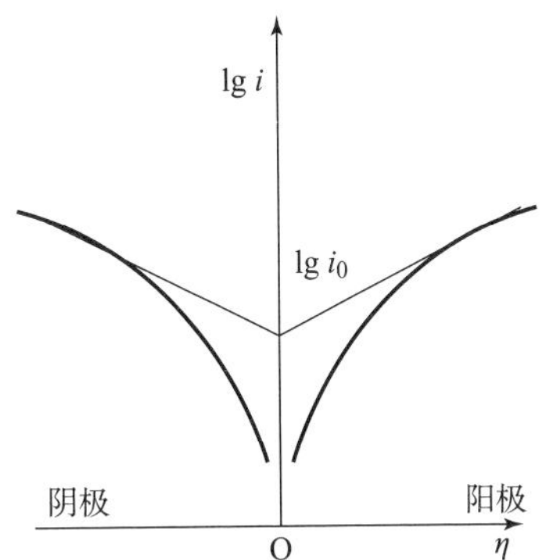

图 2.19　迁移反应的 Tafel 图表。典型斜率 $b = (118/z)\,\mathrm{mV}/(°)$

迁移系数、传递系数或对称系数。其为测量迁移反应的活化峰和电流－电压曲线对称性的量。

$\alpha < 0.5$：还原物侧；较平的 $i-E$ 曲线。

$\alpha > 0.5$：氧化物侧；陡峭的 $i-E$ 曲线。

迁移阻力：通过 Butler－Volmer 方程可得出过电压 η 的为（$e^x \approx 1+x$）。

$$R_D = \frac{\eta_D}{I} = \frac{RT}{zFI_0}$$

活化能：激活能量：在 Arrhenius 公式下，其为电流温度曲线的斜率。

$$E_A(\eta) = -R\frac{\mathrm{d}\ln I}{\mathrm{d}(1/T)} \quad (\mathrm{J/mol})$$

2.13.2　扩散受限的迁移反应

因为扩散边界层在接通电流之后缓慢增加，所以静态电极仅在几秒到几分钟后才达到其平衡电位。在交流电下，会出现一个准静态的电势，如图 2.20 所示。

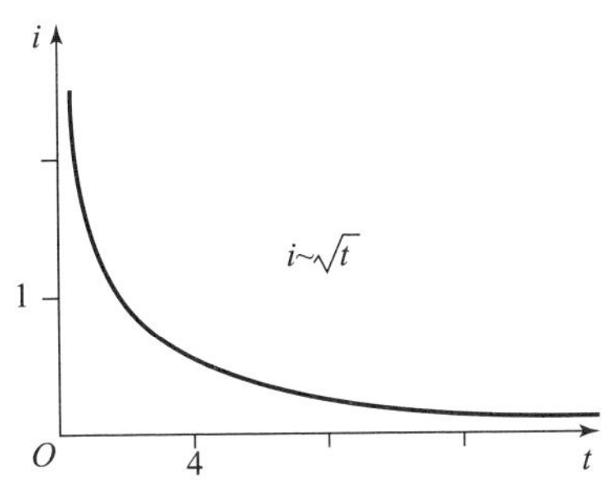

图 2.20　恒定电极电势下电流密度的下降

通过以下现象，反应物通过扩散边界层从电极并向电极进行传质：

（1）自然对流（在静态溶液中，由于局部密度差异）。

（2）强制对流（在搅拌的溶液中）。

在超过一定的电位时，电化学转换物质（去极化剂）的扩散确定了电极反应速度。尽管电压增加，扩散极限电流最大，但随着搅拌速度的增加其还会增大，在旋转圆盘电极中其与转速成正比 $i_{\lim} \sim \sqrt{\omega}$，并且在湍流下只呈现出小的波动，如图 2.21 所示。

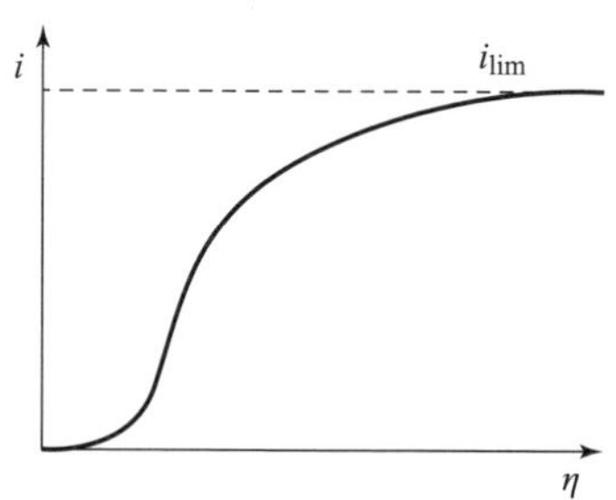

图 2.21　电流密度过电压曲线：迁移抑制和扩散抑制相叠加

Tafel 公式（阳极，较大的过电压 $\eta \gg 70$ mV，$RT/F \ll 1$，逆反应被忽略）。

$$\eta = \frac{RT\ \ln 10}{\alpha zF}\left(\lg \frac{i_0}{i_{\lim}} + \lg \frac{i_{\lim} - i}{i}\right) = I\ (R_{\mathrm{D}} + R_{\mathrm{d}})$$

扩散阻力：　　通过 Nernst 方程以及

$c_i^{\mathrm{s}}/c_i^{\mathrm{b}} = 1 - i/i_{\lim}$，$c_j = 1$（$i$，$j$ 氧化或还原）：

$$R_{\mathrm{d}} = \frac{\eta_{\mathrm{d}}}{I} = \frac{RT}{zF\,|\,I_{\lim}\,|}$$

电流密度　　$i = i_{\lim}\ (1 - \mathrm{e}^{-zF\eta/RT}) = -zFr$

边界电流密度　　$i_{\lim} = zF\beta c^{\mathrm{b}}$，$\beta = \sqrt{\dfrac{D}{\delta}}$

扩散边界层　　$\delta = zFDc^{\mathrm{b}}/i_{\lim} \approx 1 \sim 100\,\mu\mathrm{m}$

$\delta = 1.61 D^{1/3}\omega^{-1/2}\nu^{1/6}$　（旋转盘）

浓度下降　　$\dfrac{c^{\mathrm{s}}}{c^{\mathrm{b}}} = 1 - \dfrac{i}{i_{\lim}}$

Fick 定律：　　$r = -D\dfrac{\partial c}{\partial x} \approx -D\left(\dfrac{c^{\mathrm{b}} - c^{\mathrm{s}}}{\delta}\right)$

式中　A——电极横截面面积（m^2）　　Q——电荷数量（C = A · s）；

b——Tafel 斜率［V/(°)］；　　R——摩尔气体常数；

c——摩尔常数（mol/L）；　　r——反应速度［mol/（s · m^2）］；

c^{b}——电解质内部；
c^{s}——电极表面上；
D——扩散系数（m^2/s）；
F——法拉第常数（C/mol）；
I——电流强度（A）；
i——电流密度（A/m^2）；
i_0——交换电流密度（A/m^2）；
i_{lim}——极限电流密度；
k——速率常数（m/s）；
T——热力学温度（K）；
t——时间（s）；
z——离子价（Dim. 1）；
α——迁移系数；
β——传质系数（m/s）；
δ——边界层厚度（m）；
η——过电压（+ 阳极，－阴极）；
φ——电势（V）；
ω——旋转角频率（s^{-1}）。

2.13.3　电极化学反应

时间上在迁移反应之前或之后的均相或非均相化学反应（例如，在氢脱附或生成水之前，弱酸或复杂化合物的分解）决定了双层边缘上的浓度。而且，电极表面上的浓度也不同于电解质中的体积浓度（$c^{s}\neq c^{b}$）。多相反应伴随着吸附和脱离，并对电极毒素敏感。扩散抑制和反应抑制的总和称为浓度极化，尤其发生在高电流密度下的静态冷电解质中。

浓度过电压 η_c = 浓差过电压 η_d + 反应过电压 η_r

浓度或压力梯度取决于燃料利用率、电极孔隙率、膜渗透性和主要的电化学（不）平衡。

析出物（被吸附的原子）掺入晶格，成核和晶体生长过程中的结晶抑制通常归类于反应抑制。快速过程（≫100 kHz）对于燃料电池并不重要。

反应过电压　$\eta_r=\varphi_0(c^{s})-\varphi_0(c^{b})=\dfrac{RT}{zF}\ln\dfrac{c^{s}}{c^{b}}$

反应速度　$r=k_1(c_1^{s})^m-k_{-1}(c_2^{s})^m$

电化学反应级数　$m=\left.\dfrac{\partial \lg i}{\partial \lg c}\right|_E$

2.13.4　电解质中的电荷传递

由电解质电阻和表面层造成的电阻压降（IR 压降）不是动力学抑制并且与电流密度无关。借助于 Haber－Luggin 毛细管在测量电势时可以在很大程度上消除测量误差（三电极布置如图 2.4 所示）。

离子的缓慢迁移在水溶液中不起作用。在有机电解质中加入惰性导电盐（例如：四氟硼酸四乙胺），由其来进行电流输送并且不经历电极反应。在固体电解质中，通常只有在电场强迫下运输电荷的离子是可移动的。

Poisson 方程 $\nabla \boldsymbol{E}(\boldsymbol{r}) = \rho/\varepsilon \text{mit } \boldsymbol{E}(\boldsymbol{r}) - \text{grad}\varphi(\boldsymbol{r}) \Rightarrow \Delta\varphi(\boldsymbol{r}) = -\dfrac{\rho}{\varepsilon}$

电解质在整体上是电中性的，所以$\nabla \boldsymbol{E} = 0$。

Nernst - Planck 方程 $$r = \frac{l}{A}\frac{\mathrm{d}n_i}{\mathrm{d}t} = \underbrace{\frac{i}{zF}}_{(\text{反应})} + \underbrace{\left(-D_i\frac{\partial c_i(x)}{\partial x}\right)}_{(\text{扩散})} + \underbrace{\boldsymbol{v}_{x,i}c_i}_{(\text{对流})} + \underbrace{t_i\frac{i}{zF}}_{(\text{迁移})}$$

在加入导电盐时可以忽略迁移。

在 $Sc = \nu/D \gg 1\,000$ 时，可以排除对流。

迁移数 $t_i = \dfrac{I_i}{I} = \dfrac{|z_i|u_i c_i}{\Sigma|z_i|u_i c_i} = \dfrac{|z_i|\lambda_i c_i}{\Sigma|z_i|\lambda_i c_i}$ λ_i 摩尔离子电导率

扩散系数 $D_i = \dfrac{u_i RT}{z_i F} = \dfrac{\lambda_i RT}{(z_i F)^2}$ u_i离子迁移率

2.14 氢电极

水溶液中的阴极氢气脱附发生在分解电压（理论上 1.23 V）以上。电极的过程是：①传质；②迁移过程；③重组。在氢氧燃料电池中，这些过程是反向运行的。具体脱附时的电极过程见表 2.19。

表 2.19 氢气脱附时的电极过程

①从溶液内部扩散（主体相）；②电子迁移反应；③化学反应。

在酸溶液中	在碱溶液中
$E^0 = 0$ ① $H^{\oplus}$（主体）$\rightleftharpoons H^{\oplus}$（双层） ② $H^{\oplus} + e^{\ominus} \rightleftharpoons H_{ad}$ ③ $H_{ad} + H_{ad} \rightleftharpoons H_2$　$\mid :2$	$E^0 = -0.828$ V NHE $H^{\oplus}$（主体）$\rightleftharpoons H^{\oplus}$ $H_2O + e^{\ominus} \rightleftharpoons H_{ad} + OH^{\ominus}$ $H_{ad} + H_{ad} \rightleftharpoons H_2$　$\mid :2$
$H^{\oplus} + e^{\ominus} \rightleftharpoons \frac{1}{2}H_2$	$H_2O + e^{\ominus} \rightleftharpoons \frac{1}{2}H_2 + OH^{\ominus}$

在中性溶液中，因为不需要 $OH^{\ominus}$，燃料电池中的阳极氢氧化 $H_2 \rightleftharpoons 2H^{\oplus} + 2e^{\ominus}$占主导地位。在电解的情况下，阴极上的 $H_2O + e^{\ominus} \rightleftharpoons \frac{1}{2}H_2 + OH^{\ominus}$过程在 pH = 7 时占优势。

在一定温度和压力下，氢电极的电势可由能斯特方程得出：

$$E = E^0 - \frac{RT}{F}\ln\frac{\sqrt{p_{H_2}/p^0}}{aH^{\oplus}}$$

$$E\ (25℃) = -0.059\ 16 \times \left[\mathrm{pH} + \frac{1}{2}\lg\left(\frac{p_{H_2}}{p^0}\right)\right] \tag{2.25}$$

电解：H_2 脱附的电势 E^0 见表 2.20。

表 2.20　电解：H_2 脱附（V NHE）的电势 E^0

pH = 0	pH = 7	pH = 14
0	−0.414	−0.828

法拉第定律适用于通过直流电解进行的氢气和氧气脱附，具体见表 2.21。

表 2.21　法拉第定律：在 0 ℃和 102 325 Pa 下，单位电荷脱附的气体体积

氧气：
0.058 02 mL/C = 0.208 9 L/（A · h）
氢气：
0.116 2 mL/C = 0.418 5 L/（A · h）

（1）脱附的物质量与电荷量成正比。

（2）由相同电荷量脱附的质量 m 之比为等摩尔质量 M/z 或电化学当量 k。法拉第常数 $F = 96\ 485$ C 对应于 1 mol 电子的电荷。

$$Q = \int I\mathrm{d}t = zFn = \frac{m}{k}\quad,\quad k = \frac{M}{zF} \tag{2.26}$$

在脱附理想气体时：

$$m = \frac{V_0 M}{V_m} = \frac{pV}{T}\frac{T_0}{p_0}\frac{M}{V_m},\quad V = \frac{T}{p}\frac{p_0}{T_0}\frac{V_m}{zF}\cdot Q \tag{2.27}$$

摩尔标准体积：

$$V_m = \frac{RT}{P^0} = 22.4\ \mathrm{m^3/kmol}$$

式中：M 为摩尔质量，g/mol；m 为脱附的质量，kg；p_0 为标称压力，101 325 Pa；T_0 为标称温度，0 ℃；V 为脱附出的气体体积，m^3；V_0 为在0 ℃下的体积。

电流利用率 α（相对于法拉第的实际脱附质量）考虑到了实际电解的损失。H_2 脱附的过电压在铂上最低，在汞上最高。实际上，由于成本原因，常使用钢阴极。

2.15 氢氧化

在氢氧燃料电池的阳极上，进行着电解氢脱附过程的逆反应。氢电极上的电极过程如图 2.22 所示。

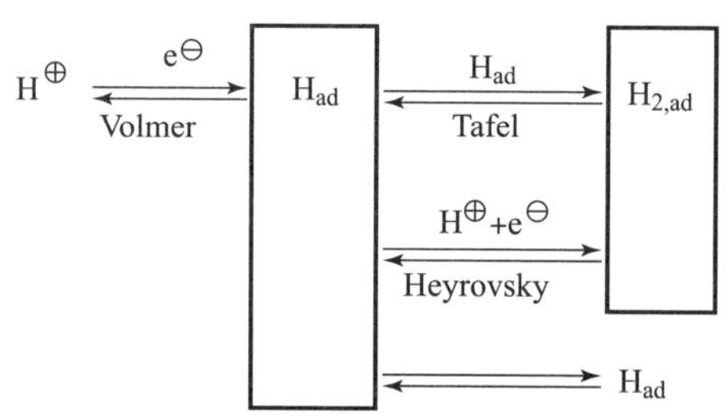

图 2.22 氢电极上的电极过程

（1）析出氢通过扩散和对流被传输到电极表面，并吸附在上面。

（2）断开 H－H 键生成原子吸附的氢（Tafel 反应）和迁移反应（Volmer 反应和/或 Heyrovsky 反应）。

（3）通过扩散和对流将双层区域形成的水合氢离子送走。

①Volmer － Tafel 机理对于酸性溶液中的铂金属是决定性的，在 $n = 2$ 时，电荷迁移发生相当于一个电子步骤。电极总反应价为 $z = 2$，但是每个迁移反应 $n/z = 1$，从而使得电流 － 电压关系为 F/RT 而不是 $2F/RT$。Volmer 反应速率受到铂、汞、铜、银和铁的限制，阴极 Tafel 斜率通常为 118 mV，具体如表 2.22 和图 2.23 所示。

迁移电流密度　　$i_D = i_0[e^{\alpha F\eta_D/RT} - e^{-(1-\alpha)F\eta_D/RT}]$

接近平衡时　　$i_D = \dfrac{i_0 F}{RT}\eta_D$ 和 $R_D = \dfrac{RT}{i_0 F}$

表 2.22 Volmer－Tafel 机理

(1)	$H_2 \longrightarrow H_{2,aq} \longrightarrow H_{2,ad}$
(2a)	$H_{2,ad} \longrightarrow 2H_{ad}$
(2b)	$H_{ad} \longrightarrow H^{\oplus} + e^{\ominus}$
	$H_{ad} \longrightarrow H^{\oplus} + e^{\ominus}$
	$H_2 \longrightarrow 2H^{\oplus} + 2e^{\ominus}$

注：aq ＝溶剂化的，ad ＝吸附的。$H^{\oplus}$ 代表 $H_3O^{\oplus}$ 和更高形式。

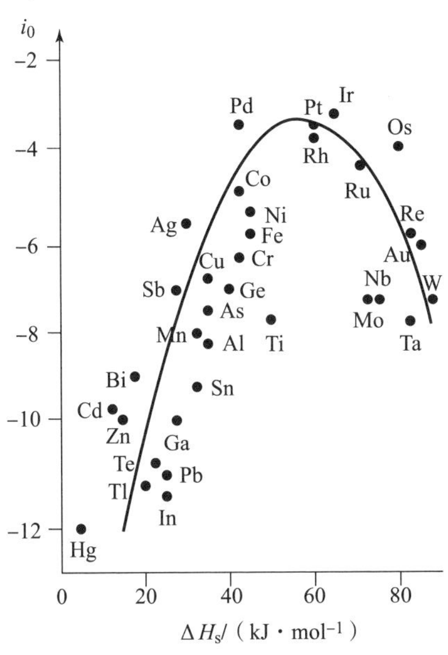

图 2.23　金属的火山曲线：相对于升华热的交换电流密度（吸附焓的量度）

铂可以极好地催化 Tafel 反应，从而使超过 90% 的电极表面被氢原子覆盖（金只有 3%，汞为零）。非均相反应 $2H_{ad} \rightleftharpoons 2H^{\oplus}+2e^{\ominus}$ 取决于原子氢在表面的覆盖度 $\theta_H(i)$，从而产生与搅拌无关的阳极反应极限电流（叠加在 H_2 传输的扩散极限电流上）。① 中等吸附热（230 kJ/mol）对 H－H 的快速分解、脱附和非均相反应至关重要。不同金属的交换电流密度遵循火山曲线。

铂的交换电流密度（和催化活性）在 pH＝7 时最低，在 pH＝0 和 pH＝12.5 时最高。在强碱性溶液中，表面粗糙度起作用，H_2 溶解度降低，并且与 $OH^{\ominus}$ 离子竞争吸附位置。NHE 高于 0.8 V 时，在水溶液中用氢气冲洗过的铂被氧化吸附层覆盖并相对于氢氧化钝化。钝化也作用于离子（$I^{\ominus} > Br^{\ominus} > Cl^{\ominus} > SO_4^{2\ominus}$）。

②在竞争性的 Volmer－Heyrovsky 机制中，有两个不同的迁移步骤（双电极）。Tafel 曲线的外推导致产生两个交换电流密度[7]。阳极和阴极迁移系数 α 不一定能相互补充。像在 Tafel 反应中一样，没有反应极限电流，具体见表 2.23。

① 在迁移反应中旋转圆盘电极处，扩散相对较快并且会出现反应极限电流。

表 2.23　Volmer – Heyrovsky 反应

$H_2 \longrightarrow H_{2,ad}$ $H_{2,ad} \longrightarrow [H_{ad}.\ H]^{\oplus} + e^{\ominus}$ $[H_{ad}.\ H]^{\oplus} \longrightarrow H_{ad} + H^{\oplus}$
(2a') $H_{2,ad} \longrightarrow H_{ad} + H^{\oplus} + e^{\ominus}$ (2b') $H_{ad} \longrightarrow H^{\oplus} + e^{\ominus}$
$H_2 \longrightarrow 2H^{\oplus} + 2e^{\ominus}$

注：$H^{\oplus}$代表$H_3O^{\oplus}$和类似的反应物。

迁移电流密度

$$i_D = \frac{2i_{0,1}i_{0,2}\left[e^{(\alpha_1+\alpha_2)F\eta_D/RT} - e^{-(2-\alpha_1-\alpha_2)F\eta_D/RT}\right]}{i_{0,2}e^{\alpha_2F\eta_D/RT} + i_{0,1}e^{-(1-\alpha_1)F\eta_D/RT}}$$

高电流密度的 Tafel 方程，$|\eta_D| \gg RT/F$。

$$\lg i_D = \lg 2i_{0,1} + \frac{\alpha_1 F\eta_D}{RT\ln 10}\eta_D \qquad (阳极)$$

$$\lg|iD| = \lg 2i_{0,2} + \frac{(1-\alpha_2)\ F|\eta_D|}{RT\ln 10} < \eta_D| \qquad (阴极)$$

接近平衡时：　$$R_D = \frac{d\eta_D}{di_D} = \frac{RT}{4F}\left[\frac{1}{i_{0,1}} + \frac{1}{i_{0,2}}\right]$$

索引 1 代表（2a′），

索引 2 代表（2b′）。

2.16　氧电极

在分解电压以上时，阳极（正极）从含水电解质中分离出氧。步骤 2 受速度限制。

在酸溶液中	在碱溶液中	
① $H_2O \rightleftharpoons OH_{ad} + H^{\oplus} + e^{\ominus}$ $OH_{ad} \rightleftharpoons OH_{ad}$（交换位置） ② $OH_{ad} \rightleftharpoons OH_{ad} + H^{\oplus} + e^{\ominus}$ ③ $2O_{ad} \rightleftharpoons O_2$	$OH^{\ominus} \rightleftharpoons OH_{ad} + e^{\ominus}$ $OH_{ad} + OH^{\ominus} \rightleftharpoons O_{ad} + H_2O + e^{\ominus}$ $2O_{ad} \rightleftharpoons O_2$	| ×2 | ×2
$2H_2O \rightleftharpoons O_2 + 4H^{\oplus} + 4e^{\ominus}$	$4OH^{\ominus} \rightleftharpoons 2H_2O + O_2 + 4e^{\ominus}$	

氧电极的电位（例如：空气冲刷的铂片）符合能斯特方程。

$$E = 1.229 - 0.05916 \times \left[\text{pH} + \frac{1}{2}\log\left(\frac{p_{O_2}}{p^0}\right)\right]$$

电解：O_2 分离的电势 E^0 见表 2.24。

表 2.24　电解：O_2 分离的电势 E^0（V NHE）

pH = 0	pH = 7	pH = 14
+1.229	+0.185	+0.401

在 25 ℃的酸性溶液中，由于动力学抑制，观察到电位 $E^0 \approx 1.15$ V 而不是理论值 1.229 V。

阳极氧分离需要在电极上有封闭氧化物封盖层（吸附的 OH 自由基，> 800 mV RHE）。与此相反，阴极氧还原需要表面大部分没有氧覆盖层。

诸如铂金属和银等电催化剂同样适用于氧气分离与氧气还原。在电解技术中可使用镍或钛涂覆的催化涂层（例如：Ti/RuO_2，Ni/IrO_2）。

2.17　氧还原

与氢气氧化不同，即使在诸如铂和银等良好的电催化剂上，氢氧燃料电池的部分阴极反应和氧气腐蚀都具有较高的活化能与过电压（1 mA/cm² 下为 400 mV）。交换电流密度低，恒电位调整缓慢，在 1.1 V NHE（酸性）或 0.3 V NHE（碱性）时重现性差，其中会根据电位而生成过氧化氢 H_2O_2 或过氧化氢 $HO_2^{\oplus}$（图 2.24）。①

酸溶液	碱溶液和中性溶液
（1）直接氧化	
（1.23 V NHE）	（0.401 V NHE）
$O_2 + 4H^{\oplus} + 4e^{\ominus} \rightleftharpoons 2H_2O$	$O_2 + 2H_2O + 4e^{\ominus} \rightleftharpoons 4OH^-$
（2）间接氧化	
（0.682 或 1.77 V NHE）	（−0.065 或 0.867 V NHE）
（a）$O_2 + 2H^{\oplus} + 2e^{\ominus} \rightleftharpoons H_2O_2$	$O_2 + H_2O + 2e^{\ominus} \rightleftharpoons HO_2^{\ominus} + OH^{\ominus}$
（b）$H_2O_2 + 2H^{\oplus} + 2e^{\ominus} \rightleftharpoons 2H_2O$	$HO_2^{\ominus} + H_2O + 2e^{\ominus} \rightleftharpoons 3OH^{\ominus}$
$O_2 + 4H^{\oplus} + 4e^{\ominus} \rightleftharpoons 2H_2O$	$O_2 + 2H_2O + 4e^{\ominus} \rightleftharpoons 4OH^{\ominus}$

① 式（2a）使用电极附近的过氧化物平衡浓度（$10^{-10} \sim 10^{-8}$ mol/L）。以前文献中不考虑氧分压的值为 −0.076 V（而不是 −0.065 V）。

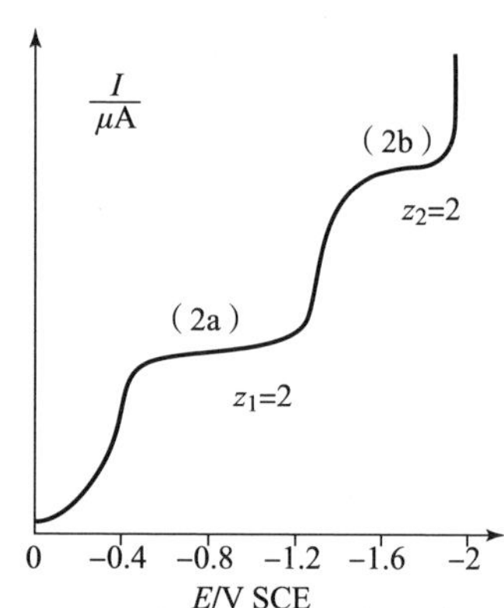

图 2.24　间接氧还原的两阶段机制 $O_2 + H_2O + 2e^{\ominus} \longrightarrow HO_2^{\ominus} + OH^{\ominus}$。空气饱和下 1mol KCl 溶液中的直流极谱

Ilkovic 方程：

$$i_{\lim} = 607z\sqrt{D}\dot{m}^{2/3}c^{b}t^{1/6}$$

对于分离的氧：

c^{b}——溶液中的浓度；

D——扩散系数；

z－汞滴电极：

$\dot{m}$——质量流；

t——滴落时间；

在机理上，两种平行反应以不同的氧吸附发生在电极材料上。①

(1) 直接还原成水（酸性溶液）或氢氧化物（碱性溶液），其中 O_2 可在一个或两个金属中心上形成过氧化物桥。对于极限电流范围（高电流密度）中的铂和银，这是应首选的反应路径。对于酸溶液：

$$\text{O—O (M)} \text{ 或 } \text{O—O (M, M)} \xrightarrow{+2H^{\oplus}} [M(OH)_2]^{2\oplus} \xrightarrow[-M]{2H^{\oplus}+4e^{\ominus}} 2H_2O$$

(2) 通过过氧化氢（酸）或过氧化物 $HO_2^{\ominus}$（碱性）进行的间接反应，其中 O_2 以 120°键角与金属结合。这主要包括铂和银（Tafel 范围内的低电流密度）、金、石墨、碳，只有汞的情况例外。

---

① 进一步的化学分解：$H_2O_2 \longrightarrow H_2O + \frac{1}{2}O_2$ 或者 $HO_2^{\ominus} \longrightarrow OH^{\ominus} + \frac{1}{2}O_2$。

$$\underset{\mathrm{M}}{\overset{\mathrm{O}}{\overset{/}{\mathrm{O}}}}\xrightarrow{+\mathrm{H}^{\oplus}+\mathrm{e}^{\ominus}}\underset{\mathrm{M}}{\overset{\mathrm{OH}}{\overset{/}{\mathrm{O}}}}\xrightarrow[-\mathrm{M}]{+\mathrm{H}^{\oplus}+\mathrm{e}^{\ominus}}\mathrm{H_2O_2}$$

氧 – 过氧化物电极在碱性溶液中的电位见表 2. 25。

表 2. 25　氧 – 过氧化物电极在碱性溶液中的电位

$E^0=-0.065-0.029\log\dfrac{a_{OH^\ominus}a_{HO_2^\ominus}}{P_{O_2}a_{H_2O}}$
$a_{HO_2^\ominus}=10^{-5}\sim10^{-11}\,\mathrm{mol/L}$
$\Rightarrow E^0\approx0.22\ \mathrm{V}$
氢氧化：
$-0.83\ \mathrm{V}$（pH = 14）
氧还原：
$+0.22\ \mathrm{V}$
恒电压：
$E^0_{red}-E^0_{ox}=1.05\ \mathrm{V}$

通过阴极 Tafel 直线[①]可得出速度决定的过氧化物生成物（2a）的交换电流密度，其在 pH = 7 时最小，在 pH = 0 和 14 时最大。

2. 18　循环伏安法

循环伏安法或三角电压法（也简称为 CV 法）是一种电位动力学测量方法，通过这种方法可以揭示氧化还原反应和其他电极过程。电极电位可施加为测量电流的时间三角形斜率。在确定电压下，由于物质转换而在电极上出现峰值电流（峰值），并且因为溶液快速耗尽活性物质，从而使扩散限制电流遵循 Fick 第一定律。

$$\dot{n}=-D\,A\,\frac{\mathrm{d}c}{\mathrm{d}x}$$

电压前馈（扫描速率）在 $10^{-4}\sim10\,000\ \mathrm{V/s}$，通常为 100 mV/s。在非常慢的电压前馈下，可测量准静态电流 – 电压曲线，如图 2. 25 所示。

① 类似于 Volmer – Heyrovsky 反应对双电极进行理论分析（参见上文）；索引 1 代表（2b），索引 2 代表（2a）。

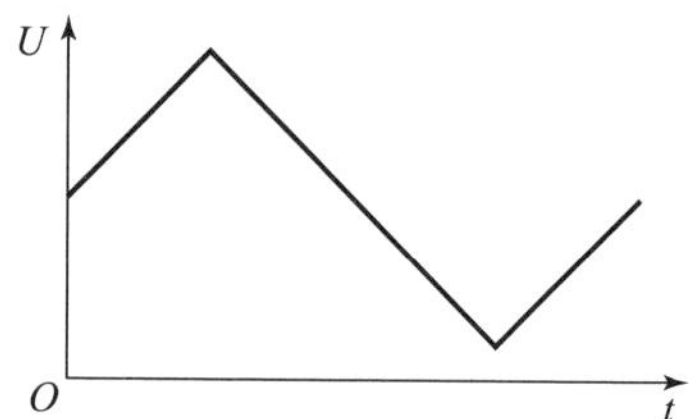

图 2. 25　伏安法：电测量方法；电流作为线性变化电压的函数

根据电压范围和温度，循环伏安图表现出以下特性：

（1）如果运行到正电位 = 阳极半循环，则发生氧化反应。

（2）如果返回到负电位 = 阴极半循环，则发生还原反应。

（3）可逆电极反应可导致对称的氧化和还原峰（理想的情况下推移 59 mV）。

（4）不可逆电极反应对应于不对称的氧化或还原峰。

可逆单电子转移的特征量包括：

$$\Delta E = 58.5\ \text{mV}\ (25\ ^\circ\text{C});\ I_{p,\oplus} = I_{p,\ominus};\ I_p = \text{const} \cdot \sqrt{v}$$

其中，E_p为 峰电位（V）；ΔE 为峰距（V）；I_p为 峰电流（A）；v 为电压前馈（V/s）；$\oplus$为阳极，$\ominus$为阴极。

铂电极的循环伏安图说明了表面覆盖层的形成和退化。特别是，约0. 8 V 的氧还原峰显示了燃料电池电极的质量。铂电极在 1 mol 氢氧化钾溶液中的循环伏安图如图 2. 26 所示，其详细说见表 2. 26。

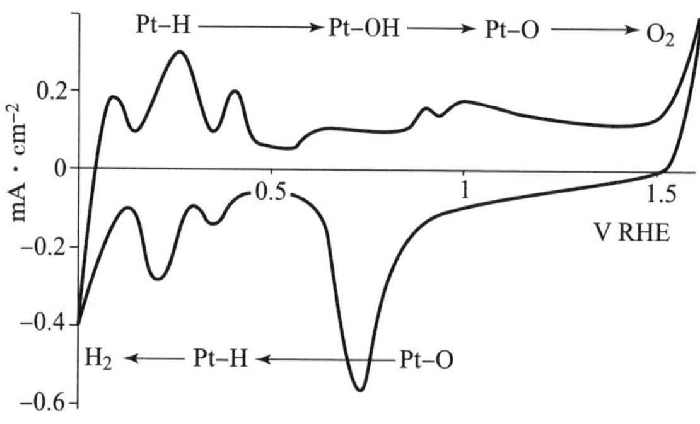

图 2. 26　铂电极在 1 mol 氢氧化钾溶液中的循环伏安图

表 2.26　铂上的电极过程与定位的关系

mV RHE	在酸性环境中	在碱性环境中
450 ~ 550	双层的充电 氧化学吸附层的形成 如果电位保持不变，电流就会停滞，因为达到了平衡电位。	
> 550	$Pt + H_2O \rightleftharpoons Pt - OH + H^{\oplus} + e^{\ominus}$	$Pt + OH^{\ominus} \rightleftharpoons Pt - OH + e^{\ominus}$
> 800	$2Pt - OH \rightleftharpoons Pt - O + Pt + H_2O$	$2Pt - OH \rightleftharpoons Pt - O + Pt + H_2O$
> 1 600	通过中间 OH 自由基（和可能的过氧化物中间体）阳极氧分解	
		$OH_{ad} + OH^{\ominus} \rightleftharpoons 2OH_{ad} + e^{\ominus}$
	$4\ (H_2O \rightleftharpoons OH_{ad} + H^{\oplus} + e^{\ominus})$	$4\ (OH^{\ominus} \rightleftharpoons OH_{ad} + e^{\ominus})$
	$2\ (2OH^{\ominus} \rightleftharpoons H_2O + O_{ad})$	$2\ (2OH_{ad} \rightleftharpoons H_2O + O_{ad})$
	$2O_{ad} \rightleftharpoons O_2 \uparrow$	$2O_{ad} \rightleftharpoons O_2 \uparrow$
	$2H_2O \rightleftharpoons O_2 + 4H^{\oplus} + 4e^{\ominus}$	$4OH^{\ominus} \rightleftharpoons O_2 + 2H_2O + 4e^{\ominus}$
返回	减少耗氧量（< 800 mV）和双层区域（450 ~ 550 mV）	
< 350	析氢：(a) Volmer - Tafel；(b) Volmer - Heyrovsky	
> 350	(a) $2H^{\oplus} + 2e^{\ominus} \rightleftharpoons 2H_{ad} \rightleftharpoons H_{2,ad}$	(a) $Pt + H_2O + e^{\ominus} \rightleftharpoons Pt - H + OH^{\ominus}$
	(b) $H^{\oplus} + e^{\ominus} \rightleftharpoons H_{ad}$	(b) $H_{ad} + OH^{\ominus} \rightleftharpoons H_2O + e^{\ominus}$
	(b′) $H_{ad} + H^{\oplus} + e^{\ominus} \rightleftharpoons H_{2,ad}$	(b′) $H_{2,ad} + OH^{\ominus} \rightleftharpoons H_2O + H_{ad} + e^{\ominus}$
	$2H^{\oplus} + 2e^{\ominus} \rightleftharpoons H_2 \uparrow$	$2H_2O + 2e^{\ominus} \rightleftharpoons H_2 \uparrow + 2OH^{\ominus}$
第二次向前移动	生成的氢分子氧化和原子分配（氢电极）	
> 0		$H_2 \rightleftharpoons H_{2,ad}$
	Tafel 反应	$2H_{2,ad} \rightleftharpoons 2H_{ad}$
	Volmer 反应	$H_{ad} \rightleftharpoons H^{\oplus} + e^{\ominus}$
	Heyrovsky 反应	$H_{2,ad} \rightleftharpoons H_{ad} \cdot H^{\oplus} + e^{\ominus} \rightleftharpoons H_{ad} + H^{\oplus} + e^{\ominus}$ $H_{ad} \rightleftharpoons H^{\oplus} + e^{\ominus}$
	$H_2 \rightleftharpoons H^{\oplus} + e^{\ominus}$	$H_2 + 2OH^{\ominus} \rightleftharpoons 2H_2O + 2e^{\ominus}$

注：换算：V NHE = V RHE - 0.059 pH。

在电流短暂存在后，硫酸水溶液或氢氧化钾水溶液中的两个铂电极之间已

经产生氢氧气体链 $H_2(Pt)|H_2SO_4$ 或者 $KOH|O_2(Pt)$ 的电势。

二茂铁 $FeCp_2 \rightleftharpoons [FeCp_2]^{\oplus} + e^{\ominus}$ （400 mV NHE） 的氧化还原电势实际上可用作独立于溶剂的参考系统。随着电压斜率的增加，氧化电流流向三价铁离子，在斜率降低时，还原电流使二茂铁再生。在最慢的扫描速率下，阳离子从电极表面扩散，并且还原为二茂铁①。

2.19 电催化剂

电极催化剂（以薄层的形式或精细分布在电极载体上）可以降低活化能②或活化过电压，从而加速所需的电极反应以及抑制副反应，如图 2.27 所示。

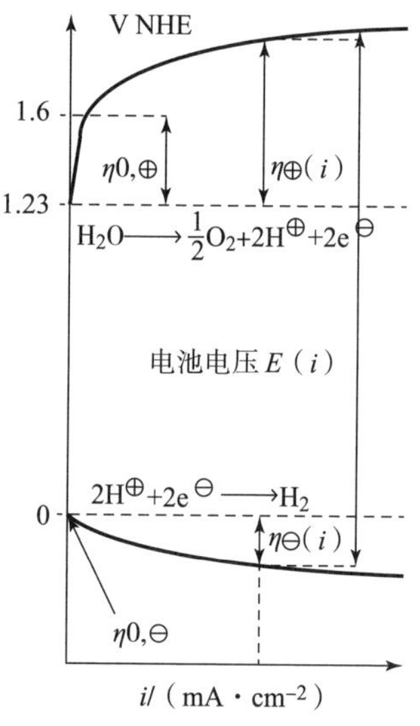

活化过电压
$\eta_{0,\oplus}$ 过氧电压
$\eta_{0,\ominus}$ 氢过电压
总过电压
$\eta_{\oplus}(i)$氧电极
$\eta_{\ominus}(i)$氢电极

图 2.27　电解水时铂上的过电压

（1）由于它们有络合趋势，因此过渡金属（特别是铁和铂金属）是很好的催化剂。光滑的金属板电极粗糙化（例如：通过喷砂）可以改善几何电流

① 双（η^2－环戊二烯基）铁（II），[π－（C_5H_5）$_2$Fe]，Cp_2Fe；夹心复合物。

② 迁移反应 $O_x + ze^{\ominus} \rightleftharpoons$还原的活化络合物（过渡态）的自由活化焓 ΔG。

密度，对网、金属毡和负载型催化剂都更加有利。

(2) 精细分布的金属由于其表面上的生长边缘和晶格缺陷而具有较高的催化活性。在高阴极过电压下可以从稀盐溶液中析出铂黑。①

Raney 镍是由研磨的镍铝合金通过热碱将基础铝析出而得出的。剩下的多孔镍粉可用于碱性燃料电池和碱性水溶性电解质。

(3) 合金的催化活性经常超过单个金属组分（改变与反应物的相互作用）。

(4) 金属氧化物（例如：RuO_2，IrO_2，PbO_2，Co_3O_4，MoO_2，WO_3）在钛或镍上烧结，它们在高电流密度下稳定。② PbO_2 仅在作为阳极材料时是稳定的。MnO_2 传导性能适中，并且像 Fe_3O_4 一样不可逆转地变化。

钙钛矿、尖晶石、烧绿石、改性黏土和其他材料尚未证明其作为长期稳定电极材料的适用性。水溶液的电压窗口和比电阻见表 2.27。

表 2.27　水溶液的电压窗口和比电阻

材料	E_{max}/V	ρ/(μΩ·cm)
RuO_2	1.4	40
IrO_2	1.1	50
Co_3O_4	1.5	
MoO_2	0.9	100
Fe_3O_4		520
WO_3	0.9	3 000
MnO_2		$>10^4$

(5) 基于 ZnO，CdS，GaP，蒽，WC，SiC，TiC，B_4C 等的掺杂半导体由于导电性差而无法使用。

(6) 商售碳电极有板、纤维垫、纸状和粉末压块等形状。石墨是一种被广泛应用的具有较高氢过电压的惰性材料，但其在高电流密度下进入空气时会燃烧。

图 2.28 所示为电化学电池的催化剂。

① 在较低的过电压下，只有较少的结晶核，但晶粒较大，析氢同时也形成了金属海绵。

② 20 世纪 70 年代尺寸稳定的钛制扩张金属电极和二氧化钌催化剂取代了容易在氯碱电解中烧损的石墨电极。

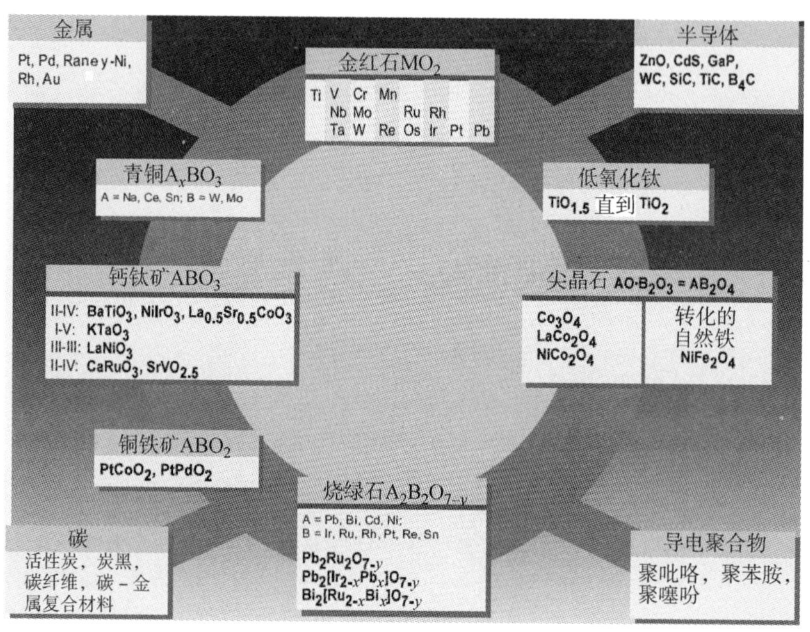

图 2.28　电化学电池的催化剂

玻碳（glassy carbon）具有耐化学性、气密性、可抛光性，也可用于有机溶剂中；在高电流密度下，光滑表面可承受不可逆氧化并可通过重结晶粗化。

碳糊电极由碳粉和黏合剂（石蜡、PTFE、Nafion©）组成。

用活性炭和炭黑涂覆金属基材可具有较高的比表面积（1 200 ~ 2 000 m^2/g），但电阻也相对较高，并且这种表面的机械和化学稳定性有限。

（7）导电聚合物尚未证明其具有长期和循环稳定性。

通过欠电位沉积①产生的亚单层显示出像合金一样的增强的或双功能的催化性质。在铂上覆盖 3% ~ 70% 的合适金属（Ru，Sn，As，Sb，Bi）可以将 CO 氧化的过电压降低 200 ~ 500 mV。尽管纯铅是无活性的，但碳负载铂上的铅痕迹可以改善甲酸的氧化，如表 2.28 所示。

---

① 欠电位沉积，under potential deposition（upd），在理论 Nernst 电势值以下时的金属岛分批沉积。在单晶表面的情况下，循环伏安图中检测到的电压峰值特别尖锐。

表 2.28　体电位和欠电位沉积之间的电位差与金属逸出功的差异相关（$\Delta\varphi_{upd} \approx \Delta W_A/2$）

系统		$\Delta\varphi_{upd}$/V
$Ag^{\oplus}$/Pt	0.5 mol/LH_2SO_4	0.44
$Hg^{2\oplus}$/Au	0.5 mol/LH_2SO_4	0.43
$Ag^{\oplus}$/Au	0.5 mol/LH_2SO_4	0.51
$Li^{\oplus}$/Pt	0.002 mol 碳酸亚丙酯	1.3

2.20　气体扩散电极

氢氧化钾中的铂或镍制光滑电极片提供几 mA/cm² 的电流密度。氢和氧在氢氧化钾溶液中的溶解度只是毫摩尔级的，并且从液面到电极表面必须有较长的扩散路径。[①] 电流密度在电极、电解质和气体空间的三相边界处最大。因此，现代气体扩散电极是多孔的，其较大的表面积和较高的电催化活性允许电流密度高于 1 A/cm²。毛细管力可将电解质固定在孔中，而不被吸入电极或通过气体压力吹出电解质。双层电极[②]的电解质侧由带细孔的毛细活性催化剂层构成，而在气体侧上则是由粗孔毛细活性层组成的。

气体在水中的溶解度见表 2.29。

表 2.29　气体在水中的溶解度

Henry 定律
$x_i = \frac{p_i}{H} = \frac{n_i}{n_i + n_{H_2O}} \approx \frac{n_i}{n_{H_2O}}$
对于氢（0 ℃）：
$\frac{101\ 325 \times 55.55}{7.21 \times 10^9} \approx 780$（μmol/L）
测定的溶解度（25 ℃）：
（1）氢：84.8 μmol/L;
（2）氧：1 200 μmol/L

① 在 0.000 8mol 水溶液中 p_{H_2} = 1 bar，见表 2.29。

② 另外：双孔或双层电极：参照 Bacon 电池。

注：H 为 Henry 常数。

（1）疏水电极具有防水气体侧。涂覆有聚四氟乙烯黏结碳粉的金属网或石墨纸非常适用于双极燃料电池。镍和碳的孔湿润如图 2.29 所示。

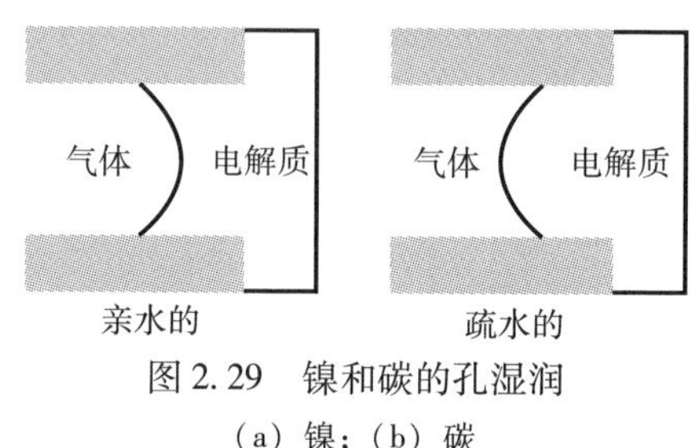

图 2.29　镍和碳的孔湿润

（a）镍；（b）碳

（2）亲水电极由烧结金属粉末、镍毡或泡沫组成。气体扩散层具有比电解质侧反应层更大的孔。良好的导电性能使镍电极适用于必须通过电极边缘上的接头进行接触的单极燃料电池。

根据 Fick 第一定律得出的极限电流密度为

$$i_{\text{lim}} = \frac{I}{A} = \frac{zF\ r\ D\ c}{\delta} \tag{2.28}$$

式中：A 为电极横截面；c 为溶解气体浓度，mol/m^3；D 为扩散系数，m^2/s；r 为电极粗糙度；δ 为电解质膜厚度。

电解质填充孔中的极限电流密度取决于溶解气体的浓度和扩散系数。边界膜应该尽可能薄，实际电极表面相对于几何横截面应该尽可能大。一个数值例子表明：高电流密度需要粗糙的电极。

$$\frac{2 \times 96\ 485 \times 25\ 000 \times 10^{-9} \times 10^{-6}}{10^{-6}} = 0.5\ (\text{A/cm}^2)$$

在微小的电极 - 电解质 - 气体空间三相边界上，气体溶解在电解质中。电极的润湿特性和压差 Δp 决定了孔内的液面（弯液面）。

$$\Delta p = \frac{2\gamma\ \cos\theta}{r_{\text{p}}} \tag{2.29}$$

式中：r_{p} 为 孔半径；γ 为表面张力；θ 为气 - 液和固 - 液界面之间的接触角。

用于扩散限制燃料氧化的一维孔隙中的电流密度为

$$x\ \text{A（气体）} + y\ \text{B（液相）} \pm z\ \text{e}^{\ominus} \longrightarrow p\ \text{P}$$

$$i = i_0 \Big[\underbrace{\left(\frac{c_{\text{A}}^{\text{s}}}{c_{\text{A}}^{\text{b}}}\right)^x \left(\frac{c_{\text{B}}^{\text{s}}}{c_{\text{B}}^{\text{b}}}\right)^y \text{e}^{\alpha_{\text{a}} zF\eta/RT}}_{\text{阳极}} - \underbrace{\left(\frac{c_{\text{p}}^{\text{s}}}{c_{\text{p}}^{\text{b}}}\right)^p \text{e}^{-\alpha_{\text{c}} zF\eta/RT}}_{\text{阴极}} \Big] \tag{2.30}$$

在高电流密度下，阴极逆反应可以忽略不计。对于氧化还原，指数部分更换为浓度因子。

更现实的膜模型假定圆柱形孔的内表面覆盖有电解质薄膜。反应产物通常分布不均匀，并产生一个取决于膜长度或孔径的过电压。

2.20.1 Faraday 电流和电容电流

燃料电池在电极特性上像由双层电容以及电极/电解质相边界处法拉第充电和放电电流确定的有损耗电容器。① 这些部分可以使用极谱中引入红外补偿②的脉冲测量技术进行分离。

（1）电池以恒定的或增加的直流电压进行充电，同时叠加特定频率的正弦或矩形交流电压或者中断电路几毫秒。测量电流的时间曲线（计时电流法）如图 2.30 所示。

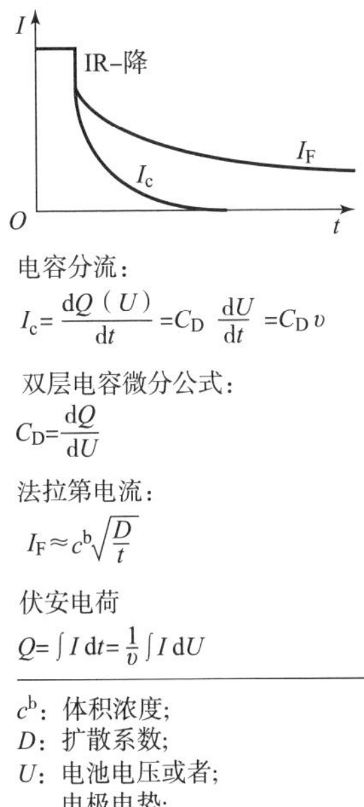

图 2.30 电容和法拉第电流随时间的降低（理想化）

---

① 在充电曲线的每个点上，测量比积分电容 Q/U 相应大得多的差分电容 $C = dQ/dU$。作为法拉第电容，即典型的电池反应特别适用于电极 - 电解质界面处的电荷转移。

② 在恒电势模式下采样的 IR 补偿：可通过电池电流的周期性中断来推导校正后的电池电压 $U_0 = U - IR_{el}$。在反馈 IR 补偿下，器件对给定的电阻 R_{el} 施加更高的电池电压 $U = U_0 + IR_{el}$。

①瞬间发生欧姆电压降。

②双层电容以 $e^{-t/RC}$ 快速放电。

③法拉第电流以 $1/\sqrt{t}$ 缓慢衰减。

在五个时间常数（$\tau = R_{el}C_D$）或大约 50 ms 的等待时间之后，当电容双层电流下降时，几乎可以测量到纯法拉第电流，即与去极化剂浓度①相关的电流。

（2）在可控的电子负载下，可以通过施加和关断电流来测量实际运行中的燃料电池，并从电流时间衰减曲线中确定电阻、电容和法拉第分量。

（3）阻抗谱具有可以在高频下直接测量双层电容的优点。

$$C_D = \lim_{\omega\to\infty} \frac{\mathrm{Im}\,\underline{Z}}{\omega[(\mathrm{Re}\,\underline{Z} - R_{el})^2 + (\mathrm{Im}\,\underline{Z})^2]}$$

（应用参见第 4 章。）

（4）通过循环伏安法可区分内、外电极表面，如图 2.31 所示。

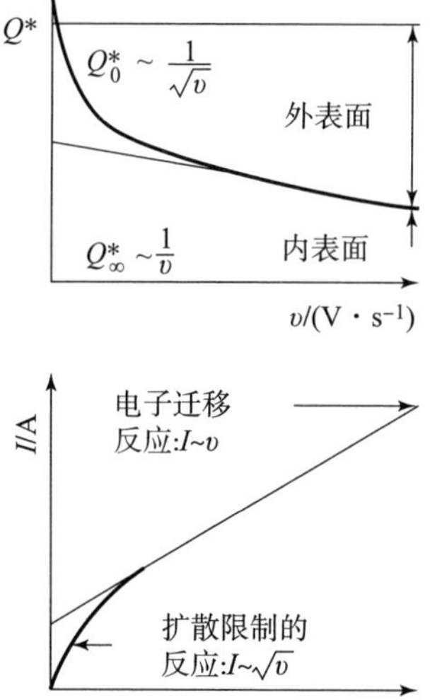

图 2.31　与电压前馈相关的伏安电荷 Q（单位为 C/cm）和电流 I

①峰值电流法。越来越快的电压前馈 v 以越来越大的峰值电流 I 对电极表面（双层）进行充电或放电。电容 C 是 $I = Cv$（对于给定电压）线的斜率。

---

① 电极上电化学转化和物质。

$$I = \frac{\mathrm{d}Q}{\mathrm{d}t} = C\frac{\mathrm{d}U}{\mathrm{d}t} = Cv \tag{2.31}$$

②积分法。由给定电压范围内的伏安电流峰的积分可推导出伏安电荷 Q^*，其与电压前馈 v 相互关联：快速扫描，小电荷。

$$Q^* = \int I\,\mathrm{d}t = \frac{1}{v}\underbrace{\int I(U)\,\mathrm{d}U}_{\text{面积}} = \int C(U)\,\mathrm{d}U \tag{2.32}$$

③电压前馈（扫描速度）适用：$v = \frac{I}{C} = \frac{\text{面积}}{Q^*}$。

如果电压变化很小，也会检测到内表面。快速迁移反应通过缓慢扩散过程渗透到深孔中，使得电极内部电活性物质的浓度降低。因此，在非常低的扫描速度 v 下，电流按$\sqrt{v}$的比例增加，并且 Q^* 以 $v^{-1/2}$的比例减小。

2.20.2　多孔氧化还原电极模型

多孔电极形成催化剂颗粒的压缩复合物，电解质渗透到微孔中和相邻微晶的晶界之间。大孔可用于气体供应。阻抗轨迹和电容 $C(\omega)$ 的频率响应反映了电极表面的活性与孔隙度。随着多孔电极的厚度增加，阻抗谱中形成高频轨迹弧，如图 2.32 ~ 图 2.35 所示。

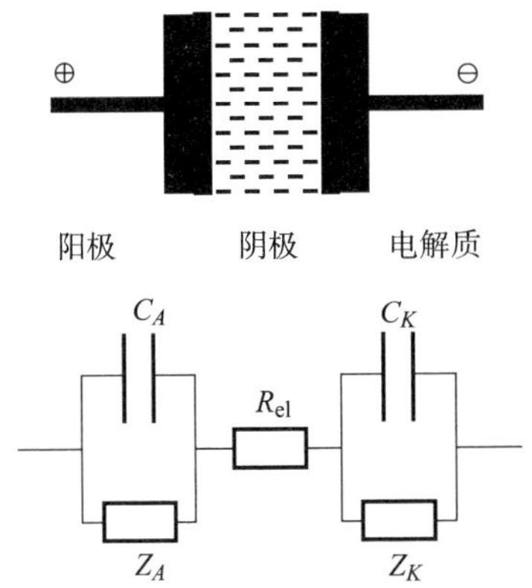

图 2.32　电化学电池的简单等效电路图

（1）一维孔隙模型。如果氧化还原反应 $Ox_{ad} + z\ e^{\ominus} \rightleftharpoons Red_{ad}$发生在电极和电解质之间的界面处，则应当将双层电容 C_D的充电电流和法拉第电流 I_f加到总电流 I 中。法拉第电流遵循界面处氧化还原活性物质的表面浓度 Γ 的时间变化。电解质有限的电导率会导致孔隙系统中产生电位梯度[6]。有效电解质电阻 R_{el}随着孔隙长度 l 的增加和减小的表面粗糙度 S/A 而增加，并且通过电极/电解质界面来限制电流。

$$I=\underbrace{C_D\frac{dU}{dt}}_{\text{双层}}+\underbrace{I_f}_{\text{法拉第电流}}-\underbrace{\frac{l^2A^2}{R_{el}S^2}\frac{\partial^2\overline{\Delta U}}{\partial x^2}}_{\text{孔隙}}=0 \quad (2.33)$$

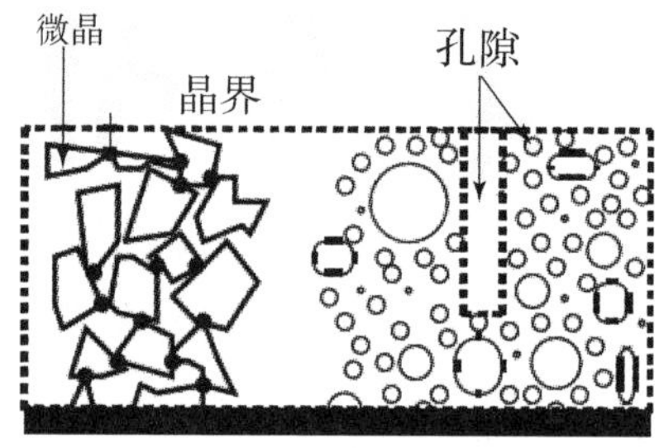

图 2.33　多孔电极结构

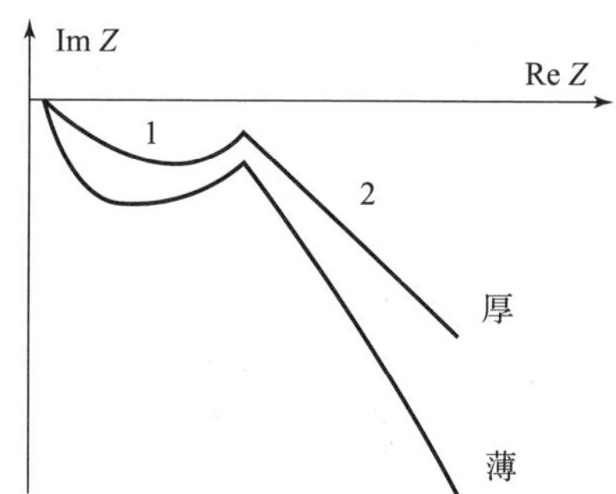

图 2.34　薄以及厚多孔电极的阻抗谱（定性）

1—固体/液体界面上的电子迁移过程；

2—离子在电解质填充的孔隙中的扩散

在测量阻抗时，激励信号 ΔU 迫使法拉第电流 ΔI_f 在频率空间中通过 Laplace 变换传输，并表示阻抗 $Z=\overline{\Delta U}/\overline{\Delta I}$的平衡值周围有小的振荡。

$$\mathrm{j}\,\omega C_D\,\overline{\Delta U}+\frac{\partial\,\overline{\Delta U}}{\partial R_D+(\mathrm{j}\,\omega C_{ad})^{-1}}-\frac{l^2A^2}{R_{el}S^2}\cdot\frac{\partial^2\,\overline{\Delta U}}{\partial x^2}=0 \quad (2.34)$$

通过电极表面的边界条件 $d\Delta U/dx=-\Delta IR_{el}\,S/(Al)$ $(x=0)$ 和孔底基准 $d\Delta U/dx=0$ $(x=l)$，可得出长度相关的一维孔隙阻抗，如图 2.35 所示。

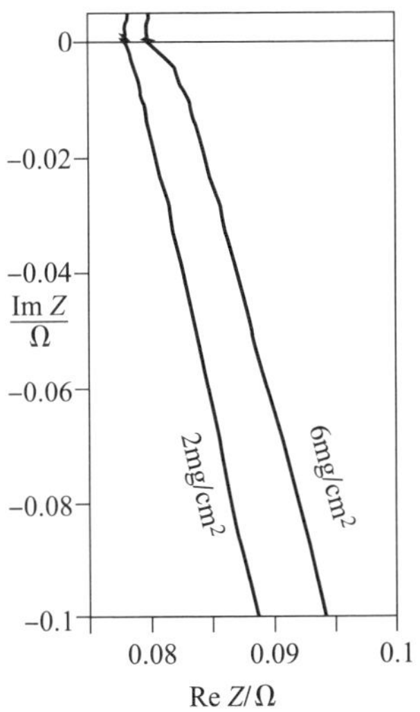

图 2.35　覆盖不同厚度 RuO_2 的镍片的阻抗谱

$$Z_i(\mathrm{j}\omega)=\frac{\overline{\Delta U}}{l\,\overline{\Delta I}}=\frac{R_eS}{lA}\left(\frac{\coth\sqrt{l^2m}}{\sqrt{m}}\right)$$

$$m=\frac{R_{el}S^2}{l^2A}\underbrace{\left(\mathrm{j}\omega C_D+\frac{\mathrm{j}\omega C_{ad}}{\mathrm{j}\omega C_{ad}R_D+1}\right)}_{Y(\omega)} \tag{2.35}$$

式中：A 为电极横截面面积；l 为孔长度；S 为实际表面积；x 为位置。

基于电解质电导率 $\kappa=l/R_{el}S$，通过无量纲特征值可以表明电极表面特征。

$$\frac{l}{R_{el}Ak}=\frac{S}{A},\quad \frac{R_{el}S^2}{l^2A}=\frac{S}{kAl} \tag{2.36}$$

表面粗糙度越大，即 S/A 越大，高频象限形成的越早，而低频部分偏离垂直方向的斜率越大。

①平均孔隙长度、孔隙阻力或者$\frac{R_{el}S}{lA}$越大，则高频象限越明显。另外，一个较大的吸附能力 C_{ad} 也会使弧线扩大。

②低频轨迹随着孔隙长度 l 的增长而越加偏离垂直方向，初始斜率是45°。

$$Z(\omega\longrightarrow\infty)=\frac{1-\mathrm{j}}{\sqrt{2\omega C_DS}}\text{和 }Z(\omega\longrightarrow 0)=\frac{R_{el}}{Y(\omega)}$$

燃料电池的建模只能分析很少的实际情况。电极和电池阻抗相对于经验等效电路图的数值调整实际上是一种非常费时费力的方法。

（2）链形线路模型。多孔电极（图 2.36）和周围电解质之间的碎形界面遵循链形线路①的模型[6]，如图 2.37 所示。随着多孔电极厚度 x 的增加，电解质填充的电子导体的电阻 $Z(x)$ 越来越限制了电流流动。固相和液相通过映射双层过程、电荷迁移和吸附能力并且与频率和位置相关的导纳 $Y(x)$ 关联。

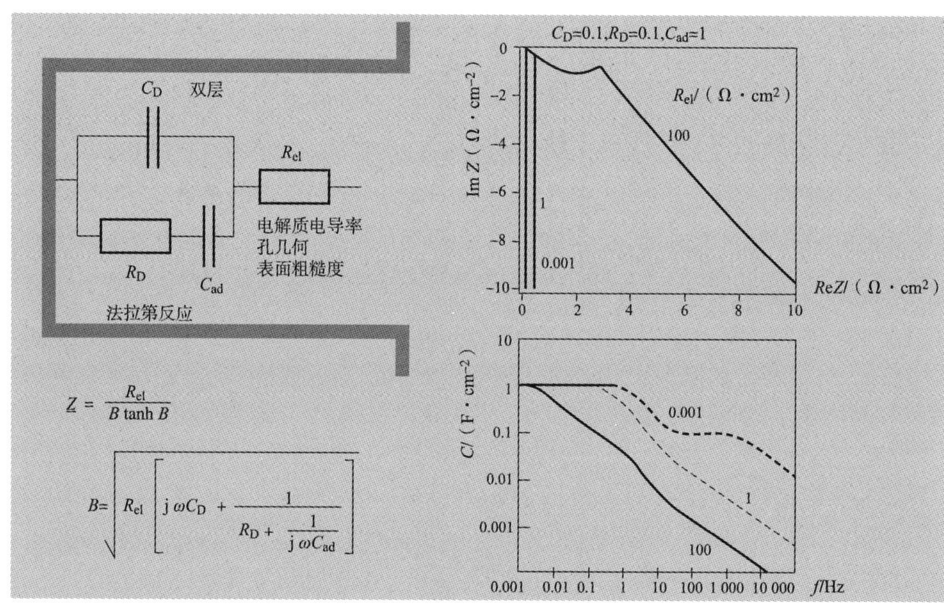

图 2.36　多孔电极的阻抗：一维孔隙

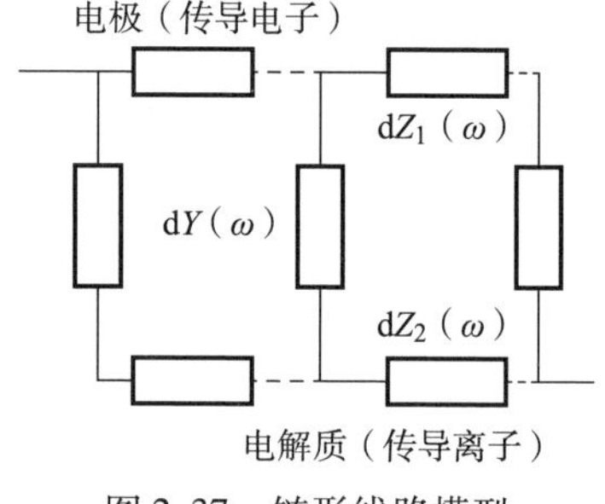

图 2.37　链形线路模型

2.20.3　电流密度分布

因为燃料气体和氧化剂在经过电极时会发生化学反应，所以电极横截面上

① 链形线路，transmission line（传输线）。

的电流密度会从燃料气体入口到出口逐渐减小。另外，电极材料和电解质局部不同的电阻也增加了电势分布的不均匀。局部较高的电流可导致温度升高，这反过来又导致在这一位置上的电池反应能够更快地进行。

实际上，燃料气体和氧化剂也因此而发生逆流或横流。双极板的流场必须相应地予以优化。

参考文献

电化学

[1] P. W. Atkins, J. De paula. *Physikalische Chemie*. Weinheim: Wiley - VCH,[5] 2013.

[2] A. J. BARD, L. R. FAULKNER. *Electrochemical Methods: Fundamentals and Applications* New York:J. Wiley,[2] 2001.

[3] E. BARENDRECHT. *Electrochemistry of Fuel Cells*, in [3],73 - 120.

[4] L. J. BLOMEN, M. N. MUGERWA. *Fuel Cell Systems*. New York: Plenum Press,2013.

[5] S. SRINIVASAN, B. B. DAVÉ, K. A. MURUGESAMOORTHI, et al. *Overview of Fuel Cell Technology*, in [3],37 - 72.

[6] Modell der porösen Elektrode: (a) R. DE LEVIE, in *Advances in Electrochemistry and Electrochemical Engineering*, P. Delahay, C. T. Tobias (Hrsg.), Band 6, S. 329. New York: Interscience,1967.

(b) R. DE LEVIE. *Electrochim. Acta* 8(1993) 751;9(1964) 1231.

(c) Kettenleitermodell: S. FLETCHER, *J. Chem. Soc. Faraday Trans.* 89 (1993) 311.

(d) G. PAASCH, K. M ICKA, P. G ERSDORF. *Electrochim. Acta* 38 (1993) 2653.

[7] C. H. HAMANN, W. VIELSTICH. *Elektrochemie*, Weinheim: Wiley - VCH,[4] 2005.

[8] E. H EITZ, G. K REYSA. *Principles of electrochemical engineering*. Weinheim: VCH,1986.

[9] G. K ORT ÜM. *Lehrbuch der Elektrochemie*. Weinheim: Verlag Chemie,[4] 1970. Antiquarisch.

[10] K. KORDESCH, G. SIMADER. *Fuel Cells and Their Applications*.

Weinheim: Wiley - VCH,[4] 2001. Antiquarisch.

[11] P. KURZWEIL. *Chemie*, Kapitel 9: Elektrochemie. Wiesbaden: Springer Vieweg,[10] 2015.

[12] P. KURZWEIL. H. - J. FISCHLE. A new monitoring method for electrochemical aggregates by impedance spectroscopy, *J. Power Sources* 127(2004) 331 - 340.

[13] K. LEDJEFF - H EY, F. MAHLENDORF, J. ROES (Ed.), *Brennstoffzellen*. Heidelberg: Müller,[2] 2001.

[14] Cyclovoltammetrie: (a) J. H EINZE, *Angew. Chem.* 96(1984) 823 - 840.

(b) R. S. NICHOLSON, I. SHAIN. *Anal. Chem.* 36(1964) 706.

(c) R. NICHOLSON. *Anal. Chem.* 37(1965) 1351.

(d) F. G. WILL, C. A. KNORR. *Z. Elektrochem. Ber. Bunsenges. Phys. Chem.* 64 (1960) 258.

[15] S. TRASATTI. *Electrodes of Conductive Metallic Oxides*, Part A. Amsterdam: Elsevier, 1980.

[16] S. T RASATTI, P. K URZWEIL. *Electrochemical Supercapacitors as versatile energy stores*, *Potential use for platinum metals*, *Platinh. Metal. Rev.*, 38 (1994) 46 - 56.

[17] G. WEDLER. *Lehrbuch der Physikalischen Chemie*. Weinheim: Wiley - VCH,[6] 2012.

数据采集

[18] G. H. A YLWARD, T. J. V. FINDLAY. *Datensammlung Chemie in SI - Einheiten*. Weinheim: Wiley - VCH,[4] 2014.

[19] J. D'ANS, E. LAX. *Taschenbuch für Chemiker und Physiker*, 3 Bände. Berlin: Springer,[4] 2012.

[20] DIN Taschenbuch 22, *Einheiten und Begriffe für physikalische Größen*. Berlin: Beuth,[7] 1990. DIN 1323 (Quellenspannung); DIN 5499 (Brennwert und Heizwert).

[21] DUBBEL. *Taschenbuch für den Maschinenbau*. Berlin: Springer,[24] 2014.

[22] G. ERTL, H. KNÖZINGER, J. WEITKAMP, et al. *Handbook of Heterogeneous Catalysis*. 8 Bände, Weinheim: Wiley - VCH, 2008.

[23] *CRC Handbook of Chemistry and Physics*, W. M. Haynes (Hrsg.), Boca Raton: CRC Press, Taylor & Francis,[97] 2016.

[24] P. KURZWEIL, B. FRENZEL, F. GEBHARD. *Physik - Formelsammlung*

für Ingenieure und Naturwissenschaftler. Wiesbaden: Springer Vieweg,[3] 2014.

[25] P. KURZWEIL. Das *Vieweg Formel – Lexikon. Basiswissen für Naturwissenschaftler, Ingenieure und Mediziner*. Wiesbaden: Vieweg, 2002; S. 376 (Brennwert), S. 396 (Heizwert), Kapitel 11 (Elektrochemie).

[26] M. POURBAIX. *Atlas of electrochemical equilibria in aqueous solutions*. Brüssel: Cebelcor, 1965. Antiquarisch.

[27] *Ullmann's Encyclopedia of Industrial Chemistry*, Vol. A 9: Electrochemistry, S. 183 – 254. Weinheim: VCH,[5] 1987.

[28] *Ullmanns Enzyklopädie der Technischen Chemie*, 4. Auflage. Weinheim: VCH.

[29] *VDI – Lexikon Energietechnik*. Düsseldorf: VDI – Verlag, 1994.

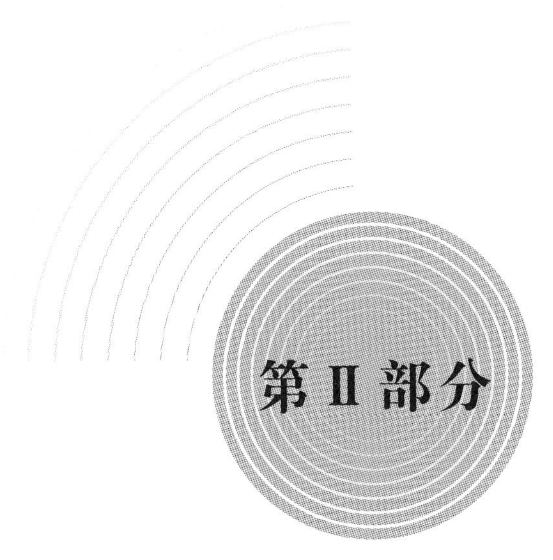

第Ⅱ部分

技术与应用

第 3 章

碱性燃料电池

随着 Apollo 进入太空的使命,以碱性燃料电池(AFC)形式出现的燃料电池技术开始了其首次特殊应用。传统电池和蓄电池都很重,但电池的成本和使用寿命却不高。在早期的 Bacon 电池中,镍电极可在 200 ℃和高达 50 bar 的压力下工作在 30% 的苛性碱溶液中。在 Apollo 任务完成之后,就没有再制造高压电池了。从 20 世纪 60 年代中期开始,在多孔碳上使用活性铂气体扩散电极的低压 AFC 能够在 50 ~ 80 ℃下工作。使用纯氧,AFC 可提供燃料电池类型中最高的电压。所有已知的电池系统都能满足比功率(kW/kg)、能量密度(kJ/m^3)和寿命 15 000 h 的要求。AFC 制造简单,价格适中,并适用于交变电流负荷。AFC 历史见表 3.1。

表 3.1　AFC 历史

1902 年,J. H. Reid:带苛性钾的碱性燃料电池(US 736016/7,US 757637)。

1904 年,P. G. L. Noël:FR 350111。

1923 年,A. Schmid:氢扩散电极。

1925 年,M. Raney(美国,1885—1966):为氢化工艺开发的 Raney 镍。

1932 年,Heise 和 Schumacher:用于高压电池的疏水扩散电极。

1932 年,F. T. Bacon(1904—1992;Parsons 有限责任公司;1946 剑桥大学)和 E. K. Rideal[1]:由加压水电解槽、氢气储存和 H_2/O_2 燃料电池构成的系统(1937)。

1939 年,碱性燃料电池(27% KOH,100 ℃,220 bar,在 13 mA/cm^2 下为 0.89 V)。

1946 年,带烧结镍氧化物和锂化氧化镍氧电极的圆柱体结构。

续表

1952 年,5 kW 电池,镍电极在 30% 苛性钾中(200 ℃,45 bar):在 0.78 V 下为 0.8 A/cm^2。
1954 年,“压滤机结构”的 6 电池组(150 W,41 bar,200 ℃,ϕ 12.5 cm,355 W/L)。
1956—1959 年,叉车和焊接设备用 40 电池组(6 000 W,38 bar,700 mA/cm^2,200 ℃,ϕ 25 cm)。
1959 年,Allis - Chalmers(美国):带 15 kW 机组的拖拉机驱动装置。
1961—1970 年,Pratt & Whitney(美国)和 Energy Conversion(英国):Apollo 燃料电池:每个单元 100 kg,31 个电池,ϕ57 cm,在 27 ~ 31 V 下 600 ~ 1 400 W,75% KOH,200 ℃,3.5 bar。寿命:氧化镍阴极腐蚀 400 h,气体污染,H_2 侧干燥。
1948—1965 年,E. W. Justi(1904—1986,布伦瑞克)和 A. Winsel(1961:Varta):纯镍中的 Aney 镍制“双骨架电极”,6 mol/L KOH,67 ℃:250 mA/cm^2,0.62 V,256 W/L 的 AFC。
1960 年,Varta 公司(1959)开发出 AFC;Siemens 公司 1961 年也开发出了 AFC 并于 1965 年开发出电动船“Eta”。
1963—1969 年,K. K. Kordesch(碳化物联合会,后来并入 Graz 科技大学):适用于车辆驱动的碱性燃料电池;烧结镍上的活性炭;在 24 V,50 mA/cm^2 下 32 个电池可产生 1 kW的电量。
1970—1973 年,燃料电池混动车辆。
1972 年,富士电器公司(日本):10 kW - AFC(100 mA/cm^2)。
1976—1992 年,Elenco(比利时 - 荷兰联合集团):带有 30 % KOH 的碱性燃料电池;0.7 V 下 24 个电池可提供 500 W,100 mA/cm^2,适用于 VW 公共汽车的 10 kW 牵引系统。
1994 年,适用于城市公交汽车的碱性燃料电池。1995—2001 年,由 Zevco(英国)和 Zetek(科隆)继续发展。
1981 年,国际燃料电池公司(IFC):为航天飞机改良了 Bacon 电池;贵金属催化剂(Pt,Pd,Au);35 KOH,60 ~ 70 ℃,4 bar;1 A/cm^2 下可达 0.8 V;12 kW,100 W/kg。镀金镁制成的双极板。
1983 年,Exxon,Alsthom,Occidental Chemical:6 mol/L KOH;铂;PP + 炭黑制成的双极板。100 个电池堆叠;在 150 mA/cm^2 下可达 0.72 V。
1985—1993 年,Siemens:17.5 kW 和 100 kW(适用于潜艇)的碱性燃料电池(适用于运输器)[27]:Raney 镍和 Raney 银。随后出现了 PEM 技术。
1988—1993 年,ESA 的 Hermes 项目:轨道飞行器用 Eloflux 电池等(未实现)。
1990 年,Siemens,苏联公司,研究所的 AFC 开发:GH Kassel(1983),DLR(1986),ISET(1991)。
2001 年,Gas Katel(卡塞尔):适用于日常能源供应的碱性燃料电池。

续表

2002 年，Indep Endent 发电技术公司（IPT，俄罗斯）：由航空航天技术衍生出的 6 kW AFC。
2004 年，Apollo 能源系统（美国）：使用由氨分解的 H_2 便携式碱性燃料电池。大约在 2008 年 Intensys：Elenco 技术公司进一步研发出：1.5 kW 的由单极电池组成的电池块。其他：Hydrocell 有限责任公司，VITO。

对燃烧气体氢气和氧化剂氧气有较高的纯度要求。但是，原则上可以通过高效的气体制备技术使用其他可燃气。现在已经开始使用碱性 Siemens 燃料电池来驱动潜艇和车辆了。在最新的开发中，航空行业中占主导地位的 PEM 燃料电池已经超越了 AFC。碱性燃料电池的基本结构（Siemens）如图 3.1 所示。

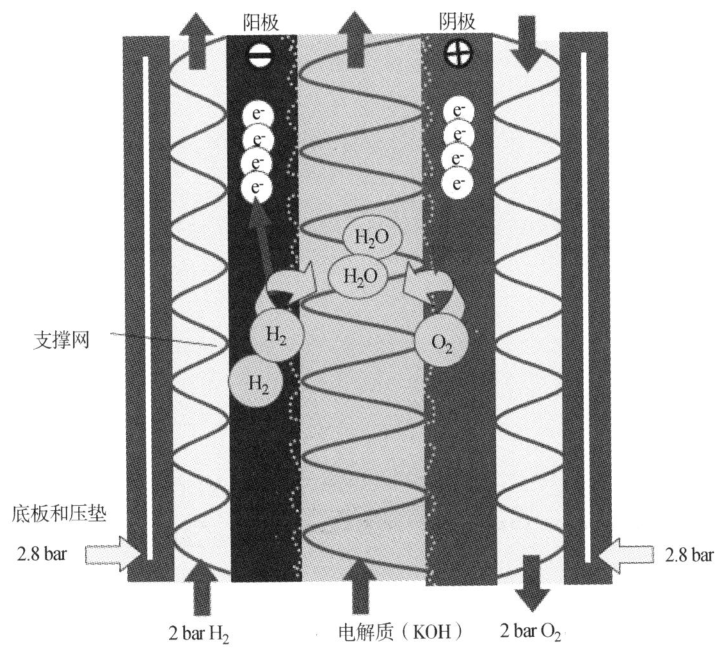

图 3.1　碱性燃料电池的基本结构（Siemens）

3.1　AFC 系统的特性参数

同义词：Bacon 电池、碱性燃料电池、AFC。

类型：低温爆鸣气电池。

电解质：

（1）30 %的苛性钾（低温技术）。

（2）85 % KOH（250 ℃，已是陈旧的技术）。

电荷载体是氢氧离子 $OH^{\ominus}$。

工作温度：20 ~ 90 ℃。

燃烧气体：纯氢（例如：通过电解水制成的）。

氧化材料：纯氧。

电极反应：

$$\ominus \text{阳极} \qquad H_2 + 2OH^{\ominus} \rightleftharpoons 2H_2O + 2e^{\ominus}$$

$$\oplus \text{阴极} \qquad \frac{1}{2}O_2 + H_2O + 2e^{\ominus} \rightleftharpoons 2OH^{\ominus}$$

$$(z=2) \qquad H_2 + \frac{1}{2}O_2 \rightleftharpoons H_2O$$

电池电压：<1 V。

电极材料：电流输出用 Raney 镍；塑料电池框架。

特殊优点有以下几个方面：

（1）价格便宜的催化剂（镍载体）。

（2）较高的效率。

（3）碱性电解质中的快速氧化还原。

（4）较低的工作温度。

典型的缺点包括以下几个方面：

（1）由于与 CO_2 不兼容，只能使用纯气体运行、（体积百分比）>0.5 %；碳酸钾会堵塞气体扩散电极（$2KOH + CO_2 \longrightarrow K_2CO_3 + H_2O$）。

（2）腐蚀问题；使用寿命有限；电极寿命只有约一年；特别是在阴极气室会生成 KOH。

（3）极低利用价值的低温废热。

系统组件：电解质循环，反应产物——水的排出。

电效率：纯气体运行时，可达到所有燃料电池中的最高效率（60% ~ 70%），62%（系统）。

开发情况：航空航天、潜艇、小型装置（5 ~ 150 kW）。

3.2 碱性燃料电池热力学

AFC 最好是工作在 60 ~ 80 ℃下 20% ~ 50% 的氢氧化钾溶液中（最好

是 6 mol）。在更高的温度下，尽管有利于加速催化过程（特别是氧还原），但会蒸发过多的水。因此，在 100 ℃以上时，需要较高的工作压力。可逆电池电压[①]是由温度、压力和水活性或电解质浓度决定的。计算示例：2.3 节。

能斯特方程

（1）阳极，⊖－极，H_2－侧：$E_{ox}=E_{ox}^0+\frac{RT}{2F}\ln\frac{[H_2O]^2}{[H_2][OH^{\ominus}]^2}=E_{ox}^{0'}+\frac{RT}{2F}\ln\frac{[H^{\oplus}]}{H_2}$

（2）阴极，⊕－极，O_2－侧：$E_{red}=E_{red}^0+\frac{RT}{2F}\ln\frac{\sqrt{[O_2]}[H_2O]}{[OH^{\ominus}]^2}=E_{red}^{0'}+\frac{RT}{2F}\ln\frac{\sqrt{[O_2]}[H^{\oplus}]^2}{[H_2O]}$

（3）可逆电池电压　$E=E_{red}-E_{ox}=\Delta E^0+\frac{RT}{2F}\ln\frac{[H_2][O_2]^{1/2}}{[H_2O]}$

（在阳极和阴极具有相同的 pH 值和水含量。）

方括号表示平衡活度：　$[OH^{\ominus}]=a_{OH^{\ominus}}$。

对于气体，压力可使用：　$[H_2]=p_{H_2}/p^0$，其中 $p^0=101\ 325$ Pa。

吉布斯自由反应焓和反应热（25 ℃＝298 K，101 325 Pa）：

①适用于产物为水的

$\Delta G^0=-237.13$ kJ/mol

$\Delta H^0=-285.83$ kJ/mol

②适用于产物为水蒸气的

$\Delta G^0=-228.57$ kJ/mol

$\Delta H^0=-241.82$ kJ/mol

可逆电池电压（$F=96\ 485$ C/mol）　$E_0=\Delta E^0=-\frac{\Delta G^0}{2F}=1.229\text{ V}\quad 1.185\text{ V}$

反应熵　$\Delta S^0=\frac{\Delta H^0-\Delta G^0}{T}<0$

温度系数　$\left(\frac{\partial E_0}{\partial T}\right)_p=\frac{\Delta S^0}{2F}=\frac{\Delta H^0+2FE_0}{2FT}$

－0.847 mV/K　　　－0.23 mV/K

压力相关性　$E(T,p)=E_0-\frac{RT}{2F}\ln\frac{\alpha_{H_2O}}{pH_2\sqrt{pO_2}}$

反应焓　$\Delta H(T)=-2F\left(E_0-T\frac{dE_0}{dT}\right)$

---

① 在电流为零时：开路电压、空载电压 OCV、空载电压。

电化学效率（电压效率） $\eta_U = \frac{-2F}{\Delta G^0} \cdot E(I) = \frac{E(I)}{E_0}$

实际效率 $\eta_p = \frac{-2F}{\Delta H^0} \cdot E(I)$

随着温度升高，氢氧反应的过电压会降低。产物水是液体形式还是蒸汽形式对于电池电压是非常重要的。水蒸气由于冷凝热量而有较大的含热量，因此反应焓较小。系统发出的反应热量越高（$\Delta H > \Delta G$），电池的电压也就越大。

氢氧反应的热力学或理想效率 $\eta_{rev} = \Delta G / \Delta H$，可达到 83%，可逆电池电压与温度的关系为 $dE_0/dT = -0.84$ mV/K（298 K），所以室温下运行氢氧电池是不利的，装置会被电流热量加热。爆鸣气电池约为 90% 的电化学效率或电压效率会随着电流的增加而降低，并且只能用于燃料消耗的粗略测量。电流效率是选择电极反应的一个量。实际效率包括电极上的过电压和电解液中的电阻电压降，见 2.5 节。

苛性钾溶液中氢氧反应的可逆电池电压见表 3.2。

表 3.2　苛性钾溶液中氢氧反应的可逆电池电压（25 ℃，101 325 Pa）

^{b}KOH/(mol·kg^{-1})	ΔE^0/V
0.18	1.229
1.8	1.230
3.6	1.232
5.4	1.235
7.2	1.243
8.9	1.251

对于 30% 的 KOH，则为

$c = 6.9$ mol/L 和 $b = 6.64$ mol/kg。

6 mol KOH 为 27% 的 KOH 且 $b = 6.3$ mol/kg。

3.3　碱性电解质

根据离子导体的迁移率，碱性电解质可分为以下两种。

（1）移动电解质：在电极之间流动。

（2）固定电解质：在吸收性基质中。

3.3.1　苛性钾

电导率最佳的氢氧化钾溶液（约 30% 的 KOH）是一种电解质选择，其被固定在由陶瓷（ZrO_2 织物、丁基键合 $BaTiO_3$、Al_2O_3、黏土、玻璃），早期石棉或塑料（聚烯烃、聚酰胺）① 制成的吸收性基体（隔膜）。通过隔膜将阳极和阴极空间分隔开来，并尽可能只允许离子透过而阻止气体穿透。

在 150 ℃和 15 bar 下使用 50 μm 的电解质基质，可使电流密度为 1 A/cm^2 的电池电压达到 1 V（IFC 1988[3]）。如今已不再使用 Apollo 任务中所使用的熔融氢氧化钾（80% ~85%，250 ℃）。50 % 的苛性钾为 13.6 mol。碱液越浓，溶液上的蒸汽压越低，根据 Nernst 方程，电池电压也越大。75% 的苛性钾的水蒸气分压为 0.5 bar。

$$E = \Delta E^0 + \frac{RT}{2F}\ln\frac{P_{H_2}}{P_{H_2O}} + \frac{RT}{2F}\ln\sqrt{\frac{P_{O_2}}{P^0}}$$

氢氧化钾：各种温度和质量比 ω 下的密度 ρ（20 ℃）与电导率 κ 见表 3.3。

表 3.3　氢氧化钾：各种温度和质量比 ω 下的密度 ρ（20 ℃）与电导率 κ

T/℃	ω/%	ρ/(g·cm^{-3})	κ/(S·cm^{-1})
25	25	1.236	0.618
25	26.83	1.255	
25	30	1.288	0.624
50	25		0.910
50	30		0.960
55	35	1.341	1.010
75	40	1.396	1.250
80	26.83	1.255	1.310
80	32.6	1.315	1.364

摩尔浓度：

$$c = \frac{\beta}{M} = \frac{\rho\omega}{M} \quad (\text{mol/L})$$

质量浓度：

① PP，PA，PVA 可通过 40% 硫酸（90 ℃，10 min）热处理调节其微孔。

$$\beta = \rho\omega \quad (g/L)$$

质量摩尔数：

$$b = (\rho/c - M)^{-1} \quad (mol/kg)$$

摩尔质量：

$$M(KOH) = 56.11 \quad (g/mol)$$

密度换算：

$$1\ g/cm^3 = 1\ 000\ g/L$$

苛性钾在各种温度下的比电阻 ρ 见表 3.4。

表 3.4　苛性钾在各种温度下的比电阻 ρ（$\Omega \cdot cm$）

换算为电导率：$\kappa = 1/\rho(S \cdot cm^{-1})$

ω/%	25 ℃	50 ℃	55 ℃	60 ℃	65 ℃	70 ℃	75 ℃	80 ℃	100 ℃
5	5.076			3.236					2.247
10	2.833			1.795					1.277
15	2.092			1.302					0.938
20	1.764	1.250	1.147	1.099	1.046	0.988	0.928	0.882	0.772
22.5		1.158	1.096	1.027	0.968	0.909	0.863	0.833	
25	1.618	1.104	1.036	0.970	0.923	0.865	0.820	0.790	0.686
27.7		1.061	0.999	0.933	0.901	0.833	0.788	0.751	
30	1.603	1.042	0.988	0.922	0.867	0.827	0.775	0.737	0.639
32.5		1.060	0.988	0.921	0.864	0.814	0.769	0.730	
35	1.681	1.075	1.000	0.929	0.870	0.818	0.722	0.731	
37.5		1.100	1.020	0.945	0.883	0.828	0.779	0.736	
40	1.905	1.153	1.064	0.980	0.913	0.852	0.800	0.754	0.616
45				1.042					0.644
50				1.182					0.702

苛性钾的水汽分压会随着温度的升高而增加，并随着浓度的增加而降低。30% 的 KOH 在 112 ℃时会沸腾，60% 的 KOH 的沸点则为 168 ℃。根据 Baley 的蒸汽压力经验方程，规定 18 mol 以下氢氧化钾溶液的温度范围在 0 ~ 300 ℃。

$$\lg P_{H_2O} = -0.015\ 08b - 0.001\ 688\ 8b^2 + 2.258\ 87 \times 10^{-5}b^3 +$$

$$(1-0.0012062b+5.6024\times10^{-4}b^2-7.8228\times10^{-6}b^3)\times$$
$$(35.4462-3343.93/T-10.9\lg T+0.0041645T)$$

式中：p 为分压，bar；b 为质量摩尔数，mol/kg；T 为温度，K；c 为浓度，mol/L；M 为摩尔质量，g/mol；ρ 为密度，kg/m^3。

将物质量浓度换算为质量摩尔数后：

$$b=\frac{c}{\rho-cM} \tag{3.1}$$

苛性钾中的氧溶解度随着浓度的增加而急剧下降（$\omega=25\%$，10 个 1 组），并随着温度的升高而略微降低。

电解质稀释。大约 1/3 的阳极产生的水会迁移到阴极，从而使阴极处出现阳极产物——水。

形成碳酸盐。二氧化碳可很好地溶解于氢氧化钾溶液中，从而形成碳酸钾，并由此堵塞多孔的气体扩散电极。电池电压或电流密度会迅速下降。

$$CO_2+2OH^{\ominus}\longrightarrow CO_3^{2\ominus}+H_2O$$

冷却技术。带有电解质循环的系统很容易通过外部热交换器（例如：用乙二醇）来冷却。IFC 为航天飞机使用了由非导电液体流过的冷却板（绝缘液体循环）。在使用固定电解质时，则可以使用空气冷却。

3.3.2　离子交换膜

碱性聚合物电解质可确保：①比在酸性 PEFC 中的氧还原更快；②低成本催化剂（镍、银）；③低腐蚀性；④降低燃料分解；⑤从阴极电渗水的传输途径；⑥CO 耐受性；⑦高级醇作为燃料。

离子交换膜（氢氧离子导体）可解决二氧化碳的问题，如氢氧化钾溶液一样，它从空气和燃料气体吸收更少的二氧化碳。聚合物通过阳离子 $R_3N^{\oplus}$ 基团运输 $OH^{\ominus}$ 和 $HCO_3^{\ominus}/CO_3^{2\ominus}$ 离子。

$$[\text{聚合物}-\overset{\oplus}{N}R_3]\ OH^{\ominus}$$
$$\uparrow\downarrow$$
$$\text{聚合物}-\overset{\oplus}{N}R_3+OH^{\ominus}$$

目前的产品性能不如酸性 PEM 膜（第 4 章）。由于氢氧化物扩散比质子慢 4 倍，所以聚合物中的 $OH^{\ominus}$ 浓度（交换能力）必须很高，而这会促进水中的溶胀和机械不稳定性。氢氧化物通过水膜中氢键移位在表面位置之间“跳跃”（Grotthuss 机理）。其次还会出现扩散（$D\approx5.3\times10^{-9}$ m^2/s）、迁移和对流。在氢气侧产生电池反应产物——水；其可用作 O_2 侧的阳离子交换剂。

季胺基团会因为氢氧化物具有亲核作用而在强碱性溶液中长期分解出胺。苄基三甲基胺残基[$(C_6H_5)N(CH_3)_3$]$^{\oplus}$比季铵吡啶、咪唑鎓、胍、膦和硫残留物更稳定。

TOKUYAMA 株式会社（日本）生产出离子交换能力为1.7 mol/kg（meq/g）的 60 ℃下稳定膜。

辐射接枝聚合物（radiation - grafted polymers）[27]。在空气或真空中使用电离辐射（X 射线、γ 射线、电子、UV、准分子激光、等离子体、离子）活化聚合物膜，以生成自由基或过氧化物，然后在高于玻璃化转变温度的溶剂中将单体共聚并使用胺基通过化学方法使其功能化（表 3.5 ~ 表 3.7）。在照射期间，可以用二乙烯基苯等对载体进行交联。

表 3.5 碱性膜的制备

聚合物
↓
氯甲基化（VBC）
↓
接枝聚合物：聚合物 - g - PVBC
↓
用胺基取代（Et_3N，DABCO = 1，4 - 二氮杂双环［2.2.2］辛烷，奎宁环 = 1 - 氮杂双环［2.2.2］辛烷）
↓
在氢氧化钠溶液中碱化：与氢氧化物交换

表 3.6 适用于阴离子交换膜的聚合物

全氟化	四氟乙烯 聚（四氟乙烯 - 共 - 六氟丙烯）（PTFE—HFP—FEP） PTFE - 共 - 全氟丙基乙烯醚（PFA）
部分氟化	聚偏二氟乙烯（PVDF，PVDF - HFP） 聚氟乙烯（PVF） 聚（乙烯 - 四氟乙烯）（ETFE）

续表

聚氯三氟乙烯（PCTFE）	
非氟化	聚乙烯（PE） 聚乙烯醇（PVA） 聚环氧氯丙烷 聚砜 聚醚砜 聚苯醚（PPO） 聚苯乙烯（ABS） 聚醚酰亚胺 聚醚酮（PEK，PEEK） 聚苯并咪唑

表3.7 接枝单体

4－（氯甲基）苯乙烯（CMS）＝乙烯基苄基氯（VBC）
乙烯基苄基三甲基氯化铵
乙烯基咪唑
乙烯基咪唑＋丙烯酸
氨基硅氧烷
四甲基硅烷/氨
缩水甘油醚
丙烯酸甲酯（MAA）
表氯醇－烯丙基缩水甘油醚
三氟苯乙烯（TFS）
三氟乙烯基萘（TFN）
SO_2+Cl_2

根据湿度的不同，由聚乙烯基苄基氯制成的Surrey辐射接枝聚合物的电导率可达0.01～0.06 S/cm（25 ℃）。

（1）含氟聚合物在化学和热学方面是稳定的，并且表现出极低的表面能。用^{60}Co活化的ETFE被用4－（氯甲基）苯乙烯（“乙烯基苄基氯”，VBC）接枝，其氯基被季胺基团所取代。ETFE－g－PVBC可置换0.92 mol/kg的氢氧化物。FEP－g－VBC的电导率为0.023 S/cm（50℃），PFA－g－VBC的为

0. 05 S/cm。在照射的情况下，会发生链断裂，这是因为 C—F 键比 C—C 更强。在碱性介质中，部分氟化聚合物通过 HF 裂解分解成 C ═ C 键，PVDF 会生成不需要的羟基和羰基。

(2) 非氟化聚烯烃在碱性电池中不稳定，并且离子电导率极低。UHMW - PE - g - PVBC 的电导率为 0. 03 S/cm（60 ℃）和 0. 047 S/cm（90 ℃）。

聚芳醚酮砜上的咪唑鎓基团的电导率为 0. 083 S/cm，交换量为 2. 2 mol/kg，但机械稳定性差，聚苯醚（PPO）效果也较差。

3. 3. 3 无机固态电解质

诸如碳酸铯/碳酸氢盐等耐 CO_2 电解质仍然需要较高的工作温度。

3. 4 电 极 材 料

尽管今天使用了碳承载的铂催化剂，但 AFC 无须昂贵的贵金属。可根据结构将其电极分为烧结电极、加强型粉末电极和 PTFE 结合气体扩散电极。

在碱性溶液中可选择镍作为电极载体。[①] 可用合适的成孔剂（例如：甲酸酯）将镍粉加工成多孔的毡电极，如图 3. 2 所示。在双多孔镍电极中，必须仔细检查压差，以便使电极既不干燥也不会被浮起。

图 3. 2　镍毡电极：镍粉制烧结复合物

20 世纪 60 年代，Union Carbide 公司的固定区域电极又重新采用了多孔碳板：将带 PTFE 添加剂的活性炭上的铂湿着喷涂，挤压并烧结在多孔镍箔上，以增加疏水性。

① 钛和石墨非常适合酸性溶液。

3.4.1　碱性溶液中的氢氧化

为了形成氢氧化钾溶液、催化剂和气体三相边界的反应区，氢必须渗透到阳极的孔中，并通过电解质层扩散到电活性表面。在那里，H_2 分子被吸附，分离为被吸附着的氢原子，并生成可与氢离子重新结合成水的 $H^{\oplus}$ 和 $H_3O^{\oplus}$ 离子。

（1）分子氢被运输到反应区。

$$H_2 \longrightarrow H_{2,aq} \longrightarrow H_{2,ad}$$

（2）吸附氢的离解。

①一步完成（Volmer – Tafel 机理）：

$$H_{2,ad} \longrightarrow H_{2ad} \xrightarrow{+2OH^{\ominus}} 2H_2O + 2e^{\ominus}$$

或②两步完成（Volmer – Heyrovsky 机理）：

$$H_{2,ad} + OH^{\ominus} \xrightarrow[-e^{\ominus}]{} [H_{ad} \cdot H_2O] \longrightarrow H_{ad} + H_2O \xrightarrow{OH^{\ominus}} 2H_2O + e^{\ominus}$$

（3）电解质中反应水的脱附。

三相边界处的氢氧化如图 3.3 所示。

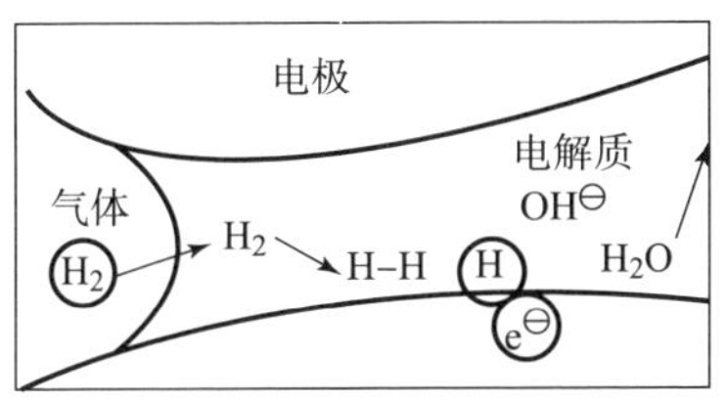

图 3.3　三相边界处的氢氧化

镍、钯、铂及元素周期表中左侧相邻的元素是用于氢氧化的最佳电催化剂，并且其原子序数相关的交换电流密度可达到最大值。银和汞例外，因为其上不能化学吸附氢。与铂不同，镍和银无法催化氢和氧的化学重组。氢电极的电极催化剂，如表 3.8 所示。

表 3.8　氢电极的电极催化剂

... Fe Co**Ni**	(Cu) (Zn)
... Ru Rh**Pd**	(Ag) (Cd)
... Os Ir**Pt**	(Au) (Hg)
良好	较差

被称为氢化催化剂的 Raney 镍是从 NiAl50 合金中通过在 80 ~ 100 ℃下将非贵重金属铝溶解于 30% ~50% 苛性碱溶液中获得的。镍表面的核心问题是内孔容易润湿，并且不可逆氧化高于 +0.2V NHE，由此生成氧化镍，这会进一步抑制氢氧化。电极连续劣化，而 Pd/Pt 的情况则相反，开始时会下降，但劣化会停止。

3.4.2 碱性溶液中的氧化还原

在这里，将不对碱溶液中的氧化还原进行详细的说明[23]。反应动力学比在酸性溶液进行得更快，并且可以用镍代替昂贵的贵金属催化剂。氧分子会生成过氧化氢，其被分解催化并形成化学吸附氧（1）。这种反应不利于直接还原（2）氢氧化物，特别是会劣化碳电极。金属 - 氧键的焓确定了电极电位为 0.22 V（理论值：0.40 V NHE，理论请参阅 2.17 节）。

$$(1a)\ O_2 + H_2O + 2e^{\ominus} \longrightarrow HO_2^{\ominus} + OH^{\ominus} \qquad -0.065\ V$$

$$HO_2^{\ominus} \longrightarrow OH^{\ominus} + \frac{1}{2}O_2$$

$$[M] - HO_2^{\ominus} \longrightarrow OH^{\ominus} + [M] - O$$

$$(1b)\ HO_2^{\ominus} + H_2O + 2e^{\ominus} \longrightarrow 3OH^{\ominus} \qquad +0.867\ V$$

$$[M] - O + H_2O + 2e^{\ominus} \longrightarrow [M] + 2OH^{\ominus}$$

$$[M] - O \longrightarrow [M] + \frac{1}{2}O_2$$

$$(2)\ O_2 + 2H_2O + 4e^{\ominus} \longrightarrow 4OH^{\ominus} \qquad +0.401\ V$$

常见的电极材料见表 3.9。

表 3.9 常见的电极材料

氧电极（阴极）	铂（Exxon，Alsthom） 铂/碳（Elenco） 碳载铂 - 钴 80% Pt + 20% Pd（IFC1985） Raney 银 + Ni，Bi，Ti（Siemens） 银碳 带有汞添加剂的银 锂化镍氧化物（在 700 ℃下用 LiOH 处理）[1] 硼化镍

续表

氧电极（阴极）	金属氧化物（RuO_2，IrO_2） 钙钛矿（$LaNiO_3$） 尖晶石 四苯基卟啉[25] 酞菁（Fe，Co） 四氮杂轮烯
燃气电极（阳极）	镍 含有 Ti 和 Al 的 Raney 镍 Raney 镍 +1% ~2% 的钛 + 四氟乙烯（西门子） 90% Au +10% Pt（IFC 1985） 铂（Exxon，Alsthom） 铂/碳（Elenco） 碳载 Pt－Pd 金属氧化物（RuO_2，IrO_2）
双极板	镀金镁（IFC） 镀镍塑料 30% 炭黑 +70% 聚丙烯 （Exxon，Alsthom）

将电催化剂加到电解质侧的多孔烧结镍或碳纸上或将其压入活性炭中，如果需要，则还可以引入细密金属网作为电流导体。

(1) Bacon（1952）曾尝试使用锂化镍氧化物作为阴极材料，锂可以改善导电性和耐腐蚀性。反应过程中会生成过渡的过氧化氢和氧化镍。活性表面被隐性缩减。

(2) 添加有镍、铋和钛（防止烧结用）的 Raney 银甚至可以超过作为 O_2 还原催化剂的铂/银。

(3) 大环［卟啉（图 3.4）、酞菁、四氮杂环烯］中结合的过渡金属（钴、铁）具有氧化还原活性，但并没有显示出具有良好的长期稳定性。

$$M^{z\oplus} + e^{\ominus} \longrightarrow M^{(z-1)\oplus} \xrightarrow{O_2} M^{z\oplus} + O_2^{\ominus}$$

几乎不吸收阴离子的活性炭上的热处理钴卟啉是已知具有 Tafel 曲线在

60 mV/10 个一组以上的最活跃的电极催化剂之一。①

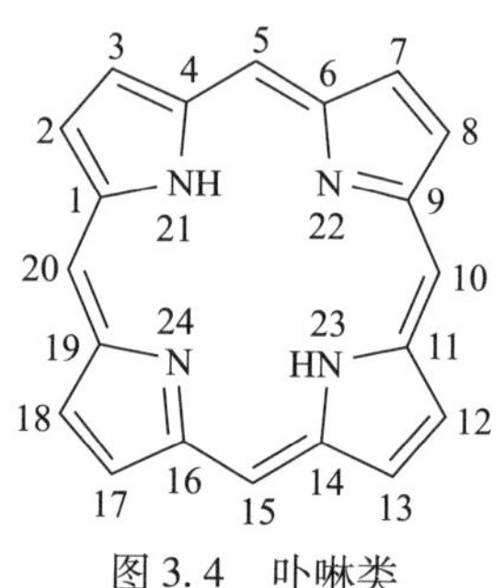

图 3.4　卟啉类

通过用金属盐加热邻苯二甲酸二丁酯（或邻苯二甲酸酐 + 脲）可获得用作电催化剂和印刷油墨的酞菁[8]。

航空航天中所用 Pt/C 阴极的降解如图 3.5 所示，工业气体净化见表 3.10。

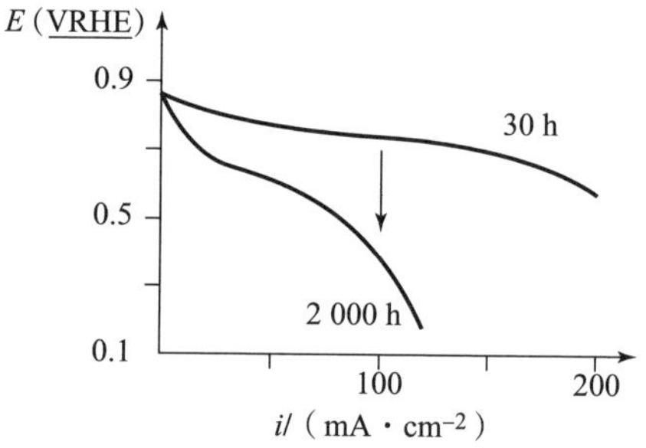

图 3.5　航空航天中所用 Pt/C 阴极的降解（6 mol/L KOH，50 ℃）

表 3.10　工业气体净化（特别是 H_2S）

中性气体洗涤	4－5 NN－甲基二乙醇胺 4 N 二乙醇胺 2 N 二异丙醇胺 6 N 二甘醇
碱性气体洗涤	带有催化剂的 K_2CO_3（胺硼酸盐、二乙醇胺、砷盐）

① 卟啉是由 4 个 CH 连接的吡咯环组成的，形成了氯高铁血红素（红血色素）、叶绿素（绿叶）和维生素 B_{12} 的基本构建元素，如图 3.4 所示。

续表

甲基氨基丙二甲基氨基乙酸酯	
物理吸附	水性碳酸亚丙酯 丙二醇二甲醚 PEG－异丙醚 冷甲醇（Rectisol®） *N*－甲基吡咯烷酮（Purisol®） 水性二异丙醇胺 水性甲基二乙醇胺 水性环丁砜 乙醇胺＋甲醇

3.4.3 电极毒药和气体净化

一氧化碳和硫可使贵金属催化剂中毒。如果不能用纯净气体驱动 AFC，必须用镍或银代替敏感的铂。从燃料气体和空气（350 ppmCO_2）中分离出 CO_2 是防止形成阻塞气体扩散电极的碳酸钾的必要条件。以下方法可用于气体处理。

1. 粗略净化

（1）清洗气体：在碳酸钾、苏打水、石灰乳或乙醇胺中吸收。

$$RNH_2 + CO_2 + H_2O \rightleftharpoons RNH_3^{\oplus} HCO_3^{\ominus}$$

$$2RNH_2 + CO_2 \underset{115\ ℃}{\overset{27\ ℃}{\rightleftharpoons}} RNH - CO - NHR + H_2O$$

（2）物理吸附：溶于乙二醇醚中;[①] 分子筛；变压吸收（PSA）。

（3）甲烷化（250～350 ℃，30 bar，Ni）：

$$CO_2 + 4H_2 \rightleftharpoons CH_4 + 2H_2O$$

2. 精洗

（1）膜工艺：例如，Pd－Ag 膜。

（2）电化学浓度电池：不纯氢的阳极氧化和纯氢的阴极沉积。

纯氢来自水电解或大规模氨合成技术（Haber－Bosch 法）。

---

① Dmpeg—聚乙二醇二甲醚（Selexol®）。

3.5 碱性燃料电池的使用性能

PTFE 键合的 Raney 镍阳极的电流－电压曲线随着工作温度的升高而变得更平坦，即可以在相同的电位下实现更高的电流。极限电流强烈取决于氧气超压，其也决定了孔结构的浸润和淹没。

基本原理参见 2.9 节。

3.5.1 阻抗谱和老化

带有镍电极的碱性燃料电池的阻抗由阴极处的氧还原决定，其可分为两种轨迹曲线，如图 3.6 所示。

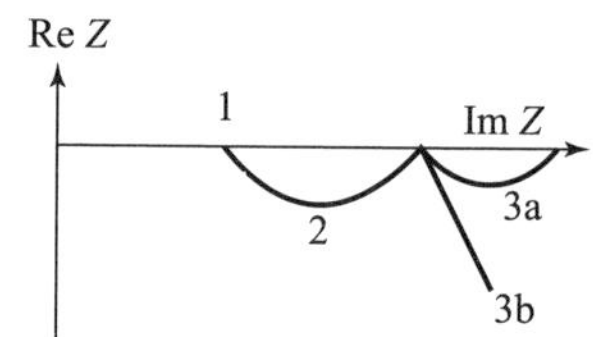

图 3.6 静态电流－电压曲线点处的阻抗谱（定性、数学归纳）

1—电解质电阻；2—通过阻抗；3—扩散阻抗

a—气相扩散；b—液膜扩散

（1）电解液电阻。与实轴的高频交点对应于电解质（氢氧化钾）和基质材料的欧姆电阻 R_{el}。R_{el}随着温度升高而降低，并且不依赖于电流密度（只要电解质组成不变）。因为氢氧化钾溶液可极好地传导电流，水溶液中不会形成或者只是在极其偶然的情况下才会形成像在质子交换膜燃料电池中那样的电解质电弧。平滑电极上的时间常数 $\tau = RC$ 高于可测量的频率窗口（30% 苛性钾溶液，25 ℃，300 μm 厚的基体），在粗电极上甚至更高。

$$f_m = \frac{1}{2\pi RC} = \frac{kA}{2\pi dC} = \frac{0.624}{2\pi \times 0.03 \times 50} = 66\ (\text{kHz})$$

式中 A——电极面积；

d——电极距离；

f_m——局部最小曲线上的频率；

C——电容；

R——电阻；

κ——电解质电导率；

ω——角频率。

（2）电极弧（催化剂层）。高频局部弧线描述了电催化剂在电极/电解质相界处的迁移过程。迁移阻力（圆直径）随着温度的升高和电流的增加而减小，对应于加速的电极反应。

双层电容与温度的关联度极小，而与电极活性表面（利用催化剂的情况下）相关，并间接与三相边界的有效浸润相关。对于 PTFE 结合的炭黑阴极（例如：Pt 活化 Vulcan XC），最初 C_D 会在第一个运行小时内得以改善，但是随后会由于活性表面的减少而下降。电极会失去疏水性，孔隙充满电解质并将反应气体的扩散路径延伸到活性表面。金属颗粒聚集成较大的颗粒，PTFE 碎片化成低分子量的碎片，碳酸盐将碳孔破坏。PTFE 结合的银催化剂老化得更快。而在使用镍时，还会出现氢脆的情况。

双层电容

■ 简单的 $R_D \parallel C_D$ －电路图

$$C_D = \frac{1}{2\pi f_m R_D}$$

■ 经验值

$$C_D = \lim_{\omega\to\infty} \frac{-\mathrm{Im}Z}{\omega\,|\underline{Z}|^2}$$

随着催化剂层越来越厚，根据导电性、氧气渗透性和镍/PTFE 界面的润湿性，在电极弧的高频开始处会出现催化剂层中形成物质传输并且其倾角理论上为 45°的直线段。

（3）物质运输弧（气体扩散层）。低频局部曲线反映了反应物（特别是氧）通过气体扩散层到电催化剂的物质传输。

碱性电解质和燃料电池的类似阻抗谱见表 3. 11。

表 3. 11　碱性电解质和燃料电池的类似阻抗谱

1. 轨迹曲线	（电极/电解液边界） 电子迁移反应

续表

2. 轨迹曲线	（气室/电极边界） 电解： –气体输出 –水输入 燃料电池： –气体输入 –水输出

3.5.2 FAE 电池中的水平衡

电池阻抗取决于电极和基体材料孔中的含水量。显然，在碱性电解液中可通过流动电流和工作温度（通过膜加湿供水）来调节水分平衡，图 3.7 所示为一个苛性钾溶液中带 Ni/IrO_2 电极的 FAE 电解槽。低频轨迹曲线中的扩散分支显示出，电极/电解质界面是干燥的还是潮湿的。如果电极上有阻碍气体传输的水层，就会出现具有斜直段特征的 Warburg 阻抗。如果是干电极，则会形成低频半圆弧，并且电解质电阻增大。燃料电池也与此类似，因此阻抗法可用于电池以及正确加湿和供气的监测。可将工作参数设置成能够使连续测量的阻抗谱倾向于“低电阻－高电容”的形式。因此，经验上认可的最佳运行状态是“最小电阻－最大电容”[24]。

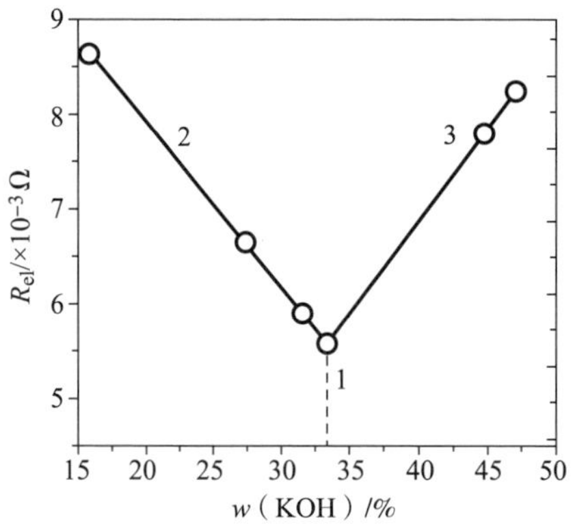

图 3.7　FAE 电解槽的阻抗谱，电容 C 和电解质电阻 R（180 cm^2，88℃，10 bar）[24]

1—运行优化（20 A）；2—电解液溢出；3—脱水（48 A）

3.6　电池的设计

可根据电解质的种类对电池加以区分。

(1) 带固定碱性电解质的电池可通过多孔基质中的毛细管力来保持碱液。在氢侧形成的反应水蒸发到排气流中，从而冷却电池。它从氢气流中冷凝到电池外部。

水分离问题

H_2 电极：电解液稀释，水汽分压大于主体中的，蒸发速度更快。	
O_2 电极：电解液浓缩，不利于水分离。当空气过剩时，不需要使用冷凝器。	

(2) 在流动电解质电池中，碱液在阳极和阴极之间循环并输送反应水、热和杂质（碳酸盐、溶解气体）。水从电解液中蒸发到电池堆外。其缺点是，在电池堆的各个电池之间会形成不期望的电解质桥，从而产生寄生电流。

根据各个电池的电路连接，电池可分为以下两种结构。

(1) 单极电池结构：氢或氧气室可以同时供应两个相邻的阳极或阴极，并且两个在空间上分离的阳极和阴极可以通过侧面接触片进行电连接。

优点：单个故障电池可以桥接跨过或只运行电池堆的一部分。

缺点：侧面触点闭合需要导电良好的电解质，在碳电极的情况下电流输出需要通过金属框架或结构来进行，否则电流密度无法均匀地分布在电极表面上。电极横截面在 400 cm^2 以上时不再可行。

单极电池的构造（堆栈）如图 3.8 所示。

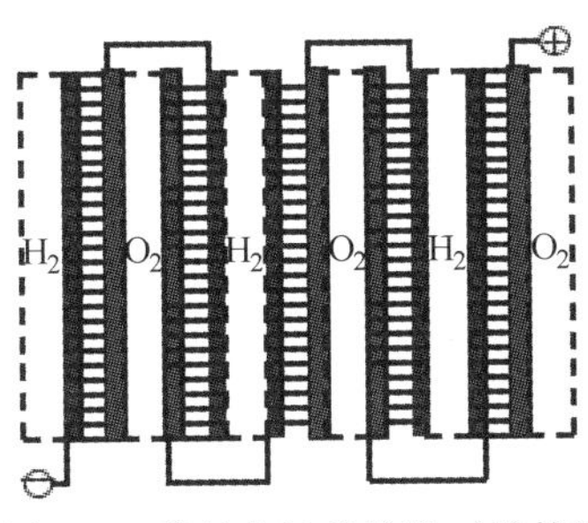

图 3.8　单极电池的构造（堆栈）

(2) 双极电池结构：氢室、阳极、电解质基体、阴极、氧气室和双极板构成一个可重复的单元。

优点：垂直电流流过横截面任意大的电极，还可以使用导电性更低的碳材料。

缺点：电池堆栈的性能和总体故障的最坏情况取决于最弱的单元。由于接触面处的接触电阻相当大，电池堆栈必须很好地压制。

电池的排水技术要求很高。通过氢气流将 H_2 侧产生的产物水排出。

以下设备可用于相分离和介质供应：

（1）气体分离器。

（2）喷射泵。

（3）水分分离器：冷凝器、离心机（图 3.9）。

（4）膜渗透设备。

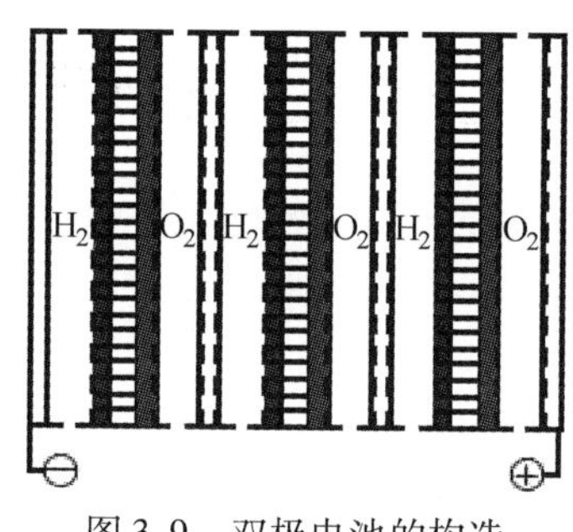

图 3.9　双极电池的构造

3.7　适用于航空航天的燃料电池

在航空航天行业中，质量小的优先级要高于昂贵的材料。

3.7.1　Bacon 电池

F. T. Bacon（1952）的高压氢氧燃料可在 40 ~ 60 bar 压力下的镀镍钢壳体中运行，以便使氢氧化钾溶液在 200 ℃下不会蒸发。由烧结镍制成的气体扩散电极具有 1.5 ~ 16 μm（电解质侧）或者 10 ~ 30 μm（气体侧）大的孔，后者用石蜡或硅藻土油防水，以便使液体不会渗入气体室。较高的运行压力可以将较大的孔吹空，由于毛细管力的作用，小孔保持填充。氧电极涂有锂化的氧化镍。锂可渗透到 p 型半导体氧化镍晶格中并提高导电性。通过在冷却加强筋处的冷凝将反应水排到电池外部。通过加热时的热浮力驱动电解液循环。Bacon 电池的结构如图 3.10 所示。

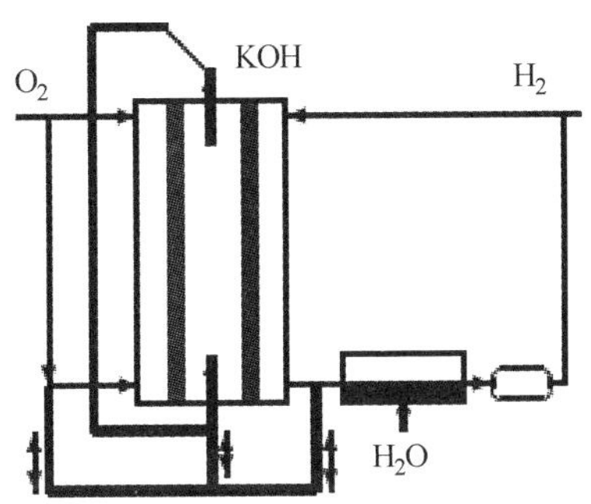

图 3.10　Bacon 电池：多孔电极、气体和电解质回路、水分离器（冷凝器）、氢循环器

3.7.2　Apollo 电池

Apollo 计划（1960—1965）的载人登月飞行携带了作为辅助设备的 Pratt & Whitney 公司氧 - 氢燃料电池“PC3A - 2”。将直径为 20 cm、厚度为 2 ~ 2.5 mm 铂激活的双层烧结镍电极与 PTFE 密封绝缘环一起装配到镍板壳体（3.3 bar 的系统压力）中。85% 的氢氧化钾溶液会在 100 ℃下熔化，并将水蒸气分压加压至 1 bar 以下。通过电加热来保持 200 ~ 230 ℃的工作温度。从低温储存器供应氢气和氧气，将反应水从残留 H_2 气流中分离出来（冷凝器和气体分离器）并导入循环回路中。28 V Apollo 燃料电池（UTC）如图 3.11 所示。

图 3.11　28 V Apollo 燃料电池（UTC）

通过电加热器和氮气压力套（通过航天器外部的散热冷却器）来控制温度。如果每个 400 cm^2 电极面积的单个电池以 100 mA/cm^2 下的电压为 0.9 V 计算，则在 28 V 下，由 31 个单电池组成的模块（电池组）的质量达到 109 kg 并且可输出 1.12 kW 的额定功率。在执行任务 10 天内，810 kg 的三个电池堆和容器（480 kg）的系统可产生 500 kW · h 的电能（620 W · h/kg）。如果使用铅电池，则其质量达到了10 ~ 12 t，而银锌电池也会达到 4 t！新登月飞行、3 个太空实验室和阿波罗 - 联盟号使用的 54 个这种 1.5 kW 电池堆共运行了 10 750 个工作小时。

3.7.3 航天飞机系统

从1974年起，NASA（美国国家航空航天局）、UTC和IFC又进一步开发了Apollo电池。1981年4月，开始了第一次载人飞行任务。三个12 kW模块（32个双极单元，465 cm^2，91 kg，436 A下27.5 V）被装配在装载舱下方航天飞机机身前部中心位置，如图3.12所示。系统功率为275 W/kg。7天内，为宇航员生产了750 kg的氢气和氧气冷却水与饮用水。2.4 mm厚的单个电池可在92 ℃，4 bar的压力下工作，在470 mA/cm^2（12 kW）下可提供0.86 V的电压。其显示出了15 000 h的使用寿命。

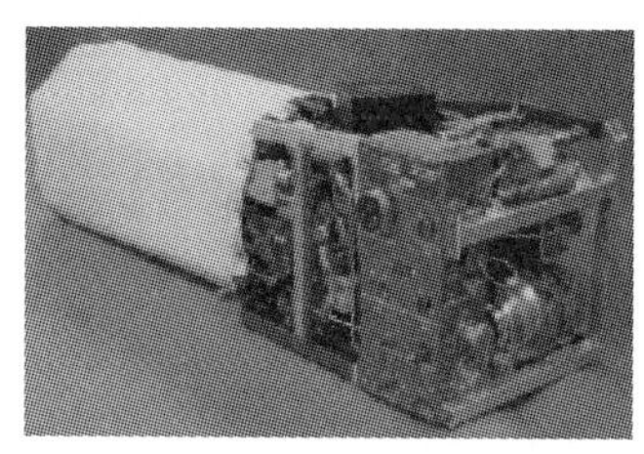

图3.12 航天飞机轨道飞行器12 kW燃料电池（UTC）

氢气流中的产物水将被冷凝，离心脱离并泵入罐中。电池堆的废热通过每第二或第四电池之间的导热箔被传导到无电荷的冷却液。

先进的技术（a）和原始技术（b）包括以下几个方面。

（1）氧气流板：（a）镀镍塑料；（b）镀金镁。

（2）负极（氧电极）：20 mg/cm^2 金（90%，作为催化剂）和铂（10%，作为烧结抑制剂）的镀金镍网；（a）光刻结构。

（3）电解质：25%～45% KOH在（a）钛酸钾；（b）石棉中。

（4）正极（H_2电极）：将10 mg/cm^2铂－钯（80∶20）与PTFE结合的碳压入镀银镍网。

（5）电解质储存器板：（a）金属化塑料、石墨；（b）烧结镍。带有氢气能够通过的孔；补偿负载变化过程中浓度的变化。

（6）氢气流板：（a）金属化塑料；（b）镀金镁。

（7）隔水板：塑料、石棉、PTFE。

（8）电池框架：（a）聚苯硫醚。

3.7.4 Buran燃料电池

URAL电化学综合电厂具有256个疏水性镍气体扩散电极和铂金属催化剂

组成的双极阵列电池——“Foton”燃料电池系统[3]，从1960年起就开始向Energia-Buran电网供电。1993年，测试了欧空局（ESA）Dornier空间飞行的适用性。Buran燃料电池见表3.12。

表3.12 Buran燃料电池（1991/1992年）

每堆的电池数量	256
标称功率/kW	10
质量/kg	160
运行温度/℃	100
燃料气体/bar	4（H_2）
氧化剂/bar	4（O_2）
使用寿命/h	>2 000

3.8 FAE燃料电池

具有固定碱性电解质（FAE）的燃料电池（通过毛细管力固定在陶瓷组织中的氢氧化钾溶液）在失重下具有一定优势。

3.8.1 Allis Chalmers燃料电池

1959年，美国威斯康星州密尔沃基市的Allis Chalmers公司研制出通过由铂涂覆多孔金属电极、石棉基体和苛性钾组成的750 V/15 kW气体电池（917 kg）驱动的一台拖拉机。1962—1967年，NASA开发出了由用铂钯涂覆镍电极制成的双极型燃料电池。双极板由镀镍的镁制成。电解质被固定在石棉基质的微孔中。根据负载条件（温度、电流），电解液被干燥或被产物水淹没。因此，氢气流出时冷凝的原有水排放可以通过静态装置①（水蒸气可通过其扩散的带支撑的膜）来取代。将电池堆冷却到约50 ℃的运行温度可以通过在作为冷却板来使用的单个电池突出边缘所进行的对流空气冷却来实现。通过膜渗透来排水如图3.13所示。

① static water-vapor control，静态水汽控制。

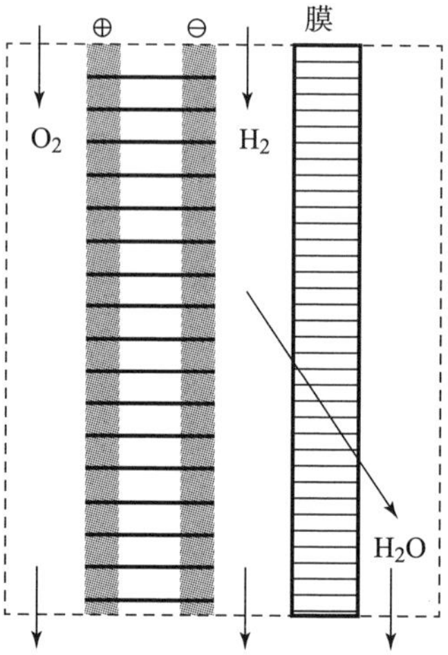

图 3.13　通过膜渗透来排水

3.8.2　ESA 燃料电池

由 Dornier 有限责任公司为未实施的 Hermes 航天飞机（1984—1993）设计了一种再生式燃料电池系统（RFCS），其同样选择了碱性单元的燃料电池或电解槽。在绕地球运转期间，由太阳能电流驱动电解器从水中产生氢和氧，而在黑暗阶段，燃料电池通过所生成的氢进行发电。

在太空中，通过多孔镍 - 二氧化铱电极和二氧化锆织物隔膜进行碱性水电解来继续产生氧[14]。双模电极结构包括电解质侧的 4 ~ 5 μm 小孔和气体侧的 30 μm 孔隙。由于 H_2 分子较小，所以氢电极含有比氧电极小很多的孔。相对于未涂覆的镍，二氧化二铱活性薄层可使电池电压提高 450 mV（在 70 ℃下），从而使电解可在较低的温度和压力（ <150 ℃， <5 bar）下进行。在长期实验中，电极使用寿命可超过 11 000 h（200 mA/cm^2，70 ℃），其退化率为 10 μV/h。未涂覆的镍显示出相同的趋势，但电池电压超过 2 V。通过在约 400 ℃下热解六氯铱酸的含水醇溶液可将 IrO_2 涂覆到多孔镍载体上。在电解气体不合需要地通过电解质的情况下（例如，当基质由于供水不足而变干时），添加的铂可催化 H_2 和 O_2 重新结合成水。通过电解分解的水可通过膜渗透（渗透蒸发）连续供给到氢室中。

FAE 电解的地面应用包括：通过风能和太阳能进行的分散性氢气生产或飞机上的氧气生产。FAE 电解质的电池电压如图 3.14 所示。

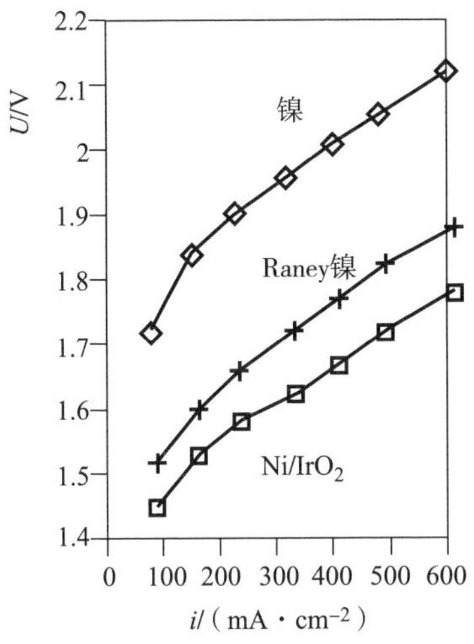

图 3.14　FAE 电解质的电池电压（80 ℃；IrO_2 70 ℃；无 IR 修正）

3.9　带流动电解质的 AFC

可流动电解质 AFC 可驱动航天器、道路车辆和潜水器。

3.9.1　Elenco 燃料电池

比利时 Elenco 公司①在 20 世纪 70 年代中期建成了一个由 24 个碱性电池组成的燃料电池堆。氢氧电极分别由带轧制活性炭 PTFE 铂层（电解质侧）和多孔 PTFE 层（气体侧）的镍网组成，不再需要热处理或烧结。将电极安装在 ABS 压铸成型框架中，一个一个排列在一起并焊接在模块上。

在通过电极之间泵送苛性钾溶液的回路中，传输可溶性反应产物和热量。气室在大气压下向电极供应氢气或空气并排出水蒸气。当负载低时，阴极或阳极足以将水分蒸发。

1.2 kW 燃料电池单元“BCB－1”由带电解液回路（储蓄罐、泵、热交换器）的三个模块组成，质量为 50～60 kg 下系统效率可达到 35%。阳极回路中，氢燃料气体驱动喷射泵将从阳极废气排出的蒸汽（经由阳极室后面带排水的冷

① 比利时原子能公司（Electrochemische Engergie Conversie，AEC）、荷兰国家矿业公司（DSM）和比利时 Bekaert 公司组成的集团。

凝器）混合。空气由压缩机和二氧化碳吸收器供应，后者消耗 0.13 kg/h 的钠钙①用于从空气中吸收二氧化碳。水在阴极废气中分离。Elenco 电池块见表 3.13。

表 3.13 Elenco 电池块

每堆的电池数量	24，单极
额定功率/W	450
效率/%	45
质量/kg	5
运行温度/℃	70
电解质/（$mol \cdot L^{-1}$）	6.6 KOH
燃料气体/bar	1（H_2）
氧化剂/bar	1（空气）
电极	基于 Ni 的 C－Pt－PTFE
电极尺寸/cm×cm×cm	17×17×0.04
Pt－覆盖/（$mg \cdot cm^{-2}$）	0.15～0.3
特征参数/V	0.7
	100 mA/cm^2（65 ℃）
使用寿命/h	20 000
老化率	2%～3%/1 000 h

在 Eureka 巴士项目（1989—1994）中，在 180 kW/800 V 驱动系统中增加了一台配有液态氢和镍镉缓冲电池（SAFT）的 80 kW Elenco 单元。

3.9.2 EloFlux 电池

Varta 燃料电池[9]基于 PTFE 结合的气体扩散电极。② 通过在超微粉碎机③中的“反应性混合”，粉末状电催化剂被 PTFE 线网住，用辊磨机（轧光机）在金属丝网上滚动，并将电极连续缠绕成柔性带。0.4 mm 厚的氢电极由作为电流导体的镀镍铜网上的 PTFE 结合的 Raney 镍组成。0.3 mm 厚的氧电极包括

① 氢氧化钠和氧化钙的混合物，CO_2 以碳酸钠和碳酸钙的形式结合。

② 20 世纪 60 年代：烧结镍。Varta 在 20 世纪 80 年代用于锌空气电池中的是：由聚四氟乙烯黏合的耗氧电极，其将碳颗粒轧入金属网中（H. Saher，DE－OS 2941774，1979）。

③ 对于实验室中的实验，咖啡研磨机就足够了。

在镀银铜网上通过 PTFE 结合的银催化剂。图 3.15 所示为 EloFlux 电池。图 3.16 所示为制造带状气体扩散电极用 Winsel 轧机（1983）。

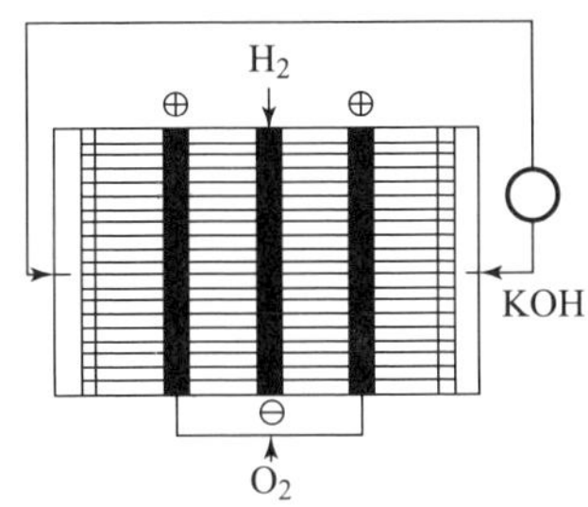

每个堆的电池数量	4
标称功率/W	150
效率/%	60
质量/kg	1.7
运行温度/℃	60
燃烧气体/bar	1.6（H_2）
氧化剂/1.5	1.5（O_2）
使用寿命/h	>5 000
老化率/（$\mu V \cdot h^{-1}$）	15（0.1 A/cm）

图 3.15　EloFlux 电池：多孔 H_2 电极，两个 O_2 电极，4 个隔膜，2 个多孔支撑板，电解质回路

资料来源：文献［15］

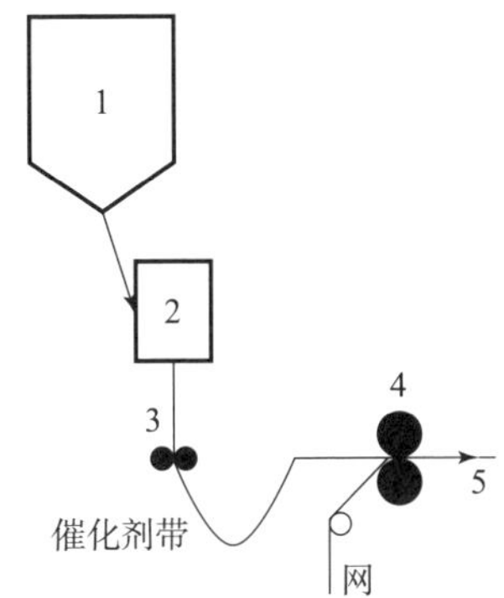

图 3.16　制造带状气体扩散电极用 Winsel 轧机（1983）

1—储存罐（Ranry 镍 + PTFE）；2—分配器；3，4—轧辊副；5—带状气体扩散电极

在“反应混合和轧制过程”中（DLR 方法），催化剂、聚合物黏合剂（PTFE）和成孔助剂的混合物被压延在金属网上。

每个 EloFlux 电池均由 6 个被 0.4 mm 厚的多孔聚烯烃分离器隔开的 H_2 和 O_2 电极组成，由塑料端板将堆叠保持在一起并倒入环氧树脂中。排水和散热并不是通过电解质而是在电极的背面进行的。双极电极结构中的气体通道可为电极供应燃料气体或氧气，气体通过颗粒间隙传递到反应位置。在分离器侧，通过线网传导电流。

（1）在具有电解液回路的 EloFlux 技术中，氢氧化钾溶液流过电极端面或电极组件。单个电池之间的迷宫盘可产生较大的电阻，以通过平行引导电解质回路排除分路电流。

（2）在使用固定电解质的 EloFlux 技术中，水溶液流过端面，并通过多孔疏水膜向电极堆叠供应水。由于电解耦，可以不使用盘。

电解质可通过催化剂颗粒中的细孔垂直于电极横截面流动。气体在交叉流中传导。如果燃料气体含有 CO_2，电解质必须持续通过透析来再生，电极在几千小时内耐受 5% 的二氧化碳[15]。

（1）紧凑的扩散分离蒸发器可通过电池废热驱动用于水分离和冷却的再浓缩器。苛性钾溶液（80 ℃）和冷却水（40 ℃）由两个多孔亲水烧结镍板的扩散空间分开，其间为惰性气体（氢气）。水从较热的电解液中蒸发到扩散空间，然后迁移到相对的镍板，最后冷凝成冷却水流。

（2）在具有疏水性多孔膜的浓缩器与多孔 PTFE 膜的共同作用下，水蒸气和被溶解的气体通过该 PTFE 膜从较热的电解质进入冷却水中。

包含 88 个电池和 2 个监测电池（用于检测气体杂质）的 3 kW 燃料电池单元包括：气体净化和供应，冷却系统，电解质再浓缩器，温度、浓度、压力和电池电压的过程监控装置。

EloFlux 电池［使用石墨或镍（代替银或活性炭）的氧电极］也可以被用作电解电池。

3.9.3 Siemens 燃料电池

在具有可移动电解质的 Siemens 碱性燃料电池中，苛性钾溶液被泵送电极之间的电解质腔（以前为石棉隔膜）。液体流运送反应水和余热。反应水从电解质中蒸发，并将冷凝物收集在容器中。电解液发生器被通过外部冷却回路的热交换器加热。

通过气体侧的压力垫向辅助粉末电极供应氢气或氧气（约 2 bar）①。气体

① 绝对压力 = 超压 + 大气压力。

空间两侧压力室中的加压气体（2. 7 ~3 bar 的氮）将电池组件彼此压紧。

（1）氢电极涂有 Raney 镍（添加有钛）。

（2）氧电极含有银（添加有镍、钛、铋）。

Siemens 的 6 kW 模块（约在 1990 年）由 60 个串联连接但流动系统与电解液循环平行连接的单极电池组成（340 cm^2，如表 3. 14 和图 3. 17 所示）。电解液通过单独的水蒸发器循环。使用寿命可能会受到银催化剂溶解的限制。8 个模块、1 个热交换器和 1 个气体供应单元形成一个 48 kW 的燃料电池单元（192 V，250 A）。

表 3. 14　Siemens AFC 模块（1990）

每个电池堆栈的电池数量	60
额度功率/kW	6
效率/%	50
质量/kg	215
工作温度/℃	80
燃料气体/bar	2. 3（H_2）
氧化剂/bar	2. 1（O_2）
特性值/V	0. 77 （420 mA/cm^2）
使用寿命/h	3 000
老化率	5%/1 000 h

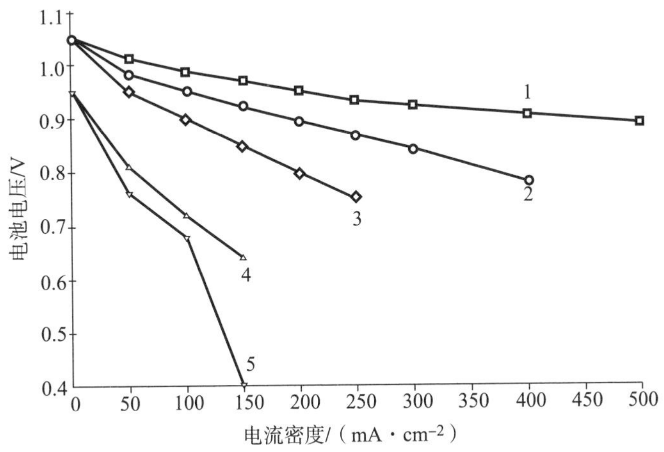

图 3. 17　碱性燃料电池的特性曲线，H_2/O_2 纯气体驱动（根据文献［15］）

1—Siemens，Pt/Pt，95 ℃，3 bar；2—Siemens，Ag/Ni，80 ℃，2 bar；
3—EloFlux，80 ℃，1 bar；4—Elenco，Pt/Pt，70 ℃；5—Elenco，空气驱动

3.10 碱性降膜电池

Hoechst（1993）公司在通过耗氧电极来降低氯醛电解（膜工艺）能量需求的研究过程中得到了碱性降膜电池。由于电解质柱的静水压力可由流体动压压降来补偿，所以电解质膜在面积达到 3 m^2 的双极性电极之间从顶部向下流动，从而实现了均匀的压力条件，由此来实现小间距，并且省去电极之间的隔板。氢电极由 Raney 镍或含铂的碳组成；Silflon® 氧电极含有银和 PTFE（Hostaflon®）。在 3 年时间的持续测试后退化为 20 mV（在 NaOH，80 ℃ 2.6 MPa下为 3 kA/m^2）。降膜电池堆如图 3.18 所示。

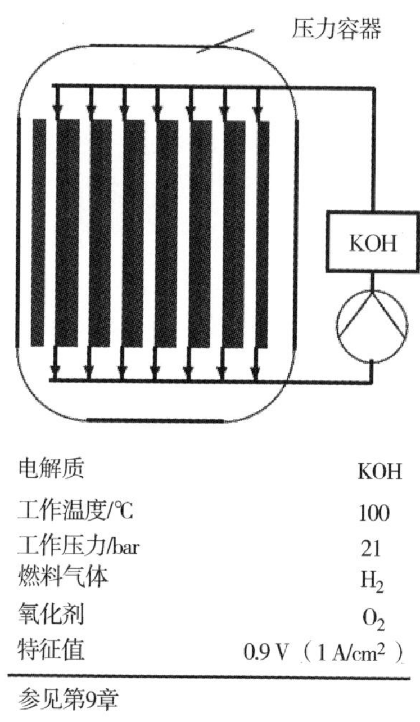

电解质	KOH
工作温度/℃	100
工作压力/bar	21
燃料气体	H_2
氧化剂	O_2
特征值	0.9 V（1 A/cm^2）

参见第9章

图 3.18 降膜电池堆

3.11 应 用

尽管 PEM 燃料电池目前仍占主导地位，较高的功率密度和廉价的电极材料使 AFC 对驱动与分散式能源供应极具吸引力。

1. 通过太阳能产氢实现的再生能量储存

（1）位于纽伦堡沃尔德的装置（Siemens，6.5 kW－AFC）

（2）威斯巴登应用技术大学（Elenco，1.2 kW - AFC）

2. 分散和移动式能源供应

（1）气象站（Varta，5 W - AFC）。

（2）鲁珀茨海恩的电视台（Varta，100 W - AFC）。

（3）地质调查（Elenco，40 kW - AFC）。

（4）军事应用（Elenco，至3.5 kW）。

3. 车辆驱动

（1）叉车（Varta，3.5 kW - AFC）。

（2）VW公共汽车（Elenco，14 kW - AFC和电池）。

（3）VW公共汽车（Siemens，17.5 kW - AFC和电池）。

（4）潜艇（Siemens，100 kW - AFC）。

4. 太空旅行

（1）欧洲航天飞机“爱马仕”（未实现）。

（2）俄罗斯航天飞机“暴风雪”。

EloFlux系统见表3.15。

表3.15　EloFlux系统[15]

（1）电解装置	
电解质/[mol·L^{-1}]	7KOH
效率/%	65～95
工作温度/℃	-40～80
工作压力/bar	1～15
质量/(kg·kW^{-1})	1.75
体积/(L·kW^{-1})	0.75
（2）燃料电池	

3.11.1　国内能源供应

Gaskatel有限责任公司[15]为由电解装置和燃料电池组成的自主系统设计了EloFlux电池，该系统采用纯氧和纯氢来运行。

3.11.2　燃料电池车辆和潜艇

第二次世界大战之后的空间计划为碱性技术带来了提高，这也刺激了民间部门。然而，商业产品至今还没有出现。军事部门感兴趣的是燃料电池驱动装置不像内燃机那样发热，以便使 IR 检测设备无法检测到。20 世纪 80 年代，对 AFC 的兴趣被转移到市售磷酸燃料电池上。自 20 世纪 90 年代以来，质子交换膜燃料电池已经占据了主导地位。

（1）带有 750 V/15 kW AFC 的 Allis Chalmers 拖拉机（1959）是采用多孔金属电极、铂催化剂、石棉基质中的苛性钾和通过蒸汽扩散在第 3 个电极进行水分离的双极性堆栈的原型。

采用 20 世纪 60 年代的双电极镍电极，瑞典 ASEA 公司为潜艇建造了一个 200 kW 的燃料电池，Varta 和 Siemens 公司为摩托艇装配了燃料电池。壳牌公司则尝试用其来重整汽油。表 3.16 所示为便携 AFC 的应用。

表 3.16　便携 AFC 的应用

1994 年，Elenco：78 kW – H_2 – AFC 用于公共汽车。
1956—1959 年，F. T. Bacon：6 kW – AFC 用于叉车中。
1959 年，Allis Chalmers：带有 750 V/15 kW – AFC 的拖拉机。
1965 年，Varta 和 Siemens：电动船“Eta”。
1967 年，通用汽车：Electrovan，400 V/160 kW。
1970—1973K. Kordes ch：“奥斯汀 A40”，90 V/6 kW – AFC。
1981 年，国际燃料电池（IFC）：航天飞机。
1994 年，Elenco：78 kW – AFC 用于城市公共汽车。
1985—1993Siemens：17.5 kW – AFC 用于货车；100 kW 用于潜艇。

（2）Union Carbide 公司为通用汽车“Electrovan”（1967）提供了具有可移动电解质的 400 V/160 kW AFC。具有铂催化剂的薄碳/固定区电极由在镍载体上注入的防水气体扩散层组成。1 000 h 的使用寿命、寄生电流和短路风险终结了液态氢与氧驱动车辆的生涯。K. Kordesch[6] 将一个 90 V/6 kW AFC（Union Carbide）“奥斯汀 A40”与一个 96 V/8 kWh 铅蓄电池并联地装入发动机舱中，并将 6 个氢气瓶（150 bar，25 m^3 的标准体积）放置到车顶上。20 kW电动机可将车辆加速至 80 km/h。电解液的排水和氢电极上的空气接触改善了燃料电池的使用寿命，消除了车辆驻车时间较长时的寄生电流和 H_2 消耗。在车辆起动时，电解液被泵入电池，通过钠钙的吸收除去运行空气中的 CO_2。

（3）自 20 世纪 70 年代以来，Siemens 公司就在潜艇上安装了 AFC，在 20 世纪 90 年代最终转向了质子交换膜燃料电池。

3.12　氨燃料电池

使用钢罐装液氨①的氨燃料电池[28]具有严重的安全和腐蚀问题。氨是一种侵蚀性气体，可与卤素、金属粉末、酸、汞、次氯酸钙和氟化氢发生反应。通过氨产生的氢需要满足苛刻的条件（450 ℃/10 bar）。

在具有阴离子交换膜、镍电极和 MnO_2 电极的直接氨燃料电池[29]中，在室温下向阳极供应氨，功率密度极低。氨会偶尔穿过膜，在阴极处形成有毒的氮氧化物。

⊕阴极　$O_2 + 2H_2O + 4e^{\ominus} \longrightarrow 4OH^{\ominus}$

⊖阳极　$2NH_3 + 6OH^{\ominus} \longrightarrow N_2 + 6H_2O + 6e^{\ominus}$

$$4NH_3 + 3O_2 \longrightarrow 2N_2 + 6H_2O$$

在碱性熔体（MCFC）和固体氧化物燃料电池（SOFC）中可以更有效地实现。诸如 $BaCe_{0.9}Nd_{0.1}O_{3-x}$（700 ℃）和 $BaZrO_3$ 等质子传导固体电解质可抑制不需要的 NO_x 的形成。

氨燃料电池见表 3.17。

表 3.17　氨燃料电池

燃料气体电极（80 ℃）	铂/碳 $SmFe_{0.7}Cu_{0.1}Ni_{0.2}O_3$（SFCN） $Sm_{1.5}Sr_{0.5}NiO_4$（SSN） $Sm_{0.5}Sr_{0.5}CoO_{3-x}{}^{3}$（SSCO） $SmBaCuFeO_{5-x}{}^{3}$（SBCF） $SmBaCuCoO_{5-x}{}^{3}$（SBCC） $SmBaCuNiO_{5-x}{}^{3}$（SBCN）
固态电解质	Nafion 磺化聚砜（SPSF）

① 氨的能量密度：5.4 W · h/kg。

3.13 肼燃料电池

由于其燃料的毒性，肼燃料电池无法证明自己。① 肼通过碱的化学分解生成氢，代替有希望的直接阳极反应：

$$N_2H_4 + 4OH^{\ominus} \longrightarrow N_2 + 4H_2O + 4e^{\ominus} \quad (E^0 = 1.56\ V)$$

从而发生的间接氢氧化反应（Pd－Ni 电极，3% 肼在 25% KOH 溶液中，70 ℃）。在 50% 效率下，一水合肼可提供 1 kW · h/L 的能量输出。肼－氧混合物有爆炸的危险。肼可在质子交换器（PEM）中分解并从阳极迁移到阴极。

1963 年，Allis Chalmers 建造了一台带有肼燃料电池的 3 kW 高尔夫球车。1967 年，生产了一辆带有 28 V/20 kW 系统的军用卡车。1966 年，K. Keschesch[6] 推出了一辆带有 16 V/400 W 肼空气燃料电池和镍镉电池的电动自行车。1972 年，壳牌公司为 DAF－44 车配备了一台并联有铅酸蓄电池的 10 kW 肼空气燃料电池。1982 年，Shinkobe 电机公司（日本）使用带 Pd 涂层的多孔烧结镍阳极和与 Pt/Pd 催化剂的 PTFE 结合的碳阴极建成了一个用于军事目的的 4.2 kW 肼空气电池堆。

固态氨硼烷（硼氮烷）NH_3BH_3 在酸性溶液中会释放氢气，但在环境压力和室温下只能在氢氧化钠溶液与阴离子交换膜中才会起作用。

参考文献

发展里程碑

[1] F. T. BACON, a) *Beama J.* **6** (1954) 61－67; b) in: G. T. YOUNG (ed.), *Fuel Cells*, New York: Reinhold, 1960, p. 51－77. c) in: W. MITCHELL (ed.), *Fuel Cells*, New York: Academic Press, 1961, p. 130－192. d) *Electrochim. Acta* **14** (1969) 569－585. e) *Engl. Patent* GB 667298 (1952); GB 725661 (1955).

基本原理，3.2 节

专题文献，3.4 节

[2] Alkalische Zellen der ESA: (a) F. BARON, *Proc. Europ. Space Power Conf.*, Graz (1993). (b) S. SCHAUTZ et. al., *ibid.*

① 肼：致癌性。与氧化剂、金属和金属氧化物催化剂、重金属盐、碱金属和碱土金属不相容。

[3]"Buran" – Brennstoffzelle. (a) *Proc. 42nd Meeting of the Internat. Soc. of Electrochem.* ,Montreux 25. – 30. Aug. 1991;(b) *Proc. 9th World Hydrogen Energy Conference*, Paris(1992)1385 – 1394,1485 – 1496.

[4] (a) ELENCO N. V. , H. VAN DEN BROECK. *Alkaline Fuel Cells*, Firmenbroschüre, Dessel/Belgien, 1993.

(b) H. VAN DEN BROECK et. al. , *Int. Hydrogen Energy* 21, 7 (1986) 471 – 474.

[5] (a) R. B. ERGUSON. *Apollo Fuel Cell Power System*, *Proc.* 23*rd Annual Power Sources Conference* (1969) 11 – 13.

(b) C. C. MORRILL. *Apollo Fuel Cell System*, *Proc.* 19 *Annual Power Sources Conference*(1965)38 – 41.

[6](a) E. W. JUSTI, A. W. WINSEL. *Kalte Verbrennung*, Wiesbaden: Steiner, 1962; Fuel cells, New York: Pergamon Press, 1965. (b) E. JUS TI et. al. , *Jahrb. Akad. Wiss. Mainz* (1955)200;*Abh. Akad. Wiss. Mainz*, Nr. 1(1956).

[7](a)K. KORDESCH. *Power sources for electric vehicles*, *in*: *Modern Aspects of Electrochemistry* (Ed. : J. O. M. Bockris et. al.), Vol. 10, New York: Plenum Press, 1975, S. 339 – 443. (b)K. KORDES CH. *J. Electrochem. Soc.* 125(1978)77C – 91C. (c) K. KORDES CH, A. MARKO. *Österr. Chem. Ztg.* 52 (1951) 125. (d) K. V. KORDES CH, J. C. T. OLIVEIRA. Fuels Cells, in: *Ullmann's Ency – clopedia of Industrial Chemistry*, Vol. A 12, Weinheim: Wiley – VCH, 5 1987, S. 55 – 83.

[8](a)K. STRASSER. *Die alkalische Siemens – Brennstoffzelle in Kompaktbauwei – se*, *in*: *Brennstoffzellen*, VDI – Buch 996(1990)25 – 46. (b)K. STRAS S ER, *J. Power Sources* 29(1990)149. (c) K. MUND, F. V. STURM, *Electrochim. Acta* 20(1975)463. (d) K. MUND, M. EDELING, G. RICHTER, Impedance measurements with porous electrodes for electrochemical energy conversion and storage, in: Porous electrodes, theory and practice, V 84 – 4, p. 336, Pennigton: The Electrochem. Soc. , 1984. (e) F. V. STURM, *Elektrochemische Energiever – sorgung*, Weinheim: Verlag Chemie, 1969. (f)F. V. STURM, H. NIS CHIK, E. WEIDLICH, *Ing. Digest* 5(1966)52.

[9]ELOFLUX – Technik: (a) A. WINS EL, *DECHEMA Monogr.* 92(1982)21 – 43; 124(1991). (b) A. WINS EL, O. FÜHRER, K. RÜHLING, C. FIS CHER, *Ber. Bunsenges. Phys. Chem.* 94(1990)926 – 931. (c) A. WINS EL, O. FÜHRER, *Proc. l. Ulmer Elektrochem. Tage*, Ulm: Universitätsverlag, 1994, S. 191 – 209.

[10] Gasdiffusionselektroden: A. WINS EL, EP 144002 (1983); DE – OS 3710168(1987).

[11] G. J. YOUNG(Ed.), *Fuel cells*, New York 1960.

碱性技术

[12] L. J. BLOMEN, M. N. MUGERWA (Hg.). *Fuel Cell Systems*, New York: Plenum Press, Reprint 2013. — Besonders: S. SRINIVAS AN *et. al.*, Chap. 2: *Overview of Fuel Cell Technology*, 37 - 72; E. BARENDRECHT, Chap. 3: *Electroche - mistry of Fuel Cells*, 73 - 119.

[13] *Encyclopedia of Electrochemical Power Sources*, J. GARCHE, CH. DYER, P. MOS ELEY, et al. Vol. 2: Fuel Cells - Alkaline Fuel Cells. Amsterdam: Elsevier; 2009.

[14] FAE - Elektrolyse:

(a) O. SCHMID, P. KURZWEIL. *Process and apparatus for electrolysis*, DE 195 35 212 C2 (1997); EP 0 764 727 B1 (1999); US 5 843 297 (1998). —(b) O. SCHMID, P. KURZWEIL. *Elektrolyseur mit immobilisiertem Elektrolyt für die Raumfahrt*, *F. u. E. - Bericht* 0850227, Dornier GmbH, Friedrichshafen 1991.

(c) U. BENZ, H. PREIS S, O. SCHMID. *Dornier post*, No. 2(1992).

(d) H. FUNKE, G. TAN. *SAE Technical Paper Series* No. 961371; 26th Internat. Conf. on Environmental Systems, Monterey CA, July 8 - 11, 1996.

(e) R. J. DAVENP ORT, *Journal of Power Sources* 36(1991) 235 - 250.

[15] H. - J. KOHNKE, *Alkalische Brennstoffzellen zur Hausenergieversorgung*, *Proc.* 6. *Kasseler Symposium Energiesystemtechnik* (2001) 87 - 94.

[16] K. KORDES CH, G. SIMADER. *Fuel Cells and Their Applications*, Weinheim: Wiley - VCH, 4 2001.

[17] K. LEDJEFF - HEY, F. MAHLENDORF, J. ROES (Ed.). *Brennstoffzellen — Entwicklung, Technologie, Anwendung*. Heidelberg: Müller, 22001, Kapitel 3.

[18] (a) H. WENDT, V. PLZAK (Hrsg.). *Brennstoffzellen*, Düsseldorf 1990.

(b) H. WENDT, *Electrochemical Hydrogen Technologies*, Amsterdam 1990.

[19] (a) A. WINS EL, *Brennstoffzellen*, in: *Ullmanns Enzyklopä die der Technischen Chemie*, Bd. 12, Weinheim: VCH, 4 1976, S. 113.

(b) *Ullmann's Encyclopedia of Industrial Chemistry*, Vol. A 9, Kap. *Electrochemistry*, 183 - 254, Weinheim: VCH, 5 1987.

材料与方法

[20] H. BEYER, W. WALTER. *Lehrbuch der Organischen Chemie*, Stuttgart: Hirzel 24 2004. (Phthalocyanine u. a. Stoffklassen).

[21] G. ERTL, H. KNÖZINGER, J. WEITKAMP (Ed.). *Handbook of heterogeneous catalysis*. 8 Bände, Weinheim: Wiley - VCH, 2008.

[22]C. H. HAMANN, W. VIELS TICH. *Elektrochemie*, Wiley – VCH, Weinheim [4] 2005.

[23]K. KINOS HITA. *Electrochemical Oxygen Technology*, New York: John – Wiley & Sons, 1992, Chapt. 2.

[24] P. KURZWEIL, H – J. FIS CHLE. A new monitoring method for electrochemical aggregates by impedance spectroscopy, *J. Power Sources* 127(2004)331 – 340.

[25]Porphyrinsysteme: F. SOLOMON, *Ext. Abstracts*, Electrochem. Soc. Meeting, Toronto(1985).

[26]Katalysatoren: ▷Kapitel 4.

(a) M. R. TARAS EVICH, A. SADKOWS KI, E. YEAGER. *Comprehensive Treatise of Electrochemistry*, Vol. 7(B. E. Conway, ed.), New York: Plenum, Chapt. 6.

(b)E. YEAGER, *Electrochim. Acta* 29(1984)1527.

[27] T. ZHOU, R. SHAO, S. CHEN, et al. A review of radiation – grafted polymer electrolyte membranes for alkaline polymer electrolyte membrane fuel cells, *J. Power Sources* 293(2015)946 – 975.

氨和肼电池

[28]A. AFIF, N. RADENAHMAD, Q. CHEOK, et al. Ammonia – fed fuel cells: a comprehensive review, *Renewable and Sustainable Energy Reviews* 60(2016)822 – 835.

[29]R. LAN, S. TAO, Direct ammonia alkaline anion – exchange membrane fuel cells, *Electrochem. Solid – State Lett.* 13(2010)B83 – 6.

第4章

聚合物电解质燃料电池

目前电池的发展倾向于PEM系统，其具有优秀的电池设计和高达0.7 W/cm^{2}的高功率密度（目标：>1 W/cm^2）。如果氢源是来自非化石能源的，氮氧化物和温室气体零排放车辆可以保证持续地减轻环境负荷。电池车辆和燃料电池从油井到油箱（Well - to - Tank）的能源供应链比内燃机便宜。在无须维护和保养下，混合电力驱动电动车的油井到车轮车辆效率（Well - to - Wheel）具有比内燃机排放低20%的特点。PEM技术不会产生任何噪声，通过冷却回路可以不产生水加热，不会产生废物（无须垃圾填埋场、危险废料处理处、污水、废气），没有土地消耗，也无须风道。其适用于太阳能氢的再生利用和生物质的转化。同时还能用于发电，加热水和产生低温蒸汽（热电联产）。PEM燃料电池易于控制，能够防止短路以及快速响应变化的负载。电解质不腐蚀，电池相对容易生产。聚合物电解质燃料电池历史见表4.1，PEM燃料电池的基本结构如图4.1所示。

表4.1　聚合物电解质燃料电池历史

1839/1842年，W. R. Grove：硫酸氢氧电池。

1968年，Dupont：Nafion ©。

1959—1982年，通用电气公司：

1962—1966年，美国NASA"双子星"任务（1 kW；由3×32 PEM电池组成，在0.83 V下，38 mW/cm^2）。磺化聚苯乙烯膜，在每个电池中用灯芯除水。

1969年，Biosatellite中的Nafion：350 W PEM燃料电池。

1980年，美国海军和Siemens公司（1983，UTC许可证）：用于潜艇的质子交换膜燃料电池。

1983/1984年，Ballard：空气动力燃料电池。

续表

1985 年，具有重整器和 CO 氧化的质子交换膜燃料电池。

1987 年，MK IV：使用 DOW 膜（7 bar H_2/O_2）在 0.53 V 时为 4.3 A/cm^2（4 000 A/ft^2）。

1989 年，潜艇（Perry Energy）。

1990—1994 年，带有 24 个水冷 5 kW 电池组；210 bar H_2 存储装置的公共汽车。

1999 年，固定式 250 kW 电站。

1985 年，UTC（联合技术公司）、哈密尔顿标准公司及其子公司 IFC（国际燃料电池公司）继续使用通用电气技术。

1987/1990 年，美国能源部（DOE）推广燃料电池公共汽车和车辆。由通用汽车、金纳、分析动力和 Denora（意大利）研发。

1985—1988 年，EPSI（能源动力系统公司）：采用 Engelhard 技术的用于太空旅行的 2 kW 质子交换膜燃料电池。在 0.6 V 时为 1 500 mA/cm^2。

1988 年，Lanl：<1 mg/cm^2 铂负载。

1993 年，Energy Partners 公司：带 15 kW/125 V 质子交换膜燃料电池的"绿色汽车"。

1994 年，德国的发展研究：巴斯夫，Heraeus，Axiva（Hoechs T），Bosch，SGL，Sachs Enring，Siemens，研究所（DLR，FhG，FZJ，MPI）。Dupont，Ballard，Gore，Hoechst，Dow，Asahi 进行的 PEM 开发。

车辆开发：Daimler - BENZ（1998 Daimler - Chrysler），Ford；Toyota（日本），General Motors（美国）。

2000 年左右：中型企业的 PEM 开发。

2001 年，保罗谢勒研究所：质子交换膜燃料电池和超级电容组成的系统。

2002 年，Howalds Werke Deutsche Werft：带 Siemens 50 kW PEM 驱动装置的 U - 212。

自 2001 以来，全球燃料电池车辆测试（CUTE 等）。

2016/2017 年，第一辆商用车：Hyundal ix35，Toyota Mirai，Daimler。

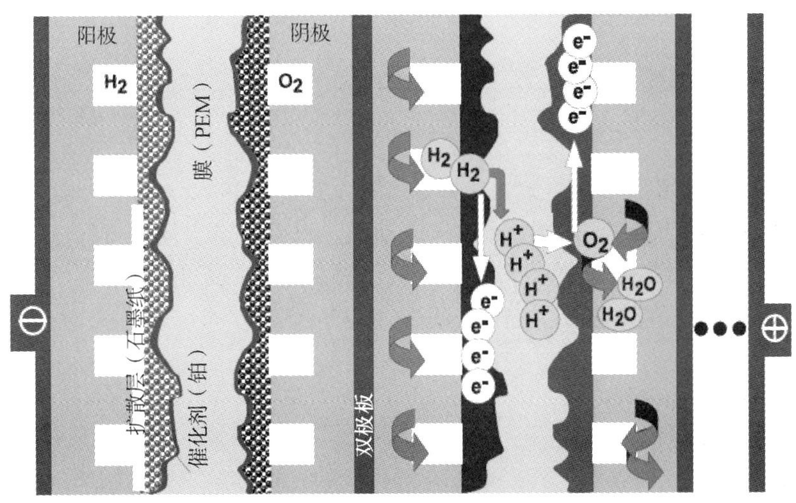

图 4.1　PEM 燃料电池的基本结构

长期成本状况决定了市场准入。PEM 技术面临的挑战是：峰值功率适中，膜和电极寿命有限（气体突破、催化剂毒物、催化剂附着），水平衡，压缩空气和冷却系统。目前的发展是追求减少贵金属使用的电催化剂，低成本膜和用于氢气生产与储存的高性能工艺。

4.1 PEM 燃料电池的特征值

同义词：聚合物电解质燃料电池（Polymer Electrolyte Fuel Cell，PEFC）；质子交换膜燃料电池，PEM – BZ（Proton Exchange Membrane Fuel Cell，PEMFC）；固体聚合物电解质燃料电池（Solid Polymer Electrolyte Fuel Cell，SPEFC 或 SPFC）。

类型：酸性低温氢氧气体电池。

电解质：质子传导聚合物膜（Proton Exchange Membrane，PEM）（Nafion© 及其后续产品）。电荷载体是质子 $H^{\oplus}$或水合氢离子 $H_3O^{\oplus}$。

运行温度：60 ~ 70 ℃（60 ~ 120 ℃）。

燃烧气体：氢气、重整气（阳极）。

氧化剂：氧气、空气（阴极）；润湿。

电极反应：生成液态产物水并被通过阴极排气带走。

⊖阳极氧化	$2H_2 \rightleftharpoons 4H^{\oplus} + 4e^{\ominus}$
⊕阴极还原	$O_2 + 4e^{\ominus} \rightleftharpoons 2O^{2\ominus}$
	$2O^{2\ominus} + 4H^{\oplus} \rightleftharpoons 2H_2O$
	$O_2 + 4H^{\oplus} + 4e^{\ominus} \rightleftharpoons 2H_2O$
电池反应（$z = 2$）	$2H_2 + O_2 \rightleftharpoons 2H_2O$

电池电压：$E_0 = E^0_{阴极} - E^0_{阳极} < 1.23\ V$

电极材料：镀铂碳纸电极。双极流动板：石墨、钢、复合材料。

电极毒物：CO 可使铂中毒，添加钌可提高 CO 耐受性。

特殊优势：薄层电池，功率密度高（约 1 000 W/kg）。

典型劣势：

（1）CO 敏感性。

（2）膜的脱水和冷冻。

系统组件：

汽车：700 bar H_2 储罐。固定装置：燃烧气体加湿，天然气重整 CO 分离至 20 ppm。

电效率：50% ~68 % （电池），43% ~50% （天然气系统）。

发展状况：首次量产车辆，小型热电联产电厂（5 ~250 kW），便携式电子产品电源，电池替代品，航空航天和军事应用。

4.2　聚合物电解质

聚合物膜①可被用作反应气体的电解质、催化剂载体和分离器。所谓的质子交换膜（Proton Exchange Membrane，PEM），使用 50 ~150 μm 厚的质子传导全氟化和磺化聚合物膜，如 Dupont 公司的 Nafion© 和 Gore，Ballard，Fumatec 等公司的后续产品。磺酸残基通过氧桥与氟碳链结合。电荷传输通过溶剂化的 $H^{\oplus}$ （酸中）或 $Na^{\oplus}$ （在苛性钠溶液中）在相邻 $SO_3^{\ominus}$ 残基之间的迁移来进行。聚合物按分子量吸收一定量的水，这显著影响电导率。在产生源时（通过磺酸的静电斥力以及水和氟碳主链的疏水性相互作用产生的），直径约 4 nm 的球形腔（“离子簇”）可通过 1 nm 长和 0. 1 nm 宽的通道连接在一起。溶剂化的阳离子可以通过通道迁移，但阴离子很难。聚合物电解质和基质材料见表 4. 2。

表 4. 2　聚合物电解质和基质材料

阳离子交换器	阴离子交换器
全氟磺酸（PFSA）	季铵盐
全氟羧酸	
聚苯并咪唑（PBI）	
聚砜（PSU）	
聚苯乙烯树脂	
聚乙烯醇	
聚偏氟乙烯（PVDF）	
聚苯醚（PPO）	
富勒烯 + 聚合物	

注：PBI：工作温度高达 200 ℃，显示出良好的 CO 耐受性。

① 通用电气公司：离子交换膜（IEM）；后来的：固体聚合物电解质（SPE），UTC /汉密尔顿标准公司的注册商标。

参见 5.3.5 节。

4.2.1 全氟磺酸膜

1. Nafion®

Nafion 可以在迁移数 1 下像 1 mol 硫酸（>0.1 S/cm；>2 S/cm^2）一样传导电流，即质子传输 100% 的电流。[①] Nafion 质轻，机械和化学性质稳定，可锁定氧气和氢气［25 ℃时为（3~5）$\times 10^{-4}$ cm^2/（h · bar）］，理论上在腐蚀介质中工作温度可高达 125 ℃，但必须始终保持湿润（含水量 30% 左右），在低温下会被冷冻，并在增加的压差下可使气体中断。在加湿不均匀和局部过热的情况下，会出现先撕裂膜的“热点”。在 90 ℃以上时，磺酸基团被破坏，聚合物的形态发生变化。具体见表 4.3 ~ 表 4.5。

表 4.3 市售 PEM

Nafion®（Dupont）
GORE Select®
Hoechst Celanese
BAM3G®（Ballard）
Flemion® *（Asahi Glass）
Aciplex®（Asahi Chemical）
Neosepta®（Tokuyama）
Raipore®（Pall Rai）
Ionac®（Sybron Chemicals）
Hyflon®（Solvay S. A.）
Fumion® Fumatech

注：* 为纤维增强全氟羧酸盐。

表 4.4 Nafion 的电导率和含水量

mol H_2O/mol SO_3H	κ/（S · cm^{-1}）
2	0.005
2.7	0.01
5	0.023

① 膜中的质子浓度：$c(H^{\oplus}) \geq 4$ mol/L。

续表

mol H_2O/mol SO_3H	κ/（$S\cdot cm^{-1}$）
8.4	0.04
10	0.05
14	0.06
22	0.09

活化能：

Nafion－112：　$E_A=166$ kJ/mol。

膜电阻（120 ℃，50 % 相对湿度，p_{H_2O} 483 mbar）。

Nafion－117：　0.01 S/cm。

表 4.5　Nafion 的形态

含水量（按体积百分比计）	
0%	干燥的全氟化基质，疏水性 PFTE 主链
25%	空腔充水：聚合物中的离子域
50%	结构转化：充水聚合物，干燥的空腔
75%	聚合物棒组成的胶体网络

质子传导率随着温度的升高和含水量的增加而增加，其活化能可从 Arrhenius 方程对数电导率－温度曲线的斜率得出。

$$\underbrace{\ln\kappa}_{y}=-\underbrace{\frac{E_A}{R}}_{b}\cdot\underbrace{\frac{1}{T}}_{x}+\underbrace{\ln A}_{a} \tag{4.1}$$

式中，E_A为活化能；R 为摩尔气体常数；T 为温度，K；A 为常数。

（1）合成。Nafion 可用四氟乙烯和全氟丙烯或磺酰氟乙烯基醚大规模生产。

①磺化四氟乙烯：

$$F_2C=CF_2+SO_3\longrightarrow FO_2S—CF_2—COF$$

②全氟丙烯的环氧化和四氟乙烯的添加：

$$F_3C—CF=CF_2\longrightarrow F_3C—CF\ (O)\ CF_2\xrightarrow{F_2C=CF_2}$$
$$F_3C—CH_2—CH_2—O—CF=CH_2$$

③单体（1 和 2）与四氟乙烯的共聚合。

④SO_2F 基团水解成 SO_3H。

（2）结构。在 6 ~ 10 个单位长的 PTFE 链的骨架上悬挂具有磺酸端基的全氟化乙烯基聚醚的柔性侧链。在无定形疏水基质中，晶体区域和离子簇交替存在。

Nafion－117 制造规范给出其等效质量为 1100 u，厚度为 $^7/_{1\,000}$ 英寸 = 178 μm。Nafion 的基本结构和功能如图 4.2 所示。

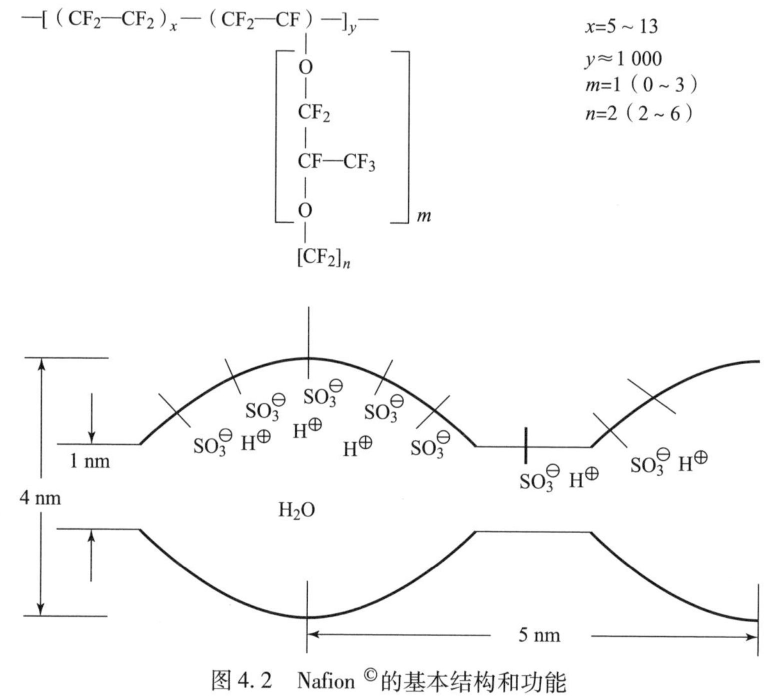

图 4.2 Nafion ©的基本结构和功能

离子交换量（每摩尔离子交换位置的干聚合物克数）是等效质量的倒数。1 100u 对应于 0.91 meq/g，因此，1g 聚合物可通过 9.1×10^{-4} mol 的单价阳离子（对应于 0.021 g 的 $Na^{\oplus}$）置换 $H^{\oplus}$。① Nafion－115 见表 4.6。

表 4.6 Nafion－115

厚度（干燥）	0.005 英寸 = 127 μm
等效质量/（$g\cdot mol^{-1}$）	1 100
水含量/%	34
传导率/（$S\cdot cm^{-1}$）	0.059
酸度	RCF_2SO_3H
Hammet 函数	－12

① meq/g = 每克的毫克当量（以前为 mval/g）。

当量质量较低的薄膜可提供燃料电池中最佳的性能数据。相对于 Nafion – 117，50 μm 的 Nafion – 105 更容易被氢气突破（开路电压下降 50 ~ 100 mV），但电流密度可高于 1.5 A/cm^2。Nafion 也可用于甲醇溶液。新研发的目标是耐温性和不透气性达到 200 ℃，8 bar 和缺水。目前还没有回收利用方案。

（3）制备。在使用之前，将 PEM 膜煮沸 30 min：①在 3% 的 H_2O_2 中以去除有机污染物；②在 0.5 mol 硫酸中，以提高传导率。通过流延成型（浇铸）使二甲基甲酰胺、N – 甲基吡咯烷酮、醇和其他溶剂保留在干燥的膜中。此外，新鲜的 Nafion 可吸收环境中的挥发性有机化合物。

在加湿时，聚合物基体膨胀并且吸水能力随着聚合物交联（0.25% ~ 25%）的增加而降低。尤其是在水作为水合物壳与离子基团结合时。

2. 具有短侧链的聚合物

1988 年生产出的 Dowmembran 是一种四氟乙烯和乙烯基醚单体的共聚物，但其侧链比 Nafion 的短，并在 100 μm 的厚度下具有 800 的当量质量和机械稳定性的特征。现已证明，它在纯甲醇中不太稳定。Hyflon® 是 Solvay Solexis 的进一步发展。

3. 有机离子交换装置

例如，磺化酚醛树脂、聚苯乙烯树脂和聚三氟苯乙烯树脂，因为它们在侵蚀性介质中使用寿命短，① 因此只有历史意义。

自 1975 年开始，引入了全氟磺酸盐和全氟羧酸盐等阳离子交换膜，O_2 电极处形成反应水。阴离子交换膜由用季铵氯甲基团置换的磺化聚苯乙烯交联二乙烯基苯组成（AFC）和 H_2 侧生成水。

4.2.2　聚合物膜的老化

（1）金属离子[20]。双极板和合金催化剂容易腐蚀。金属离子增加膜的传导率，阻断磺酸基团，占据活性催化剂表面（例如：$Co^{2\oplus}$），抑制铂上的直接氧还原并从过氧化氢中产生自由基。铝（Ⅲ）将氧还原从 4 电子机制改变为 2 电子机制。镁（Ⅱ）中毒可在几个小时的清洁气体运行后再次恢复。

（2）自由基。中间产生的 HO_2 自由基会攻击膜，诸如铁（Ⅱ）、镍（Ⅱ）、铬（Ⅲ）和铜（Ⅱ）等金属离子加速了这种作用。② Nafion 通过失去羧化链末端的 H 原子而老化，并且链氧化成 CO_2 和 HF，见表 4.7。

---

① C – H 键容易在官能团的 α 位上断裂；例如：交联的聚苯乙烯–二乙烯基苯磺酸盐。

② 老化测试：Fenton 的试剂可释放羟基自由基。

表 4.7　Nafion 的老化

(1) 阳极

$$\frac{1}{2}H_2 \longrightarrow H\cdot \xrightarrow{O_2} HO_2\cdot \xrightarrow{H\cdot} H_2O_2$$

(2) Fenton 反应

$$H_2O_2 + Fe^{2+} \longrightarrow Fe^{3+} + OH + OH^-$$

$$\cdot OH + Fe^{2+} \longrightarrow Fe^{3+} + OH^-$$

$$\cdot OH + H_2O_2 \longrightarrow H_2O + HO_2.$$

$$HO_2. + Fe^{3+} \longrightarrow O_2 + Fe^{2+} + H^+$$

(3) 聚合物的破坏

$$DCF_2COOH + \cdot OH \longrightarrow RCF_2. + CO_2 + H_2O$$

$$RCF_3 + H_2O_2 \longrightarrow RCF_2COOH + HF$$

(3) 氯化物[20]。尤其是在加湿性能差的情况下，燃料气体或空气中的痕量氯化氢会严重破坏电池电压。氯化物会通过形成六氯铂酸盐（$Pt + 6\ C^{\ominus} \longrightarrow [PtCl_6]^{2\ominus}$）腐蚀铂催化剂，阻碍氧气的吸附（0.4～0.7 V RHE），并抑制氧气的阴极还原。难溶的氯化物（$AlCl_3 > FeCl_3 > CrCl_3 > NiCl_2 > MgCl_2$）会阻塞流动通道。对膜电阻的影响极低，氯化物促进全氟磺酸盐裂缝形成的补救措施见表 4.8。

表 4.8　补救措施

(1) 金簇：铂氧化的潜力较高；

(2) 金属间合金；

(3) 核壳结构（具有铂壳的金属核）；

(4) 稳定的铂催化剂碳载体；

(5) 改进的聚合物（FEP－g－聚苯乙烯）

氟化物、硫酸盐和硝酸盐并不是很有害。

(4) 浸渗。如果为了达到防冻能力而用乙二醇浸渗膜，则燃料电池的性能数据将崩溃。含水量对于有效的质子迁移至关重要。

4.2.3　高温膜

高温 PEM 燃料电池（HT－PEMFC）的工作温度为 160～180 ℃，不需要气体加湿，燃料气体中可含有 3% ~5% 的 CO，因此可以使用柴油和生物质的重整气体，并且还可以使用铁和钴来代替铂作为催化剂[44]。其可被用作商用车和冷藏车辆的辅助设备（APU）。所面临的挑战是：碳氢化合物产氢效率低，启动阶段慢（10 ~40 min），系统复杂（催化燃烧器、蒸汽重整器、两级水煤气转换反应器、燃料电池）。低温和高温 PEM 燃料电池见表 4.9。

表 4.9　低温和高温 PEM 燃料电池

Nafion	PBI
至 80 ℃	120 ~180 ℃
1 000 mA/cm^2	400 mA/cm^2
CO：<10 ppm	<1 000 ppm
带有加湿器	无加湿器

在 80 ℃以上的温度下，Nafion 失效。燃料气流中的水分必须保持在非常高的水平，以保持膜潮湿和传导性：130℃和 90% 的相对湿度需要 4.8 bar 的电池压力，在此压力下，膜会受到不可逆的损伤。相对湿度超过 75%（ >80 ℃）时，Nafion 过度膨胀，导致质子传导性丧失。磷酸改性聚苯并咪唑（PBI）允许有比 Nafion 更低的电流密度，但含更多的一氧化碳。高温膜基体材料见表 4.10。

表 4.10　高温膜基体材料

（1）全氟磺酸盐（PFSA）；
（2）非氟化聚合物；
（3）酸碱复合材料；
（4）无机高分子复合材料

有发展前途的基质材料是复合材料：在理想状态下，气体和液体不可渗透，即使是在干燥时也能耐受温度，并且不含离子杂质。GOR 和 ASAHI 致力于研发聚四氟乙烯增强的全氟砜聚合物。其他技术还有用溶液或粉末浸渗 PEM 或将 Nafion 涂覆在薄的 PTFE 膜上。还可以将 PEM 溶解并与添加剂混合，然后浇铸新膜。等离子体聚合可提供高度交联的均匀薄膜。与挤出薄膜相比，Nafion©溶液的流延成型（溶液浇铸）可提供各向同性的拉伸强度、更恒定的厚度、更高的酸容量和更大的吸水能力。高温膜的聚合工艺和改性结构见表

4.11 和表 4.12。

表 4.11 高温膜的聚合工艺

溶液浇铸	将溶液分散刮到载体膜上并干燥
挤压铸造	50～250 μm 的热塑性薄膜

表 4.12 高温膜的改性结构

- 表面交联；
- 无机添加剂；
- 部分氟化的单体；
- 新官能团

新材料包括以下几种：

（1）FEP，高度交联的氟化乙烯-丙烯共聚物，[①] 如（四氟乙烯-六氟丙烯共聚物）-苯乙烯/二乙烯基苯。在氦气流中分 520 ℃和 577 ℃两个阶段进行热解，并释放出四氟乙烯（100 u）和六氟丙烯（150 u）。[②]

聚偏二氟乙烯（PVDF）相对可渗透氧气。即使通过辐射诱导嫁接，[③] Nafion 的质量也达不到要求。PVDF－HFP（六氟丙烯）在热力学性能方面不太稳定，但可用作质子传导离子液体的载体（例如：三氟甲磺酸衍生物与胺）。

聚氧苯（PPO）可通过交联来达到极低的水或甲醇渗透性的优化目的。

在聚砜中，可以引入诸如磷酸锑酸 $H_3Sb_3P_2O_{14}$ 和氨基等超强酸。

磺化聚亚芳基醚酮（PEK，PEEK，PEEKK）对硫酸具有化学稳定性并且其传导率可达到 0.16 S/cm（60 mol% 的二磺化单体）。但是，它们倾向于膨胀并形成水凝胶。磺化 PEEK 结构如图 4.3 所示。

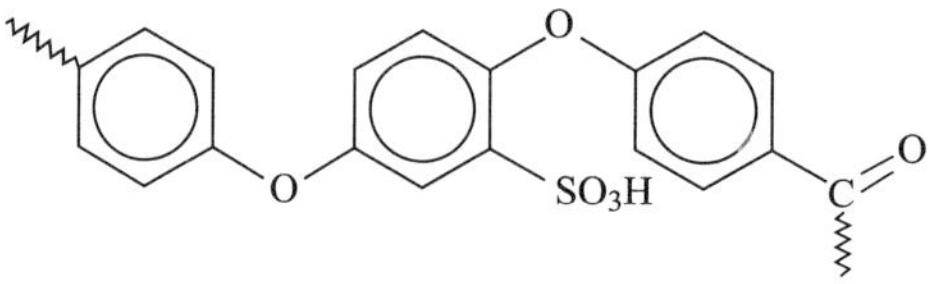

O
O
SO_3H
C
O

图 4.3 磺化 PEEK 结构

① FEP = Fluorinated Ethylene－Propylene Copolymer，氟化乙烯-丙烯共聚物，聚四氟乙烯-共-六氟丙烯（PTFE－HFP）。

② Netzsch，客户信息发布，2003 年 3 月 2 日；热天平，DSC 和质谱联用。

③ radiation grafting，辐射嫁接。

P = N 骨架上带有芳氧基侧基的聚磷腈具有柔性和疏水性，但对氧化剂和自由基敏感。聚磷腈片段如图 4.4 所示。

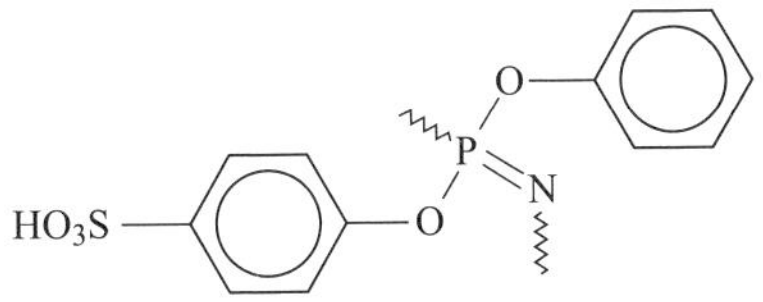

图 4.4　聚磷腈片段

（2）酸碱复合材料：磷酸在聚合物中超强酸 SO_3H 基团的背景下起着碱的作用，并在阳极侧扮演水的角色，但这是以牺牲寿命为代价的。

聚苯并咪唑（PBI）和磷酸热稳定至 425 ℃，传导率良好（$PBI \cdot 2H_3PO_4$：室温下，0.004 6 S/cm；170 ℃时，0.004 8 S/cm）。其在 190 ℃左右和环境压力下使用（防止酸损失），具有耐 CO_2 和低湿度的特性。

（3）陶瓷膜片：钛酸钡或钛酸钙、氧化镍或二氧化锆可以用酸或碱润湿。

4.2.4　固态质子导体

可以用固体质子导体填充 Nafion，以确保膜干燥时的传导能力（混合电解质）。作为 PEM 替代品的无机质子导体是 Vision。

（1）PEM 膜填料：20% 的二氧化钛、沸石、磷酸氢锆磺化聚醚砜（ZrPSPES）、磷酸锆磺基苯基磷酸酯。

（2）氢氧化铀酰 $H(UO_2)PO_4 \cdot 4H_2O$（HUP）可用于 100 ~ 400 ℃的温度范围[21]。

（3）磷酸锡和锡蛭石①可以掺入丙烯酸砜树脂中。

（4）在软硫酸铯 $CsHSO_4$ 中，$H^{\oplus}$ 在晶体中翻滚的 HSO_4 四面体之间跳跃。超过 141 ℃时，存在超质子传导相（0.01 S/cm）。

（5）诸如 $H_3P(W, Mo$ 或者 $Si)_{12}O_{40} \cdot xH_2O$ 等杂多酸在室温下电导率可达 0.2 S/cm。如 $(NH_4)_{1.67-x}(H_3O)_yMg_{0.67}Al_{10.33}O_{17}$ 等水合和掺杂 β - 氧化铝在 150 ℃时电导率约为 0.01 S/cm。

（6）掺杂的碱土金属柠檬酸盐和铌酸盐（例如：铈掺杂 $LaNbO_4$ 和 $BaCeO_3$）在水蒸气作用下晶格氧空位中会产生质子缺陷。

$$H_2O + O_{晶格} + O_{空位} \longrightarrow 2\ OH \cdot$$

（7）二氧化钌水合物见 1.7 节。

---

① Laponite®（Solvay）：硅酸镁钠。

（8）超强酸见第 5 章。

固体质子传导的电导率见表 4.13。

表 4.13　固体质子传导的电导率　　$S \cdot cm^{-1}$

$H(UO_2)PO_4 \cdot 4H_2O$	≈ 0.001
$LaNbO_4$（Ce），800 ℃	0.001
$BaCeO_3$（Ce），800 ℃	0.01
$CsHSO_4$	0.001 ~ 0.01
β - 氧化铝	≈0.01
杂多酸	<0.2

4.2.5　PEM 膜中的传质

在实际运行中，水平衡和水质是至关重要的，膜不能脱水（气体突破），也不能被水淹没（游离气体进入催化剂）。PEM 膜中的材料梯度见表 4.14。

表 4.14　PEM 膜中的材料梯度

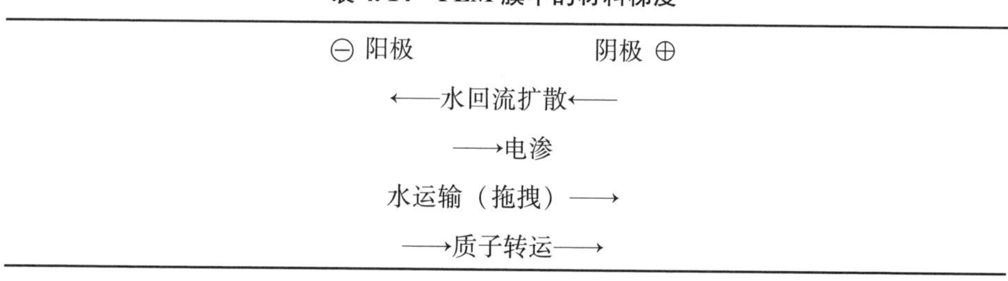

⊖ 阳极	阴极 ⊕
←—水回流扩散←—	
—→电渗	
水运输（拖拽）—→	
—→质子转运—→	

膜上基本会出现以下两个运输过程：

（1）中性分子沿现有浓度梯度的渗透。

（2）在电场的驱动力下离子迁移，从而使溶液分子在离子的溶剂化壳中传输（电渗：离子吸水）。仅在阴极电解液被酸化至燃料电池阳极产生 $H^{\oplus}$ 的程度时才会出现静态特性。Nernst - Einstein 公式适用于聚合物电解质中的离子迁移率：

$$u_i = D_i \frac{F}{RT}$$

式中：D 为扩散系数。

在诸如 Nafion 等聚合物电解质中，质子比反离子多，$H^{\oplus}$ 离子接管电荷传输。每个质子拉着一个水合壳通过膜。如果阴极产物水沿着水梯度的反扩散过低，则膜孔中的水电渗迁移（从阳极到阴极）就会导致阳极（H_2侧）单侧脱水。

电渗描述了当将电压施加到不可移动的固态表面（孔）时，会出现与界面平行的液体层流的效应。① 阴离子优先吸附在非电导体（PEM、玻璃）上，而阳离子保持自由移动，结果形成了电解双层。具有较高介电常数（水溶液）的相加载正离子，毛细管壁加载阴离子。“电渗泵”通过孔将电解质溶液从正极输送到负极。②

在 PEM 膜的细孔毛细管系统中，孔半径处于双层厚度的范围内，电渗压力与孔半径无关。在较高的电流下，Δp 测量值比图 4.5 所示方程的相应值要小，并出现离子选择性电解质富集和对流传质。Nafion© 在 30 mA/cm^2 下0.4 mol KCl 中的电渗透为 2.6 g H_2O/（A·h）[17]。

（1）粗大的孔系统

$$v = \frac{\varepsilon E \zeta}{4\pi\eta}$$

$$\Delta p = \frac{2\varepsilon E \zeta d}{\pi r^2} = \frac{2\varepsilon \zeta d I}{\pi^2 r^4 \kappa}$$

$$i = \kappa E$$

（2）精细的孔系统

$$\Delta p = \frac{F c d I}{A \kappa'}$$

式中　A——毛细管横截面面积（m^2）

c——固定离子和流动反离子的浓度（mol/m^3）

d——毛细管长度 = 电极距离（m）

E——电场强度（V/m）

F——法拉第常数（C/mol）

I——电渗电流强度（A）

i——电流密度（A/m^2）

Δp——电渗压力（Pa）

r——毛细管半径（m）

v——电渗流速（m/s）

---

① 请参考流体电势≙电渗透的逆转。流过毛细管或孔时产生的电位差。

② 在 PEM 燃料电池中，$H^{\oplus}$ 迁移到氧电极（阴极）。

续表

η——黏度（Pa·s） ε——介电常数（F/m） κ——电解质电导率（S/m） κ'——孔中的电解质电导率（S/m） ζ——电动势（V）（扩散双层）

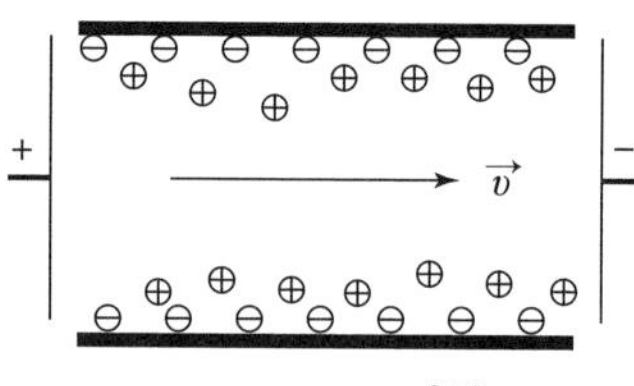

图 4.5 电渗[27]

在膜两侧的浓度梯度或压力梯度下，产生了断电状态下 SPE /电解质相界面处的膜电位。阴离子和阳离子的离子迁移率越不同，膜电位越大。在 PEM 膜中，质子占当前运输的近 100%，并且转移数为 $t=1$。

燃料电池中的加湿和除湿可以是主动或被动的。

（1）加湿燃气和氧气（空气）。

（2）通过 MEA 最近的气体空间中的亲水多孔芯层或者 PEM 热压多孔聚酯纤维织物进行被动脱水。① GDL 见 1.3.2 节。

（3）通过氧化剂流中的过量空气吹扫阴极腔精细动态脱水。

$$a_{\oplus}^{(\mathrm{I})} a_{\ominus}^{(\mathrm{I})} = a_{\oplus}^{(\mathrm{II})} a_{\ominus}^{(\mathrm{II})}$$

$$E_{\mathrm{M}} = \varphi^{(\mathrm{I})} - \varphi^{(\mathrm{II})} = \pm \frac{RT}{zF} \ln \frac{a_i^{(\mathrm{I})}}{a_{\mathrm{i}}^{(\mathrm{II})}}$$

式中：+为阳离子交换；−为阳离子交换；a_i 为运输离子的活性；z 为离子价；E_M 为 *Donnan* 电位。

溶液扩散模型[18]描述了选择性无孔层中的跨膜传质的三个步骤：

（1）进料组分（混合进料）的扩散。

（2）通过选择性膜扩散。

（3）渗透相中的解吸。

传质驱动力是进料侧与渗透侧之间渗透组分的电化学电位差。膜材料中

① 例如：EPSI 公司。

混合物组分的不同溶解度和扩散率使得物质分离。膜分离过程如图 4.6 所示。

每个组分的有效扩散系数 D_i（ω_1，ω_2，…，ω_n）取决于膜的实际组成并且可根据蒸汽吸附的时间曲线来确定。纯净物溶解度由通过精确称量相对于溶剂蒸汽活度的膜吸收溶剂质量 w_i 的蒸汽吸收等温线来确定。在液体中，膜被浸泡至饱和，干燥，再次浓缩所吸附的混合物并确定其组成。在高分压（渗透）和液体（渗透蒸发）时，分压 p_i 不再线性叠加。

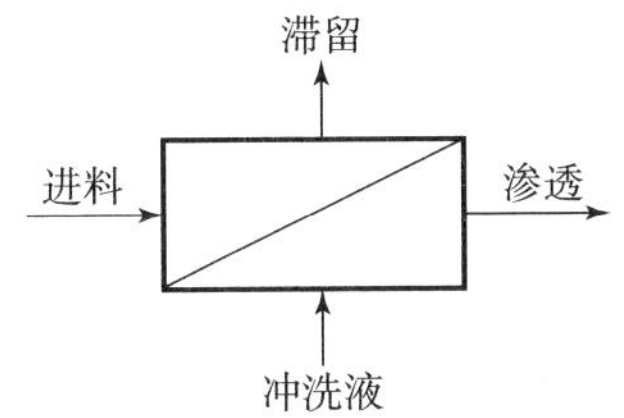

供料		渗透	滞留
气体渗透	气体	气体	气体
蒸汽渗透	蒸汽	蒸汽	蒸汽
全蒸发	液体	蒸汽	液体
渗透萃取	液体	液体	液体 + 冲洗液

注：冲洗液：仅用于渗透萃取。

图 4.6　膜分离过程

在膜中扩散：
$$J_i = -D_i\rho\frac{\mathrm{d}w_i}{\mathrm{d}x}$$

在溶液中平衡：
$$J_i = \frac{\rho}{d}\int_{w_i^{\mathrm{P}}}^{w_i^{\mathrm{F}}} D_i\,\mathrm{d}w_i$$

质量比：
$$w_i = \frac{m_i}{m_M + \sum_{j=1}^{n} mj} = \frac{J_i}{J_1 + \cdots + J_n}$$

溶质的活性：
$$a_i = \frac{p_i}{p_i^*}\mathrm{e}\ (B_i - V_i')\ (p_i - p_i^*)\ /RT \approx \frac{pi}{p_i^*}$$

式中：B_i 为第二 Virial 系数；D_i 为组分 i 的扩散系数，m^2/s；d 为膜厚度，m；J_i 为质量流密度，kg/（$m^2 \cdot s^1$）；m_i 为溶解组分的质量，kg；m_M为干膜质量，kg；p_i 为膜中溶解物质的蒸汽压，Pa；p_i^* 为纯溶剂的蒸汽压，Pa；V'_i 为摩尔液体体积；x 为垂直于膜表面的路径，m；ρ 为膜的密度，kg/m^3。

4.3 电极材料

与磷酸燃料电池一样，铂可用作碳或金属载体上的电催化剂。

碳吸附催化剂①上可以负载小于4 mg/cm^2 的铂，而2～5 nm大小的铂颗粒可存在于具有较高比表面积的活性炭颗粒上。为了与PEM膜黏合，可使用约1 mg/cm^2的Nafion©悬浮液[34]。目前开发的高功率密度和高能效的燃料电池需要以下几个条件：

（1）具有优化结构的多孔气体扩散电极。

①溶解气体不受阻碍地扩散到反应部位。

②电化学活性表面中心。

③离子通过多孔电极传输。

④低电阻的薄层电极。

（2）支持的电催化剂（supported electrocatalysts）。

①石墨煤上的贵金属。

②通过合金化钌来产生CO耐受性。

（3）贵金属催化剂可由以下材料所替代：合金、金属有机化合物，可用于氧还原的高交换电流密度非贵金属。电极载体材料见表4.15。

表4.15 材料

电极载体	（气体扩散层，GDL）： 碳纸 Pyrofil®（Mitsubishi Rayon） 碳垫 金属网
催化剂	（1）阴极： 铂 铂－钴－铬 铂－钌－锡

① carbon supported catalyst，碳载体催化剂。

续表

催化剂	（2）阳极： 铂－钌 铂－铑 铂－锡 （3）基层： 石墨化炭黑 胶体 亚氧化钛
黏合剂	PTFE，FEP，PFA PVDF，PVA，Nafion

4.3.1　支撑电极

以前的支撑电极由细网状网组成，并用疏水聚合物①作为黏合剂连接在铂黑或铂海绵上。由于成本原因，铂黑涂层已经过时。

最近，将 PTFE、FEP、PFA、PVDF 和 PVA 结合的②含铂碳颗粒热压成大孔碳纤维、玻璃纤维或塑料垫，然后涂覆贵金属并与 PEM 膜压在一起。为了更好地与 CO 相容，含钌催化剂层越来越多地被应用于气体侧（US 5795669）。

例如，US 5863673：将 Shawinigan Carbon 用含 6% 水的 PTFE 悬浮液和可能的黏合剂（10% PVA 或 FEP）在 35 bar（2 min）下压制在碳纤维 Optimat 203 上，然后夹在铌箔中间在 275 ~ 340 ℃下回火 15 min。

4.3.2　膜电极单元

许多专利[18]中都对现代膜电极单元（MEA）③进行了描述，如图 4.7 所示。

---

① PTFE = 聚四氟乙烯，Teflon®；聚三氟氯乙烯，Hostaflon®

② FEP = 氟化乙烯－丙烯共聚物（DUPONT），与 PTFE 相比，其可在更低的温度下熔化。
PFA = 全氟烷氧基，PVDF = 聚偏二氟乙烯。
PVA = 聚乙烯醇；10% 作为黏合剂。

③ 膜电极单元（Membrane Electrode Assembly，MEA）。

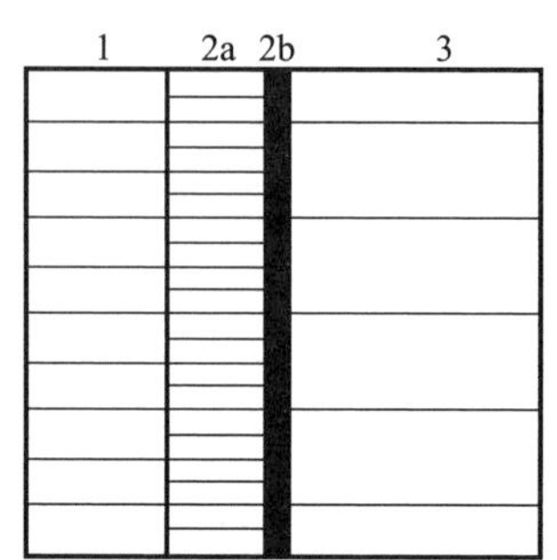

图 4.7 MEA 的结构

1— 气体扩散层（GDL）：疏水性碳纸；
2a—碳基层（carbon base layer）：PTFE 黏合炭黑；
2b—催化剂层：碳载铂；3— PEM 膜

1. 气体扩散层

承载层或者气体扩散层（GDL）[40] 将来自流动通道的反应气体分配到催化剂层中并反向吸取反应水，使膜保持潮湿并进行导电。

（1）其厚度小于 100 μm 的薄多孔碳纸或多孔碳纤维织物①上的大孔气体扩散背衬层（gas diffusion backing layer）。

（2）负载催化剂层的疏水微孔碳粉渗透层（MPL）。

1）生产

由沥青或塑料前体（酚醛树脂，PAN）热解得到的碳纤维可与热塑性黏合剂（PP、POM、PPS）焊接在一起形成网格。石墨含量较高的活化纤维可通过长时间的高温处理来生产。与塑料结合的碳纤维长度至少应是碳纸厚度的 5 倍。② 具有优选空间方向的纤维针不会刺穿 PEM 膜，而这种情况在随机分布时有发生并且可能导致短路。

疏水化在 5% ~10% PTFE 悬浮液中进行（超声波浴，干燥，340 ℃下进行一次性烧结）。更易于干燥的阳极更疏水并且能得到更厚的气体扩散层，可以通过与反应性气体或甲硅烷基化反应来改善石墨表面的恶化[36]。在 MEA 生产之前，对 GDL 在硫酸中进行阳极氧化并用 Nafion 溶液喷雾是有利的（US 6187667）。

GDL 中的水传递。液态水主要是通过与表面张力和润湿角相关的毛细力

---

① 例如：Toray 090，SGL 10B，E – TEK 布。

② Toray，US 6489051。

来移动的，其次水力渗透、重力、冷凝和蒸发也都在起作用。毛细扩散系数取决于多孔材料的渗透率、毛细管压力和含水饱和度，并且在约 25% 的含水饱和度时达到最大值，如图 4.8 所示。

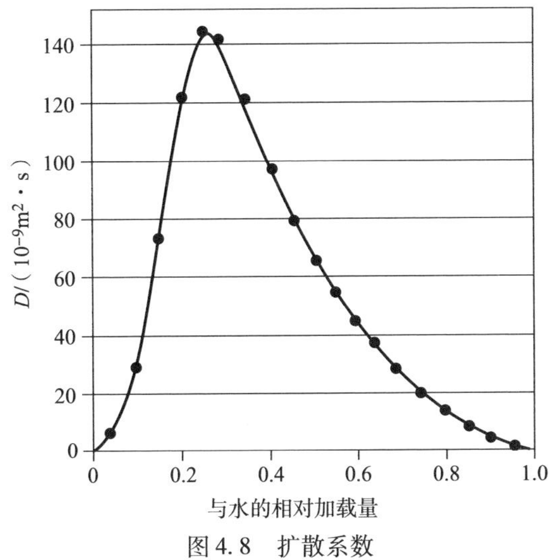

图 4.8　扩散系数

$$D_w = \frac{\alpha_F \alpha_w}{\eta_w} \cdot \frac{dp}{d\varphi}$$

式中　α——相对渗透率（渗透性 0 ~ 100 %）；

W = 水相；

F = 多孔固相；

η—动态黏度（Pa · s）；

p—毛细管压力（Pa）；

φ—填充度，含水饱和度（干燥的 0 ~ 1 水淹没）。

干燥的或者被水淹没的 GDL 都可以运送水。但是，气孔中可能会存在单相的空气或水。GDL 对水的渗透性随着水负荷的变化而呈抛物线变化，$\alpha \approx \varphi^3$，孔隙度无关紧要。毛细管压力 $p(\varphi)$ 曲线出现滞后：水在前面的曲线中被加载（上部曲线），在返回的曲线中（下部曲线）则充气。更高的 PTFE 含量水可降低润湿性并提高渗透性［将曲线 $\alpha(\varphi) = \varphi^3$ 向左移］，PTFE 含量并不会带来明显的附加效果。GDL 的润湿角取决于孔隙率和粗糙度，与 PTFE 含量变化的关系不大，因为它仅决定了上部单层的润湿。GDL 的渗透性如图 4.9 所示。

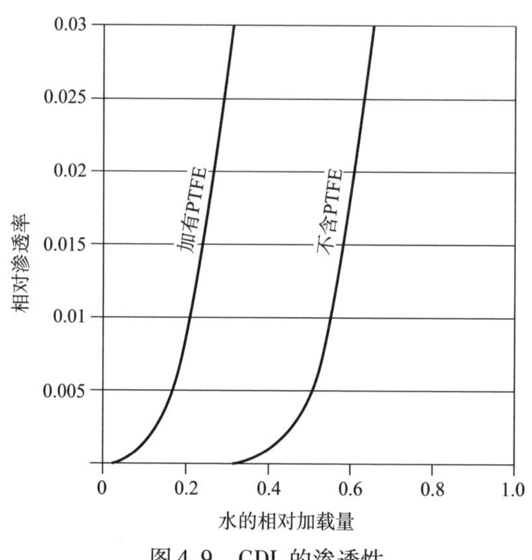

图 4.9　GDL 的渗透性

2）老化

GDL 可通过机械和化学降解来老化，其耐受性可随使用持续时间的增加而增加[40]。

（1）在高压力下，碳纤维断裂，损失孔体积和渗透性，随着 PTFE 黏合剂的脱落，局部会丧失疏水性。GDL 的老化见表 4.16。

表 4.16　GDL 的老化

机械	压缩 冻结和解冻 溶于水 通过气流去除
化学	碳的腐蚀

（2）在冻结时，由于冰晶膨胀会使局部产生裂缝、更粗糙的表面和空腔并且催化剂层会脱落，从而使 GDL 受到影响，特别是在阴极（氧气侧）。碳毡要比较硬的纸和织物更抗霜冻。

气体扩散层与从催化剂层中吸取水分的多孔层之间的亲水性中间层改善了 -10 ℃下的冷启动性能。因为毛细小孔决定了解冻时水滴的大小，因此它们是非常有益的。

(3) 溶解：产物水和气体加湿会缓慢消耗掉疏水材料（PTFE、黏合剂）。当电池提供电流时，局部缺陷会使电压 - 时间曲线变得非常不稳定，如图 4.10 所示。

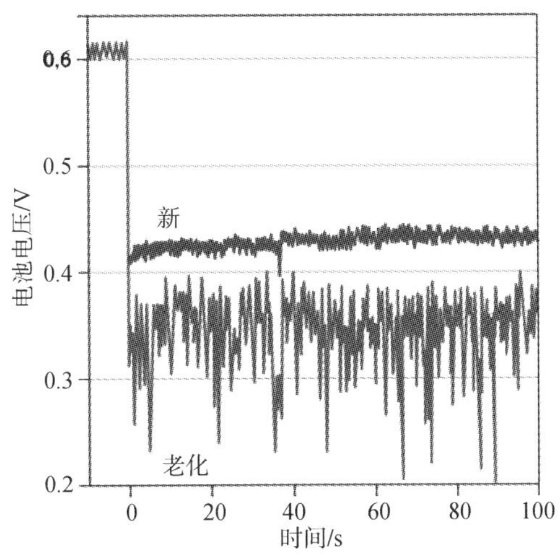

图 4.10　GDL 的老化：电流突然变化时电池电压的波动

(4) 流道中的潮湿空气可损伤碳表面：水聚集在裂缝中，并在排水时增加受损区域。

(5) 气体扩散层中的碳腐蚀：由于局部贫氢和氧气向阳极的穿透（当打开和关闭时），电极过程局部逆转，腐蚀元件的电池电压从 0.84 V 增加到 1.44 V，电解液侧碳材料中的大孔被侵蚀。碳纸比碳纤维织物更耐氧化，但易破损。大孔层中的聚四氟乙烯结合石墨化碳颗粒可延缓老化。

正常运行	腐蚀的情况
⊕ $O_2 + 4H^{\oplus} + 2e^{\ominus} \longrightarrow 2H_2O$	$C + 2H_2O \longrightarrow CO_2 + 4H^{\oplus} + 4e^{\ominus}$
	$2H_2O \longrightarrow O_2 + 4H^{\oplus} + 4e^{\ominus}$
⊖ $H_2 \longrightarrow 2H^{\oplus} + 2e^{\ominus}$	$O_2 + 4H^{\oplus} + 2e^{\ominus} \longrightarrow 2H_2O$

2. 活性层

催化剂层由石墨化炭黑颗粒上的 0.1 ~ 1 mg/cm^2 的纳米分散铂（阴极）或铂 - 钌（阳极）组成。① Nafion®、PTFE 乳液或聚乙烯醇可用作丝网印刷浆

① 例如：在 1∶5 的比例下。Srinivasan 等人建议在含 23% Pt/C 的 Vulcan XC - 72R（250 m^2/g）上使用 3 ~ 4 nm 铂微晶。石墨化活性炭比普通炭黑更耐腐蚀，见表 4.18

料的黏合剂。聚四氟乙烯的含量应该很小，从而确保形成孔隙率约为 15% 的电极。诸如碳酸铵或碳酸锂等孔隙形成剂会在热压过程中释放 CO_2。直接涂覆铂黑则非常昂贵。因此，Wilson 和 Gottesfeld（1992）将 5% 的悬浮液（$Na^{\oplus}$ 或 $NBu_4^{\oplus}$ 的形式）中 3: 1 比例的 Pt（20%）/C 粉末热压在 PEM 上，形成一个厚度 <4 μm 且其中含 0. 12 mg/cm^2 铂的薄膜。

（1）质子化。喷涂 0. 6 ~ 0. 9 mg/cm^2 Nafion① 可改善三相界面的质子传导性和湿度。Nafion 可在催化剂层中渗入大约 10 μm，将铂微晶包围，填充电极的孔隙，并结合亲水性离子岛中的活性离子，还可使疏水性碳氟化合物基体中的物质保持惰性。

（2）镀铂。在 Nafion - Pt/C 气体扩散电极上额外电镀或气相沉积铂（50 μg/cm^2）可增大活性表面积和催化活性。

采用薄膜法生产 MEA 见表 4. 17，终生现象见表 4. 18。

表 4. 17　采用薄膜法生产 MEA

负载的催化剂 ↓ 黏合剂浆（PTFE、全氟磺酸） ↓ 涂布在膜或碳纸上 ↓ （喷涂） ↓ 在 PTFE 的玻璃化转变温度以上进行热压 ↓ 用 Nafion 溶液浸渗 ↓ 将膜热压到膜电极单元上

表 4. 18　终生现象

■ 在阴极上： 从近膜碳颗粒中除去铂和远膜处无活性铂线的沉积： $H_2 + Pt^{2\oplus} \longrightarrow Pt + 2H^{\oplus}$

① 5% 异丙醇悬浮液；I. D. Raistrick，US 4876115（1989）。

续表

- 铂颗粒：

  生长；

  烧结；

  活性损失；

  在高湿度和电势跳变时溶解。

- 电解质载体

  腐蚀：在电压跳变和贫 H_2 的情况下，$C + O_2 \longrightarrow CO_2$

3. 膜

离子传导膜在加工之前必须膨胀。[①] 通过热压（约 160℃，16 bar，5 ~ 10 min）可产生具有活化气体扩散层的 MEA 复合物。[②]

General Motors（US 6074692）将催化剂颗粒（碳黏合的铂）和黏合剂（5% 的 Nafion）的有机浆料（异丙醇、乙二醇、丙二醇、碳氢化合物）直接喷射到在溶剂中被溶胀的膜上。当加热（80 ~ 130 ℃）时，溶剂蒸发并且黏合剂将催化剂颗粒一起熔化。

在 DLR 方法（DE 19509749，见 3. 9. 2 节）中：①通过扁平喷嘴在氮气流中将在刀式磨机中混合的粉末混合物［由碳负载的铂催化剂（Vulcan XC – 72，Ketchen Black），20% PTFE（Hostaflon TF 2053）和可能的 Nafion］在膜上喷涂 10 μm 厚的层；②与气体扩散层（碳纤维织物）热压或滚压在一起。在活性炭层中，气孔扩散层的孔半径大多为 30 nm，气孔扩散层的孔径大多为 10 μm。

4. 3. 3　氧还原

阴极氧还原比阳极氢氧化慢，交换电流密度小 1 000 倍，电化学、化学和非均相催化步骤伴随着稳定的 O – O 键的分解。

（1）直接氧还原。4 电子过程：在贵金属（铂、钯、银），金属氧化物和有机金属 N_4 复合物中。

（2）间接氧还原。通过中间体 H_2O_2 进行的两个 2 电子过程：在金、汞、氧化物形成体（钴、镍、过渡金属），碳中。

氧还原机理如图 4. 11 所示，PEM 燃料电池和电解液中氢与氧电极上的电极过程如图 4. 12 所示。

---

① 例如：在硫酸中。考虑到膜的过氧化物敏感性，之前在 5% H_2O_2 中的脱脂似乎是有问题的。

② 集成的弹性体密封件可以封闭边缘处的电化学活性表面（US 6423439）。

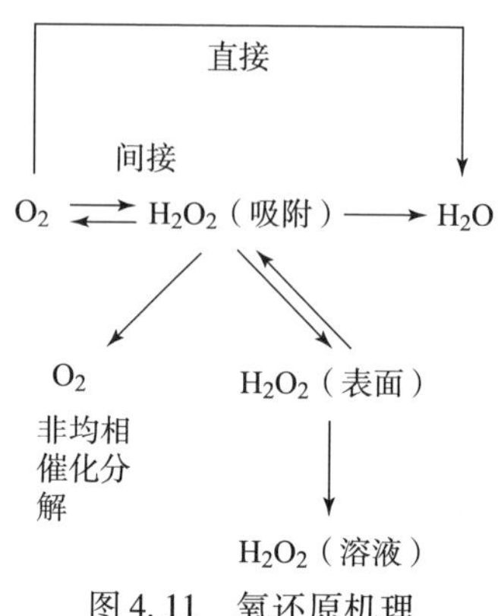

图 4.11　氧还原机理

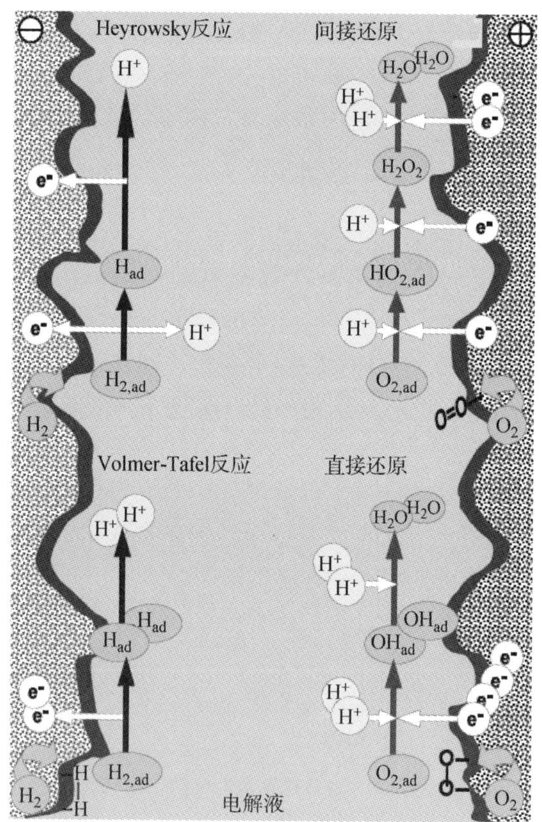

图 4.12　PEM 燃料电池和电解液中氢与氧电极上的电极过程

直接还原以更高的电流效率运行。增加氧分压不会改变反应机理。化学吸附氧抑制转移反应并加速中间体 H_2O_2 的分解。

因为电极表面和有机化合物被平行氧化，所以在未通电状态下在铂上建立的 1 V RHE 的静态混合电位取代了 1.23 V 的平衡电位。氧还原见表 4.19。

表 4.19　氧还原

交换电流密度	在 1 mol/L H_2SO_4中（25 ℃） （i_0大小≙电活性）	$A\cdot cm^{-2}$
	IrO_2/Pt	约 10^{-8}
	Pt	10^{-9}
	Os	10^{-10}
	Pd，Rh，Ir	10^{-11}
	Ru	10^{-12}
	Au	10^{-13}
Tafel 斜率	覆盖有 O_2 的铂	$mV\cdot(°)^{-1}$
	<570 mV RHE	60
	>570 mV RHE	120
反应级数	（1）覆盖有 O_2 的铂 －与 O_2和 $H^{\oplus}$相关	$n\approx 1$
	（2）铂还原 －与 $H^{\oplus}$相关	$n\approx 0.5$
催化剂	（在碳上的，以摩尔%计） ■ 在 H_3PO_4中 900 mV（190 ℃）时的活性	$A\cdot g^{-1}$
	Pt	30
	Pt 50 Ir 30 Cr 20（180 ℃）	44
	Pt 50 Ir 20 Fe 30（180 ℃）	48
	Pt 50 Ni 25 Mn 25	53
	Pt 50 Ni 21 Co 21 Mn 8	58
	■ 活性，20 % H_2SO_4（70 ℃）	
	Pt（720 mV）	15
	Pt 57 Cr 17 Cu 26（867 mV）	62
	Pt－Co－Cr	

1. 碳吸附贵金属催化剂和合金①

可减少所需的贵金属质量（例如：在石墨炭黑上 10% ~40% 的铂），并可通过多种效应改善氧还原[31]。

（1）扩大电极表面不会加速氧还原，但与几何形状有关的电流密度会增加。由于延迟的化学吸附和相互作用，铂黑比平滑铂催化慢 5 ~10 倍（基于真实表面积）。② 在精细分散的铂中，O_2（欠电位沉积 >700 mV RHE）③ 可渗透几个原子层的深度，因此存在催化性能较差的 PtO 或 Pt（OH）电极（钌和锇也一样）。

（2）碳载铂比铂化的光滑铂的活性更强。热解石墨的电子逸出功（4.7 eV）可改善铂的电子密度（5.4 eV）。双层电子的相互作用（0.3 nm）需要有≤5 nm 的小铂微晶。

（3）在粒径 <4 nm 时，碳载铂会失去其比活性和金属性质，对间距 >20 nm 的 1.5 ~5 nm 的铂微晶是有利的。大催化剂加载量 y 和小颗粒尺寸 d 需要表面积较大的碳载体，如对于 10% Pt（4 nm），需要 135 m^2/g，但对于 10% Pt（2 nm），则需要 1 080 m^2/g。

$$\text{晶间距}\quad x=\sqrt{\frac{\pi d^{3}eS_{m}(1-y)}{3y\sqrt{3}}}$$

式中：S_m 为比表面积，m^2/kg；y 为催化剂加载量（1 =100 %）；ρ 铂的密度，21.4 g/cm^3。

铂颗粒聚集成较大的簇，从而导致活性表面积损失。铂对氧还原的影响见表 4.20。

表 4.20　铂对氧还原的影响

微晶尺寸
微晶间距 ~ 加载量
活性表面的位置
催化剂预处理
－在 H_2 或空气中加热
－电化学活化

① carbon－supported electrocatalyst，碳载电催化剂；carbon black，炭黑。

② 真正的电极表面基于可逆电势下的伏安电荷：1 Pt H 表面原子≙210 μC。

③ 由于自由表面焓较高，氧气在分散的铂（<10 nm 晶粒尺寸）上吸收的电位比平滑铂电位高。

（4）氢和氧的自由吸附焓解释了铂活性（对于 H_2：$i_0 \approx 0.1\ A/cm^2$）比汞（$i_0 \approx 10^{-12} A/cm^2$）高的原因。在中等覆盖率水平下，反应速率最大。能量不均匀的表面（多晶金属、合金、金属化合物）可提供有利的吸附条件，因此O—O 吸附的原子距离也起着重要的作用。

（5）比铂更好的氧还原催化剂：Pt/Ru，Pt/Rh，Pt/Ir，三元和四元合金（Pt，Fe，Co，Cu，Ni），尤其是具有立方面心晶格的合金。

（6）比铂和钯更差的催化剂：Pt/Au，Rh/Au。但是，金可使铂颗粒稳定。

（7）常见合金元素（Cr，V，Co，Ga）可通过缓慢溶解于酸性介质中而增加铂表面积，以暂时增强催化活性。但是，它们加大了铂微晶的烧结、扩大和降解的倾向。在 PtCr 和 PtCo 等合金上，会吸附较少的氢氧化物和氧化物，这些物质会封闭用于氧还原的表面。另外，合金中的原子距离比纯金属中的 Pt－Pt 小。阴极材料见表 4.21。

表 4.21　阴极材料

Platin
PtM
（M = Cr，Co，Fe，Ni，Mn，Cu，Ti）
PtMM’
（M，M’ = Co，Ir，Cr，Rh，Fe，Cu，Ni）
PtFeCoCu

2. 金属氧化物

US 4 917 972（1990）描述了用 IrO_2 和其他金属氧化物对铂表面进行改性的方法。IrO_2/ Pt，LaF_3/ Pt 和 Pt/C 电极比铂更接近氧还原的理论值。[①] 催化剂颗粒在约 0.3 nm 的接触区中相互作用，而这利于粒度为 2 ~ 4 nm 的混合催化剂的应用。

PEM 燃料电池不一定必须由碳材料制成。作为电解器和燃料电池运行的再生系统用双功能电极可以使用涂有 RuO_2 与 IrO_2 的钛电极。为了改善燃料电池运行中的氧还原，建议在阴极材料中添加铂。图 4.13 所示为放大 15 倍后的涂有 RuO_2 涂层（黑色）和未涂布（亮）的碳纸 Toray TGP090。

① 铂上的 LaF_3 可用于传感器技术中特定氧电位的设定。

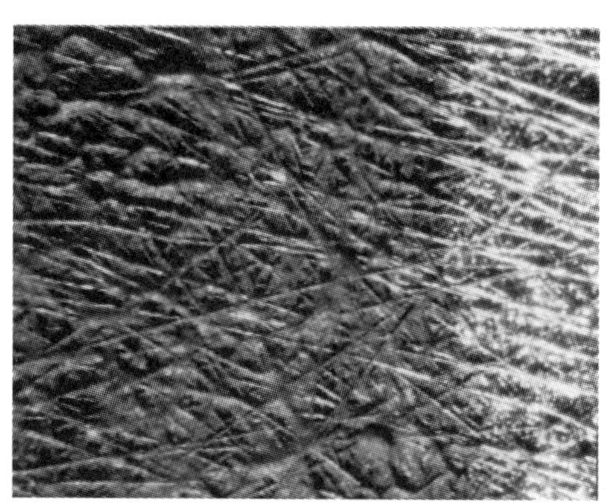

图 4.13　放大 15 倍后的涂有 RuO_2 涂层（黑色）和未涂布（亮）的碳纸 Toray TGP090

3. N_4 螯合物

N_4 螯合物可在不同时加速氢氧化的情况下催化氧还原。

（1）酞菁铁（FePC）。

（2）钴大环化合物，也包括热解的（CoTAA）。

（3）钴四甲氧基苯基卟啉（CoTMPP）。

催化剂的功率密度见表 4.22。

表 4.22　催化剂的功率密度　　W/cm²

C 上的 Fe - N 螯合物	0.25
碲（C）	0.25
$H_7PMo_{11}O_{39}$	0.086
Mo_2N（C）	0.065
ZrO_2 - N 螯合物（C）	0.054
CrN（C）	0.054
W_2N（C）	0.039

在 CoTAA 中，中性钴原子被 4 个 N 原子复合，反应分四步进行。

（1）炔丙醛与苯二胺反应生成 H_2TAA。

（2）钴的质子交换：

$$H_2TAA + CoSO_4 \longrightarrow CoTAA + H_2SO_4$$

（3）在活性炭上的有机悬浮液（DMF）中加入催化剂；蒸发溶剂。

（4）在氩气流中活性物质在 800 ℃下热解增加了催化活性。存在有可能来自诸如 PAN、硝基苯胺或聚吡咯等前体的 C—N 金属键。金属含量极低（< 0.05原子%），催化中心在含氮官能团的碳载体微孔中。为了生产具有吡啶氮的石墨壁，碳材料被氨腐蚀或热解。催化剂见表 4.23。

表 4.23 催化剂

氢氧化	Pt Pt 50 Ru 50 （以摩尔%计） Pt 50 Pd 50 Pt 50 Pd 25 Ru 25 Pt 39 Ni 26 Co 26 Mn 9
合金元素	-贵金属（Pd，Ru，Au） -铁金属（Fe，Co，Ni） -氧化组分（Ti，Ta；Cu，Zn；Sn，Pb）
CO 氧化	Ru/Al_2O_3 Rh/Al_2O_3 Pt/SiO_2 Au/MnO_2 Pt/SnO_2

4.3.4 氢氧化

氢氧化可在 PEM 燃料电池中很低的过电压（在 2 A/cm^2 时为 35 mV）下迅速发生。因为 Pt-H 化学吸附的强度最佳，所以铂是酸溶液中最活泼的电催化剂。先进的电极包含 <0.1 mg/cm^2 的铂。

$$\begin{array}{ll} (1)\ \text{解离吸附} & 2\ Pt + H_2 \longrightarrow 2\ Pt-H_{ad} \\ (2)\ \text{转移反应} & Pt-H_{ad} \longrightarrow H^{\oplus} + e^{\ominus} + Pt \mid \times 2 \\ \hline \text{阳极反应} & H_2 \longrightarrow 2H^{\oplus} + 2e^{\ominus},\ E^0 = 0 \end{array}$$

问题是，一氧化碳（>2ppm），硫（H_2S、COS）和与氢气竞争铂催化剂上的结合位点的有机化合物可使铂表面中毒。由于有效电极表面面积较低，但比表面积比（$\theta_H/\theta_{毒素}$）恒定，所以光滑的铂比铂黑中毒更快。

短时施加 0.8~1.6 V RHE 的电势可有效消除有机污染物，但这在燃料电池运行中是不切实际的。铂吸附 CO 的能力要比吸附 H_2 强 15 倍。100 ppm CO 氧化只需 1/5 的 H_2 氧化电流密度（在恒定电压下）。对于单层来说，水溶液中含有0.1 mmol的CO已经足以使其中毒。反向水煤气反应助长了电极的CO中毒，特别是在较高的温度和 H_2 压力下。薄膜电极比扩散电极和铂黑略微不敏感。在 CO_2 侧达到90 ℃时，会发生CO氧化和Boudouard平衡。向燃料气体 H_2 中定量加入2%的氧气（air bleed）可将吸附的CO（<0.35 V）全部氧化成 CO_2。高于0.35 V RHE时，CO还会抑制氧还原。

强H吸附的催化剂在与CO吸附竞争时也无能为力。具有可降低一氧化碳结合强度的Pt－Ru合金（1∶1）允许燃气混合物含25%的二氧化碳，并可防止铂的CO中毒。钌表面可在比铂（0.55 V RHE）更低的电位（0.2 V RHE）下氧化，促进CO的氧化脱附（>0.25 V）并加速水煤气变换反应。

$$2\ Ru + 2\ H_2O \xrightarrow[-2e^{\ominus}]{-2H^{\oplus}} 2\text{“}Ru(OH)\text{”} \xrightarrow[-H_2O]{+CO} CO_2 + 2\ Ru$$

电极表面被氧气覆盖得越多，吸收的CO越少。然而，从10%的氧气覆盖率或>800 mV RHE起，由于 O_2（和OH）吸附力更强，所以 H_2 氧化终止。①

亚单层中的氧化剂通过在低电位（Sn>Ge；As>Sb）下吸附氧或弱化CO的吸附（Se，Te，S）来阻碍CO的吸附。

基础合金元素（Sn，Ti）只能在其溶解之前暂时改善催化性能。

铂的催化活性[25]

CO氧化　$CO + \frac{1}{2}O_2 \longrightarrow CO_2$（铂催化形成 CO_2）　$K_P = \xrightarrow[P_{CO}P_{O_2}^{1/2}]{P_{CO_2}} = 57 \times 10^{36}$（90℃）

Boudouard平衡　$2CO \Longleftrightarrow CO_2 + C$（铂不催化）　$K_P = \xrightarrow[P_{CO}^2]{P_{CO_2}} = 2 \times 10^{15}$（90℃）

水气平衡　$CO + H_2O \Longleftrightarrow CO_2 + H_2$　$K_P = \xrightarrow[P_{CO}P_{H_2O}]{P_{CO_2}P_{H_2}} = 5\ 600$（90℃）

（铂有利于CO侧，Ru利于 CO_2 侧）

电化学还原　$CO_2 + 2H^{\oplus} + 2e^{\ominus} \longrightarrow CO + H_2O$

（铂催化好于Ru）

$$2H_2 + CO + \frac{1}{2}O_2 \Longleftrightarrow C + 2H_2O$$

扫气（air bleed）　$K_P = 3.6 \times 10^{45}$

$$H_2 + CO_2 \Longleftrightarrow C + H_2O + \frac{1}{2}O_2 \qquad K_P = 6.3 \times 10^{-27}$$

催化剂载体通常为石墨，载体和催化剂的电子相互作用不成问题。电负性氧化物（TiO_2，氧化亚钛）可降低催化剂上的电子密度（Pt，Ru，Ni），削弱CO键，并活化H吸附。

① 吸附焓：O_2：－184.2 kJ/mol；CO：－142.1 kJ/mol；H_2：－71 kJ/mol。

4.3.5 双极板和端板

流板或双极板用于串联电池的接触（集电器）、气体供应、排水和冷却。它必须具有良好的导电性、气密性、耐腐蚀性、耐压力和弯曲性能。压制或铣削的流场必须确保空气、氢气和冷却剂在电极横截面上能够均匀流动。气体流动早在从通道到气体扩散层（GDL）的过渡处就已不再是层流了，这对传质非常有利。对于次级耗电器而言，即使是在动态运行中电池也应达到较高电压或电流，较小的电池厚度和较小的质量，较低的压力损失和费用。带有平行通道的波纹板或槽形板很简单，但流动速度在中间很快，并且在朝向轮廓边缘的方向上会变得越来越慢。为了排水，需要通道中具有最低的气体速度或最小的压降，电流密度应该在电池表面上是中等大小且均匀的。双极板材料见表 4.24。

表 4.24　双极板材料

双极板	石墨 Grafoil© （UCAR） 石墨塑料复合材料 碳纤维复合材料 酚醛、环氧树脂复合材料 耐腐蚀钢 X_2CrNiMo17 - 12 - 2，镀金 具有无定形碳层的钛或锆 铌（以前） 镀金的镍或铜 钢或铝上的氮化层（TiN，CrN） 钢上的金属碳化物（SiC） 钛上的金属氧化物（$InSnO_2$，PnO_2）
机械部件	PVDF（水管） Stahl（气体管道） 聚碳酸酯，PEEK（框架） Makrolon® 弹性体（密封件）

石墨导电良好，化学性质稳定，但容易断裂，并且由于空隙体积大，因此易于透气。Ballard 先前使用了气密性石墨箔中的曲折形燃料、空气和冷却剂通道，这些石墨箔可通过弹性体相互密封。

虽然非常窄的连桥会受到生产限制，但 Nissan、Toyota、Daimler 等公司还是因为极小的电池厚度首选使用了金属双极板。以前，镀金的钢能够承受 pH2 ~3 下的腐蚀，现在它被涂上了混合氧化物或石墨。NASA 最初使用铌板，这是一种沉重而又昂贵的解决方案。

钛质轻且耐腐蚀，但会形成导电率较低的氧化物层（Toyota）。

含碳双极板[39]，诸如聚烯烃/炭黑、石墨 PVDF 烧结材料、硅/金属等导电塑料和复合材料的导电性能不如纯石墨好。石墨粉、导电炭黑和热塑性组成的复合材料是可热压与可注塑的。在压缩成型（compression molding）中，双极板在压制过程中可获得其通道结构。在注塑成型（injection molding）中，将含有 20% ~30% 塑料颗粒（PVDF、酚醛树脂、聚丙烯）的石墨粉在高压下注入模具中。PEM 电池如图 4. 14 所示。

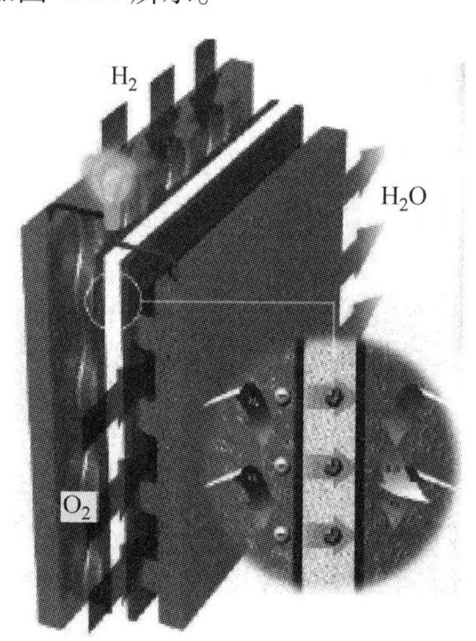

图 4. 14　PEM 电池

资料来源：Daimler

20 μm 厚的碳纤维环氧树脂复合材料可以通过商购获得（例如：韩国 SK Chemical 生产的预浸料坯）；填充炭黑可增加导电率（例如：甲基异丁基酮中的乙基黑，喷涂，干燥，石墨箔上热压）。除去树脂的等离子体处理可以改善表面。碳纤维织物可压制成气体扩散层（GDL）。

碳纤维 PEEK 复合材料。通过对碳布和导电炭黑进行热压，增加了对高温

PEM 系统至关重要的 PEEK 粉末玻璃化转变温度（143 ℃）。

碳纤维酚醛树脂复合材料。在酚醛树脂基体中均匀分散 4% 以上的炭黑是很困难的。当≥120 ℃时，酚醛树脂发生交联，并在 220 ℃时转化为硬性的复合材料。

碳纤维聚硅氧烷复合材料。有机硅弹性体和碳织物在真空中脱气并热压。复合材料同时保证了密封性能。

流场（flow field）对于电池反应气体和水的正确供应与处理至关重要。汽车行业中使用平行布置的流动结构（例如：Ballard Mk 902）。

（1）非结构化流场：流动空间仅由间隔物（例如：方形点或网格）来确定，其压降小，排水良好，但横截面上的气体和电流密度分布不均匀。

（2）通道流场（通道或蛇形流道）：供应气体通过开口进入，在平行或曲折的路径上穿过流场并通过排放口排出。气体分配均匀，但压降很高。螺旋通道带来比蛇形和平行通道更高的电流密度。

（3）叉指型流场：指状互相联通的流道，通过电极气体扩散层的对流进行传质，有利于清洁气体，但压降大，有水滴堵塞的危险。

（4）级联流场：流道相互密封；压降大，水滴堵塞。

（5）内部气体分配（internal manifolding）：通过其中黏接有双极板的塑料框架中的垂直孔供应空气、氢气和冷却水。如果想省去框架，则可以在双极板上钻孔并用弹性体密封作为供应通道。钻出的通道可将气体水平地分配到各个电池的流场中。

（6）在 PAFC、MCFC 和 SOFC 中，外部气体分配（external manifolding）可通过旁侧燃气钟将燃气和空气结合或者排出燃料电池堆。模型计算：良好传质的措施见表 4. 25。

表 4. 25 模型计算：良好传质的措施[43]

膜的润湿	不对称加湿： H_2：为了膜的电导率 O_2：为了加载水 超化学计量的 H_2 或 O_2 供应（强制回水扩散） 用于物质分配的金属泡沫 较高的加湿器温度

续表

膜的润湿	快速的气体流入 膜中的水存储（用于负载跳跃） 逆流加湿 强制水流（阴极）
电解质层	良好的润湿性 厚度：最大 6 ~ 10 μm 升高的温度（阳极） 较宽的通道（阳极）
气体扩散层	尽可能疏水 各向同性的渗透率 厚度：理想值 350 μm
流场	通道宽度：≈535 μm 通道宽度/肋宽度≈2∶1 简单迂回 流道中的吸水板（消除水滴） 快速进水口，慢进气口 通道形状：三角形好于圆形凹陷、梯形、矩形（阴极）

由金属或塑料制成的端板构成了串联单个电池的双极机械终端，并通过压力连接、螺栓连接或拉杆提供稳定的表面压力。通过带电气端口的金属制电气出线板，将所产生的电流供应给外部耗电器。

4.4 运行特性

4.4.1 质子交换膜燃料电池的热力学

温度和压力升高可改善电池电压。PEM 膜上的氧还原比浓磷酸中的好很多，因此，电流密度可以超过 1 000 mA/cm^2。开路电池电压由温度、压力和水活度决定。

燃料电池中的氧还原速度：

AFC >PEMFC >PAFC

当使用氢气作为燃料气体时，电池电压在高温下降，而使用甲醇时则升高。运行温度通常为 70 ~ 80 ℃，因此，产物水是液态的。

计算示例见 2.4 节。

电池反应见 4.1 节。

Nernst 方程

阳极，⊖，H_2：　$$E_{ox} = E^0_{ox} + \frac{RT}{2F}\ln\frac{[H^{\oplus}]^2}{[H_2]}$$

阴极，⊕，O_2：　$$E_{red} = E^0_{red} + \frac{RT}{2F}\ln\frac{[O_2]^{1/2}\ [H^{\oplus}]^2}{[H_2O]}$$

开路电池电压　$$E = E_{red} - E_{ox} = \Delta E^0 + \frac{RT}{2F}\ln\frac{[H_2]\ [O_2]^{\frac{1}{2}}}{[H_2O]}$$

（阳极和阴极的 pH 值和水含量相同。）

电池电压与压力的关系

$$E = E^0 - \frac{RT}{2F}\ln p = E^0 - \frac{1}{2F}\int_{p^0}^{p'}\Delta V \mathrm{d}p$$

方括号表示平衡活性：$[H^{\oplus}] = a_{H^{\oplus}}$。

对于气体，所使用的压力为 $[H_2] = p_{H_2}/p^0$，其中，$p^0 = 101\ 325$ Pa。

ΔV 为反应的体积变化。

4.4.2　水和气的供应

PEM 燃料电池的运行需要有平衡的水供应。氢电极必须以受控方式润湿，并且水必须在氧电极处排出。决定性的因素是电极、电解质和气体空间之间稳定的三相界面。电催化剂周围电极材料的孔应该既不干燥也不会被水淹没。过量的产物水会阻碍氧气的进入。在氢气侧，润湿防止膜变干。在缺水的情况下，膜干燥并且电阻增加，因为阳极形成的氢离子需要水合壳来运输。因为阴极过量的空气夹带着来自气体通道的冷凝水，在较高的工作压力（约 3 bar）下，电池堆的电池电压和输出功率可得以改善。

AFC：见 3.5.2 节。

气体加湿。燃料气体[①]和空气通常分别以 100% ~110% 或者 70% ~80% 润湿，而 O_2 阴极明显决定了膜的湿度，并由此决定了膜电阻（通常为 0.1 ~ 0.4 $\Omega \cdot cm^2$）、电极电阻（约 0.7 $\Omega \cdot cm^2$）、电极动力学和电池性能。高功率需要有高的流入温度和在 H_2 阳极加湿。运行温度低于 80 ℃会产生冷却效果，而在阴极被浸没时会使水膜难以进行 O_2 的运输。气体加湿见表 4.26。

表 4.26 气体加湿

通过汽化	膜工艺 气体洗涤器 喷雾器 泡沫层（气泡柱） 滴流膜 填充柱
通过蒸发	蒸汽加湿器

膜工艺紧凑而高效。通过亲水性、疏水性或可溶性膜（氟磺酸盐、聚砜、Al_2O_3）将加热的水汽化到蒸汽空间中，其流动方向与蒸汽空间中待加湿气体流动方向相反。加湿器模块由多个平面或毛细管膜组成。为了避免在膜上沉积，必须对水进行清洁和消毒。

在空调技术中广泛使用的气体洗涤器，滴流膜和蒸汽加湿器大而重。实验室中用玻璃料和洗瓶进行分散时通常会夹带着水滴。

冷却技术。燃料电池装置采用水冷，由于空气的热容量低和传热差，气体冷却不适用于汽车应用。在达到运行温度之前，PEM 燃料电池在冷启动时已可提供超过 2/3 的标称功率。

供气。特别是在高负荷范围内，过量空气（$\lambda \approx 2$）会增加阴极输出功率。在重整运行中，加入 1% ~3% 的压缩空气（air bleed，吹扫）[②] 可改善电池电压和减缓由 CO 引起的铂催化剂中毒。阳极电位的脉冲变化同样也加速了 CO 氧化成 CO_2。

气体纯度。PEM 燃料电池对二氧化碳不太敏感，因此可以在空气中运行。从长远来看，燃料气体中的二氧化碳会不可逆地缓慢降低电池电压，这可能是由于铂催化剂逐渐中毒的原因。即使 0.1% 的一氧化碳也会损害铂催

---

① 在汽车领域，不润湿 H_2，而是将其再次导入循环中。

② US 3 823 038（1974）：自由吹扫原理；Ballard US 6 500 572（2002）：通过 O_2 脉冲吹扫。

化剂，从而限制了重整燃料气体的使用。通过在铂沸石催化剂上的空气氧化，重整产物中 1% ~2% 的 CO 可降至 100 ppm。较大的量需要选择性 CO 氧化。铂钌合金作为阳极材料可提高 CO 耐受性。随着运行时间的增加，由于催化剂颗粒烧结以及活性电极表面损失，电池电压也逐渐恶化。再生系统（RFCS）方面的经验表明，使用纯氢进行临时运行可再次改善阳极和阴极性能。

燃料电池的 CO/CO_2 耐受性
燃料电池的：
SOFC ＞PEMFC ＞AFC

标准：H_2 加气站的纯度要求：
ISO 14687 -2
SAE J2719

4.4.3　电流电压曲线

U（I）曲线显示了三个区域。

（1）活化范围：由于电极反应不可逆，在低电流下呈指数衰减。

（2）工作范围：中等电流下，线性下降。特性曲线的斜率是电池的差分内阻（电解质电阻和极化电阻）：

$$R_i = \frac{\partial U}{\partial I} = R_{el} + R_P$$

式中：U 为电池电压；I 为电流；R_{el}为电解质电阻；R_P为极化电阻；R_i 为内部电阻。

（3）限制电流范围：由于传质抑制，在高电流下会急剧下降。

电流 - 电压曲线（定性）如图 4.15 所示。

在中等电流下，燃料电池的功率 $P = U \cdot I$ 可达到最高值，如图 4.16 所示。在平均功率下，效率最高，比标称负载高出 10% ~20%。高电流下的损失主要是由电极反应和传输过程造成的。气压、过量空气、湿度和工作温度对电池电压有重要影响。

（1）在升高的温度（70 ~80 ℃）下，过电压和电池电阻下降，直线部分（图 4.15 中 2）变得平坦，可以得到更高的电池电压和电流。

（2）较高的氧气压力可降低氧气过电压并显著提高电池电压。

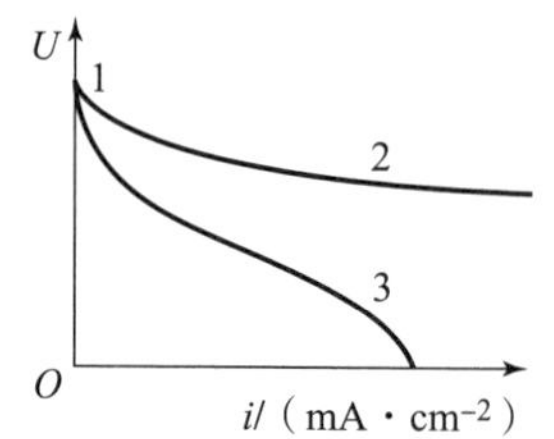

图 4.15　电流 - 电压曲线（定性）。
上部：好电池
1—活化范围；2—工作范围；3—限制电流范围

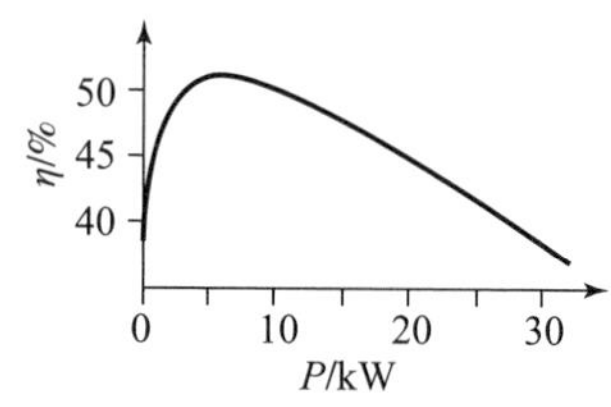

图 4.16　取决于功率的效率

（3）在空气中运行时，电池电压较低，线性区域（电池电阻 $\Delta U/\Delta I$）陡峭。与清洁气体运行相比，即使在较低的电流密度下，也会发生传输抑制（图 4.15 中 3）。通过氮层和水层的扩散屏障阻碍了氧气在催化剂上的吸附。2 ~3 bar 的空气压力和 150% ~200% 的过量空气是有利的，其结果是可将多余的水吹出电池。

（4）一氧化碳（ >100 ppm）会对电催化剂造成毒害，并且电池电压在激活区域中急剧下降，之后会出现电压振荡。在重整物中加入压缩空气可减缓电极的退化。

以下各项对电池电压的影响极小：过量重整，重整压力和重整湿度，空气温度和重整物温度。

4.4.4　阻抗谱

PEM 燃料电池的阻抗轨迹曲线（图 4.17）的三条弧描绘了膜、电极（渗透反应）和三相边界（传质抑制）。

分离的原因是电极处的不同快速过程。电解质松弛时间常数在微秒范围内，随后电子在电极与电解质中的活性物质之间以毫秒级的速度通过，最后是秒到分钟范围内的慢速扩散过程。

1. 膜片弧

膜（体电阻）、导线和触点的欧姆电阻产生与实轴 R_∞ 的高频交点。轨迹弧（ >1 kHz）显示离子传导膜的介电性质，可以通过一个 $R \parallel C$ 电路图将其模拟为近似值。其原因是晶簇间的阻力，即膜复合材料的晶界阻力。弧的感应移位表明膜的不均匀性，可通过恒定相位元件 Z_{CPE} 代替理想电容 C 来调节。$R \parallel C$ 模型中的膜阻抗见表 4.27。

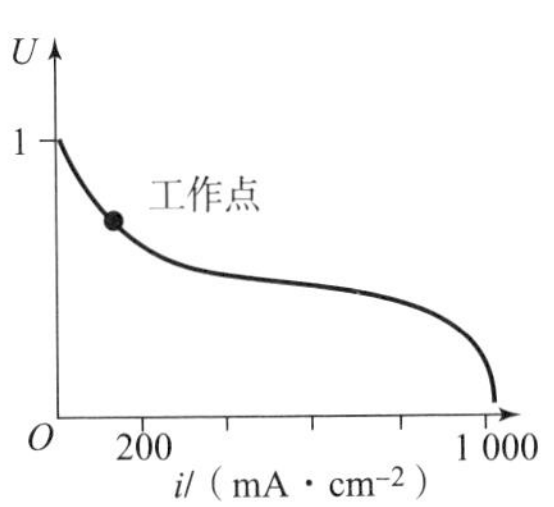

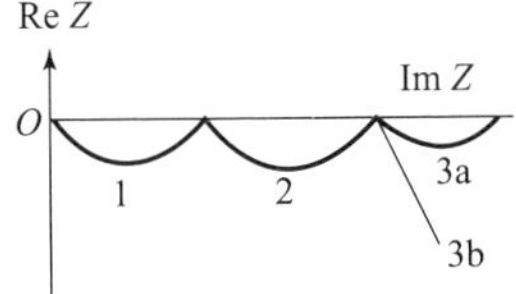

1—膜;
2—电解质层;
3—气体扩散层：a 气相，b液膜扩散

图 4.17 静态电流－电压曲线工作点处的阻抗谱（定性、数学、公约）。

表 4.27 R ‖ C 模型中的膜阻抗

阻抗

$\underline{Z} = \mathrm{Re}\underline{Z} + \mathrm{j}\ \mathrm{Im}\underline{Z}$

欧姆电阻

$$\mathrm{Re}\ \underline{Z} = \frac{R}{1+(\omega RC)^2}$$

电抗

$$\mathrm{lm}\underline{Z} = -\frac{\omega R^2 C}{1+(\omega RC)^2}$$

时间常数

$$\tau = RC = \frac{1}{\omega}$$

角频率

$\omega = 2\pi f$

膜电导率

$$K = \frac{1}{\rho} = \frac{1}{R}\cdot\frac{d}{A} = Gk$$

膜电容

$C = [2\pi f_{\mathrm{m}} R]^{-1}$

恒相元件

$Z_{\mathrm{CPE}} = [\mathrm{j}\omega C]^{-\alpha}$

频散

$$\alpha = 1 - \frac{2\Theta}{\pi}$$

续表

A – 横截面积（m^2）； C – 膜电容（F）； d – 膜厚度（m）； f_m – 最小轨迹频率（Hz）； G – 导电率（$S=\Omega^{-1}$）； k – 电池常数（m^{-1}）； R – 膜电阻（Ω）； ρ – 比电阻（Ω · m）； Θ – 实轴与圆心之间的角度

（1）半圆弧的直径（图 4.16 和图 4.17）与膜电阻 R_{el} 相对应。离子导体通常与膜厚成正比，与温度成反比，但与流动的电流无关。Nafion – 117 的电导率为

$$\kappa=\frac{d}{R_{el}A}=\frac{178\ \mu m}{2\ \Omega\cdot cm^2}\approx 0.01\ S/cm$$

（2）由于离子簇密集的间距，可以预期膜电容要大于塑料的介电常数（$\varepsilon_r=5\sim20$）。开路电压下为 5 ~ 25 $\mu F/cm^2$ 的双层电容（膜电容的高频极限值）明显比在水溶液中的低，并且在电流流动下（ >800 mV DHE①），电容由于氧气吸附而突然增加。

电阻和电容与膜的增湿相关，而膜的增湿又依赖于电位决定的产物水。当膜干燥并且其导电性劣化时，膜片弧变大并且膜片弧顶点处的膜电阻和虚部增加。如果电渗水流无法通过水逆扩散补偿，则阳极（氢电极）附近的膜会变得干燥。当膜干燥时，三相界面的电催化效果恶化。随着加湿的增加，离子岛的直径增加，PEM 膜膨胀，质子迁移率增加，膜电阻降低。当膜被淹没时，膜片弧可以与电极弧融合。②

Thiele 模型见表 4.28。

表 4.28　Thiele 模型

Thiele 模型 $\varphi=\sqrt{\frac{kc\Delta H_r l^2}{\lambda T_0}}$ 催化剂效率 $\eta=\frac{\tanh\varphi}{\varphi}$

① DHE = 动态氢电极。

② 当时间常数 $\tau=RC$ 相差小于 10 倍时，两个独立的半圆合并。

续表

$\varphi \leqslant 0.3$ 时，$\eta \approx 1$

$\varphi > 10$ 时，$\eta \approx 1/\varphi$

活性表面的尺寸

$$\frac{\text{电解质}\quad R_{\text{el}}}{\text{迁移}\quad R_{\text{ct}}} = \frac{i_0 S_V d^2 zF}{\kappa RT}$$

$$\frac{\text{扩散}\quad R_{\text{d}}}{\text{迁移}\quad R_{\text{ct}}} = \frac{i_0 S_V d^2}{zFcD}$$

式中　c——浓度；

D——扩散系数；

F——Faraday 常数；

ΔH_r——反应焓；

i_0——交换电流密度；

k——速度常数；

l——特征长度；

R 摩尔气体常数；

S_V——与体积有关的表面；

T_0——初始温度（K）；

κ——电解质导电率；

λ——导热率

2. 电极弧（催化剂层）

中频弧（1 ~ 1 000 Hz）专门描述了膜/催化剂相界面处的迁移反应。电池阻抗主要表现在氧电极上，氢电极的迁移抑制较小。

（1）在假设半圆为电感性偏移的情况下，可以用 $R \parallel C$ 等效电路图简单模拟电极阻抗[30]。频散 α 测量了与理想半圆的偏差并且将其归因于电极 $D = 1 + \alpha^{-1}$ 的分形维数。

$$\underline{Z}(\omega) = \frac{R_{\text{D}}}{1 + [\text{j}C_{\text{D}}R_{\text{D}}]^{\alpha}} \quad , \quad C_{\text{D}} = \frac{1}{2\pi f_{\text{m}} R_{\text{D}}} \tag{4.2}$$

迁移电阻 R_{D} 和双层电容 C_{D} 分别表示电催化剂与活性表面的活性。给定电势下，流动的电流越多，电极越活跃，中心弧越窄。为了详细分析电极过程，可通过有损网络元件来调节等效电路的阻抗，见 2.11 节。

（2）随着过电压（产水量）的增加，电阻 R_{D} 先下降，在高电压下再次上升，这取决于催化剂层中可用的 $H^{\oplus}$ 和 O_2。通过不同电位的迁移电阻和膜电阻，可以检查从电流 - 电压曲线中得到的 Tafel 斜率。根据公式 $E = E_0 - b\lg I + I R_{el}$，可以得出电阻 - 电压图中的线斜率 b。①

$$b = \frac{dE}{d\lg(R_{el} + R_D)} \tag{4.3}$$

（3）在中等过电压以及越来越厚的催化剂层②和膜下，催化剂层中的传质表现为电极弧高频开始处的线段（取决于质子传导率、氧气渗透率、铂/Nafion 界面的湿度）。这个 Warburg 阻抗可以根据膜中的氧扩散系数 $D_{O_2} = (4 \sim 7) \times 10^{-7}\ cm^2/s$ 加以确定[35]。

$$|\underline{Z}| = A \cdot \omega^{-1} \quad , \quad A = \frac{2\sqrt{2}RT}{z^2 F^2 \sqrt{DcA}} \tag{4.4}$$

式中：A 为电极面积；c 为膜上的氧浓度，1.2 mmol/L；D 为氧气的扩散系数；$\omega = 2\pi f$，为角频率；A 为开路电压，23 $M\Omega S^{\frac{1}{2}}$ 下的 Warburg 参数。

3. 传质弧（气体扩散层）

用尽可能圆且窄的低频曲线部分（ <1 ~ 10 Hz）通常描述了电极/气体空间相界的氧气供应和水分去除（这里也包括电极孔隙中的“气体空间”）。透气性与电极的孔隙度和弯曲度相关。传质抑制发生在高电流下。

（1）在气相扩散时（空气和水蒸气中的氧气扩散到电极表面），圆弧可近似地按 $R_d \parallel C_d$ 部分电路建模。扩散电阻 R_d 随着电流的增加而增大。在纯氧运行中，可能会失去传质弧。

（2）在水相中扩散时（氧气通过水膜扩散到电极表面），传质弧在几乎测量不到的低频下闭合。传质弧开始的典型直线段（Warburg 阻抗）是一般扩散阻抗（Nernst 阻抗）的高频特例。其典型情况如图 4.18 所示。③

在以下情况下，扩散阻抗较大：

①膜破裂：来自氢气侧的氢气会通过寄生耗氧产生额外的水，④ 特别是在高温和高氢气分压下。

---

① 计算步骤：①微分：$dE/dI = -(b/I) - R_{el} = R_D$；②求对数并相对于 E 微分。

② 催化剂层应尽可能薄，以此来确保催化剂有较高的效率或较小的 Thiele 电化学模块。

③ Coth 函数（表 4.29）可通过附加电子电导率和物种吸附模拟离子导体。

④ 提供过量的水也会稍微改变平均轨迹弧。

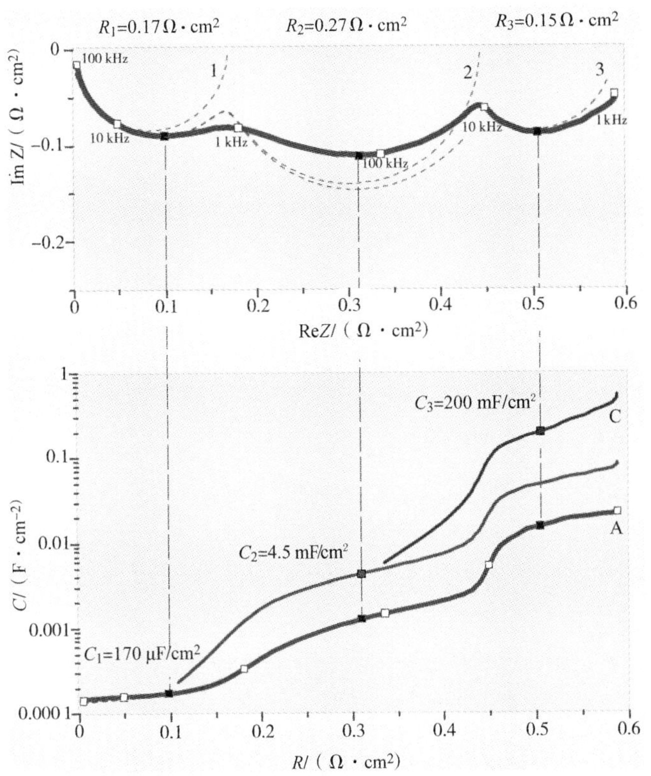

图 4.18　典型情况

PEM 燃料电池在低负荷（100 mA/cm²）下的阻抗谱。

数学约定：

1. 膜片弧

2. 电极弧

3. 传质弧

A 测定的电容，C_1 膜电容

B 通过 C_1 修正

C 通过 C_2 修正

外推法[29]：

曲线的按序分段 i：

(1) 减去轨迹最小值

$$X_{i+1}(\omega)=X_i(\omega)-\mathrm{Im}\underline{Z}_{i,\max}$$

(2)减去弧末端

$$R_{i+1}(\omega)=R_i(\omega)-R_{i,\max}$$

(3)修正后的电容

$$C_{i+1}(\omega)=\frac{-X_{i+1}}{\omega(R_{i+1}^2+X_{i+1}^2)}$$

②缺氧：在低于 2 倍的氧过量时（基于理论质量流）。

③流场：气体分配板中流道的不利设计。

（3）铂催化剂 CO 中毒显示出伪诱导弧（表 4.29）。

见 5.4.2 节。

表 4.29

扩散阻抗：

$$Z_d = R_d \frac{\coth\sqrt{j\omega\tau}}{j\omega\tau}$$

Warburg 阻抗：

$$Z_W = \frac{A}{\sqrt{j\omega}} = \frac{A}{\sqrt{2\omega}} - j\frac{A}{\sqrt{2\omega}}$$

Warburg 参数（在 E_0 下）：

$$A = \frac{2\sqrt{2}RT}{z^2F^2\sqrt{D}cA}$$

时间常数：

$$\tau = d^2/D = 1/k$$

扩散电阻：

$$R_d = \frac{\tau}{C_d} = A\sqrt{\frac{2d^2}{D}}$$

伪扩散电容：

$$C_d = \frac{FQ}{4RT}(\omega \ll D/d^2)$$

式中 A——电极面积；

c——电活性物质的浓度；

D——扩散系数；

d——膜厚度；

F——法拉第常数；

k——速率常数；

Q——库仑电荷；

$\omega = 2\pi f$ - 角频率

4.4.5 寿命期间的特性

双极电池堆中的各个电压分散分布在 20 ~ 50 mV，偏差随着电流的增加而增大。最弱的单体电池决定了电池的阻抗。为了观察电池，单个电池电压是相对于电池电流测量的。为了表征单个电极，必须将惰性参比电极置于电解质空间中。在开路电压下，如果在两侧使用相同的气体（H_2 或 O_2）进行充气，可以在没有参比电极的情况下区分阳极和阴极阻抗。

在进行长期研究或者将阻抗谱拟合到等效电路的费用昂贵时，可以采用在实验时间内以固定频率记录电阻和电容的方法。

为了在给定的负载电流下控制燃料电池单元，可以根据“电阻尽可能小，容量尽可能大”的原则重新调整工作参数（气体供给、水平衡、温度等）[29]。① 根据 $C-R$ 图中 C（ω）和 R（ω）的时间变化，可以使系统在最大电容和最小电阻下围绕实验找到的工作最佳值周围振荡。不需要事先知道最佳运行点。当装置退化时，当前的最佳运行性能会从连续测量的阻抗谱中突显出来，即作为 $C-R$ 图中最左边的顶部曲线。每个紧接着的测量曲线则显示了朝向或远离先前所实现最佳情况的趋势，见表 4.30。

表 4.30

电容：
$C(\omega)=\dfrac{\mathrm{Im}\,\underline{Y}}{\omega}=\dfrac{-\mathrm{Im}\,\underline{Z}}{2\pi f\lvert\underline{Z}\rvert^2}$
阻抗模：
$\lvert\underline{Z}\rvert=\sqrt{\mathrm{Re}\,\underline{Z}^2+\mathrm{Im}\,\underline{Z}^2}$
欧姆电阻：
$R(\omega)=\mathrm{Re}\underline{Z}(\omega)$
时间相关阻抗：
以下情况的 $R(t)$ 和 $C(t)$
1 kHz，1 Hz，0.1 Hz

退化。碳载铂电极通过形成较大的铂团簇而老化，特别是在氢电极上。铂迁移到电极内部（GDL），损失了活性表面。PEM 膜失去磺酸基团，PTFE 破碎成微小的疏水性段与氟化段。其结论是，老化的电极更容易被水淹没，通向活性表面位点的气体扩散路径变长，电池电阻增加并且性能下降。在新电极下，分配给碳载体的信号（287 eV）没有显现，在老化的 H_2 电极下显得很强，在老化的 O_2 电极下显得不太明显。PTFE 碳的信号（296 eV）存在于新的和老化的电极上。另外，来自密封件的有机硅会长期毒害铂催化剂。

① 示例：第 8 章（SOFC）和第 3 章（AFC）。

4.4.6 测试和安全设备

燃料电池的认证需要大量包含机械和电气部件的测试与安全装置。

1. 供气

(1) 空气和燃气的供应和排放。

(2) 止回阀（防止 H_2 和 O_2 混合）。

(3) 流量计和流动监视器。

(4) 净化气体的过滤器。

(5) 气体加湿器。

2. 控制设备

(1) 质量流控制器①。

(2) 压力调节器和压力传感器②。

(3) 温度传感器（热电偶）。

(4) 露点和湿度测量装置。

(5) 电磁阀。

3. 冷却水回路

冷却水回路包括泵、热交换器、冷凝分离器（旋风分离器）。

4. 加热装置

加热装置用于将燃料电池的温度调到工作温度。

5. 电器元件

电器元件包括电源、电负荷、测量数据采集装置（PLC，LabView®）。

6. 防护装置

防护装置包括 H_2 传感器、火灾探测器、吸气装置。③

4.5 应　　用

压滤机结构中的燃料电池单元通过拉伸杆柱、碟形弹簧或压力垫片进行机械压紧，将两个端板之间的单体电池堆叠（堆栈）在一起。与产生阳极水的碱性燃料电池不同，由于反应水是在阴极产生的，所以阳极氢气供应可能结束

---

① 原理：在三个串联测量点处对旁路进行感应加热，并使用电桥电路测量与流速成比例的电阻或温度变化。

② 原理：压电压力传感器将施加的压缩力转化为与其成正比的电流。

③ 通过对管道进行冷却可能会检测到泄漏（Joule – Thomson 效应）。

于“死胡同”(dead - end)。气体污染物倾向于积聚在阳极侧，因此需要引入过量的氢气。

4.5.1　Gemini 氢氧电池

在“双子星”太空舱① GT 5 和 GT 7 中，由通用电气公司生产的带 160 kW · h 电能用氢气和氧气储罐的 1 kW PEM 装置重达 250 kg，是商用电池的 1/6。在热交换器中通过燃料电池的冷却水和电加热器对压力容器中深度冷冻的燃料气体与氧化剂进行预热，如图 4.19 所示。

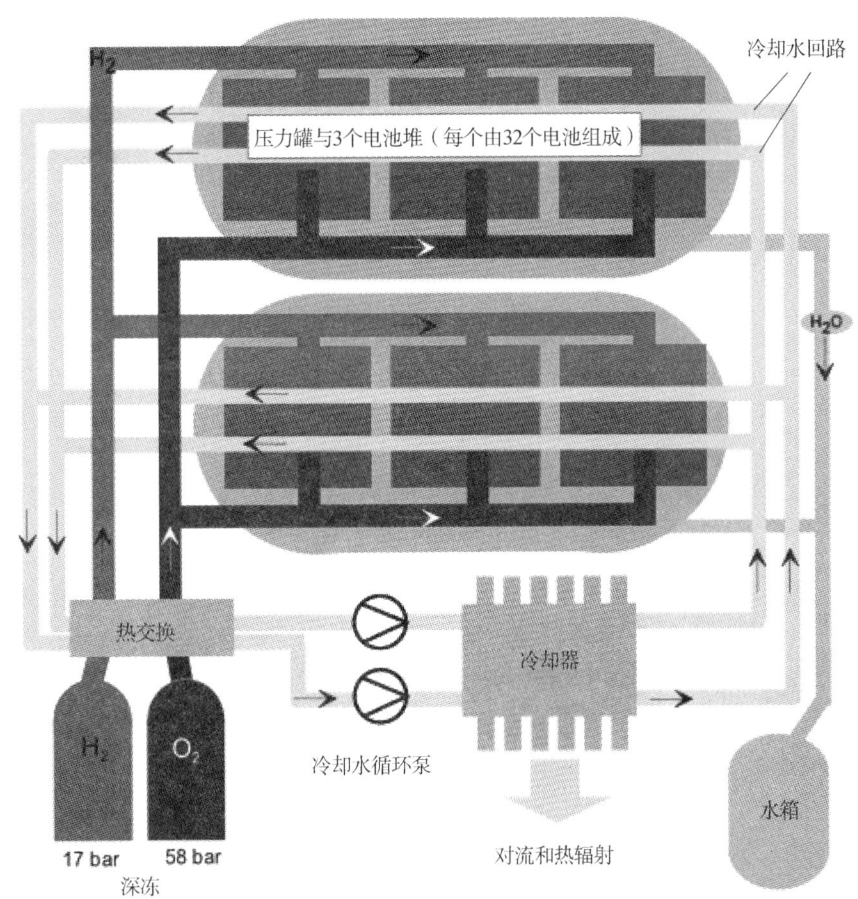

图 4.19　双子座太空舱的 PEM 燃料电池系统（1965）

① GT 5：第三组飞行，1965 年 8 月 21 日，G. Cooper，C. C. Conrad；轨道周期 89.7 min；近地点 171 km；远地点 349 km。GT 7 与 GT 6 会合。

氧气空间中灯芯的毛细管系统可除去反应水并防止膜干燥，如图 4.20 所示。细孔分离层可将水排入收集槽。每个 18 × 20 = 360（cm^2）的电池可提供 0.038 W/cm^2 的功率密度和 750 ~ 850 mV 的电压。由 32 个电池构成的 3 个电池堆可在 80% 的效率下提供 2 kW 的峰值功率。脱水和稳定性以及电极的高铂覆盖率并不令人满意。这就是为什么后来的 Apollo 号和航天飞机采用了碱性电池的原因。通用电气公司和汉密尔顿标准联合科技股份有限公司（UTC）通过改进引进了 Nafion 膜，其可对反应气体加湿，增加了氧侧的压差，可提供更高的工作温度并带有碳载铂催化剂。最后，在 300 mA/cm^2 下达到了 0.825 V；并且在 1 A/cm^2 下也可达到 0.5 V（105 ℃，10 bar O_2，2 bar H_2）。尽管压力很高，空间运行时也达到了最高值 300 mA/cm^2。

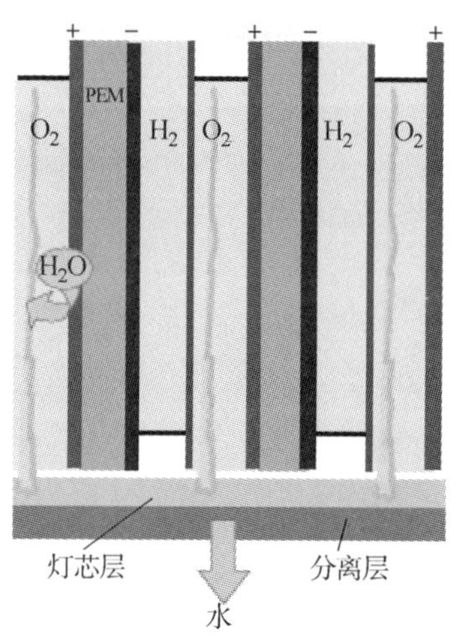

图 4.20　通过灯芯去除水分

4.5.2　Ballard 燃料电池

1984 年，Ballard 公司用石墨取代了 NASA 的铌板，并积极寻找新的膜。Daimler 公司的 Necar 1 测试车和一座 30 kW 热电联产装置则展示了具有 Mk500 技术的 5 kW 电池堆（150 W/L）。芝加哥和温哥华出现了 Mk513 系列（300 W/L）的 10 kW 电池堆驱动的燃料电池公共汽车。Mk800 在超过 1 000 W/L下仍可提供 50 kW 的功率。75 kW 的 Mk900 技术和 85 kW 的 Mk902 技术可满足公路车辆的要求，具体见表 4.31。

表 4.31　Ballard 技术

运行温度/℃	70 ~ 90
运行压力/bar	1 ~ 5
功率密度/（$W \cdot cm^{-2}$）	0.5 ~ 1
电流密度/（$A \cdot cm^{-2}$）	至 2
每个电池的厚度/mm	2 ~ 5
横截面积/cm × cm	40 × 40
1.2 $A \cdot cm^2$ 下的电池电压：	
– 氧气运行/V	0.7
– 空气运行/V	0.5

Xcellsis “HY – 80”：68 kW，220 kg，220 L。

电池堆由数百个双极板和膜电极单元组成，这些单元被夹在两块端板之间，并用拉杆、电流输出端、气体端口和冷却水端口连接在一起。采用常规的密封和冷却技术。因为只要膜不被穿透，反应物之间的差压就不是关键的参数，所以省去了精细的压力控制。多个电池堆被串联或并联连接到所需功率的模块上。高动态性和过载能力都在空载与满载之间。在燃料电池提供足够的净功率之前，必须将其加热至工作温度。在很大程度上解决了极端机械负载下的冷启动、霜冻保护和运行安全性。

产物水通常通过阴极废气中的过量空气排出，2 倍化学计量的氧气对此是非常有利的。在阳极排水过程中（anodic water removal），浓度梯度推动阴极积聚的水穿过膜进入阳极室，并在阳极室中混入燃料气流。这使得空气化学计量接近 1.0。供气的一般标准值见表 4.32，燃料电池结构如图 4.21 所示。

表 4.32　供气的一般标准值

阴极：
1.1 ~ 3.5 bar
化学计量比 1.4 ~ 2.0
通过排气预热空气
阳极：
化学计量比≥1.0，以便 N_2 穿过膜扩散进行平衡

在历史性 PEM 燃料电池堆 Mk 7 中，单电池 1 由以下部分组成（图 4.21）：

2—H_2 流场；

3—MEA；

4—空气流场；

5—双极板；

6—端板。

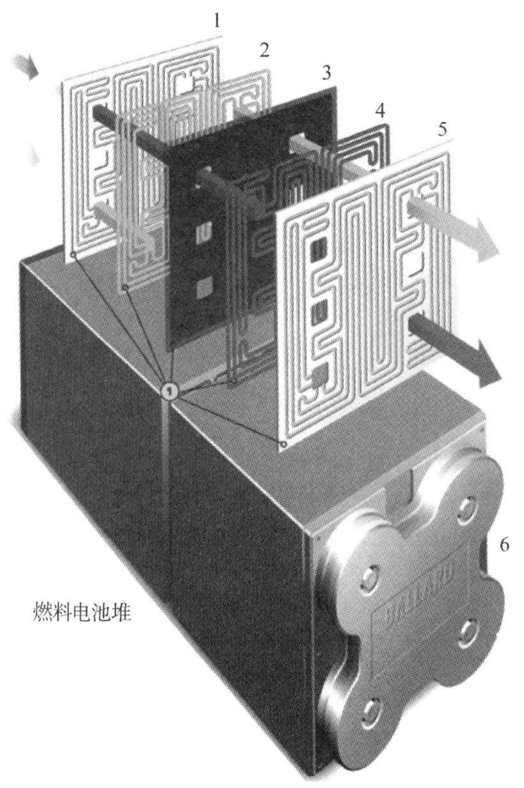

图 4.21　燃料电池结构

（资料来源：Ballard 动力系统公司，1999）

燃料电池系统还需要有其他组件。

（1）鼓风机或压缩机：向阴极供应空气。

（2）压力调节器监控氢气和空气供应。

（3）冷却装置：风机、电池堆是水冷的。

（4）系统控制和安全设备。

4.5.3　Siemens 燃料电池

自 1980 年以来，Siemens 公司一直在为潜艇开发燃料电池。[①] UTC 授权的 PEM 技术基于 General Electric 的前期开发。系统包括供气系统（H_2、O_2、N_2 吹扫气），加湿器，电池堆，分水器，冷却回路系统。从 2000 年 5 月到 2001 年 4 月，MAN，Siemens 和 Linde 公司的 PEM 氢气公交车在埃尔兰根、纽伦堡和菲尔特的公交线路运行里程达到了 8 000 km。车辆后部的 120 kW 燃料电池由 4 个模块组成，每个模块包含 640 个独立电池。功率控制使用了直流/交流逆变器。两个通过一个加法变速箱连接在一起的异步电动机直接驱动标准后桥。车顶上的 9 个加压气瓶储存了 1 548 L 的氢气（250 bar）。图 4.22 所示为 Dynetek 加压氢气罐。

图 4.22　Dynetek 加压氢气罐：铝内胆，碳纤维增强环氧树脂护套，350 bar，205 L = 45 kg H_2

资料来源：Daimler

4.6　燃料电池船只和飞行体

（1）潜艇中的燃料电池。一艘可逃避探测的潜艇应当既不能传出声音，也不能发出热量和磁场。由非磁性钢制成的耐压船体、塑料壳体和安静的燃料电池驱动装置给出了 HDW 德意志造船厂股份公司 U212 型潜艇的特征。[②] 由 320 个电池组成的 120 kW Siemens 模块可通过独立于空气和装载低温压缩氢（液氢）的金属氢化物储罐供气。潜艇可以下潜数百米深，并在水下连续待 4

① U1 中的 100 kW 碱性单元（HDW 1988/89）；后来的 PEM 技术。

② 南德意志报，2003 年 4 月 22 日；Amberger 报，2003 年 4 月 23 日。

周的时间，如图 4. 23 所示。而常规的柴电潜艇只能在水下行驶两天。①

图 4. 23　2002 年 4 月，212 A 级 U 31 在经过 20 多年的研发后，
HDW 宣布世界上第一艘燃料电池潜艇进入德国海军服役。
出口版本 214 加强了欧洲和亚洲国家的军队
资料来源：HDW

（2）飞机中的燃料电池。波音公司推出了一架通过两个 25 kW 燃料电池驱动的电动螺旋桨飞机，这种燃料电池可在巡航飞行中通过液态氢发电。② 通过其他电池来支持起飞。在喷气式飞机中，燃料电池可以为机载系统、空调和照明供电。可以预见的是将会出现一个再生系统，其可根据需要在洲际航班上通过电解水来产生氧气。

2001 年，NASA 翼展 74 m 的“太阳神”遥控太阳能飞机上升到无与伦比的 29 000 m 高度，以便能够探索高空大气层。燃料电池可为夜间持续使用的飞机供电。在考艾岛海军基地（夏威夷）试飞期间，该飞机发生了解体。③

（3）再生燃料电池系统（RFCS，3. 8 节）。具有电解槽和燃料电池双功能的可逆固体电解质系统迄今为止仍无法达到较长的使用寿命。在短暂的水分解之后，氧电极就会失去燃料电池运行的活性。RFCS 主要被用于到目前为止仍使用传统电池的卫星、飞机和宇宙飞船，RFCS 的原理如图 4. 24 所示。

① 燃料电池杂志 3/2002，第 11 页。
② 南德意志报，2003 年 5 月 17 日/ 18 日，燃料电池腾空出世。
③ Amberger 报，2003 年 6 月 28/29 日。

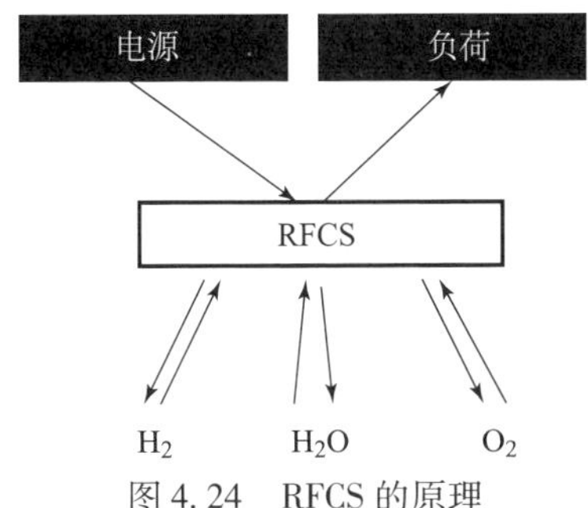

图 4. 24　RFCS 的原理

哈密尔顿标准公司为 NASA 的 Pathfinder 项目展示了一个采用 35 kW PEM 电解槽和独立的 25 kW PEM 燃料电池的 RFC 系统。在太阳能辐射下，太阳能电池可为生产电解氢提供必要的能量，而在黑暗条件下，燃料电池将缓存的氢转化为电能。再生燃料电池系统使用的催化剂见表 4. 33。

表 4. 33　再生燃料电池系统使用的催化剂

H_2 电极	O_2 电极
Pt/C	Pt，Ir，Ru
Pt/Pt	TiO_2 – 次氧化物

燃料电池的应用如图 4. 25 ~ 图 4. 28 所示。

图 4. 25　采用燃料电池技术的德国潜艇

资料来源：HDW

图 4.26　正在测试中的 Siemens 燃料电池

资料来源：HDW，Siemens

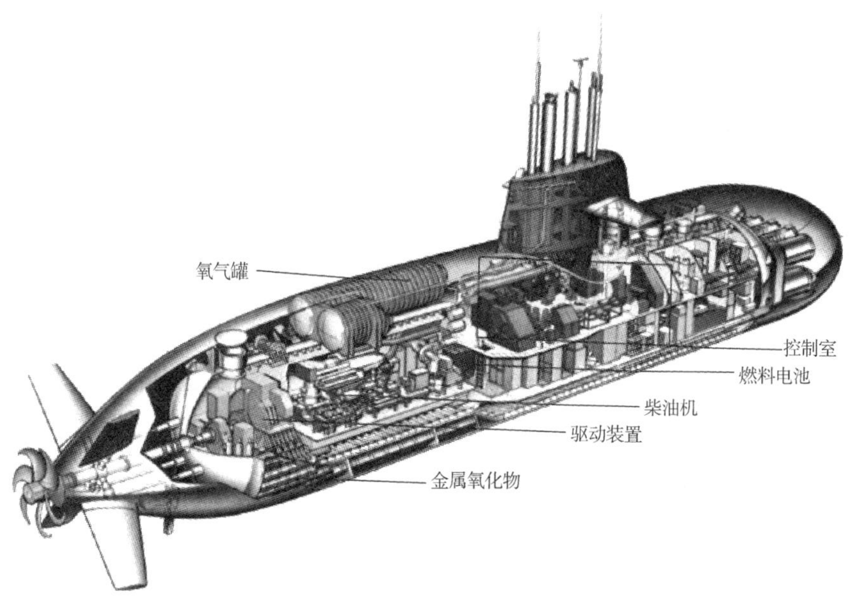

图 4.27　具有独立于外部空气的燃料电池驱动装置和金属氢化物储存装置的 U31

资料来源：HDW

图 4. 28 用卡车为航天飞机加载液态氢

资料来源：Air Products

4.7 驱动方案对比

汽车制造商已经展示了燃料电池驱动的可行性和实用性。低速高扭矩下噪声也很低并且无冲击的电力驱动器也使客户对其加速能力的好感超过了相同功率的内燃机驱动器。多级传动装置基本上可有可无。与电池车辆不同的是，热舒适性（暖气、空调）和加油时间短。EUCAR 基准车辆 2020 + 的温室气体排放和能源消耗如图 4. 29 所示。

4.7.1 燃料电池驱动

优点：如果没有电力驱动，实现雄心勃勃的二氧化碳排放气候目标几乎是不可能的[46,59]。再生氢可减少温室气体排放。由燃料电池动力总成和电池组成的混合动力驱动系统可以通过减敏（例如：适度的动态空气供应要求）进行制动能量回收与降低成本。

（1）理论效率为 100%，没有内燃机的 Carnot 限制，在与消耗相关的部分负载运行中具有较高的实际效率。

（2）无局部排放，无怠速消耗，噪声低。

（3）像汽油车一样，加油时间较短。

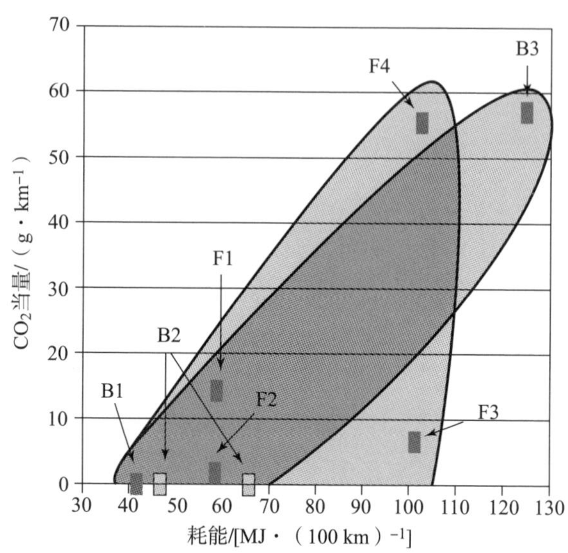

图 4.29　EUCAR 基准车辆 2020 + 的温室气体排放和能源消耗[46]

B1—风力发电；B2—加上没有/具有存储损失的泵/洞穴存储；B3—欧洲电力混合燃料电池车；

F4—使用由天然气生产的 H_2；F3—使用风力发电制 H_2 插电式混合动力车；

F1—使用来自天然气 + 车载加载装置的 H_2；F2—使用风力发电制 H_2

（4）续航里程超过 500 km。驱动和 H_2 存储可以分别进行优化。由于模块化设计，可具有很大的功率范围。

（5）通过废热和电气辅助设备对车厢进行加热，即使在低温下，燃料电池也能提供较高的功率（与电池不同）。冷启动的目标是在冰点之上快速升温。

面临的挑战：生产件数很小造成的高制造和材料成本；储罐系统和燃料电池动力总成所需的功率重量与空间要求；纯氢所需的廉价 H_2 基础设施；电池堆使用寿命；低温（< −10℃）下的冷启动时间；诸如夏季爬坡时所需的高冷却功率。① 数十年来的微小进展与环境平衡：②

（1）成本。目前的技术下（100 kW 功率下的铂用量为 22 g），铂的年产量仅能够满足 10% 的全球新车的需要。③

（2）续航里程可超过 350 km 的锂离子电池车辆和由此产生的快速充电基

---

① 在相同的驱动功率下，燃料电池车辆需要有内燃机 2.8 倍以上的冷却功率或传热能力 $\dot{Q}/\Delta T$。在新欧洲驾驶循环（NEDC）中，高温冷却系统可以在车辆效率略低的情况下实现较高的电流密度和更小的电池堆[68,70]。

② M. Lienkamp，电动汽车状态 2016 或特斯拉为何不会，www.researchgate.net/publication/304247929。

③ 铂产量不能明显增加。

础设施使得燃料电池续航里程的争论变得毫无意义。到目前为止，还没有大面积覆盖的加氢站。

(3）燃料电池驱动并不是无排放的：氢气生产、分配、储存和发电的低效率链消耗的能量是同样功率电池车的 4 倍。燃料电池 - 电池混合动力汽车通过再生氢实现了有利于电池车辆的更低二氧化碳排放（油井到车轮）和能源消耗[46]。

4.7.2　内燃机

内燃机车辆（Internal Combustion Engine Vehicle，ICEV)。在技术上，在最高转速和速度下约 35%（汽油）和 42%（柴油机在最佳点）的效率几乎已经达到了顶点。在部分负载运行时，发动机排量和（由于热力学损耗）气缸无法满负荷运转，并且需要通过利用废气驱动的涡轮增压器来支持加速。需要时，诸如水泵、油泵和转向机构等辅助设备可以电动工作。如今的柴油发动机排放不到 90 g CO_2/km，汽油发动机需要废气净化（SCR 方法)、气缸停用和阀门控制。天然气（CNG）相对于汽油可将二氧化碳排放量减少高达 25%，但温室气体甲烷会在未燃烧情况下从管道和发动机中逸出。

4.7.3　混合动力车

混合动力电动车（Hybrid Electric Vehicles，HEV)①。

能量和功率密度参考值见表 4. 34。

表 4.34　能量和功率密度参考值[6]

单位	$W \cdot h \cdot kg^{-1}$	$W \cdot kg^{-1}$
内燃机	200	1 000
	500	800
	1 000	700
PEMFC	200	200
	500	150
	1 000	100
Na/S	100	200
Ni/Cd	30	200

① ECE - R83：带有至少两个不同能量转换器和蓄能器（发动机、燃气轮机、电池、飞轮、液压蓄能器、冷凝器、氢气储罐等）的车辆驱动装置。Ferdinand Porsche 在 1902 年的巴黎世界博览会上推出了其 Lohner - Porsche（汽油发动机、交流发电机、四轮电驱动)，斐迪南大公用它进行了检阅。

（1）由内燃机和12 V启停系统组成的微型混合动力可节省大约3%的燃料。在红灯处时发动机会停止工作，只有在电动马达驱动汽车后发动机才会再次启动。

（2）轻度混合动力系统通过有限的电动支持启动和加速（助推器）来驱动车辆。带有改进后的10 kW电动机的48 V混合动力系统可以满足95 g CO_2/km（2021年之前）的法定排放要求、回收制动能量①，并能够节省10%的燃油。但额外的成本也使汽车的售价大约增加了1 000欧元。汽车动力系统的电气化见表4.35。

表4.35　汽车动力系统的电气化[57,63,79]

		电池参数		
		/V	/(kW·h)	/kW
由内燃机和电池驱动的混合动力车	微混合	12	≤1	< 5
		48		≤ 10
	轻度混合	48 ~ 150	≤1	5 ~ 10
	全混合	> 200	≤5	10 ~ 50
	插电式	> 200	≤10	30 ~ 60
	增程器	> 200	≤15	100
电池车辆	（BEV）	> 200	> 15	100
燃料电池	混动	> 200	> 15	100

注：增程器（热力学）：电池由内燃机通过发电机充电。

（3）由内燃机和大型电池组成的全混合动力能够在短距离内通过电力来驱动，如果不是高速公路行程而是在高流量的城市交通中，这可以实现其排放和燃料消耗优势。负载点推移使得其可使用高转速高振动的双缸发动机。丰田通过简单的汽油发动机将全混合动力车商业化。

（4）插入式混合动力（PHEV）。大型电池可为动力总成提供长达50 km的全电动行程，未来将更长，而第二动力总成（汽油发动机）则用于增加续航里程。不行驶时，可为电池充电。

在并联式混合动力车中，内燃机和电动机通过四轮驱动的同一动力总成单独或共同驱动车辆。串联混合动力车（前桥装有内燃机，后桥上装有电力驱

① 通过制动再生系统可利用制动盘上原为热量损失的制动能量为电池充电。

动装置）的经济性和客户利益较低。

丰田 Prius（1997）采用传统内燃机和镍 - 金属氢化物电池（284 V，2 kW · h，70 kg）驱动。在城市交通中，它可用电池行驶，长途行驶时则用汽油。在 2003 年秋季上市的第二代（500 V，78 PS）的燃油消耗量为 4.3 L/100 km。混合动力：内燃机和电池如图 4.30 所示。

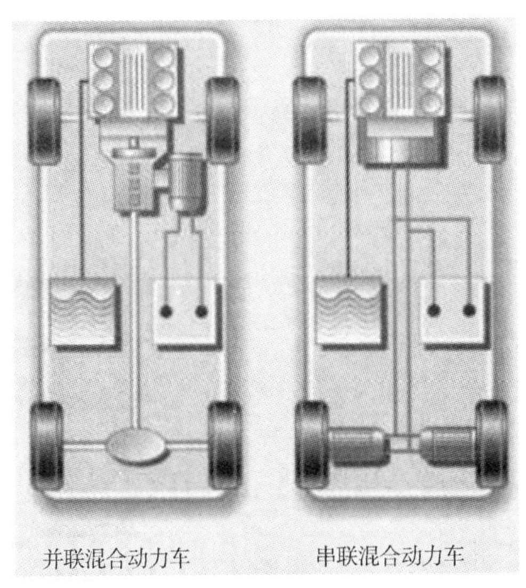

图 4.30　混合动力：内燃机和电池（Daimler 公司）

4.7.4　电池车辆

电池驱动汽车（Battery Electric Vehicles，BEV）行驶安静而便宜。缺点是：有限的续航里程，较长的充电时间，多次充电和放电下的中等寿命，与矿物燃料相比较低的能量密度。

（1）比汽油车更有利的 CO_2 平衡取决于以下发电能源：风能和太阳能（欧洲）、煤炭（中国）或天然气（美国）。

（2）电动车用锂离子电池由正极材料（+）决定：

①镍锰钴（NMC，3.7 V）和镍钴铝（NCA）正在向 5 V 电池发展，但在使用寿命和过热方面仍存在问题。

②磷酸铁锂（LFP，$LiFePO_4$，3.5 V）具有中等效率，耐用，价格低廉且安全。

③锂锰尖晶石（LMO，$LiMn_2O_4$，3.8 V）功率非常强大（1 800 W/kg），循环稳定且安全。

（3）诸如锂/硫，锂/空气和全固态电池（all – solid – state）等愿景是实验性的，而且是暂时的。功能强大的铅酸电池太重，镍镉昂贵且对环境有害，钠硫电池和钠镍氯化物电池难以控制，而镍金属氢化物已被锂离子取代。

增程器可在以牺牲效率为代价的前提下提高串联混合动力车的续航里程并缩短充电时间：将内燃机[79]的热能通过发电机给蓄电池充电。

4.7.5 燃料电池 – 电池混动车辆

燃料电池和电池通常并联连接。通过提高和降低燃料电池的负载点（有利的工作范围，图 4.31）；通过电池升压模式的加速；制动再生；极低的冷却功率（由于电池的车辆局部效率比燃料电池的更高），车辆的效率可随混合度①[82]增加，见表 4.36。

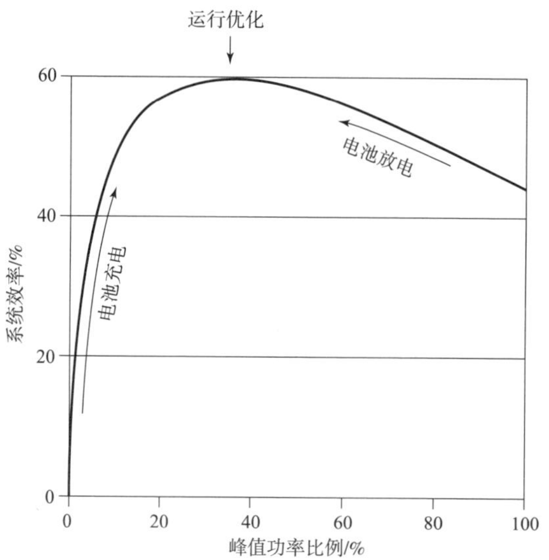

图 4.31 燃料电池 – 电池混合动力系统的效率

表 4.36 汽车燃料电池驱动的混合度[69]

类型	电池数据		
/V	/(kW · h)	/kW	
混合动力车			
较弱的燃料电池	12		≈5

① 混合度 = $\frac{P_B}{P_B + P_{BZ}}$（B 电池，BZ 燃料电池）。

续表

类型		电池数据	
/V	/(kW·h)	/kW	
高功率电池			
燃料电池混合动力车	48~150	≈1	>10
	>200	2~3	
高能电池			
燃料电池-插电	>200	≤3	>50
	>200	≤20	≤100
增程器	>200	>15	100

轻度混合动力在适度的能量含量、提高或降低燃料电池的负载点、使用制动能量并将行驶动力学改善至满负荷（助力）下可提供超过 40 kW 的功率。连续运行确定了混合动力车中燃料电池单元的最大功率，并限制了尺寸缩小。在考虑到整体效率的情况下，电池-燃料电池系统的功率决定了最大加速度，客户要求决定了驱动系统的设计。因为空气供应和其他组件决定了成本，燃料电池单元的成本与功率降低成正比。

高能电池插电式混合动力车使它们独立于 H_2 可用性和基础设施，具有高功率和长期成本优势。在较低的负载范围内，通过对电池进行充电（增加燃料电池的负荷）来提高系统效率，由于辅助单元的运行，燃料电池单元的效率降低至极低功率。在高负载范围内，电池为燃料电池的负载降低提供动力。这种运行管理延长了燃料电池的使用寿命，使燃料电池不会在过载下 H_2 供应不足，并且不会使其在有害的开路电压附近工作[53,56]。

4.8　燃料电池车辆

4.8.1　第一辆 Daimler 车辆

直到 2005 年，Daimler 才与 Ballard（加拿大）合作生产出第一批燃料电池汽车。“新电动汽车” Necar I[11] 的动力总成完全占据了由压缩氢气驱动的 Mercedes 运输车 MB 100 的装载空间。Necar Ⅱ动力总成需要使用 Minivan V 运输车的后备厢并将加压氢气罐放置在车顶上。Necar 3 的甲醇驱动装置被安装在 A 级车扩大后行李厢和被抬高的乘客舱车身底部。

在 Necar 4（图 4.32）和 Necar 5 中，A 级车厢的地板区域提供了充足的空间，乘客舱可容纳 5 人。通过两个集成加热棒汽化的行李厢地板下油箱中 5 kg 液态氢可使 Necar 4 的续航里程达到 450 km。在欧洲驾驶循环（NEDC）中，燃料电池系统的效率为 45.8%，包括辊式试验台上的所有辅助负载，其中车轮的平均可用效率为 37.7%。这相当于每百千米 3.7 L 的等效柴油消耗量。

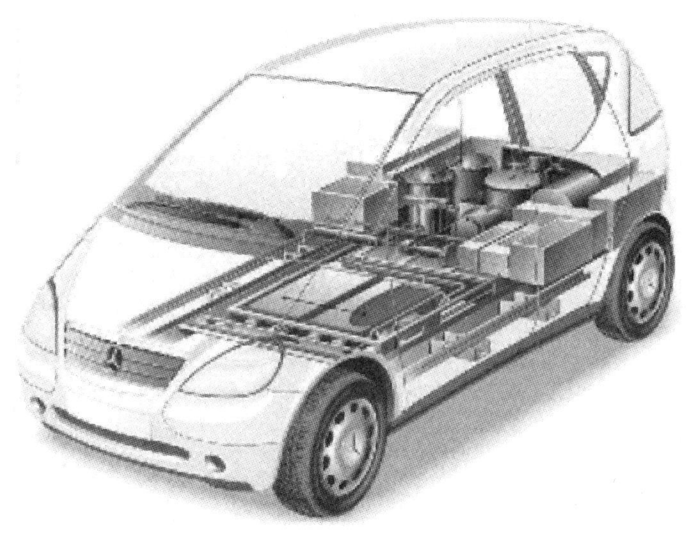

图 4.32　燃料电池汽车 Necar 4（1999）
资料来源：Daimler 公司

MVEG 循环中的车轮效率见表 4.37。

表 4.37　MVEG 循环中的车轮效率

PEM 燃料电池[15]		37
内燃机	合成柴油	26
	柴油	25
	氢	24
	甲醇	24
	汽油，天然气	22

资料来源：AUDI。

Nebus[11]可从 7 个车顶上安装有带碳纤维护套的铝质储罐（每个 21 kg H_2，150 L，300 bar）中获得 250 km 的氢气。14 t 空重的低地板公交车后部装有 10 个 25 kW 燃料电池组，可为驱动系统、辅助泵、压缩空气（用于制动系统和悬架）以及门控制提供 190 kW 的功率。电动机（ZF Friedrichshafen，Evobus Mannheim）将驱动力直接传递给车轮，省去了齿轮箱和万向轴。在减速时，轮毂电机可作为发动机制动器工作，并产生电力给电池充电，但在测试公交汽车车顶上其会在水冷式制动电阻器中转换为热量并排放到环境中。自适应减震器控制系统（Wabco 公司，Fichtel&Sachs）可在弯道和刹车时稳定车顶带有 1 900 kg 载荷的客车。在紧急情况下，前方和车尾的加速度传感器做出响应并关闭氢气供应。Nebus 通过车载电池供电的 24 V 转向油泵进行操纵，并通过制动系统中的压缩空气储罐进行可靠的停车，如图 4. 33 所示。

图 4. 33　PEM 燃料电池巴士 Nebus（1997）
资料来源：Daimler 公司

甲醇汽车。在 Necar 5 气体发生系统中，甲醇与水混合，蒸发并在 Cu/ZnO 催化剂（BASF）上在 250 ~ 300 ℃下重整为氢气和 CO_2。在燃料气体进入燃料电池之前，选择性催化氧化（PROX）将催化剂毒物 CO 转化成 CO_2。重整器中的氢气产生取决于期望的行驶速度、油门踏板上的压力。蒸发器和重整器被催化燃烧器加热，催化燃烧器利用过量的重整产物和燃料电池堆废气流中残留的氢气，产物水被用于蒸汽重整。Ecostar 异步电动机可将 Necar 5 加速到 150 km/h 以上[11]。集成的自动变速箱直接作用于前轮驱动轴。带有加湿器、传感器和电子元件的 75 kW 燃料电池模块可安装在车辆底盘上的 80 cm × 40 cm × 25 cm 防振盒子中。该装置用乙二醇 - 水混合物冷却。在冷启动到达到工作温度的这段时间里，镍金属氢化物电池（230 kg）供应驱动系统，也可用于再生制动能量。带甲醇重整器的燃料电池车如图 4. 34 所示。

图 4. 34　带甲醇重整器的燃料电池车

资料来源：Daimler 公司

磁阻电动机驱动空气压缩机、冷却液泵和车辆风机等辅助设备。在冷启动、加速和减速过程中，氢气和空气的流动是非常不同的，这要求系统具有高度的动态性。Necar 5 的废气排放低于超级超低排放车辆（SULEV）标准，标准允许在 100 000 英里（161 000 km）的行驶里程内排放大约 1 kg 的碳氢化合物。由于二氧化碳的排放，Necar 5 不是零排放汽车（ZEV）。纽约州、佛蒙特州、缅因州和马萨诸塞州于 1990 年通过的美国各州加利福尼亚计划规定，所有新车的 2%，5% 和 10% 分别在 1998 年，2001 年和 2003 年达到无排放。加利福尼亚州拥有 180 万辆新车（1999），占美国市场的 11%。加州空气资源委员会（ARB）已经多次修订了其目标，具体见表 4. 38。

表 4. 38　早期的 Daimler 车辆：电池堆数量在括号中

氢车辆
Necar 1（1994）
50 kW，230 V（12），50 W/kg
Necar 2（1996）
50 kW，280 V（2），160 W/kg
Necar 4（1999）
70 kW，330 V（2），200 W/kg
Nebus（1997）
250 kW，720 V（10），180 W/kg
甲醇车辆
Necar 3（1997）

续表

50 kW，300 V（2），67 W/kg Necar 5（2000） 75 kW，250 V（1），Mark 900

4.8.2　动力总成系统

以 Daimler B 级燃料电池车为例，可以清晰地看出燃料电池动力总成的功能，如图 4.35 和图 4.36 所示。

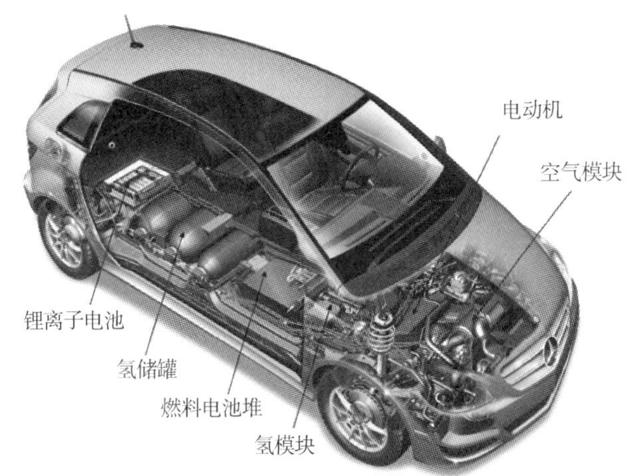

图 4.35　B 级燃料电池车（2011）：剖视图中的侧视图[46]

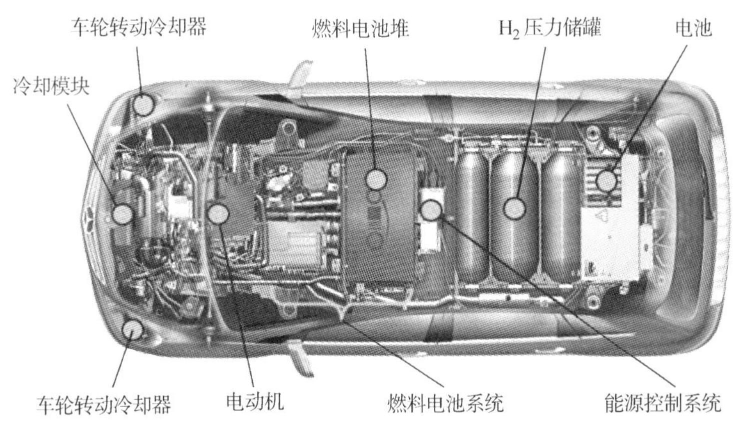

图 4.36　B 级燃料电池车：剖视图中的俯视图[46]

已经通过车队运行验证了日常使用中的适用性[46]。在燃料电池全球旅行（F－cell－world－drive）中，三辆车在125天内环球行驶了30 000 km以上。其有以下四个子系统：

（1）燃料系统：氢罐和供气系统。

（2）燃料电池系统：两个电流串联而流动并联的PEM电池组。辅助设备：空气供应（带压缩机、冷却器、加湿器），带净化装置的供氢系统，单元集水回路、控制单元和排气系统。

（3）驱动系统：DC/DC转换器（电池电压→中间电路电平），DC/AC驱动逆变器，交流电动机，单级齿轮到车轮（范围10∶1），可将中间电压电平转换到耗电器所用的12 V的DC/DC转换器。动力总成系统技术数据见表4.39。

表4.39 动力总成系统技术数据[46]：Mercedes Benz B级燃料电池车

	续航里程：385 km（NEFZ） 最高时速：170 km/h
氢	加气时间：约3 min 氢：700 bar；3.7 kg
PEM燃料电池	396个电池；80 kW峰值 加湿器：气－气 空气模块：螺栓 无增程器
高电压拓扑结构	转换器方案：助推 电池－中间电路电压 电动机 永磁电机 70 kW，100 kW峰值 最大扭矩：290 N·m 行星齿轮与斜齿轮差速器
电池	高功率锂离子（轻度混合动力） 24 kW（5 s），30 kW（18 s）； 212 V；6.8 A·h；1.4 kW·h

（4）带电池管理系统的电池。电池在启动阶段向空气压缩机和辅助设备供电，并支持制动再生和加速。

驱动系统的一部分被放置在 B 级车夹层地板中，未来的高功率密度驱动系统将使其成为冗余。

高电压拓扑结构[56,80,82]。混合度和电压源的布置对冷却性能有很大影响。通过降低电池成本和适度的性能要求可以实现更小的燃料电池单元（缩小尺寸）。

（1）绝缘栅双极型晶体管（IGBT）的成本随着电流的增加而增加，燃料电池和电池的成本也随着电压的增加而增加。中间电路中的高电流会带来不切实际的横截面、线路损耗和转换器损耗要求。

（2）DC/DC 转换器将燃料电池电压（至多 400 个电池单元以降低成本）提高到中间电路电平，从而抑制了燃料电池的非线性特性（在冷启动下为 0.3 V；在低温怠速时为 1.1 V），并且缓解了对燃料电池堆的运行要求。DC/DC 转换器被设计为单向的，通常与燃料电池和中间电路电压叠加，需要一个降压－升压转换器，否则只需要一个升压转换器就足够了。具有相移控制功能的多相转换器可保护燃料电池免受高开关频率下交流负载（脉动）的影响，即使在部分负载运行时也可实现 95% 以上的效率。在对绝缘电阻有严格要求时，需要采用昂贵的电流隔离 DC/DC 转换器结构。对于 100 kW 的电池堆，转换器将大约 5 kW 的废热供入低温回路（70 ℃）。

（3）由于其平坦的特征曲线（2.5 ~ 4.2 V），小型轻度混合动力电池需要使用一个双向升压转换器驱动（放电：电动机运行）和回收制动能量（充电：发电机运行）。

高压拓扑结构如图 4.37 和表 4.40 ~ 表 4.43 所示。

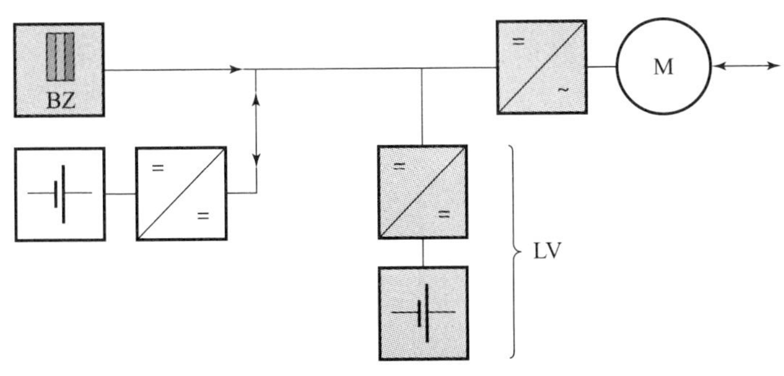

图 4.37　高电压拓扑结构：燃料电池堆和轻度混合动力电池[46]

表 4.40　转换器特性：a ＝输出，e ＝输入

单向的	适用于电源
双向的	适用于源和降低
电压比	升压转换器（boost converter）： $U_a > U_e$ 降压变换器（buck converter）： $U_a < U_e$ 降压－升压转换器 (buck – boost – converter)
电偶联	或电路的分离

表 4.41　燃料电池驱动用高压拓扑结构：BZ 燃料电池，B 高压电池，*C* 超级电容器，‖ 并联，－串联

混合动力	电源	优缺点[56,82]
较弱的	BZ	>400 电池所组成燃料电池堆确定了中间电路的电压；系统简单；12 V 启动电池有限的缓冲能量。
无电池	BZ ‖ C	燃料电池（>400 电池）确定了中间电路的电压；系统简单；*C* 带启动充电电子元件或转换器；电容器自放电。
B：≪200 V	BZ ‖ B ‖ C	燃料电池（>400 电池）确定了中间电路的电压；用于电池的双向升压 DC/DC 转换器；用于升压运行的可选电容器。
	BZ ‖ B	电池堆（≪400 电池）上的单向升/降压 DC/DC 转换器；用于电池的双向升压型 DC/DC 转换器；通过双转换器方案提供灵活的中间电路电压。
插电式 B：>200 V	BZ ‖ B	电池堆（≪400 电池）上的单向降压－升压型 DC/DC 转换器；电池电压节省了 DC/DC 转换器；成本优势。
增程器	BZ － B	电池确定了中间电路的电压；燃料电池（带有转换器）无须为电池充电

表 4.42　高电压拓扑的转换器方案

转换器		架构	功能与成本[70]
1-转换器	电池上	BZ ‖ B ‖ C	⊕连接至中间电路而不是电池堆转换器的分离元件。⊖通过与中间电路的直接耦合而产生燃料电池的高成本和鲁棒性。中间电路中的高电流：线束，插头，昂贵的次级耗电器。
	在燃料电池上	BZ ‖ B	⊕由于与中间电路解耦，燃料电池的成本适中并具有鲁棒性。中间电路中的小电流：线束、插头、辅助消耗低。⊖燃料电池上的转换器成本。
2-转换器	在电池和转换器上	BZ ‖ B	⊖ 燃料电池的中等成本和鲁棒性（与中心圈解耦）。中间电路电流较低：线束，插头，辅助消耗低。电源通过转换器提供灵活的中间电路电压； ⊕ 转换器和电池的成本

表 4.43　前驱和后驱的对比

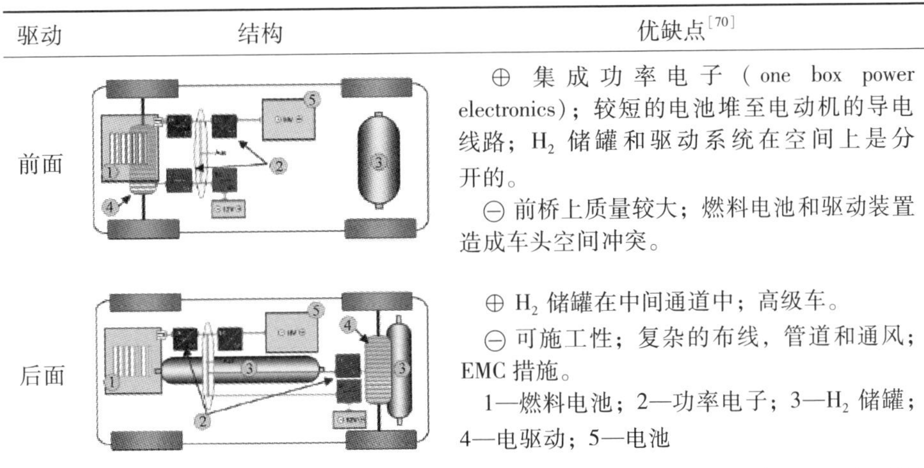

驱动	结构	优缺点[70]
前面		⊕ 集成功率电子（one box power electronics）；较短的电池堆至电动机的导电线路；H_2 储罐和驱动系统在空间上是分开的。 ⊖ 前桥上质量较大；燃料电池和驱动装置造成车头空间冲突。
后面		⊕ H_2 储罐在中间通道中；高级车。 ⊖ 可施工性；复杂的布线，管道和通风；EMC 措施。 1—燃料电池；2—功率电子；3—H_2 储罐；4—电驱动；5—电池

4.8.3　燃料方案

（1）氢燃料汽车。考虑到可达到约 60% 的效率，氢气肯定是首选燃料。氢能源车辆不会产生有害的排放物，因此是零排放车辆。使用压力罐和液化气罐可实现满足设定续航里程要求的储存量。H_2-O_2 燃料电池适用于可集中加油的城市公交车、机场车辆和运输车辆。

（2）甲醇汽车。续航里程和可用性、现有的加油站网络以及生产过程中的能源和排放平衡使得甲醇成为人们关注的能源，特别是在石油储量减少和石油钻井平台上未使用的燃烧气体的背景下。在不久的将来，可以从空气中的二氧化碳和电厂废气中生产甲醇。

（3）汽油-燃料电池。鉴于现有的加油站基础设施，可在车上重整为富氢气体的传统化油器燃料令人印象深刻。不幸的是，汽油重整不适用于商业上不纯的汽油，并且合成汽油不能满足为汽车提供足够驾驶性能的要求。较高的重整器温度（可达 900 ℃）会对车辆动力学、冷启动能力和效率产生不利影响，并且会出现材料方面的问题。石油储量的枯竭也将燃料电池技术与再生能源联系起来。

商业转化催化剂对硫以及低温氢化反应中的氧化锌敏感。部分氧化和自热重整需要抗氧化催化剂，冷启动阶段其必须耐受重整器中的氧气。工业催化剂必须适合交通应用。

4.8.4 商业化的里程碑

1995 年，Ballard：440 个单体电池组成的 Mark 900 燃料电池功率模块可提供 250 V/75 kW 的功率，尺寸仅为 Mark 700 的一半。

1997—2015 年，Ballard：芝加哥和温哥华的 6 辆燃料电池公共汽车将 20 万乘客运输了 118 000 km（1997—2000）。加拿大温哥华 2010 年冬季奥运会购买的 20 辆巴士经过 5 年的测试阶段后，由于维护成本高出 3 倍而被柴油巴士所取代。[①] 氢气由魁北克的卡车供应。

1997 年，Daimler Benz 股份公司的 DBB 燃料电池引擎有限公司，福特密歇根公司（美国），Ballard 电力系统公司（温哥华），从 2000 年开始：Xcellsis，后来的 Nucellsys，建立甲醇燃料电池汽车 Necar 3。

1998 年，Toyota：带甲醇重整器的燃料电池车 RAV4。

1999 年，Ford：用高压氢气（CGH_2）的 P2000。美国第一个加氢站。Daimler-Chrysler：Necar 4。

Xcellsis：奔驰 S 级 3 kW 车载电源。

公共汽车用 200 kW 燃料电池发动机 P4。PEM 系统交付 Nissan，Honda，Hyundai。

---

① 南德意志报，2014-01-25/26。

图 4.38 所示为划时代的德国燃料电池汽车，缩略语见表 4.44。

图 4.38　划时代的德国燃料电池汽车

资料来源：Daimler 公司（1996）

表 4.44　缩略语

CGH_2	高压氢气
LH_2	液氢
NiMH	镍金属氢化物

2000 年，Necar，Chrysler 混动车 Jeep Commander 2。Ford 的 Focus FCV：Ballard - PEM（400 个电池），67 kW 三相电动机，355 bar CGH_2（2 × 41 L）后部。使用甲醇的 FC5。

General Motors：使用 LH_2 - PEMFC 的 Opel Zafira HydroGen1 创造了速度和行驶距离的纪录。

MAN、Siemens 和 Linde：定期运输服务用氢气公交车。加氢站在慕尼黑机场：通过压力电解［94（N · m^3）/h，30 bar，99.4% 容积比］产生 H_2、气体清洁和储存罐以及液态氢气供应。

2001 年，Xcellsis 燃料发动机公司和 Ecostar 电力驱动系统成为 Ballard 的 100% 拥股子公司（股份：23.3% Daimler，19.2% Ford）。

用于 Hermes 货运的梅赛德斯 Sprinter（75 kW - H_2 - PEMFC）。

零排放公交车 ZEbus（Sunline Transit Agency，棕榈泉）运行24 000 km。

Chrysler：采用硼氢化钠存储罐的小型货车 Natrium。

Fiat：Seicento Elettra H_2 燃料电池，7 kW/48 V 电池，30 kW/216 V 电动机，CGH_2（6 × 9 L，200 bar）位于前排座椅后方。

Honda：带有 Ballard – PEM 燃料电池的 FCX V3 和 FCX V4，储氢罐，双层电容器，交流同步电动机。

Mazda：带有甲醇重整器的 Premacy。

带有氢化钛储存器的 Toyota FCHV – 3；带有 90 kW PEM 燃料电池，NiMH 电池，350 bar CGH_2 的 FCH – 4；带有重整器的 FCH – 5；使用 CGH 的 FCHV – BUS1。

2002 年，Daimler 奔驰燃料电池和 Ford 的 Focus FCV 混合动力车：配备 Sanyo 镍氢电池（1. 14 kW · h，216 V），Ballard Mark 902（85 kW，96 kg）和 350 bar – CGH（4 kg H_2，170 l，1 600 kg 罐）的 65 kW 预产汽车。Necar 5 从 5 月 20 日至 6 月 4 日通过落基山脉和所有气候区从旧金山到华盛顿行驶了 5 250 km（平均 62 km/h）。

Evobus：Citaro 在德国获得了上路许可。

Fuel Cell Propulsion Institute：配备 14 kW PEM 燃料电池和金属氢化物储存器的采矿机车被用于采矿作业。

General Motors：带汽油重整器的雪佛兰皮卡 S10；带 94 kW PEM – B 350 bar 氢气罐的 Hi – wire 汽车。

Nissan：带有 Ballard 燃料电池的测试车辆和带 UTC 燃料电池的 X – Trail FCV（2003）。

大众（与 Volvo 和 Ecn）：带有燃料电池、金属氢化物电池和甲醇重整器的 Golf Variant。使用 LH_2 的 Bora Hy. Motion。2002 年 1 月 16 日，带有 320 bar CGH_2 和 350 V/60 kW 双层电容器（PSI）的 Bora Hy. Power 穿越瑞士—意大利的辛普朗山口（Simplon Pass）。

配备 58 kW PEMFC 和 6. 5 A · h NiMH 电池的 Audi A2（80 kW）。

2003 年，美国政府：氢技术耗资 12 亿美元。加利福尼亚州：汽车制造商必须在产品范围内提供零排放车辆。

Opel – Hydrogen 3 和不同氢源的 Citaro 现场试验分别见表 4. 45 和表 4. 46。

表 4. 45　Opel – Hydrogen 3

功率：	
– PEMFC	94 kW/200 个电池
– 电动机/kW	60

续表

速度/（$km \cdot h^{-1}$）	160
油箱	4.6 kg LH_2 或者 700 bar – CGH_2
续航里程/km	400
效率/%	36

表 4.46　不同氢源的 Citaro 现场试验（2003 年 5 月）

电解水	阿姆斯特丹（“绿色电流”） 巴塞罗那（太阳能） 雷克雅未克（水电和地热能） 汉堡（风力发电）
天然气重整	波尔图，斯德哥尔摩，斯图加特 液氢 伦敦
天然气供应商	卢森堡，马德里

2008 年之前，ARAL，BMW，BVG，Daimler，Ford，GHW，Linde，MAN，OPEL 的清洁能源合作伙伴测试了氢气在日常交通中的适用性。

适用于欧洲不同气候、地形和社会经济区域的运输公司的城市公共汽车 Citaro（250 kW，350 bar CGH_2）（“欧洲燃料电池公共汽车项目”）。

日本的 F – Cell 道路许可（65 kW，350 bar – CGH_2）。

General Motors：带 PEM 燃料电池和 4.6 kg LH_2 的欧宝 Zafira。

汉诺威展览中心的 J. Zeitler（Car Master，Speinshart）：带 50 bar 金属氢化物储罐的 2.6 kW 氢踏板摩托车（与 GKSS 研究中心一起）。

ARAL：柏林的加氢站。雷克雅未克（冰岛）：世界上第一个公共加氢站。

2005 年，Daimler：配备 60 kW PEMFC、锂离子电池和 700 bar 储氢容器的 F600 Hygenius（85 kW）。Toyota：采用 80 kW PEMFC、电池和 700 bar 储氢容器的 Fine X。

2007/2011 年，Daimler：奔驰 B 级燃料电池车：100 kW 电动机，700 bar – H_2 容器，Ballard 燃料电池和锂离子电池。

2013—2019 年，大众奥迪与 Ballard 动力系统公司合作。

4.8.5 第一辆商用燃料电池车

2013 年，Hundai 的 x35 FCEV：100 kW 电动机，1 820 kg，价格 65 000 欧元。2016 年，在慕尼黑利用 ix35 燃料电池建造了 Linde 氢气供应共享燃料电池车辆。加满气，行程可达到 594 km。

Toyota 系统见表 4.47。

表 4.47 Toyota 系统

电极
非多孔碳上的 Pt/Co
双极板
钛 + 无定型碳层，先前为：镀金 X2CrNiMo17 - 12 - 2 钢
流板（空气侧）
金属网
先前为：通道结构
自加湿
先前为：外部空气加湿器
电动机
660 V；先前为：240 V
水箱
2 × 700 - bar 碳纤维叠层；先前为：4 × 350 bar

2014/2015 年，经系统简化并采用批量生产零件的 Toyota[①]Mirai（1 850 kg）：燃料电池≤220 V（114 kW，3.1 kW/L，2 kW/kg），带有铂/钴电极，钛双极板以及空气侧为更好排水而采用湍流网络。带肋的 H_2 流板是冷却回路的一部分。氢和氧在电极上交叉流动。通过从阴极向 H_2 侧的反扩散以及进一步通过从 H_2 出口到进气口的循环进行自增湿。

位于后座下方和后方的两个 700 bar 储罐[②]（60 L 和 62 L）由四层组成：聚合物内衬、缠绕碳纤维、玻璃纤维增强塑料和带有改进阀的铝盖。当预冷至 -40℃时，罐体可像汽油箱一样在 3 min 左右被充满。

① H. Yumiya，M. Kizaki，H. Asai，丰田燃料电池系统（TFCS），EVS28 国际电动车研讨会及展览，韩国 Kintex，2015 年 5 月 3 - 6 日。

② A. Yamashita，M. Kondo，S. Goto，N. Ogami，丰田 Mirai 高压储氢系统的发展，SAE 技术论文 2015 - 01 - 1169（2015），doi：10.4271/2015 - 01 - 1169。

2017 年，Daimler GLC F－CELL：500 km 的续航里程（NEDC），发动机室中的小型燃料电池系统，插入式电池。

4.9　来自次级燃料的氢

汽车上的燃料气体生成和处理是一个经济性挑战。用甲醇（从天然气中）或汽油（从石油中）的制氢效率可通过能量转换链加以对比。

甲醇生产的基本方法有以下两种：

（1）从部分转化的水煤气中进行低压甲醇合成。

（2）CO_2 氢化。

制氢的基本方法有以下几种：

（1）用太阳能、水发电或风力发电电能电解水。

（2）化石燃料或生物质的裂变。

①煤、天然气和汽油与水蒸气进行蒸汽重整制成合成气（$CO + H_2$，水煤气）。

②将合成气与水蒸气转化为 CO_2 和 H_2，也称为转换反应。

③将焦炭、煤炭、生物质燃料和渣油与水蒸气和空气一起汽化成 H_2/CO 混合物。

④碳氢化合物裂解。

（3）金属与酸、碱或水蒸气的反应。

（4）氢化物的化学分解。

4.9.1　PEMFC 天然气发电厂制气

从天然气中制氢需要一个纯化步骤，以免重整器和燃料电池催化剂中毒。蒸汽重整开始缓慢并且需要运行较长的时间。产品气中的氮气和二氧化碳需要有大型反应器与泵送功率。PEM 天然气发电厂的组件包括以下几个方面。

（1）催化燃烧器：用于加热重整器的天然气氧化，反应见表 4.48。

表 4.48　反应

蒸汽重整	$CH_4 + H_2O \longrightarrow 3H_2 + CO$ （吸热反应）

续表

部分天然气氧化	$CH_4 + \frac{1}{2}O_2 \longrightarrow 2H_2 + CO$ （放热反应）
水煤气转换反应（转换反应）	$CO + H_2O \longrightarrow H_2 + CO_2$ （放热反应）
选择性氧化（PROX）	$CO + \frac{1}{2}O_2 \longrightarrow CO_2$ （放热反应）

（2）预重整器（500 ℃）和重整器（850 ℃）：将天然气蒸汽转化为富氢混合物（重整物）。

（3）转化：高低温水煤气转化反应器制氢（450 ℃或者 200 ℃）。

（4）选择性部分氧化（PROX）：除去重整物中的 CO（175 ℃）。

（5）燃料电池（90℃，3 bar）：将加湿的燃气（H_2，CO_2）供应到阳极，将过滤并加湿后的压缩空气吹入阴极。

（6）冷凝分离器：分离反应水，进而将其用于加湿和重整。

过程热量被用于转化和选择性氧化。燃料电池提供电和热等有用的能量，但不提供可用的水蒸气。

扫气（air bleed）。为了提高 CO 耐受度（10～100 ppm），将 2%～10% 的空气添加到燃料气体中，以便在阳极形成 CO_2。这是以系统效率和 MEA 使用寿命为代价的，另外还会因此而形成 H_2O_2。更高的运行温度（150～200 ℃）可将 CO 耐受性明显提高到 2%，但需要有热稳定膜。双层电极需要在气体侧耐 CO_2 阳极层（PtRu 制）上涂覆耐 CO 的催化剂（例如：PtMo）。

4.9.2 甲醇车辆中的制气

在气体发生系统中，与乙醇和天然气不同，可在 250～300 ℃下重整的甲醇被转化成氢气并流入燃料电池中。甲醇车辆中的气体发生系统部件必须具有特别紧凑的形式。

（1）催化燃烧器。通过燃烧燃料电池阳极排气中的甲醇和残余氢气来加热重整器。通过其中氧化甲醇的附加燃烧室来加速冷启动。反应器含有铂网，燃料气体会流过该网，也可以设散装、袋装、蜂窝式和板式反应器。随着甲醇含量的增加，运行温度急剧上升（在 2% 的 CH_3OH 下，约为 500 ℃）。废气流预热甲醇－空气混合物。损耗如图 4.39 所示。

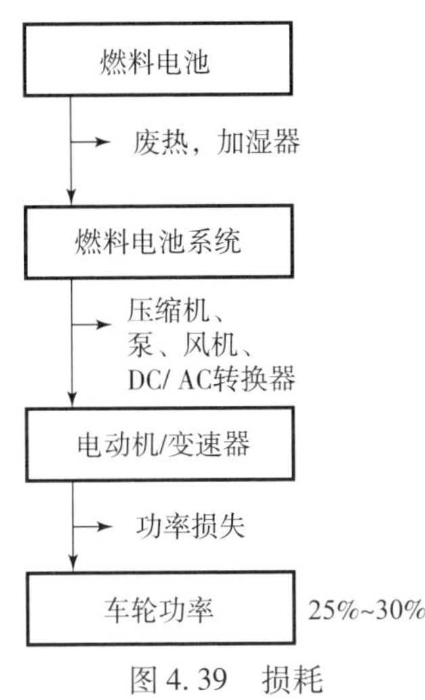

图 4.39　损耗

（2）重整器。蒸汽重整和转化反应器用甲醇生成富氢燃料混合物（重整产物）。该过程类似于磷酸燃料电池中所使用的。重整器是一种通过热油加热的管束反应器（带催化剂床）或板式反应器（带催化剂涂层）。甲醇转化率随着运行温度的升高而增加，但 CO 和未反应甲醇含量也会增加。在重整器达到其运行温度之前，甲醇车辆的冷启动被延迟。在轨道车辆和轮船中，这个问题则相对容易解决。两级重整器首先用大量热量将大部分甲醇转化，在第二级中，剩余的转换可在较少的热量输入和较大的催化剂质量下进行。残留的甲醇、甲酸、甲醛和其他重整产品都是需要分离的电极毒药。

定量给料系统和蒸发器：为了重整，甲醇 - 水混合物必须具有足够的湿度（ >40 mbar H_2O）。

蒸汽转化反应器在一氧化碳和水的两个温度水平下产生更多的氢。负载的铂催化剂（Pt/ Al_2O_3 或 Pt/沸石）会逐渐 CO 中毒。热重整物与来自燃料电池的阴极废气逆向流动并将其冷却至部分氧化的运行温度。

部分氧化	$CH_3OH + \frac{1}{2}O_2 \longrightarrow CO_2 + 2H_2$	（放热反应）
选择性氧化	$2\ CO + O_2 \longrightarrow 2CO_2$	
完全燃烧	$CH_3OH + \frac{3}{2}O_2 \longrightarrow CO_2 + 2\ H_2O$	（强烈放热）
重整	$CH_3OH + H_2O \longrightarrow CO_2 + 3\ H_2$	（吸热反应）

（3）选择性催化氧化（PROX）。通过空气转化去除催化剂毒物一氧化碳，可以用简单的反应器设计进行自热或放热反应，但系统效率较低。

（4）辅助设备包括用于阴极空气供气和从阴极空气回收能量的涡轮增压

器（3 bar），燃料电池后面的冷凝分离器（旋风分离器），冷却水处理的离子交换器、油泵和水泵、热交换器。① 动力总成系统包括 DC/AC 转换器、功率电子和电动机。

甲醇储罐——一个现实的愿景如图 4.40 所示。甲醇燃料电池系统的简化结构如图 4.41 所示。

图 4.40　甲醇储罐——一个现实的愿景

资料来源：Daimler 公司

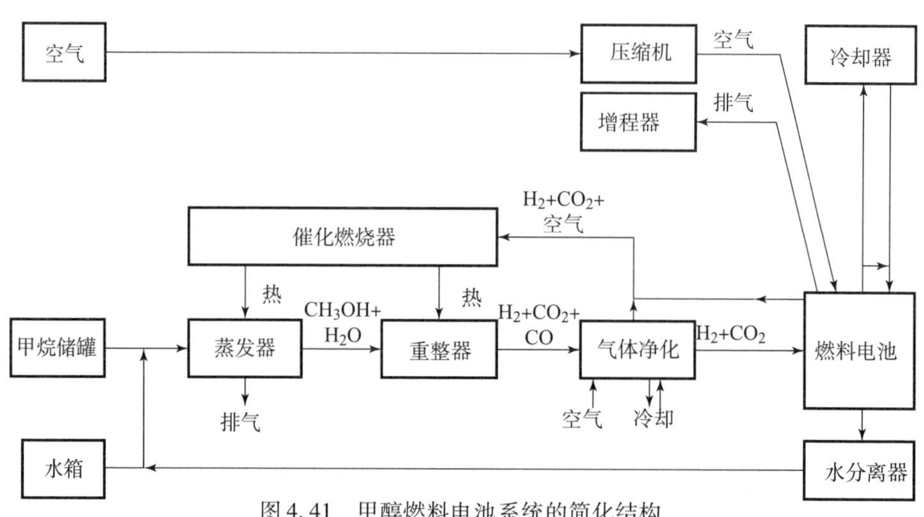

图 4.41　甲醇燃料电池系统的简化结构

4.10　静态 PEM 燃料电池

家庭消耗占到初级能源消耗的一半以上。60% 的能源被用于房间暖气和提

① 已开发出可用于太阳能热利用的带蚀刻或铣削微通道的功能强大的交叉流动金属箔热交换器。

供热水，分配流动中会损失 3% ~7%。热量和电力需求在早晨与傍晚会达到高峰。消费者处直接进行的按热需求发电（热控运行）比按电力需求产热（电控运行）更经济。可以设想将高温燃料电池用于区域供热网中和作为过程热量的发送器。Vaillant 看到将用重整器供应氢气的固定式 PEM 燃料电池用于分散式住宅和商业区域的电力供应与供热的机会。燃料选择天然气或太阳能生产的氢气。燃料电池可确保是优质能源（premium power），并可在无超调下连续供电。静态 PEM 系统见表 4.49。

表 4.49　静态 PEM 系统

1996 年，Fraunhofer 研究所 ISE（弗莱堡）& Energy Partners（美国）：在 Riesa 的 7.5 kW 住房能源中心。

1998 年，Vaillant 和 Plug Power（美国）：家庭供暖用燃料电池。

2000 年，莱瑟姆燃料电池房，纽约（美国）。

2001/2002 年，4.6 kW 电厂 Euro1：奥尔登堡、杜塞尔多夫、埃森、盖尔森基兴的现场测试；另外还可用于啤酒厂。

2003 年，欧洲有 50 台装置的虚拟电厂。

1999—2002 年，AS Tom - Ballard：在柏林（2000）、卡尔斯鲁厄（2002）进行现场测试的 250 kW 燃料电池发电机。

2002 年，位于奥伯豪森的 PEM 天然气热电联产（212 kW 电能、240 kW 热能、微型燃气轮机、燃气发动机）。

2000 年，Plug Power&Vaillant：5 kW 电力和 9 kW 热功率。

2000 年，European Fuel Cell 与 Dais Analytic Power（美国）：莱比锡、汉堡（1999）、巴斯夫路德维希港、汉诺威、卡塞尔（2000）的 PEM 燃料电池房。

2003 年，1.5 kW 的演示系统。

2000 年，Viessmann，Fraunhofer ISE：2.5 kW 家用能源中心。

2001 年，General Motors：5.3 kW 迷你发电站“火星 1”。

2002 年，Fraunhofer ISE 和 Siemens（德国埃尔兰根）：3 kW 的内部能源中心（2001 年慕尼黑）。

2002 年，Rwe Plus（埃森）和 Nuvera Fuel Cells（美国）：埃森 5 kW，柏林 30 kW（2003）。

2003 年，Buderus 与 UTC（美国）：1.5 kW PEM 系统。

2003 年，Fraunhofer - ISE&ZSW：2 kW PEM 热电联产，天然气重整器，CO 转换阶段和 CO 精细清洗（Selox）。

2008 年，Baxi Innotech：通过天然气生产热水的 1.5 kW/70 个电池系统。Plug Power&Basf：高温膜（PBI/H_3PO_4）。

4.10.1　Vaillant 燃料电池暖器

可为 4 ~10 个住宅单元供热的 Vaillant 系统将传统和渐进式组件结合在一间住房内。

（1）气体发生系统：脱硫、重整器、转换器、CO 捕集器。

（2）燃料电池单元：用空气排出重整产品（H_2+CO_2）。

（3）一体化工艺水处理。

（4）冷却系统：用于制气和燃料电池的热交换器。

（5）逆变器：将直流电转换为 230 V/50 Hz 的交流电。

（6）一体式辅助燃烧器：带商业用水水箱的传统低温天然气锅炉。

（7）控制和调节电子。

天然气、水蒸气和空气在压力下流入重整器，并在那里重整为富氢燃料气，然后将残余的 CO 氧化成 CO_2。蒸汽重整是吸热的，部分氧化则是放热的（但效率较低），因此这两个过程可结合在小型装置中（自热重整）。不完全的甲烷氧化产生一氧化碳，其残余物必须在重整物中进一步氧化成二氧化碳。

将富氢重整产物（H_2+CO_2）润湿并供给到燃料电池阳极。

	$CH_4+O_2 \longrightarrow CO_2+2\ H_2$	−319 kJ/mol
	$CH_4+H_2O \longrightarrow CO+3\ H_2$	+207 kJ/mol
	$CO+H_2O \longrightarrow CO_2+H_2$	−41 kJ/mol
天然气重整	$CH_4+2\ H_2O \longrightarrow CO_2+4\ H_2$	+166 kJ/mol
	$2\ CH_4+O_2 \longrightarrow 2\ CO+4\ H_2$	−36 kJ/mol
部分氧化	$2\ CO+O_2 \longrightarrow 2\ CO_2$	
自热重整	$4\ CH_4+O_2+2\ H_2O \longrightarrow 4\ CO+10\ H_2$	+170 kJ/mol

燃料电池废气中的催化后燃烧剩余氢通过热交换器加热重整器的输入气流。燃料电池的废热进入加热系统的热水回路。燃料电池和辅助加热器的废气从通过耐冷凝的烟囱排出。

由许多联网燃料电池加热器构成的虚拟发电厂的分散式能源供应可通过削峰来平滑电网负荷曲线。在早上（约 9 点）、中午（12 点）和傍晚（18 点），当网络负载达到峰值时，分散在城区的燃料电池暖器（BZH）被切换到满负荷运行并向公共电网供电，所产生的多余热量供应到热水箱。以需求为导向的能源管理可在现场产生峰值功率时削平电网尖峰和平滑梯度，并节省传统发电厂的额外一次性能源投入。分散式能源生产网络更高的可靠性可节省整个电网的待机能力。现代逆变器可补偿公共电网中不需要的谐波，并通过大约 20% 的相位匹配实现主动无功电流补偿。

2015 年，Vaillant 推出了第六代集成有燃气冷凝锅炉的落地式燃料电池加热器。对大约 150 台位于住宅建筑中的装置进行了实际测试，其中包括低温和高温 PEM 与 SOFC 系统。[①]

Vaillant - BZH 和三人家庭的能源消耗分别见表 4.50 和表 4.51。

表 4.50　Vaillant - BZH

电功率/kW	4.5
热功率/kW	7
附加加热器/kW	50
效率/%	80
电效率/%	40
排放	0.198 kg CO_2/（kW·h）气体

表 4.51　三人家庭的能源消耗

耗电量/（$kW \cdot h \cdot a^{-1}$）	3 500
平均功率/kW	0.4
每天峰值/kW	3（36 s）
夜间消耗/kW	0.1

4.11　便携式 PEM 燃料电池

与传统电池和蓄电池相比，燃料电池的优点在于燃料是可后续添加的，因此运行寿命和耐用性几乎没有限制；没有含重金属的残留物需要去处置和回收。方便的燃料包括氢（在 PEM 电池中）和甲醇（在直接甲醇电池中）。

（1）氢气来自高压气瓶。

（2）来自金属氢化物储存的氢气：$MH_x + 热 \longrightarrow M + (x/2)\ H_2$。

（3）来自储罐的甲醇。

便携式 PEM 燃烧电池见表 4.52。

---

① 演示者：约 50 000 欧元/kW。据 Henders on 报道，如果大批量生产，在产量翻番，成本可降低 15% ~25%。

表 4.52　便携式 PEM 燃料电池

1990 年，燃料电池被美国军方用作更换电池和移动的电源包。
2001 年，Ballard：便携式 1.2 kW Nexa PEM 模块。
Coleman Powermate：空气能燃料电池发电机作为应急发电机。
NEC：手持设备中的微型燃料电池。
2002 年，Smart Fuel Cell：便携式 DMFC。
2003 年，Fraunhofer 研究所（ISE）& Mas Terflex：移动电源箱；可保证笔记本电脑运行 15 h 的 300 W·h/50 W 金属氢化物储存器 H_2 - PEMFC（61W·h/kg）。
Fraunhofer 研究所（ISE）& Ambient Recording：可确保相机运行 8 h 的 280 W·h/40 W 金属氢化物储存器“Hy - Cam” H_2 - PEMFC（57 W·h/kg）。

对比氢气储存装置的体积和质量，小型氢 - 空气燃料电池系统明显优于锂离子蓄电池。其典型应用包括用作计算机和音乐设备、摄像机、移动电话、家用和清洁设备、信用卡读卡器和自动提款机、移动站、夜视设备、监视系统和独立传感器（例如：臭氧测量）的便携式电源。

（1）Fraunhofer 研究所的微型燃料电池（2000）由 5 个高度为 2.5 mm 的 PEM 电池组成，其可提供 0.025 W 的功率。输出电压可以通过转换器转换到最高 15 V 的电平。应用包括 4C 产品：摄像机、手机、计算机和无绳工具。

（2）Ballard 燃料电池功率模块 Nexa® 可从氢气和空气中产生 1.2 kW 的电力。其应用包括不受短暂电池寿命影响的不间断电源、备用电源、休闲和便携式产品。

标称功率	1200 W，在 22 ~ 50 V 下，46 A
尺寸和质量	56 cm × 25 cm × 33 cm；13 kg
燃料气体	99.99% 的干燥氢气；0.7 ~ 17.5 bar。消耗量：< 1 110 L/h。
运行持续时间/h	1 500
环境条件	3 ~ 30 ℃，空气湿度：0 ~ 95 %
排放	水：< 0.87 L/h
	噪声：在 1 m 的距离内 < 72 dB（A）

（3）Casio 在一个硅片上对微型燃料电池进行测试，该电池提供汽化重整氢发电。[①] Neah Power Systems 希望用填充有液体电解质的多孔硅来代替 PEM 膜，氧化剂是来自盒中的氧气。

① 德国计算机技术杂志（ct），2003（10）：100。

（4）车内电子装置。为 12 V 车载系统（充电时，最大为 1.4 V）补充有一个 48 V 系统，以便能提供超过 3 kW 的功率。在 1995—2010 年还进行了 14 V/42 V 的试验。由于功耗较低，车载系统的效率从 50% 提高到 70% 以上。可用于具有高功率要求的执行器和辅助设备［例如：压缩机、机电卷筒稳定装置、远程控制转向和制动（线控驱动）］。燃料电池可满足这些要求。其功率参数（1999）见表 4.53。

表 4.53　功率参数（1999）[15]

（1）氢氧电池	W/kg
Hydrogenics，55 ℃	100
Fraunhofer	
－55 ℃，0.5 V；0.2 A/cm^2	100
DCH TECH.	195
Novars	
－0.6 V；0.5 A/cm^2	585
（2）直接甲醇电池	
Giner	
－72℃；0.4 V；0.15 A/cm^2	88

4.12　冷 却 系 统

4.12.1　热管理和成本分析

车辆的热管理包括制冷系统、供暖系统、通风和空调系统及其相互作用。标准和规范规定了主动与被动安全，高电压和氢危害[46]，见表 4.54。

表 4.54　标准和规范

标准和规范
玻璃除霜：VO（EG）672/2010
暖气、发动机废热：2001/56/EG
行人和正面防护：VO（EG）78/2009 etc.
相互冲突的目标
行人保护和高度
保险杠和冷却气流
风机和水泵的噪声

冷却空气流过冷凝器和冷却器（NT1，NT2，HT）向燃料电池供应阴极空气，并通过车身底部和轮拱区域排出（如图4.42所示）。冷却功率所必需的空气质量流量需要车辆前部有较大的背压，冷却模块中的压力损失和排气流量应该很小。冷却模块中的热交换器应当根据不断上升的冷却剂温度来优化布置。高温和低温回路的要求与装有内燃机的车辆有所不同（如图4.43所示）。

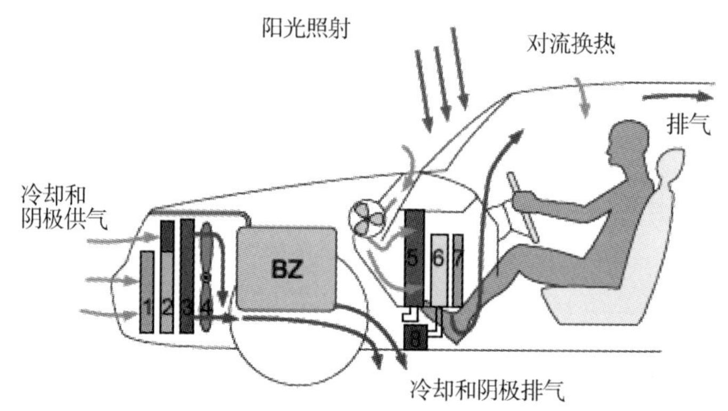

图4.42　热管理

1—冷凝器；2—冷却器：NT1和NT2；3—冷却器：HT；4—风机；5—蒸发器；6—暖气热交换器；7—电辅助加热；8—HT回路

冷却剂	NT1，NT2：相同 HT：导电率极低
冷却功率	HT明显更高，NT1较低 扩展的空调回路 夏季冷却HV电池
相互作用	带HT循环的水平衡BZ（冷启动/上坡）
HT =高温：燃料电池 NT =低温：电池，驱动装置	

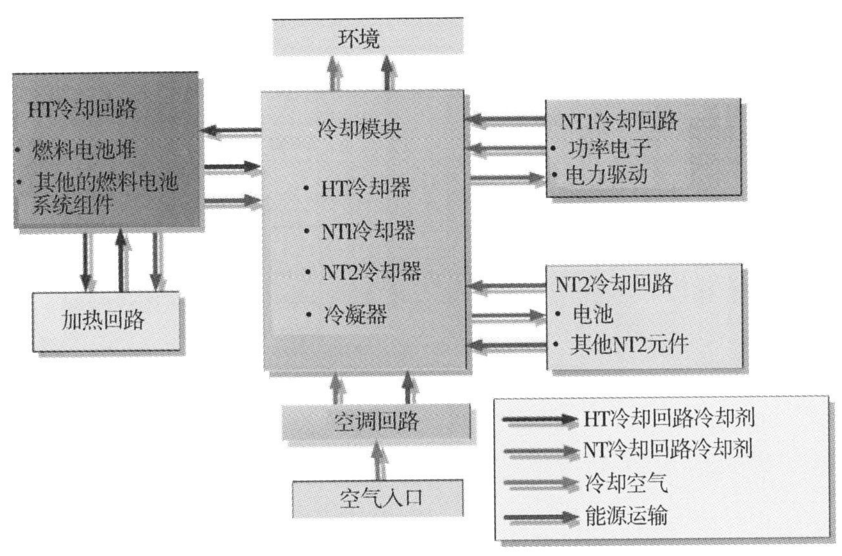

图 4.43　交互式热回路[69]：与内燃机的差异

暖气和空调（与舒适、安全和续航里程目标相冲突）需提供无障碍的视野与舒适的环境，在各种天气条件下舒适的温度，能够防止异味和异物进入，在夏季冷却电池，冬天用燃料电池废热或电力进行加热，在这些方面其比电池车更具优势。

电池车辆在冷却温度下不能提供足够的电力进行驱动和空调。燃料电池在冷启动期间可输出较大功率，但必须快速升温到产物水的冷冻温度（0 ℃）以上。

冷却系统[60,69]必须在所有运行条件下都能够有效和高效地调温，并且不会因此牺牲舒适性和寿命，易于组装并且维护成本低，见表 4.55。

表 4.55　对冷却空气流的要求

目标与车辆设计、结构、空气动力学和声学的冲突
燃料电池阴极的新鲜空气进气管
对底部中不允许的 H_2 浓度进行的鼓风机运行
较小气流压力损失下的大冷却功率（冷却器、冷凝器）
当车辆缓慢行驶和静止时，已加热的排气不得回流

(1) 具有高功率要求的燃料电池的 HT 冷却功率超过内燃机驱动装置的多倍。快速爬坡或最高速度行驶可导致达到热极限（电池堆温度过高）。

(2) 通过调节 HT 冷却回路的工作温度来避免由于膜的水积聚或脱水而导致的燃料电池性能下降。

HT 回路中燃料电池驱动的辅助电加热器会将 HT 冷却剂加热，并且由于额外的电力需求而产生的废热可使燃料电池快速达到工作温度并防止产物水在低外部温度下冻结。

(3) NT2 和 NT1 回路中的元件可保持在规定的温度范围内，以确保使用寿命和性能。

(4) 因为会与电池组电压直接接触，HT 回路中的冷却剂电导率必须保持在较低的水平。

(5) 车辆发动机罩行人保护装置的较低高度与散热器的高度相冲突。

冷却功率。在内燃机驱动中，燃料能量在驱动功率上大致占 1/3，其余的为废气热流和废热。由于以下各方面原因，燃料电池车辆需要 2.8 倍的 HT 冷却消耗（$\dot{Q}/\Delta T_e$，图 4.44）。

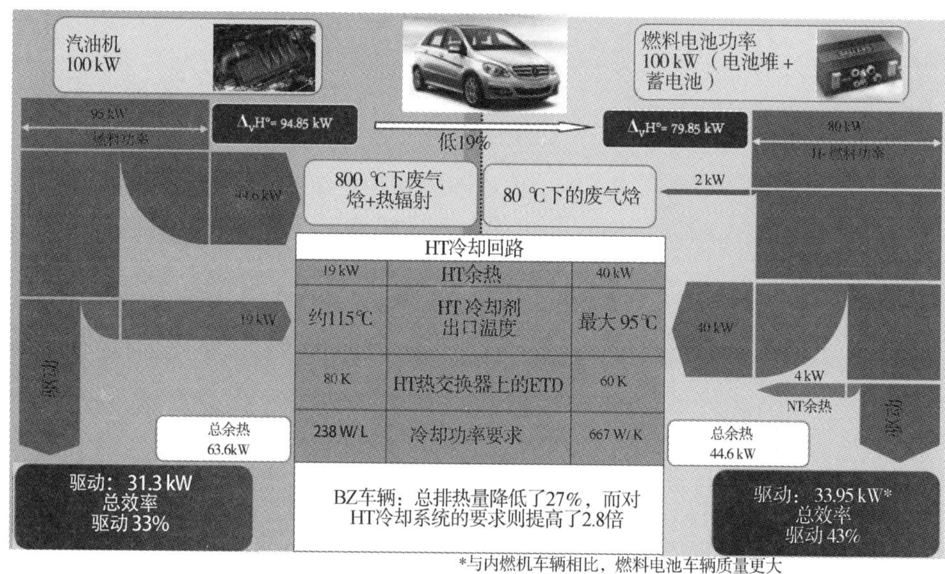

图 4.44　快速爬坡设计案例[69]：≥80 km/h，梯度 6%，环境温度 35 ℃，空调运行，传动系统上质量较大

(1) 排气温度低：80 ℃相当于内燃机的 800 ℃，排气热含量约为 4%（内燃机的约 33%）。

(2) 低 HT 冷却剂温度：95 ℃（约相对于内燃机的 115 ℃），因此热交换器的入口温差也较小：$\Delta T_e \approx 60$ ℃而不是 80 ℃。

成本。燃料电池堆占驱动成本的 25%～35%。因为电极和双极板决定了价格，成本优势使得工作点向较高的电流密度或面积比功率推移[50,69]，如图 4.45 所示。

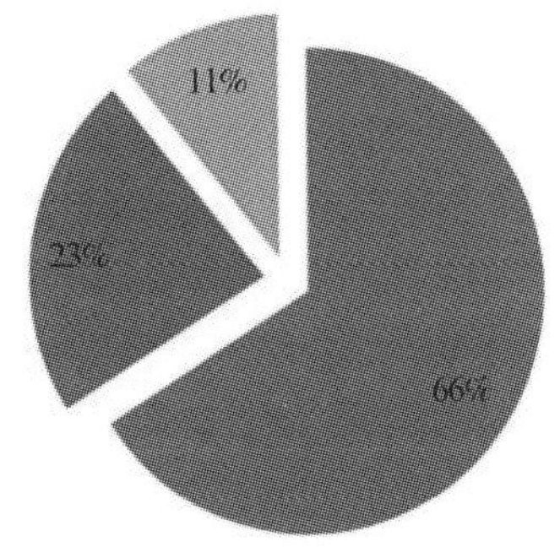

图 4.45　燃料电池堆的成本
· MEA，· 双极板，· 其余
（固定、端口、传感器等）

燃料电池车辆的基本驱动类型见表 4.56，高电压电池－燃料电池混合动力：冷却系统和驱动见表 4.57。

表 4.56　燃料电池车辆的基本驱动类型[69]

燃料电池	电池	目　　标
驱动	—	燃料电池：最佳的运行窗口；电池：处于最低充电状态
—	驱动	以低功率启动和行驶；燃料电池：维护和减敏
驱动	充电	燃料电池：提高负载点；更高的整体效率
驱动	驱动	燃料电池：提高负载点；更高的整体效率
驱动	升压	加速和满载。燃料电池：在动态运行中减敏
—	制动再生	制动能量回收（发电机运行）
—	启停	燃料电池：电池充电的消耗最小；延长使用寿命
—	—	滑行：在缓慢滑行到停止时无损失运行，如在等红灯时

表 4.57　高电压电池－燃料电池混合动力：冷却系统和驱动[69]

设计和混合	对行驶功率的影响	对冷却系统的影响
(1) 燃料电池（大型）： 爬坡和平路高速行驶时，在无过热情况下的高功率 电池： ①轻度混合动力：＞25 kW，＞1 kW·h，＜150 V ②功率：≫40 kW，2～3 kW·h，＞200 V 拓扑结构：a. 一台电池转换器或两台转换器方案； b. 首选燃料电池的转换器	⊕ 加速（响应－升压）；持续最高速度或上坡行驶；制动再生［1b (2)］； ⊖ 加速（超增压）；仅用电池行驶；制动再生［1 (1) 受限］	⊕ 有用的减敏；低负荷 NT2 回路 ⊖ 高 HT 冷却功率

续表

设计和混合	对行驶功率的影响	对冷却系统的影响
（2）燃料电池（中型）：持续最高速度；非常短暂，快速爬坡 电池： 插电式：>65 kW，8～10 kW，>200 V 拓扑结构：首选燃料电池的转换器	⊕ 加速（响应－升压，过度增压），只用电池行驶，持续高速，制动再生； ⊖ 快速连续爬坡	⊕ 极低的 HT 冷却功率； 燃料电池：减敏 ⊖ 较高的 NT2 冷却功率，在爬坡过程中过热
（3）燃料电池（小型）：短期最大功率或快速爬坡 电池： 插电式：<65 kW，>15 kW·h，>200 V 拓扑结构：首选燃料电池的转换器	⊕ 加速（响应－升压，过度增压），只用电池行驶，制动再生； ⊖ 平路持续最高速行驶和爬坡	⊕ 极低的 HT 冷却功率，较高的燃料电池：减敏； ⊖ 高负荷 NT2 回路，在爬坡过程中过热

为了可持续地降低成本，必须增加电流密度和电池电压。2.5 A/cm^2（现在为 1.5 A/cm^2）或 1.6 W/cm^2（现在为 1 W/cm^2）的美国能源部目标①可节省约 35% 的电池面积；此外，更小的安装空间和更小的质量可将成本至少减少 1/5，如图 4.46 所示。

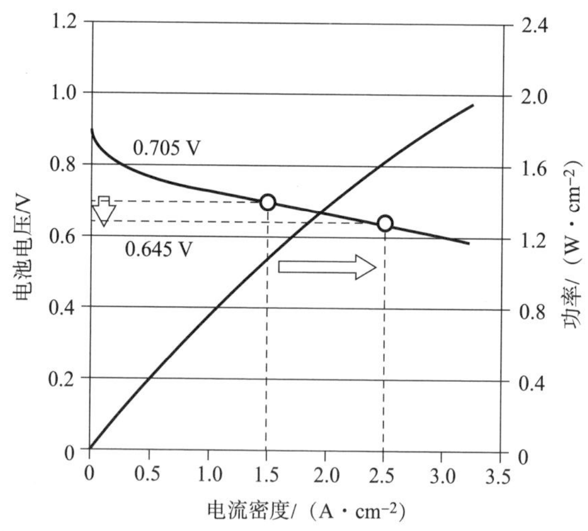

图 4.46　DOE 目标：电流－电压特征曲线[50]

① 美国能源部（Department of Energy），www.energy.gov，氢气。

功率分流有以下缺点：燃料电池堆必须在气和水输送方面是可靠的。平均效率略有下降，并且必须提高电池内部电阻（$\dot{Q}=I^2R_i$）决定的冷却能力（≈23%）。

图 4.47 所示为电流密度变化时的冷却需求：1.5 A/cm^{-2}→2.5 A/cm^2；表 4.58 所示为具有相同电池数量 N 的燃料电池堆的成本计算。

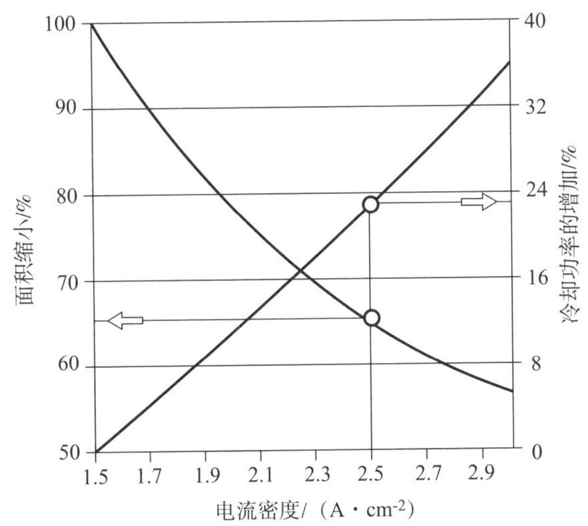

图 4.47　电流密度变化时的冷却需求：1.5 A/cm^2→2.5 A/cm^2

表 4.58　具有相同电池数量 N 的燃料电池堆的成本计算

面积比功率	$P_A=\frac{P}{A}=U_Z\cdot i$
电池堆功率	$P=U_Z\cdot i\cdot A\cdot N=P_A\cdot A\cdot N$
横截面积的变化	$\frac{A_2-A_1}{A_1}=-\frac{P_{A,2}-P_{A,1}}{P_{A,1}}\approx\frac{K_2-K_1}{K_1}$
成本	$K=\underbrace{(a+bA)(N+1)}_{\text{双极板}}+\underbrace{(a'+b'A)}_{MEA}N+K_{\text{其余}}$ $\approx N\cdot(k+k')\cdot A+K_{\text{其余}}$

式中　A——电极横截面积（m^2）；

i——电流密度（A/m^2）；

K——成本（欧元）；

k——面积比成本（欧元/m^2）；

P——功率（W）；

续表

U——电压（V）； U_z——电池电压（V）； N——堆中的电池数量； a，b——系数； R_i——电池电阻（Ω）

4.12.2 冷却系统组件

HT 回路中的冷却剂。在燃料电池车辆中，相对于测定电压的绝缘电阻必须超过 $R_I/U_B > 100\ \Omega/V$（SAE 标准 J2578EC，ER100，LV123）[63,69]。电缆束和配电器需要 >25 MΩ，高电压组件和电池 >2.5 MΩ。当与导电冷却水接触时，相对于底盘的接触电流不超过 2 mA 或 10 mA（如果发生故障）。由于燃料电池堆冷却剂的低电导率（25 ℃时 <5 μS/cm），因此禁止采用内燃机所用传统流体（≈4 500 μS/m）。

并联的高电压元件、储能器和能量转换器的绝缘电阻相互累加：$R_t = [\sum R_i]^{-1}$。最小阻力以冷却剂管线出口和燃料电池堆栈的为主，有利的是具有大直径的短线。

等效电路图：燃料电池车辆的绝缘电阻如图 4.48 所示，BZ 冷却回路与绝缘电阻的相互作用示意图如图 4.49 所示。

冷却液直接与双极板接触。乙二醇 - 水混合物必须通过添加剂（pH 值缓冲液、稳定剂）进行纯化。在高温下，乙二醇会被氧化成酸。阳离子和阴离子交换剂必须通过腐蚀去除材料中释出的离子。

冷却回路。燃料电池、驱动装置和空调需要不同的温度与冷却功率。

（1）空调和加热系统由风机以及用于空气冷却的制冷剂回路（蒸发器、压缩机、冷凝器、膨胀阀）组成，还可通过 NT2 回路的膨胀阀和蒸发器进行扩展。加热器由 HT 冷却回路供应并由其调节驾驶室空气温度。在冷启动和冷冻启动期间，冷却剂在带有 HT 辅助加热装置的小型加热回路中循环，如为挡风玻璃除冰，如图 4.50 所示。电解质电导率和绝缘电阻见表 4.59。

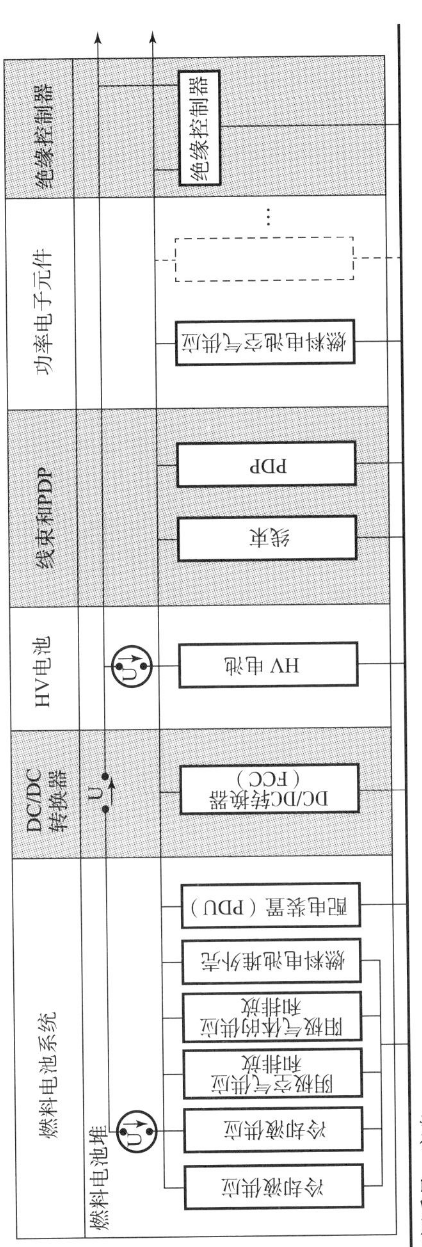

图 4.48　等效电路图：燃料电池车辆的绝缘电阻

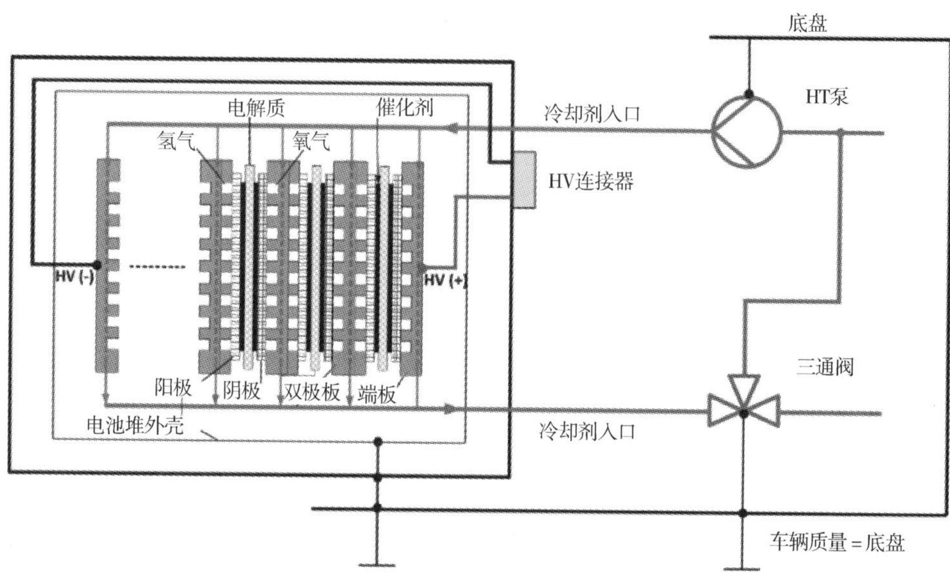

图 4.49　BZ 冷却回路与绝缘电阻的相互作用示意图

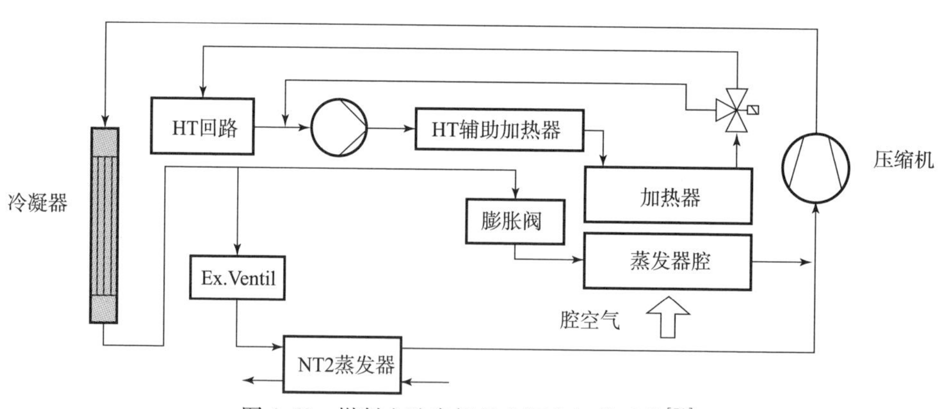

图 4.50　燃料电池车辆的空调和加热系统[71]

表 4.59　电解质电导率和绝缘电阻

$$\kappa=\frac{1}{\rho}=F\ (c_{\ominus}z_{\ominus}u_{\ominus}+c_{\oplus}z_{\oplus}u_{\oplus})$$

$$u_i=\frac{z_i e}{6\pi\eta r_i}$$

$$R_1=\frac{1}{\kappa}\ \frac{L}{A}$$

式中　F——法拉第常数（C/mol）；

c——摩尔浓度（mol/m^3）；

r——离子半径；

u——离子迁移率［$m^2/(V\cdot s)$］；

z——离子价；

η——黏度（$Pa\cdot s$）；

L——冷却管线长度（m）；

A——冷却横截面积（m^2）

（2）电池冷却电路（NT 2，≤40 ℃）可调节高电压电池和电子元件的温度。正常运行时，通过 NT2 冷却器进行冷却。高环境温度和电池电量（废热）下需要通过扩展的空调 NT2 蒸发器进行冷却。在冬季，旁路（V2）和带辅助加热装置的小循环起作用。低温回路 NT2 如图 4.51 所示。

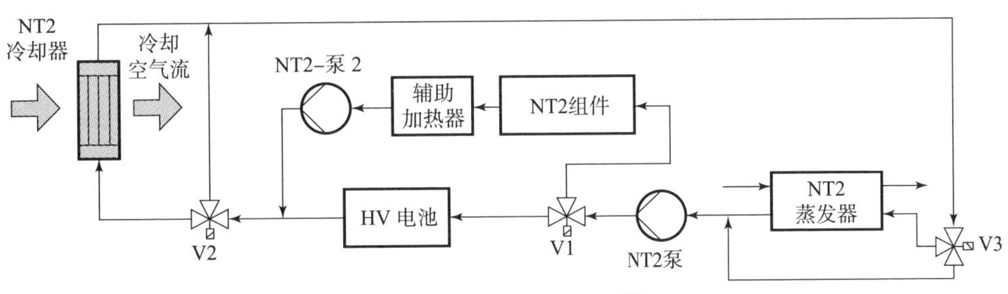

图 4.51　低温回路 NT 2[71]

（3）带电动涡轮增压器的驱动冷却回路（NT 1）使用传统的冷却液，并且经常使用一个不可调泵。在冷启动期间，没有冷却剂流过热交换器，以最小化热质量。低温回路 NT1 如图 4.52 所示。

（4）燃料电池冷却回路（HT）可提供总热流量的 80% 以上，确保电池堆的使用寿命，并调节电池的湿度平衡（除阴极空气温度外）。冷却剂流被分成①到离子交换器；②到燃料电池；③到阴极水分离器、中间冷却器和燃料预热

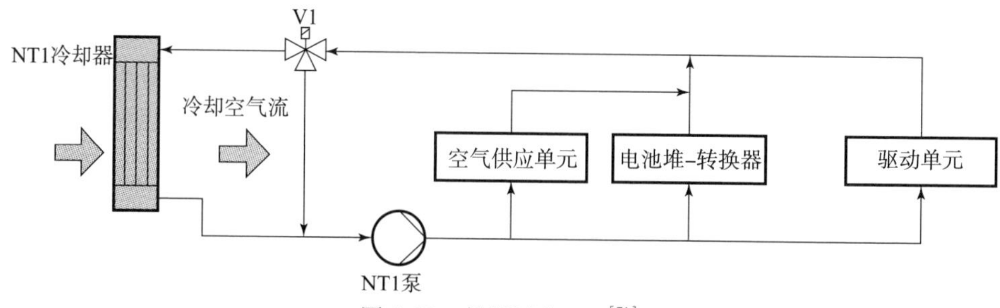

图 4.52　低温回路 NT1[71]

器 H_2；④到车厢的加热回路。当燃料电池在冰点下启动或冷启动时，散热器（和下游的轮罩冷却器）短路。带有可控泵、HT 冷却器风机、轮罩冷却器可选风机和可控阀 V1 的方案将组件温度调节（加热/冷却）到所需的冷却液温度。快速爬坡时的热流见表 4.60，高温回路如图 4.53 所示。

表 4.60　快速爬坡时的热流

HT：	≤ 95 ℃	83 %
燃料电池中冷器		
NT1：电动空气压缩机	≤ 70 ℃	12 %
NT2：电池	≤ 40 ℃	<0.5 %
冷凝器		
空调		4.5 %

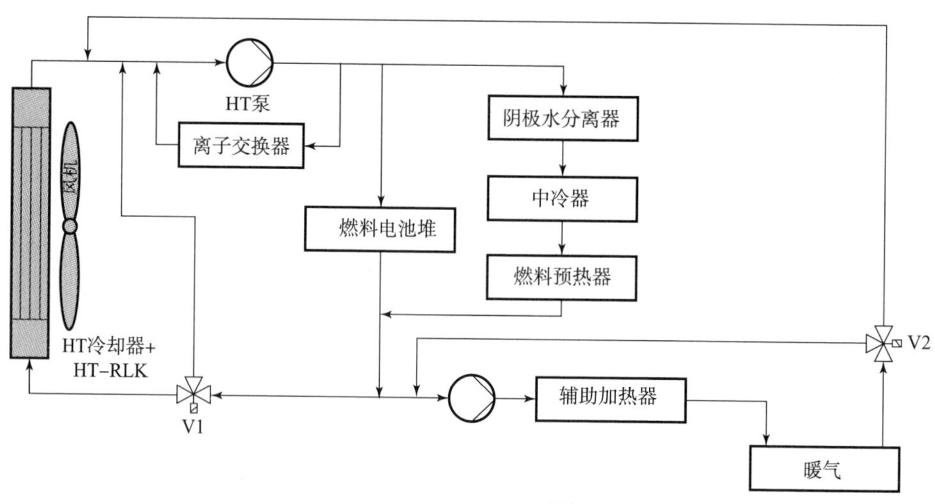

图 4.53　高温回路[71]

燃料电池的水分平衡。PEM 膜必须是潮湿的才能导电。同时，为了不阻碍氢气（阳极）和氧气（阴极）的进入，多孔电极也不得浸入水中。

（1）较高的运行压力：随着功率的增加，电池反应会消耗更多的氧气。随着空气供应压力的增加，电池电压升高，但空气的吸收能力降低，以去除产物水。

（2）较高的运行温度：随着功率的增加，废热量增加，更多的水从 MEA 中蒸发。由于较大的冷却剂流量、较小的温度差（燃料电池堆的 HT 冷却器上的冷却剂出口和入口之间的温差），增加了膜的干燥，如图 4.54 所示。

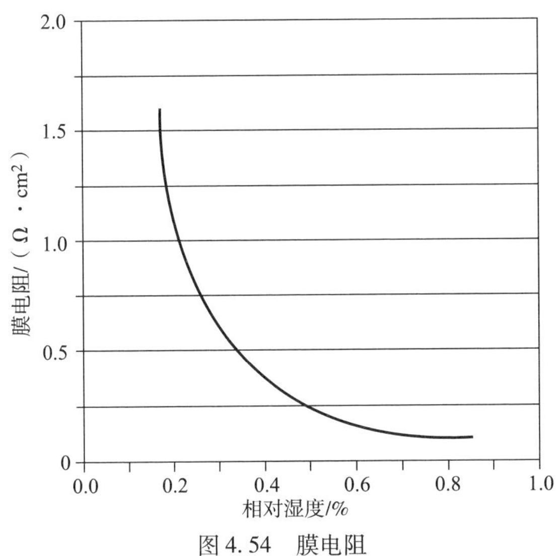

图 4.54　膜电阻

（3）较低的运行温度：低功率的情况下，在冬季和冷启动期间，主要会产生阻碍传质的液态产物水，特别是在 H_2 侧。

双极板上的流动方向。冷却剂与阴极空气同流，由此可使空气通过不断升高温度沿着阴极通道吸收水蒸气。水也可通过 PEM 膜从阳极传输到阴极。在较高的功率和工作温度下，阳极可能会从进气口开始干燥。为保护燃料电池，通过将冷却液出口温度控制在 <95 ℃来设定工作温度，并通过冷却液入口温度来控制水分平衡，见表 4.61。

在逆流冷却剂/空气⟺氢气中，阳极通过阴极出口过量的水在入口润湿，并且由于水从阴极扩散到阳极，较高的膜湿度在阳极出口处占主导地位。逆流运行可有效地补偿阳极和阴极的水平衡，但与简单的流体接口方案目标相冲突。

表 4.61　热交换器：双极板中的流动

同向流动	冷却剂	冷	- -→ 热
	阴极	p （O_2）	降低 - -→
	阳极	p （H_2）	降低 - -→
	电极	c （H_2O）	增加 - -→
逆向流动	冷却剂	冷	- -→ 热
	阴极	p （O_2）	降低 - -→
		c （H_2O）	增加 - -→
	阳极	p （H_2）	增加 - -→
		c （H_2O）	降低 - -→

阴极空气循环。通过进气管（图 4.42）吸入的空气在压缩过程中被加热到 210 ℃，并且在向燃料电池供应之前必须冷却到 120 ℃以下。排气中的产物水被转移到进气上并通过排水管道（在环境温度 <0 ℃时，需加热）排出到环境中，见表 4.62。

表 4.62　阴极空气回路

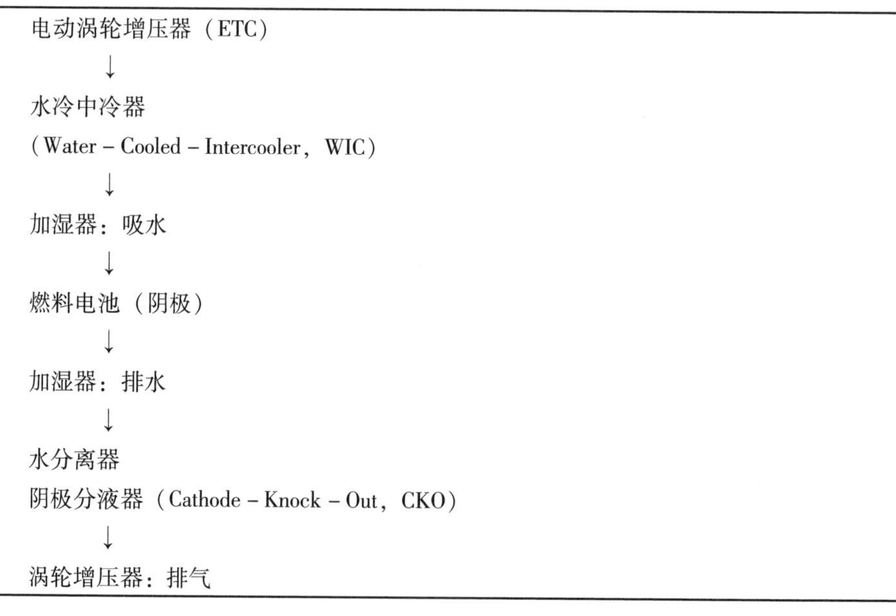

电动涡轮增压器（ETC）

↓

水冷中冷器

（Water - Cooled - Intercooler，WIC）

↓

加湿器：吸水

↓

燃料电池（阴极）

↓

加湿器：排水

↓

水分离器

阴极分液器（Cathode - Knock - Out，CKO）

↓

涡轮增压器：排气

燃料气体循环。由于压力会被降低到 20 bar，氢气从 700 bar 的容器中出来后会被冷却，并且必须加热以防止水蒸气凝结在燃料电池阳极上。在将氢气以超化学计量供给并导入回路时，水和氮从阴极侧积聚。液态水被分离出来，通过阀门（通向阴极或阴极排气中的）暂时打开 H_2 回路来降低氮气负载，见表 4.63。

表 4.63　燃料气体循环

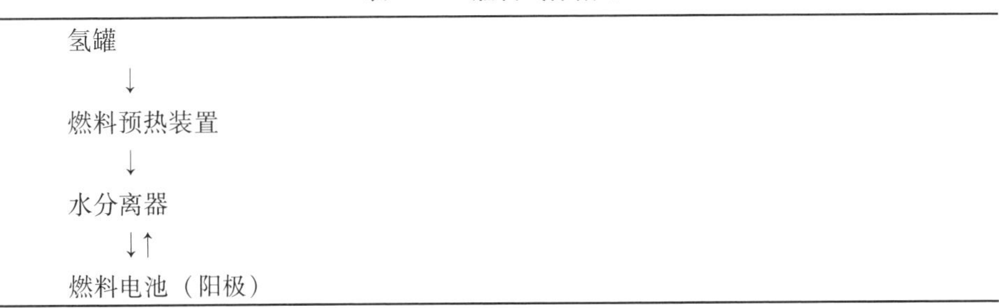

冷却系统的荷载工况如下：

（1）中等温度下使用空调的平路加速会涉及驱动冷却系统（NT 1）。

（2）夏季开空调下平路上的连续最大速度行驶会涉及燃料电池回路（HT）和电池冷却回路（NT 2）。

（3）夏季缓慢行驶或停车期间 100% 空调运行对车厢制冷会涉及空调循环。

（4）冷启动（≤ −20 ℃，低 BZ 功率和余热）时，车厢暖风和电池堆加热器存在目标冲突。

（5）标准驾驶循环[①]与控制性能和冷却系统的效率有关，尤其是 NT2 的。

（6）爬坡（坡度 > 6%，> 20 ℃，中等至全空调）需要在适度冷却空气质量流下（极低的行车风和动压头，表 4.64）具有较大的冷却功率（HT 和 NT）。燃料电池以最大冷却剂质量流量进行冷却。尽管车辆驾驶室和牵引电池需要冷却，但高环境温度（35 ℃）会降低散热器上的温度梯度。与行驶速度相关的废热和冷却功率会相交于一个点上，在高于这个点时，热限制（过热）开始起作用，如图 4.55 所示。如果冷却功率过低，则会与目标速度产生差异。空调通过电动制冷剂压缩机和冷凝器的运行加剧了这一情况。行驶阻力见表 4.64。

---

① WLTP：全球统一的轻型车辆测试流程（worldwide harmonized light vehicles test procedure）。

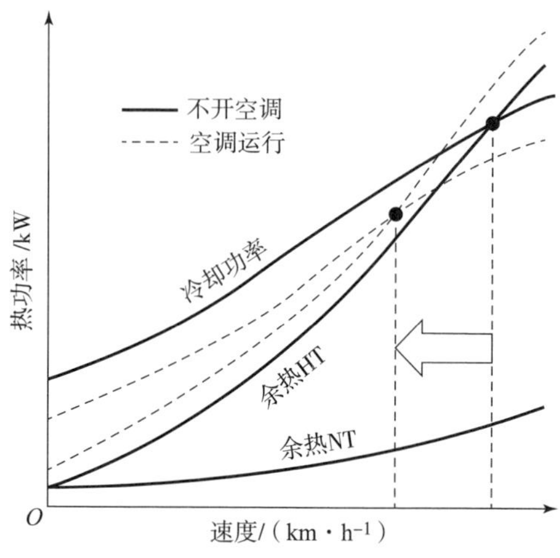

图 4.55　热平衡：开空调下快速爬坡

表 4.64　行驶阻力

空气阻力 $F_L = \frac{1}{2}\rho_L c_W A v^2$

背压 $p_{dyn} = \frac{1}{2}\rho_L v^2$

滚动阻力 $F_R = mgf\cos\alpha$

爬坡阻力 $F_S = mg\sin\alpha$

加速阻力 $R_a = m_{red}\frac{dv}{dt}$

总行驶阻力 $F_W = F_L + F_R + F_s + F_a$

式中　ρ_L——空气密度；

c_w——风阻系数，用于冷却空气时：$c_w \approx 0.04$；

A——横截面积；

v——流速；

m——车辆质量，包括装载的载荷；

g——重力加速度；

f——迎面阻力系数；

α——坡度角；

m_{red}——重心上的质量

4.12.3　冷却空气流和空气动力学

车辆是从循环空气中灌注空气（冷却空气、阴极空气、车内空调）并会再将其排出（如在车身底部、轮罩区域），这会使车辆空气阻力增加 5% ~10%[76,81]。

车辆周围的空气流动可以用 6 个量［空气阻力、升力和侧向力、侧倾力矩、俯仰（前倾）力矩和横摆力矩］来建模。静压系数（压力系数）c_p 是指静压或流速的 x 轴分量，其相对于车辆前部和出口的值在 -1 ~ +1 之间。散热器格栅的开口面积在高背压（$c_p>0.9$）范围内，出气口位于 $c_p\leqslant -0.3$ 的前端区域底部。整个车辆的总压力损失需要校正（范围：$c_p=-2\sim+1$），如图 4.56 ~ 图 4.58 所示。

图 4.56　风洞中流线

资料来源：Daimler 公司

图 4.57　冷却空气的流速（m/s）：格栅→变速器通道

资料来源：Audi 公司

图 4.58　静压系数 c_p

资料来源：BMW

（1）冷却空气的流入。与内燃机相比，燃料电池驱动系统需要 1.5 倍以上的冷却空气质量流。缓慢行驶时，在由行车风“过吹”风机产生背压之前，通过快速旋转的轴流风机进行冷却。与液体相比，热交换器的空气侧由于其低热容量和不良传热而限制了冷却功率。

汽车中的冷却模块造成了近 60% 的压力损失，其次是在 BZ 装置前方近距离处的风机压降；而在发动机舱的其余部分，流速和压力损失较低。入口最好位于车前部保险杠的上方和下方，面积为散热器面积的 30% ~45%。配件、支柱、传感器和信号喇叭会恶化散热器上的空气流动。被动安全系统加强的车头迫使冷却空气入口改装为多个开口的形式。随着速度的增加，空气可通过保险杠开口流入。

（2）冷却空气的排出。出口应最好处于可加速流动的负压区域（低静态压力）。流出的空气会干扰车辆下部周围的空气流动，通过湍流而产生的压力损失是人们不希望的。空气动力学见表 4.65。在 Daimler B 级 F – Cell 中（图 4.59），保险杠入口将冷却空气导入冷却模块中，冷却空气通过燃料电池单元上部、轮拱和车身底部后流出。热交换器根据不断增加的工作温度进行布置。

表 4.65　空气动力学

风阻力
$F_L = \frac{1}{2}\rho c_W A v^2 = p_{dyn} c_W A$
连续性方程
$\dot{m} = \rho_1 A_1 \bar{v}_1 = \rho_2 A_2 \bar{v}_1 = \text{Const}$

续表

Bernoulli 方程

$$p_{ges}=p_{ge0}+p_{dyn}+p_2=\mathrm{Const}$$

$$\rho g h_1+\frac{\rho v_1^2}{2}+p_{a1}=\rho g h_2+\frac{\rho v_1^2}{2}+p_{a2}$$

压力损失

$$\Delta pv=\zeta\,\frac{1}{2}\rho\bar{v}^2$$

位置 x 的静压系数

$$c_p=\frac{p_a-p_{a,\infty}}{\rho v_\infty^2/2}=1-\left(\frac{v_x}{v_\infty}\right)^2$$

有损压力系数

$$c_{p,ges}=\frac{p_{ges}-p_{a,\infty}}{\rho v_\infty^2/2}$$

式中　v——流速；

p——压力：a = 静态的，dyn = 动态的

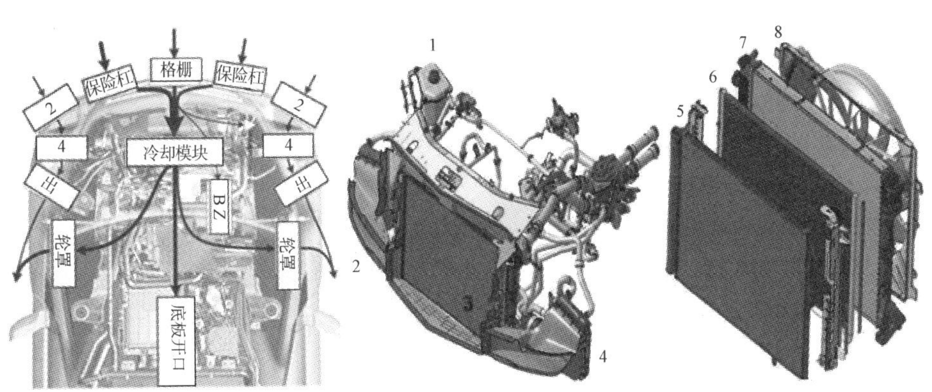

图 4.59　F－Cell

1—用于燃料电池冷却回路（HT）的补偿容器；2—轮罩冷却器的空气供应；3—散热器模块；4—轮罩冷却器；5—低温冷却器；6—空调冷凝器；7—高温冷却器；8—风机

资料来源：Daimler 公司

4.12.4　燃料电池冷却回路

高温冷却回路（HT，图 4.44，表 4.66）必须满足燃料电池使用寿命、安

装空间和质量、驾驶动力学、成本、安全性、能耗和舒适性要求。现有技术是冷却剂冷却器，目标是大幅提高 HT 冷却功率。

表 4.66 功能要求

燃料电池将废热（热源）转移到冷却液； 通过冷却液将热量传递给散热器； 将冷却液中的热量传递给冷却空气（散热器）

（1）冷却剂的平均对数温差[77]明显决定了 HT 冷却器的热流量 $\dot{Q}=kA\Delta\overline{T}$。燃料电池堆中过高的冷却剂入口温度限制了燃料电池的使用寿命和性能（膜干燥），如果冷却剂温差过小，则需要较大的冷却剂流量和泵送功率，并且会增加膜的干燥度。HT 散热器冷却空气入口温度降低和冷却空气分布均匀则会影响车辆设计并增加安装空间。

（2）在空间恒定下增加热交换器表面 A 可使冷却空气压力损失和质量流量优化。最好在具有高背压的车辆位置处附加热交换器，并且需要与车辆设计和安装空间相适应。整体方法见本章后参考文献[73]。

（3）HT 冷却器的空气侧通过传热系数和空气质量流 $\dot{Q}=\dot{m}_{C_p}\Delta T$ 来确定从冷却剂到冷却空气的热量传递。通过功率强大的风机获得的大风量会增加空间要求和成本。

（4）通过更高效率和优化操作（运行温度和压力）[72]降低燃料电池的 HT 热量输入，以及降低 NT 冷却器和冷凝器的热量输入（降低 HT 冷却器冷却空气入口温度）。

1）换热器

在汽车中，带有波纹肋的横流式冷却器已被广泛应用，其可提供较高的单位质量和体积传热功率以及温差/泵功率。行车风流经钎焊铝肋片制成的散热器网并穿过它，冷却液由此横向流入扁平管（光滑或带凹陷）。肋形状决定了气流的紊流混合，如三角形、矩形、波纹形、开槽或交错的板条，如图 4.60 和表 4.67 所示。给定热交换器的特征曲线族（图 4.61）给出了流出的冷却剂质量流量［相对于空气质量流量 m_L 的基于冷却剂和冷却空气入口（ETD）之间温差的冷却热流（传输能力 $\dot{Q}/\Delta T_c$）］与流体的压力损失差。从冷却器特征曲线族中可得到指定冷却空气质量流和冷却剂质量流的图表值 $\dot{Q}/\Delta T_c$，并且将其与冷却剂入口和冷却空气入口之间的温差（ΔT_e）相乘，以确定在特定条件下散热器的冷却功率。当冷却空气出口处的平均温度达到冷却剂入口温度时，逆向冷却理论上可实现最大热效率 ε 或交换度。

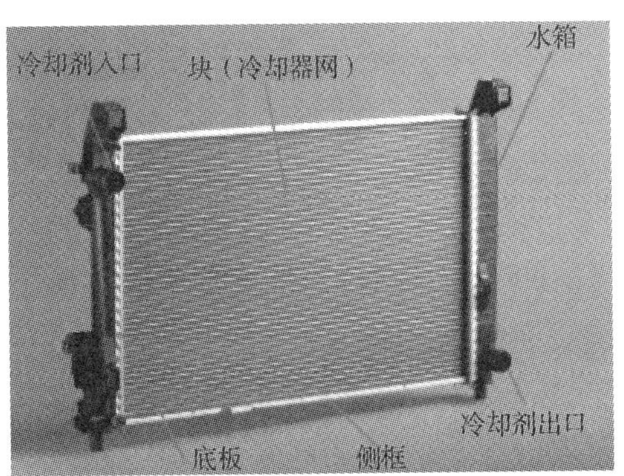

图 4.60　I 型横流冷却器：扁平管和波纹肋

资料来源：Mahle Behr 两合公司，斯图加特

表 4.67　横流换热器

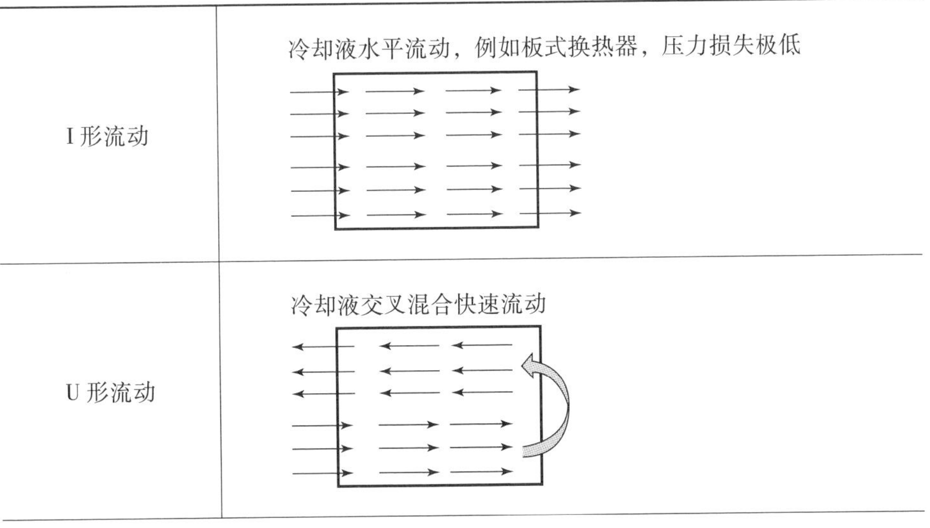

I 形流动	冷却液水平流动，例如板式换热器，压力损失极低
U 形流动	冷却液交叉混合快速流动

续表

Z 形流动	较高的压力损失 良好的热传递 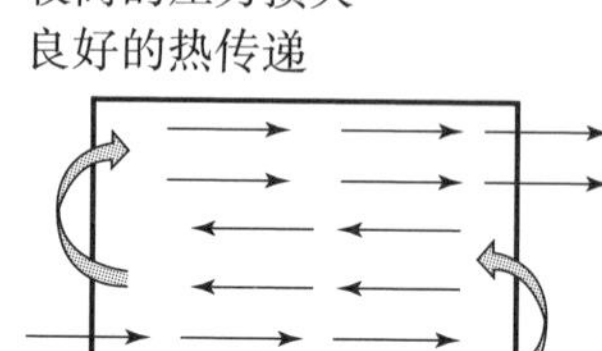

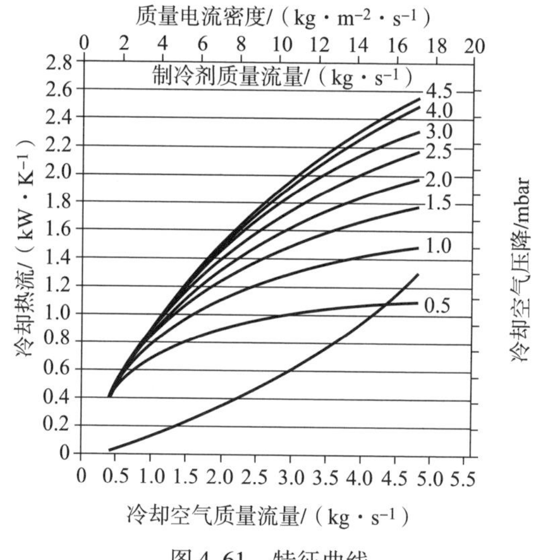

图 4.61　特征曲线

资料来源：Mahle Behr 两合公司

$$\underbrace{\dot{Q}_{\mathrm{K}}=\dot{m}_{\mathrm{K}}c_{p,\mathrm{K}}P_{\mathrm{K}}\cdot\Delta T_{\mathrm{e}}}_{\text{冷却剂}}\stackrel{!}{=}\underbrace{\dot{Q}_{\mathrm{L}}=\dot{m}_{\mathrm{L}}c_{p,\mathrm{L}}P_{\mathrm{L}}\cdot\Delta T_{\mathrm{e}}}_{\text{空气}}\quad\Rightarrow$$

$$\frac{\dot{Q}}{\Delta T_{\mathrm{e}}}=\dot{m}_{\mathrm{L}}c_{p,\mathrm{L}}P_{\mathrm{L}}=\dot{m}_{\mathrm{L}}c_{p,\mathrm{L}}\frac{T_{\mathrm{L,a}}-T_{\mathrm{L,e}}}{T_{\mathrm{K,e}}-T_{\mathrm{L,e}}}$$

$$\varepsilon=\frac{\dot{Q}_{\mathrm{L}}}{\dot{Q}_{\text{最大}}}=\frac{T_{\mathrm{L,a}}-T_{\mathrm{L,e}}}{T_{\mathrm{K,e}}-T_{\mathrm{L,e}}}$$

式中：$\Delta T_{\mathrm{e}}=T_{\mathrm{K,e}}-T_{\mathrm{L,e}}$，为冷却剂与空气入口处之间的最大温差（ETD）；$P$ 为无量纲的温度变化（基于 ΔT_{e}）；e 为入口；a 为出口；$\dot{m}$ 为质量流量；c_p 为比热容；T 为温度，K 或℃。

2）风机

风机或鼓风机可在压力差较小下输送比压缩机更大的质量流。轴流式风机适用于在行车风极小和静止状态下对车辆狭窄的空间进行冷却。静态工作点被设计在风机特性曲线（相对于体积流量的压力损失）与系统特性曲线（油门曲线：无风机运行下车辆冷却空气线路上的压力损失）的交点处。高风机速度会将风机特性向上推移（图 4.62）。行车风带来的额外体积流量将系统特征曲线向下推移，工作点向较高的体积流量移动。在车辆的最高速度和风机的最大转速下，可能会出现总压为负值的工作点，即风机变成节制冷却空气流的摩擦阻力。“快速爬坡”设计点中的冷却空气质量流量在很大程度上取决于风机。高效率散热器（高肋密度、深散热器）上较高的冷却空气压力损失（冷却功率）需要有大功率的电风机。所需冷却空气流量的估算：在快速爬坡和 35 ℃环境温度的情况下，燃料电池驱动装置通常需要 80 kW 以上的 HT 冷却功率。35 ℃的冷却空气在进入高温冷却器之前会被上游冷凝器和 NT 冷却器（例如：5.2 kW 和 12 kW）升温至 $T_{L,e}$，这也降低了冷却功率。吸风机的冷却空气质量流量在设计点应大于 2 kg/s。

$$\dot{m}_L \approx \frac{\dot{Q}}{c_{p,L}\Delta T_e} = \dot{Q}\left[c_{p,L}\left(T_{L,e} - \frac{\dot{Q}_{NT1} + \dot{Q}_{Kon}}{\dot{m}_{L,HT}c_{p,L}} - 35\right)\right]^{-1}$$

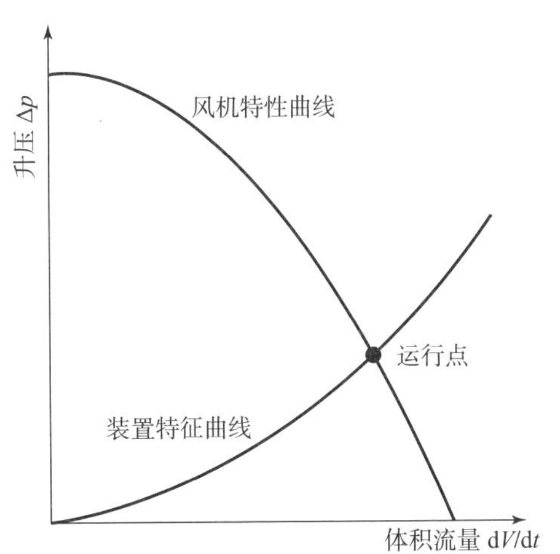

图 4.62　风机：运行点

必须根据应用设计电动机功率、叶片直径、风机 - 燃料电池间距、两个风机并联（Toyota Mirai）、送风机和吸风机的应用以及整体效率[49,52,65,78]。风机见表 4.68。

表 4.68 风机

效率 $\eta = \frac{P_{流动}}{P_{el}} = \frac{\Delta p\dot{V}}{UI}$ 相似性关系 $\dot{V} \sim fd^3$ $\Delta p \sim f^2 d^2 \rho$ $p \sim \rho f^3 d^5$ 压力数：相对于环境压力的 $\psi = \frac{2\Delta p/\rho}{(\pi fd)^2} = \frac{2Y}{\pi^2 f^2 d^2}$ 流量系数：单位周长和面积 $\varphi = \frac{\dot{V}}{f\pi d \cdot \pi\ (d/2)^2} = \frac{4\dot{V}}{\pi^2 d^3 f}$ 功率系数 $\lambda = \frac{\varphi\psi}{\eta}$（压缩机） $\lambda = \varphi\psi\eta$（涡轮机） 直径数 $\delta = \frac{\psi^{1/4}}{\eta^{1/2}} = \frac{d}{2}\sqrt{\frac{\pi}{V}}\sqrt[4]{2Y}$ 式中 D——风机叶片外径； f——转速； P——功率； p——压力； $\dot{V}$——体积流量； v——流速； Y——比阶段功； ρ——空气密度

车辆前部的散热器和附加轮罩冷却器可将燃料电池、电池和驱动系统（HT，NT1，NT2）的废热排散到周围的空气中。散热器应该结构紧凑、质量轻、维护量小、安静和适合道路交通（图 4.63）。水冷式热交换器（HT）和串联连接的轮罩冷却器是液压并联的，这是一个很大的优点。优化选项[69]：冷却剂温差 ΔT_e，入口和出口的压力系数。

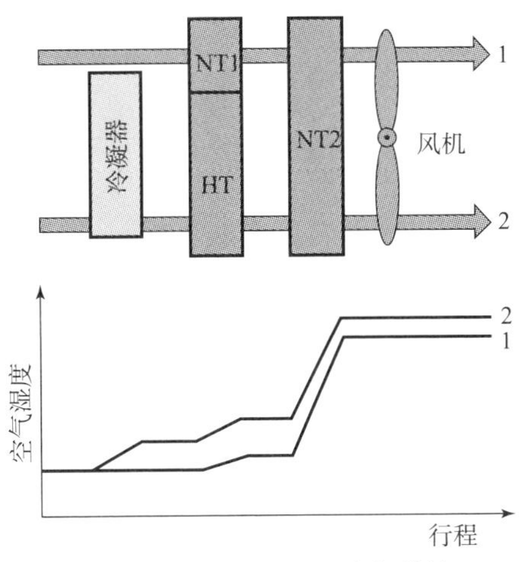

图 4.63　F－Cell 中的冷却模块

资料来源：Daimler 公司[73]

3）空调回路[55,64]

制冷剂回路至少包括压缩机、冷凝器、膨胀阀和蒸发器。循环步骤显示的压力－焓图 lg$p$(h)：制冷剂过热（例如：CO_2，R134a，R1234yf）时被多向压缩（1→2）；在空气冷凝器等压下在临界点以下时液化（2→3）；在膨胀阀等焓（焓恒定）下冷却和部分蒸发下膨胀（3→4）；完全蒸发（4→1），此时为环境冷却。功率数适合比较制冷循环过程：

$$\varepsilon = \frac{h_1 - h_4}{h_2 - h_1} = \frac{\dot{Q}}{P}$$

式中：$\dot{Q}$ 为制冷功率；P 为压缩机功率；h 为比焓：1 = 蒸发器前，4 = 蒸发器后，2 = 压缩机后。

太阳辐射以及车辆中的现有空气质量和排气引起的车身上的热流决定了车厢的制冷要求（7 ~ 12 kW）。影响变量包括环境温度和内部温度、车身传热系数（车厢绝热性）、再循环空气比例和电池温度。对设计点“快速爬坡”中的燃料电池冷却来说非常重要的是：压缩机功率低和冷却模块冷凝器中的热量输入减少，这是通过较低的内部温度实现的，同样有效的是较高程度的混合。

4.12.5　替代冷却方案

（1）水冷凝器[74,75]。如果制冷剂回路中的冷凝器是用水而不是空气冷却的，并且与低温回路连接在一起，则可：①节省车辆前部的空间；②降低压降并增加冷却模块中的冷却空气质量流量；③避免压缩机和冷却模块风机的功率峰值，从而更有利于燃料电池[66]；④增加燃料电池的冷却功率。

水冷凝器缺点：系统复杂。高于环境温度的冷凝温度是以牺牲压缩机性能为代价的，内部热交换器可缓解这个问题。

蒸发器冷却见表 4. 69。

表 4. 69　蒸发器冷却[47]

传热系数	
α（$W \cdot K^{-1} \cdot m^{-2}$）	
流过的管路	250 ~ 16 000
容器中的沸腾	≈30 000
管道中的起泡沸腾	≈200 000
管道中的传热	
（i = 内部，a = 外部）	
$\dot{Q} = kA\overline{\Delta T}$	
$k = \left[\frac{1}{a_a} + \frac{A_a}{A_i}\left(\frac{1}{a_i} + \frac{d_a - d_i}{2\lambda_R}\right)\right]^{-1}$	

（2）蒸发冷却[75]。水的蒸发焓［2 265 kJ/（kg · K），50 ℃］超过了其热容［4. 182 kJ/（kg · K）］的 500 倍。冷凝的传热系数 α 是液体循环冷却的 2 倍[62]，并且传热得到改善。蒸发冷却器的壁温高于液体冷却器的壁温并且几乎恒定，即使是在冷却剂和壁之间温差较小的情况下也能产生足够的热流、极小的质量流量循环。冷却液电绝缘良好。

用于蒸发冷却的制冷剂。在 100 ℃以下和压力下，不能使用水和水基液体。制冷剂的沸腾特征曲线必须覆盖 BZ 电池堆的工作温度（ -40 ~ 100 ℃）和工作压力（ <4 bar）。选择标准：制冷剂：蒸发冷却见表 4. 70。

表 4. 70　选择标准[51,62]：制冷剂：蒸发冷却

全球变暖潜能值（GWP）
臭氧消耗潜能（ODP）
毒性，有毒物
可燃性
化学稳定性
导电性

续表

无腐蚀作用
与油混溶
(压缩机的润滑)
车辆适用性：低维护，基础设施
成本
高密度
(较小的压力损失)
低黏度
高导热性
低表面张力
共沸（在确定压力下蒸发）
冰点 < －40 ℃
高蒸发焓

（3）带冷却室的电池堆设计。典型的二室方案没有单独的冷却通道，并且与阳极和阴极的接触强制水作为冷却流体供应给阴极气体。尽管有压力提高的 O_2 可用，水的蒸汽压力特征曲线决定了燃料电池的低运行压力；在寒冷环境中，燃料电池会被冻结。电池的附加冷却室允许用水 - 乙二醇混合物冷却或蒸发冷却（通过泵或压缩机进行循环），如图 4.64 所示。

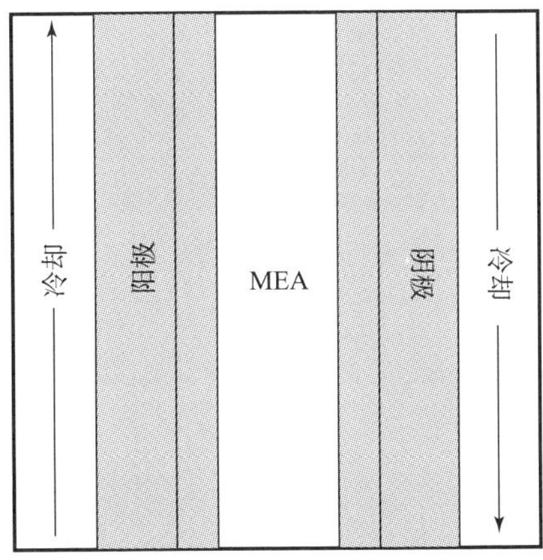

图 4.64　三腔原理：对比：不带冷却管的传统二腔原理

（4）电池堆中的蒸发冷却。过量供应的阴极空气被定量加入液态水中，直到达到过饱和。水被从阴极气体中再次冷凝出来。相对湿度 φ 或水蒸气加载量 ω 取决于水的饱和分压，这并不适合用于车辆。

（5）燃料电池冷却模块中的蒸发冷却。进入的冷却空气被分散到液态水中并蒸发［≈1.4 kg/（h·kW）制冷功率］。在技术转化中，由于水会积聚在散热器中，而存在着导致润湿和蒸发效率低下并且压力损失的风险。因此，其也不适合用于车辆。

4.12.6　冷启动

冷启动[46]是指在较低的外部温度（≈ -25 ℃）下为解冻膜和电极中的冰并防止产物水冻结而对燃料电池进行加热的过程。在通过自热进行快速调节期间，膜不能变干。所提供的电功率可用于加热车厢。例如：

（1）低于 -10 ℃时，电池堆在一个小 HT 子回路中加热（减少加热质量）。此外，可通过 BZ 驱动的电加热器对冷却剂加热。为了加热车辆驾驶室，可同时通过电加热器在单独的小加热回路中加热冷却剂。

（2）高于 -10 ℃时，冷却剂流量增加，这时，加热回路和冷却回路的冷却剂会混合在一起，从而将流入 BZ 电池堆的部分和二级分支处调节到更高的温度。

（3）高于 0 ℃到工作温度时，电极解冻并正常启动。

在承受冷却剂加热、车厢加热和窗户加热等附加耗电器的负载时，燃料电池在冷启动期间会产生用于自热的余热（$\dot{Q}/P \approx 0.5$ kW/kW），很少有适用于车辆的替代方案。

湿空气见表 4.71，加热过程见表 4.72。

表 4.71　湿空气

加载水蒸气（kg/kg） $\omega = \frac{m_{H_2O}}{m_L} = \frac{M_{H_2O}}{M_L} \cdot \frac{p_{H_2O}}{p - p_{H_2O}}$ $\approx 0.622 \times \frac{p_{H_2O}}{p - p_{H_2O}}$ 相对湿度 $\varphi = \frac{p_{H_2O}}{p_S}$

续表

饱和分压［Pa；T（℃）］ $\ln p_s(T) = 23.4588 - \frac{3977.3722}{233.31722 + T}$ 式中，L = 空气；T = 露点；m 质量； M 摩尔质量；p 分压

表 4.72　加热过程

加热质量 m $T = T_0 + \int \frac{\dot{Q}}{m} dT$ $\dot{Q} = kA\Delta T \approx 700\ \mathrm{W/K} \cdot \Delta T$ 迭代求解 $T_{n+1} = T_n + \frac{kA\ (T_Q - T_n)}{mc_p} \Delta t_n$ 热功率 $P = \dot{Q} = m\frac{dT}{dt} = \frac{mc_p\ (T_Q - T_n)}{\Delta t_n}$ 式中　T——冷却剂温度； T_Q——热源温度

1）潜热储存装置

水在结晶过程中的相变热（液体⇌固体）为 333 kJ/kg（熔化焓）。存储 1 kW 的热量需要 11 kg 的水。石蜡、盐水合物和糖醇等有较高的熔化温度。当加热到 58 ℃时，乙酸钠水合物会释放出结晶水

$$CH_3COONa \cdot 3H_2O\ (s) \rightleftharpoons CH_3COONa \cdot 3H_2O\ (s) + 3H_2O$$

并且当获得足够的活化能时，过冷溶液在放热后再次结晶（226 kJ/kg ≙ 16 kg/（kW·h）≈12 L）（通过片簧变形可产生成晶核）。没有必要对储存装置进行绝热处理。氯化钙水合物 $CaCl_2 \cdot 3\ H_2O$ 可提供 190 kJ/kg，需要 19 kg/（kW·h）或7 ~ 12 L/（kW·h）。

2）热质量

冷却液从其中流过进入管道并且必须与环境绝热的填石和储水装置在汽车中是不适用的。根据公式 $Q = m\ c_p \Delta T$，需要 87 kg 水才能在 10 K 温差下存储 1 kW·h的热量。水箱可以作为冷却水箱来连接。驱动电池可用作热质量。

热泵可用于电池车辆，但由于冷启动时需要有较高的冷却功率和较低的温度，因此不适用于 BZ 车辆。压缩机加热制冷剂，蒸发时释放热量，减压时冷却并冷凝，以便将热量排放到环境中；一个效率为 $c \leq \frac{T_{max}}{T_{max} - T_{min}}$ 的逆时针 Carnot 过程；CO_2（R744）在 -40 ℃（10 bar）冷凝；三重点（-56.57 ℃，5.185 bar）以下变为固态；在 30 ℃和 721 bar 时，它是超临界的。自 2010 年起，新的空调系统中已禁止使用 1 1 1 2——四氟乙烷（R 134a）；冷凝（-40 ℃，0.512 bar）和蒸发（60 ℃，16.82 bar）处于不利状态。

3）催化氧化（“氢燃烧”）

相对于燃料电池的废热利用，反应热 120 MJ/kg（0.03 kg H_2 为 1 kW·h）非常低效。

潜热储存器如图 4.65 所示，冷启动方案见表 4.73。

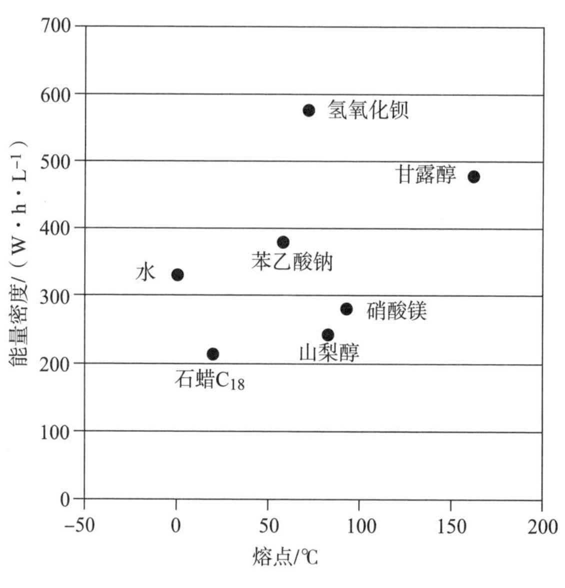

图 4.65 潜热储存器

表 4.73 冷启动方案

车中前景美好的	电池堆的自热 辅助电加热器 潜热存储装置、储氢罐

续表

适度有为的	空气 PTC、热泵 感应加热 电车窗加热器
没有前途的	储热装置（热质量） 冷凝器、太阳能电池板 黑色表面 氧化反应 内部摩擦、气体压缩 Peltier 元件、废气再循环

参考文献

PEM 技术和应用

[1] (a) BALLARD POWER SYSTEMS Inc. , *Annual report* 1994 and 1999. — (b) D. S. WATKINS, *Research, development, and demonstration of solid polymer fuel cell systems*, in [3], Chapt. 11.

[2] L. J. BLOMEN, M. N. MUGERWA (Hg.), *Fuel Cell Systems*. New York: Plenum Press, 1993.

[3] J. O'M. BOCKRIS, S. SRINIVAS AN, *Fuel Cells: Their Electrochemistry*. New York: McGraw Hill, 1969.

[4] H. – H. BRAES S, U. SEIFFERT, *Vieweg Handbuch Kraftfahrzeugtechnik*. Wiesbaden: Vieweg, [7]2013.

[5] (a) DAIMLERCHRYSLER, *High Tech Report* 1994 bis 2003. (b) Broschüren zu NECAR I bis 5 und NEBUS, Stuttgart 1984 bis 1999. (c) U. BENZ, M. REINDL, W. TILLMETZ, *Brennstoffzellen mit Polymermembranen für mobile Anwendungen*, *Spektrum der Wissenschaft*, Juli 1995, S. 97 – 104.

[6] H. EBERT, *Elektrochemie*, Schnitt 2. 8. 5. 3: Brennstoff – Elemente. Würzburg: Vogel – Verlag, [2] 1979.

[7] EG&G Services, *Fuel Cell Handbook*, DOE Report DE – AM26 – 99FT 40575, [5] 2000.

[8] *Encyclopedia of Electrochemical Power Sources*, J. GARCHE el. (Eds.), Vol. 2: Proton - exchange membrane fuel cells. Amsterdam: Elsevier;2009.

[9] S. GOTTES F ELD, G. HALP ERT, A. LANDGREBE (Eds.), *Proton Conducting Membrane Fuel Cells*. Pennington: The Electrochem. Soc. ,1995.

[10] C. H. HAMANN, W. VIELS TICH, *Elektrochemie*, Weinheim: Wiley - VCH, ^{4}2005.

[11] IFC, A. P. MEYER, J. V. CLAUS I, J. C. TROCCIOLA, *The IFC proton exchange membrane fuel cell*, *Proc. 33rd Internat. Power Sources Sympos.* ,Pennington: The Electrochem. Soc. ,1988,S. 799 - 802.

[12] K. KORDES CH,G. SIMADER,*Fuel Cells and Their Applications*. Weinheim: Wiley - VCH,Weinheim, ^{4}2001.

[13] (a) A. HEINZEL, F. MAHLENDORF, J. ROES, *Brennstoffzellen: Entwicklung, Technologie, Anwendung*, Heidelberg: C. F. Müller Verlag, ^{3}2006.

[14] SIEMENS - Brennstoffzelle: (a) *PEM - Brennstoffzellen, Wirtschaftlichkeit an Bord mit Elektrotechnik von Siemens*, Broschüre, 1994. — (b) K. STRAS S ER, *J. Power Sources* 37 (1992) 209. — (c) W. DRENCKHAHN, K. HAS S MANN, *Brennstoffzellen als Energiewandler, Energiewirtschaftl. Tagesfragen* 43(6) (1993) 382 - 390.

[15] U - Boote: (a) J. ROHWEDER, Submarines with fuelcell propulsion as a standard system, in: TÜV SÜDDEUTS CHLAND Holding AG, Hydrogen: a world of energy, München 2002. — (b) J. A. WÖRNER, D. TAYLOR, L. NIELS EN, *Fuel Cells for underwater pro - pulsion applications*, *Proc. 30th Power Sources Sym - posium*. Pennington: The Electrochem. Soc. ,1982.

膜和固态电解质

[16] Patente PEM - MEA: (a) US 2823146 (1958), 3297484 (1967), 4349428 (1982), 4414092 (1983). — (b) PRO - TOTECH, US 4293396 (1981). — (c) CELANES E, US 4360417 (1982). — (d) DIAMOND SHAMROCK Corp. , US 4386987 (1983), US 4421579 (1983). — (e) DU - PONT, US 4433082 (1984), US 5330680 (1994); WO 9425993 (1994). — (f) DOW Chemical Company: US 4581116 (1986); US 4650551 (1987); US 4654104 (1987); US 4731263 (1988), US 4738741 (1988), US 4826554 (1989), US 5039389 (1991). — (g) AS AHI GLAS S, US 4652356 (1987), US 4666574 (1987). — (h) VANDERBORGH et al. , US 4804592 (1989). — (i) RAIS TRICK, US 4876115 (1989). — (k) TANA - KA K. K. , US 5186877 (1993). —

(l) WILS ON, US 5211984 (1993). — (m) JOHNS ON MATTHEY US 5795669 (1998). — (n) BALLARD, US 583673 (1999), US 6060190 (2000), US 6187467 (2001), US 6423439 (2002). — (o) GENERAL MOTORS, US 5272017 (1993), US 5316871 (1994), US 6074692 (2000).

[17] BECK, *Elektroorganische Chemie*, Schnitt 3. 4

[18] Y. CEN, K. MECKL, R. N. LICHTENTHALER, *Nichtporöse Membranen und ihre Anwendungen*, *Chem. - Ing. - Techn.* 65 (1993) 901 - 913. — TH. GRAHAM, *Phil. Trans. /Ann. Chem. Pharm.* V. Suppl. (1867) 1/78.

[19] A. EIS ENBERG, H. K. YEAGER (Ed.), *Perfluorinated Ionomer Membranes.* Washington D. C.: Am. Chem. Soc., 1982.

[20] S. M. M. EHTES HAMI, A. TAHERI, S. H. CHAN, A review on ions induced contamination of polymer elec - trolyte membrane fuel cells, poisoning mechanisms and mitigation approaches, *J. Industrial and Eng. Chem.* 34 (2016) 1 - 68.

[21] J. JENS EN, Solid State Protonic Conductors I for Fuel Cells and Sensors. Odense: University Press, 1982.

[22] G. D. MAHAN, W. L. ROTH (Eds.), *Superionic Conductors.* New York: Plenum Press, 1976.

[23] Membranen und Herstelltechniken: (a) F. N. BÜCHI, B. GUP KA, O. HAAS, G. G. SCHERER, *J. Electrochem. Soc.* 142 (1995) 3044; *Electrochim. Acta* 40 (1995) 345. — (b) H. L. YEAGER, A. STECK, *J. Elec - trochem. Soc.* 128 (1981) 1880. — (c) M. WAKIZOE, O. A. VELEV, S. SRINIVAS AN, *Electrochim. Acta* 40 (1995) 335. — (d) T. LEHTINEN, G. SUNDHOLM, S. HOLMBERG, F. SUNDHOLM, P. BJÖRNBOM, M. BURS ELL, *Electrochim. Acta* 43 (1998) 1881.

[24] Alternative PEM - Membranen: (a) K. BROKA, P. EK - DUNGE, *J. Appl. Electrochem.* 27 (1997) 117. — (b) B. BARADIEA et. al., *J. Power Sources* 74 (1998) 8. — (c) M. G. ROELOF S, *Recent developments in per - fluorinated membranes for fuel cell applications* (DU - PONT), 18. Tagessymposium, Villigen: Paul - Scherrer - Institut, 2003.

电极

[25] Gmelins Handbuch der *Anorganischen Chemie*, Kohlenstoff, Teil C2 (1972) 16ff; Teil C3 (1973) 2, 59ff.

[26] K. KINOS HITA, *Electrochemical Oxygen Technology.* New York: J. Wiley

& Sons, 1992.

[27] G. KORTÜM, *Lehrbuch der Elektrochemie*. Weinheim: Verlag Chemie, 4 1970.

[28] NAUMER - HELLER, *Untersuchungsmethoden in der Chemie*. Stuttgart: Thieme, 3 1996.

[29] (a) P. KURZWEIL, H - J. FIS CHLE, A new monitoring method for electrochemical aggregates by impedance spectroscopy, *J. Power Sources* 127 (2004) 331 - 340. — (b) P. KURZWEIL, IDA — *Computerprogramm für die Impedanzdatenanalyse*. München: Kyrill & Method, 1991. — (c) P. KURZWEIL, J. OBER, D. WABNER, *Method for correction and analysis of impedance spectra*, *Electrochim. Acta* 34 (1989) 1179 - 1185.

[30] (a) J. R. MACDONALD, *Impedance Spectroscopy, Emphasising Solid Materials and Systems*. New York: John Wiley, 1987. — (b) M. W. KENDIG, E. M. MEYER, G. LINDBERG, F. MANS F ELD, *A computer analysis of electrochemical impedance data*, *Corros. Sci.* 23 (1983) 1007 - 1014. — (c) C. GABRIELLI, *Identification of electrochemical processes by frequency response analysis*. Farnsborough: Solartron - Schlumberger, 1981.

[31] Sauerstoffreduktion: (a) A. J. AP P LEBY, M. SAVY, *J. Electranal. Chem.* 92 (1978) 15. — (b) A. DAMJANOVIC, *J. Electrochem. Soc.* 138 (1991) 2315. — (c) J. LUNDQUIS T, P. STONEHART, *Electrochim. Acta* 18 (1973) 349. — (d) M. PEUCKERT, T. YONEDA, R. D. DALLA BETTA, M. BOUDART, *J. Electrochem. Soc.* 133 (1986) 944. — (e) M. WATANABE, H. SEI, P. STONEHART, *J. Electroanal. Chem.* 261 (1989) 375. — (f) EP 0 552 587 (1993), US 5 013 618 (1991), US 5 126 216 (1992).

[32] P. KURZWEIL, R. OES TEN, TH. GUTHER, DE 196 40 926 C1 (1998). (Perowskitelektroden).

[33] Polymergebundene Elektroden mit Platinbeladung: (a) SRINIVAS AN et al., *J. Power Sources* 29 (1990) 367 - 387; *J. Electroanal. Chem.* 251 (1988) 275 und 339 (1992) 101; *Electrochim. Acta* 38 (1993) 1661. — (b) WILS ON, S. GOTTES F ELD et al., *Electrochim. Acta* 40 (1995) 355 - 363; *J. Appl. Electrochem.* 22 (1992) 1 - 7; *J. Electrochem. Soc.* 139 (1992) L28; *J. Electrochem. Soc.* 140 (1993) 2872. (Alterung). — (c) SHUKLA et al., *J. Applied Electrochem.* 19 (1989) 383 - 386. — (d) KUMAR et al., *Electrochim. Acta* 40 (1995) 285 - 290.

[34] Nafion - Imprägnierte Elektroden: (a) Z. POLTARZEWS KI et al.,

J. Electrochem. Soc. 139 (3) (1992) 761. — (b) E. J. TAYLOR et al., *J. Electrochem. Soc.* 139 (5) (1992) L45. — (c) WATANABE et al., *Electrochim. Ac – ta* 40 (1995) 329 – 334.

[35] (a) A. PARTHAS ARATHY, B. DAVÉ, S. SRINIVAS AN, J. AP P LEBY, C. R. MARTIN, The platinum microelectrode/Nafion interface: An electrochemical impedance spectroscopic analysis of oxygen reduction kinetics and Nafion characteristics, *J. Electrochem. Soc.* 139 (1992) 1634 – 1641. — (b) T. E. SP RINGER, T. A. ZAWODZINS KI, M. S. WILS ON, S. GOTTES F ELD, *Characterisation of polymer electrolyte fuel cells using ac impedance spectroscopy*, *J. Electrochem. Soc.* 143 (1996) 587 – 599. — (c) I. RUBINS TEIN, J. RIS HP ON, S. S. GOTTES F ELD, A*n ac – impedance study of elec – trochemical processes at Nafion – coated electrodes*, *J. Electrochem. Soc.* 133 (1986) 729 – 734.

[36] Verbesserung von Grafitoberflächen:

(a) H. BUQA, P. GOLOB, M. WINTER, J. O. BESENHARD, *J. Power Sources* 97 (2001) 122.

(b) H. BUQA, C. GROGGER, M. V. S. ALVAREZ, J. O. BES ENHARD, M. WINTER, *J. Power Sources* 97 (2001) 126.

双极板和加湿

[37] LANDOLT – BÖRNSTEIN, *Zahlenwerte und Funktionen aus Physik, Chemie, Astronomie, Geophysik und Technik und Numerical Data and Functional Relationships in Science and Technology*, Berlin: Springer.

[38] W. JÄHNICKE et. al., *Werkstoffkunde Stahl*, Band 1 und 2. Berlin: Springer 1985.

[39] J. W. LIM, D. LEE, M. KIM, J. CHOE, S. NAMB, D. G. LEE, Composite structures for proton exchange membrane fuel cells (PEMFC) and energy storage systems (ESS): Review, *Composite Structures* 134 (2015) 927 – 949.

[40] J. PARK, H. OHA, T. HA, Y. IL LEE, K. MIN, A review of the gas diffusion layer in proton exchange membrane fuel cells: Durability and degradation, *Applied Energy* 155 (2015) 866 – 880.

[41] X. LIU, F. PENG, G. LOU, Z. WEN, Liquid water transport characteristics of porous diffusion media in polymer electrolyte membrane fuel cells: A review, *J. Power Sources* 299 (2015) 85 – 96.

[42] D. N. OZEN, B. TIMURKUTLUK, K. ALTINIS IK, Effects of operation temperature and reactant gas humidi – ty levels on performance of PEM fuel cells,

Renewable and Sustainable Energy Reviews 59 (2016) 1298 – 1306.

[43] H. – W. WU, A review of recent development: Transport and performance modeling of PEM fuel cells, *Ap – plied energy* 165 (2016) 81 – 106.

[44] Y. LIU, W. LEHNERT, H. JANSSEN, R. C. SAMS UN, D. STOLTEN, A review of high – temperature polymer electrolyte membrane fuel – cell (HT – PEMFC) – based auxiliary power units for diesel – powered road vehicles, *J. Power Sources* 311 (2016) 91 – 102.

[45] VDI – Wärmeatlas. Berlin: Springer, [11] 2013.

冷却系统

[46] (a) C. MOHRDIECK, Mobile Anwendungen, in: *Wasserstoff und Brennstoffzelle*, Springer, Berlin 2014, S. 59 – 111. — (b) C. MOHRDIECK, Brennstoffzellensysteme, in: *Vieweg Handbuch Kraftfahrzeugtechnik*, Springer Vieweg, Wiesbaden 2013, S. 170 – 187. — (c) C. MOHRDIECK, J. WIND, Status der Brennstoffzellen – Fahrzeugentwicklung und H2 – Infrastrukturaufbau, in: Tagungsband, *VDI – Leichtbaukongress*, Wien, 7. – 8. 7. 2015.

[47] H. D. BAEHR, K. STEP HAN, *Wärme – und Stoffübertragung*, Berlin: Springer, 2013.

[48] O. BERGER, *Thermodynamische Analyse eines Brennstoffzellensystems zum Antrieb von Kraft – fahrzeugen*, Dissertation, Universität Duisburg – Essen, 2009.

[49] B. BEYER, *Beitrag zur Auslegung von Kühllüftern für Nutzfahrzeuge*, Dissertation, Hannover 2001.

[50] DAIMLER AG, Department of Energy, Nabern 2015.

[51] *DKV – Statusbericht des Deutschen Kälte – und Klimatechnischen Vereins Nr.* 9, Institut für Luft und Kältetechnik, Dresden 1991.

[52] B. ECK, Ventilatoren: *Entwurf und Betrieb der Radial, Axial – und Querstromventilatoren*, Köln: Springer, 1972.

[53] F. FINS TERWALDER, *Umsetzung alternativer Antriebskonzepte bei der Daimler AG*, in: Arbeitskreis Energie, Deutsche Physikal. Gesellschaft, Bad Honnef 2009.

[54] GAMMA TECHNOLOGIES, *GT – SUITE*, *COOL3D Tutorials*, Westmont IL, USA, 2012.

[55] H. GROSSMANN, *Pkw – Klimatisierung*, Berlin: Springer, 2013.

[56] F. HERB, *Alterungsmechanismen in Lithium – Ionen – Batterien und PEM – Brennstoffzellen*, Dissertation, Universität Ulm, 2010.

[57] P. HOF MANN, *Hybridfahrzeuge*, Wien: Springer, 2014.

[58] J. LIENIG, H. BRÜMMER, *Elektronische Gerätetechnik: Grundlagen für das Entwickeln elektronischer Baugruppen u. Geräte*, Wiesbaden: Springer Vieweg, 2014.

[59] K. E. NOREIKAT, 10. Brennstoffzelle Einführung und Grundlagen, *MTZ* 74 (3) (2013) 246 – 251.

[60] K. – H. SCHMID, Wärmemanagement von Brennstoff – zellen Elektrofahrzeugen, Dissertation, Göttingen: Cuvillier Verlag, 2009.

[61] K. REIF, K. E. NOREIKAT, K. BORGEEST, *Kraftfahrzeug – Hybridantriebe*, Wiesbaden: Sprin – ger Vieweg, 2012.

[62] M. REICHLER, *Theoretische Untersuchungen zur Kühlleistungssteigerung*, Dissertation, Universität Stuttgart, 2009.

[63] K. REIF, *Konventioneller Antriebsstrang und Hybridantriebe*, Wiesbaden: Vieweg Teubner, 2010.

[64] H. RIETS CHEL, H. ES DORN, *Raumklimatechnik*, Berlin: Springer,[16] 2014.

[65] S. ROGG, M. HÖGLINGER, E. ZWITTIG, H. T. PF ENDER, Cooling Modules for Vehicles with a Fuel Cell Drive, *Fuel Cells* 3(3) (2003) 153 – 158.

[66] M. SIMONIN, S. BURGOLD, B. GES S IER, M. PONCHANT, Modulare Frontend – Kühlmodul Architektur für den zukünftigen Antriebstrang, *ATZ* 110(7) (2008) 638 – 645.

[67] J. W. H. SOJA, The Interference between Exterior and Interior Flow on Road Vehicles, *SIA Ingenieurs de l' Automobile* (1987) 101 – 105.

[68] K. – H. SCHMID, *Wärmemanagement von Brennstoffzellen Elektrofahrzeugen*, Dissertation, Göttingen: Cuvillier – Verlag, 2009.

[69] O. SCHMID, R. HÖS S, Optimization of the Cooling System for Fuel Cell Vehicle – Hybrids, Tagungsband 13. *Symposium Hybrid – und Elektrofahrzeuge*, Braunschweig 2016.

[70] O. SCHMID, Fuel Cell Power Train development, in: *Ulm Electrochemical Talks (UECT)*, Ulm, 2012.

[71] O. SCHMID, M. BÜHLER, Kühlanordnung zum Kühlen einer Brennstoffzelle, DE 102015003028. 0; PCT/EP2016/000241 (2015).

[72] O. SCHMID, L. BEHR, Hochleistungskühlsystem für Hochtemperaturkreis, DE 102015006387 A1 (2015).

[73] O. SCHMID, Kombination von mindestens zwei Kühlkreisläufen, DE

102015014781. 1 (2015).

[74] O. SCHMID, A. ALP ERS, Kompaktes und leistungsfähiges Kühlsystem, DE 102015016241. 1 (2015).

[75] O. SCHMID, M. BÜHLER, Brennstoffzellenkühlsystem auf Basis Verdampfungskühlung und Nut – zung Volumenänderungsarbeit, DE 102015004802. 3 (2015).

[76] T. SCHÜTZ, *Hucho – Aerodynamik des Automobils*, Springer Vieweg, Wiesbaden 2013.

[77] B. SPANG, *Wärmedurchgang und mittlere Temperaturdifferenz in Rekuperatoren*, Habilitationsschrift, Universität der Bundeswehr, Hamburg, 1998.

[78] G. TES CH, *Kühlluftführungs – und Lüfterkonzepte am PKW bei typischen Bauraumbeschränkungen*, Dissertation, München: Verlag Dr. Hut, 2011.

[79] H. TS CHÖKE, *Die Elektrifizierung des Antriebsstrangs*, Wiesbaden: Springer Vieweg, 2015.

[80] S. WAFFLER, *Hochkompakter bidirektionaler DC – DC – Wandler für Hybridfahrzeuge*, Diss. , ETH Zürich, 2013.

[81] J. WIEDEMANN, Optimierung der Kraftfahrzeugströ – mung zur Steigerung des aerodynamischen Abtriebes, *Automobiltechnische Zeitschrift* 88/8 (1986) 429 – 431.

[82] J. C. WILHELM, Hybridisierung und Regelung eines mobilen Direktmethanol – Brennstoffzellen – Systems, Vol';/73, Schriften des Forschungszentrums Jülich, 2011.

第5章

直接甲醇燃料电池

自20世纪50年代以来，燃料电池研究人员一直在追求甲醇和其他醇类的电化学直接转化——一个引人入胜的想法！

（1）直接燃料电池将诸如氢气、甲醇、葡萄糖等燃料的化学能直接转化为电能。在遥远的未来，血糖和氧气动力电池可能提供人造心脏与器官。

（2）间接燃料电池需要一个预先催化分解步骤，从诸如酒精、氨、环己烷、甲烷、航空汽油等原料中释放氢气（第10章）。间接氧化剂是可被催化分解成氧气和水的过氧化氢。

直接甲醇燃料电池（DMFC）历史见表5.1。

表5.1　直接甲醇燃料电池（DMFC）历史

1839/1942年，W. R. Grove：硫酸氢－氧电池。

1910年，Taitelbaum：溶解燃料的阳极氧化。

1922年，E. Müller：电化学甲醇氧化[26]。

1951年，K. Kordesch，A. Marko：直接甲醇电池[6]。

1963年，Bosch：甲醇－氧气电池[24]。

Williams和Gregory：40个电池，300 W。

1967年，USA：军用100 W DMFC。

1967/1968年，Shell和Exxon－Alsthom：硫酸和苛性碱溶液中功率密度极低的DMFC（在0.5 V，60 ℃，7 W/kg下15 mA/cm^2）。

续表

1972 年，用钌进行甲醇氧化[10]。 1983 年，Hitachi（日本）：带酸性电解质的 DMFC[26]。 1993 年，Siemens：在 400 mA/cm^{2}下为 0.5 V（O_2，4 bar，130 ℃）[27]。 1994 年，UTC 膜电池：0.7 V。 JPL：铂负载 0.5 mg/cm^2（0.4 V；0.1 A/cm^2；60 ℃）。 Ballard：DMFC 开发。 1995 年，Johnson – Matthey：带 Nafion 膜的碳载 PtRu 电极。 2001 年，Daimler – Chrysler：带 3 kW DMFC 的卡丁车。 Ball ard：功率密度为 500 W/L 的便携式 DMFC。 2002 年，smart fuel cell（智能燃料电池）：远程电力系统 SFC 25。 2006 年，便携式系统“Jenny”。 2016 年，EFOY：105 W，12 V，8.5 kg。

甲醇是已知电化学活性最高的有机燃料，但比氢气活性低 1 000 倍。能够以 60% 以上的效率从天然气、煤炭和生物质中轻松得到的液态或气态甲醇可直接在 PEM 燃料电池中发电。每个甲醇分子可提供 6 个电子，这相当于约 5 A · h/g 的电荷。在碱性电解质中会生成碳酸盐，在酸性电解质中则会生成二氧化碳。需要预先用高能量密度（6 kW · h/kg）来处理甲醇中诸如甲醛和甲酸等反应性与有害燃料。长链醇的反应性比甲醇低，因为必须断开C – C键。

简单的 DMFC 系统表现出比氢 PEMFC 更差的性能数据，但不需要气体增湿、空气冷却和重整。甲醇 – 水混合物必须用计量泵精确供应。DMFC 不排放一氧化碳，并且在部分负荷下运行时效率较高。尚不清楚的是，电催化剂由醛、羧酸和其他甲醇氧化中间产物引起的蠕变中毒。不希望的是，甲醇从阳极转移到阴极，寄生甲醇氧化物会在那里被氧还原产生混合电位。

DMFC 发电机可在市场上买到。正在进一步研究不会断裂的膜和电极材料并且无寄生甲醇氧化物。

5.1 DMFC 系统的特征值

同义词：Direct Methanol Fuel Cell（直接甲醇燃料电池），DMFC。

类型：低温氧 – 氢电池，燃料电池类型见表 5.2。

表 5.2　燃料电池类型[6]

直接燃料电池	■ 低温燃料电池≤100 ℃：燃料：H_2、碳化物、氮化物、卤化氢、金属化合物； ■ 中温燃料电池≤500 ℃：卤化氢、有机物质、氨； ■ 高温燃料电池<1 000 ℃：氢气、CO
间接燃料电池	上游制氢。 ■ 重整燃料电池； ■ 生化燃料电池
再生燃料电池	通过回收燃料：热能、电能、光化学能、放射化学能

电解质：质子传导膜（PEM）。

运行温度：85 ℃（60～130 ℃），高于 PEM 燃料电池。

燃料：在电极反应中消耗水，即纯甲醇不能用作燃料。

（1）1∶2 摩尔的甲醇－水混合物（阳极）。

（2）甲醇－蒸汽混合物。

氧化剂：大气中的氧气。

电极反应：在 6 电子过程中，阳极产生 CO_2 并在阴极生成水。

$$\ominus\text{阳极}\quad CH_3OH + H_2O \longrightarrow CO_2 + 6H^{\oplus} + 6e^{\ominus}\qquad 0.043\ \text{V}$$

$$(CO_2 + H_2O \longrightarrow HCO_3^{\ominus} + H^{\oplus})$$

$$\oplus\text{阴极}\quad \frac{3}{2}O_2 + 6H^{\oplus} + 6e^{\ominus} \rightleftharpoons 3H_2O\qquad 1.229\ \text{V}$$

$$CH_3OH + \frac{3}{2}O_2 \longrightarrow CO_2 + 2H_2O\qquad 1.186\ \text{V}$$

电池电压：理论上，1.186 V；实际上，在 1～3 bar 氧气超压下，端电压为 0.5 V。

电极材料：膜－电极单元：在碳载贵金属上，气体扩散层，聚合物电解质膜（如 PEMFC）。

电极毒物：中间会生成可使铂催化剂中毒的 CO。

特殊优点：没有燃料重整的简单系统。

典型缺点包括以下几个方面：

（1）甲烷通过扩散和电渗透穿过膜到达阴极侧。

（2）甲醇通过寄生氧化灭活阴极（形成混合电势）。

（3）活性较小的阳极催化剂。

电效率：20%～30%（单个电池）。

发展状况：小型装置（5 kW）和便携式系统。不同类型燃料电池的效率见表5.3。

表 5.3　不同类型燃料电池的效率（1990）[6]　　mA/cm²

氢－氧	AFC	900（0.74 V）
	PEMFC	400（0.74 V）
	SOFC	300（0.74 V）
	PAFC	250（0.74 V）
	MCFC	150（0.74 V）
	DMFC	100（0.37 V）
氢－空气运行	PEMFC	230（0.74 V）
	AFC	150（0.74 V）

5.2　直接电池的热力学

由于阴极处存在有大量干燥气流和水蒸发，从燃烧焓、发热值 H_u 可得出其热值电压。

$$E_{th}=\frac{H_u}{zF}=\frac{726.6}{6\times 96\ 485}\approx 1.255\ (\mathrm{V}) \tag{5.1}$$

通过电池反应的 Gibbs 自由焓可得出最大可用可逆电池电压（25 ℃）：

$$E_0=\frac{-\Delta G^0}{zF}=\frac{702.5}{6\times 96\ 485}=1.214\ (\mathrm{V}) \tag{5.2}$$

燃烧焓：

完全氧化下的反应热 ΔH^0；所有物质都以 25 ℃为基准。

燃烧值：燃烧焓绝对值：$H_0=-\Delta H^0$。

热值：气态产物和水蒸气的燃烧焓绝对值；热值减去水蒸发焓（25 ℃）

$$H_u=\Delta H^0-44.02\ (\mathrm{kJ/mol})$$

在较高的温度下，甲醇可提供 1.06 V（110 ℃，$z=6$），二甲醚可提供 1.13 V（120 ℃，$z=12$）的电压。电压效率 $\eta_U=E/E_0$ 描述了有电流下所测得的电压与可逆电池电压之比。系统效率包括外围设备（压缩机、风扇、泵、阀门）的电流效率和损耗。

$$\eta=\eta_U\cdot\eta_I\cdot\eta_{ext}=\frac{E}{E_0}\cdot\frac{I}{I_{th}}\cdot\eta_{ext} \tag{5.3}$$

燃料电池反应的热力学数据见表 5.4。

表 5.4　燃料电池反应的热力学数据(25 ℃)

反应	z	ΔG^0 /(kJ · mol^{-1})	ΔH^0 /(kJ · mol^{-1})	E_0 /V	$\eta_{热}$ /%	
燃料:氢						
$H_2+\frac{1}{2}O_2\longrightarrow H_2O_{(1)}$	2	-237.3	-286.0	1.229	83	热力学效率 $\eta_{rev}=\frac{\Delta G^0}{\Delta H^0}=I-\frac{T\Delta S^0}{\Delta H^0}$
$H_2+CI_2\longrightarrow 2HCl_{(aq)}$	2	-262.5	-335.5	1.359	78	
$H_2+Br_2\longrightarrow 2HBr$	2	-205.7	-242.0	1.066	85	
燃料:碳						可逆电池电压
$C+\frac{1}{2}O_2\longrightarrow CO$	2	-137.3	-110.6	0.712	124	$E_0=\frac{-\Delta G^0}{zF}$
$C+O_2\longrightarrow CO_2$	4	-394.6	-393.7	1.020	100	
$CO+\frac{1}{2}O_2\longrightarrow CO_2$	2	-257.2	-283.1	1.066	91	
燃料:烃						反应焓
$CH_4+2O_2\longrightarrow CO_2+2H_2O_{(1)}$	8	-818.4	-890.8	1.060	92	$\Delta H^0=-zF\left(E_0-T\frac{dE_0}{dT}\right)$
$C_3H_8+5O_2\longrightarrow 3CO_2+4H_2O_{(1)}$	20	-2 109.9	-2 221.1	1.093	95	电压效率
$C_{10}H_{22}+\frac{31}{2}O_2\longrightarrow 10CO_2+11H_2O_{(1)}$	66	-6 590.5	-6 832.9	1.102	97	$\eta_U=\frac{E}{E_0}$

续表

反应	z	ΔG^0 /(kJ · mol^{-1})	ΔH^0 /(kJ · mol^{-1})	E_0 /V	$\eta_{热}$ /%	
燃料:甲醇						
$CH_3OH+\frac{3}{2}O_2 \longrightarrow CO_2+2H_2O_{(l)}$	6	−702. 5	−726. 6	1. 214	97	电流效率
$C_2H_5OH+3O_2 \longrightarrow 2CO_2+3H_2O_{(l)}$	12	−1 330	−1 367	1. 145	97	$\eta_I=\frac{I}{zFn}$
乙二醇$+\frac{5}{2}O_2 \longrightarrow 2CO_2+3H_2O_{(l)}$	10	−1 180		1. 22		
燃料:羰基化合物						
$HCHO_{(g)}+2O_2 \longrightarrow CO_2+2H_2O_{(l)}$	4	−522. 0	−561. 3	1. 350	93	
$HCOOH+\frac{1}{2}O_2 \longrightarrow CO_2+H_2O_{(l)}$	2	−285. 5	−270. 3	1. 480	106	
燃料:氮化物						
$NH3+\frac{3}{4}O_2 \longrightarrow \frac{1}{2}N_2+\frac{3}{2}H_2O$	3	−338. 2	−382. 8	1. 170	88	
$NH_2-NH_2+O_2 \longrightarrow N_2+2H_2O_{(l)}$	4	−602. 4	−622. 4	1. 560	97	

高过电压，特别是在空气运行下，会降低效率。高过量空气 $\lambda = m/m_{化学计量} \geq 2$ 是有利的，但是会使压缩机能量损失。

燃料。甲醇的热值为22.7 MJ/kg，约为汽油的1/2（42.5 MJ/kg）。

乙醇在电化学氧化中会生成不希望的乙醛和乙酸衍生物。

因为氧气还原比在酸性溶液中更快，所以应在碱性溶液（KOH，K_2CO_3）中使用乙二醇（glycol）和丙三醇（glycerin），结果会生成CHO，CO，C_1和C_2中间体与干扰性氧化物。因为不存在C—C键，二甲醚CH_3—O—CH_3可以进行选择性电化学氧化。DME可通过甲醇脱水或直接从合成气中获得。其处理过程和液化气的一样。

5.3 电极反应和电极材料

甲醇到二氧化碳的阳极氧化在先前提到的电催化剂上缓慢进行。其他因素也会影响电极的活性（第4章）：

（1）电极载体和催化剂载体。

（2）催化剂层的离聚物部分（Nafion添加剂）。

（3）电极生产方法。

（4）燃料供应和除水。

在铂－钌合金（1∶1）上，通过反应性金属OH占用可更容易地将CO氧化成CO_2。部分反应在没有大面积扩散下以较窄的局部间距在合金中进行。为了降低成本，可将粒径1 nm的贵金属颗粒涂覆于20～50 nm的大炭黑颗粒上。①

（1）无负载的催化剂②（例如：Pt－Ru－Mohr）可提供最高的电池电压并更有效地使用甲醇。

（2）碳载催化剂（例如：Pt－Ru/C）可以节省昂贵的贵金属，超过铂－钌黑的催化活性，③ 但有利于阴极处的寄生甲醇消耗。

E－TEK的商用PtRu/C催化剂可提供高达0.11 W/cm^{2}的功率密度，可选择性生成95%的CO_2。在活性炭上吸附的带有第三种金属（Ru，Rh，Ir，Ni）的PtRu和PtSn催化剂上，乙醇的电氧化特别有效，例如：$Pt_{68}Sn_9Ir_{23}/C$和$Pt_{89}Sn_{11}/C$。

① Johnson Matthey：Vulcan XC－72R上的Pt/Ru[15]。

② unsupported catalyst（无载体催化剂）。

③ 基于催化剂质量和电极表面。

5.3.1 甲醇氧化

热力学上，甲醇在超过 0.046 V RHE 时会自发氧化；事实上，会出现 150 mV的过电压。在一个反应步骤中不可能交换 6 个电子；与此相反，会发生复杂的平行和后续反应。中间产物（CO 和醛）会腐蚀电极表面，其结果是时间性的性能退化。线性结合的一氧化碳（Pt－C ═O）被认为是最重要的催化剂毒物。甲醇氧化分两步来进行。甲醇氧化的中间产物如图 5.1 所示。

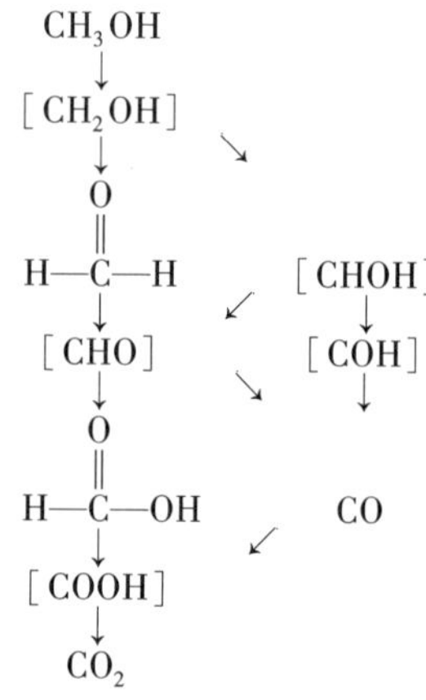

图 5.1 甲醇氧化的中间产物

（1）催化剂表面上的甲醇解离吸附通常不决定阳极反应的速率。逐渐地，C—和 O—键合的氢气被分离出来。位于 Pt－COH 和 Pt－CO 吸附物末端和与其桥接的（CO）$_{吸附物}$可使电极表面中毒（自动抑制）。钌不利于甲醇吸附，具体如图 5.2 所示。

（1a） $CH_3OH\ (Pt) \longrightarrow Pt—COH_{ad} + 3H_{ad}$

（1b） $(COH)_{ad} \longrightarrow CO_{ad} + H_{ad}$

（1c） $4H_{ad} \longrightarrow 4H^{\oplus} + 4e^{\ominus}$

（2）用水中的氧气将铂 CO 吸附物氧化成二氧化碳。与 Pt－CO$_{吸附物}$相反，在较低的电位下即可生成 Ru－OH$_{吸附物}$，并且其不会使电极表面中毒。在低于 450 mV RHE 时，没有充分氧化的 CO$_{吸附物}$毒化铂表面。只有 >550 mV RHE 时，才会生成 PtOH，以及在 >800 mV RH 时生成 PtO。钌可从水中分解 OH 自由基，其将吸附的 CO 解毒成二氧化碳和氢气（$CO_{ad} + OH_{ad} \longrightarrow CO_2 + H_{ad}$）。

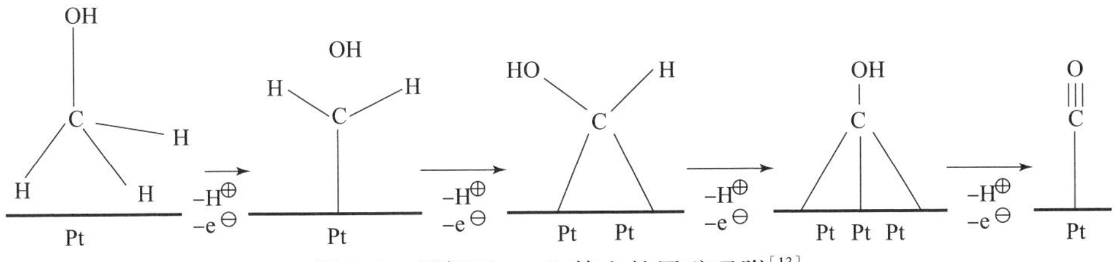

图 5.2 根据 Hogarth 等人的甲醇吸附[13]

(2a) $$Pt + H_2O \longrightarrow Pt-OH_{ad} + H^{\oplus} + e^{\ominus}$$

$$Pt-COH_{ad} + Pt-OH_{ad} \longrightarrow CO_2 + 2Pt + 2H^{\oplus} + 2e^{\ominus}$$

$$Pt-CO_{ad} + Pt-OH_{ad} \longrightarrow CO_2 + Pt + H^{\oplus} + e^{\ominus}$$

(2b) $$Ru + H_2O \longrightarrow Ru-OH_{ad} + H^{\oplus} + e^{\ominus}$$

$$Pt-COH_{ad} + Ru-OH_{ad} \longrightarrow CO_2 + Pt + Ru + 2H^{\oplus} + 2e^{\ominus}$$

$$Pt-CO_{ad} + Ru-OH_{ad} \longrightarrow CO_2 + Pt + Ru + H^{\oplus} + 2e^{\ominus}$$

注：Pt 和 Ru 代表了一个或多个表面中心。

铂必须覆盖氧化层，以使中毒吸附物 CO 转化为 CO_2。在低于 450 mV 时，Pt－CO 完全覆盖铂表面并阻止甲醇的进一步化学吸附；Pt－CO 的氧化和 CO_2 的解吸进行缓慢。

(3) 中间产物。通过原位红外光谱①可验证 CO_2（2 341/cm）、CO_{ad}（2 050/cm左右）、甲酸（1 700/cm 和 1 400/cm 左右）和甲酸甲酯（1 700/cm 和 1 200/cm）的存在[14]。吸附醇的不希望的氧化可生成甲酸：

$$Pt_2CH—OH + Pt—OH \rightarrow H—\overset{\overset{\displaystyle O}{\|}}{C}—OH + 3Pt + H^{\oplus} + e^{\ominus}$$

电化学质谱（Dems 和 Ectdms）证实了吸附的 CO，C－OH 和 CHO。

在直接乙醇电池中，高于 0.5 V RHE 时，氧化按照乙醇→乙醛→吸附乙酰基→CO_2的顺序来进行。在旁路上，可生成甲烷（>0.2 V RHE）和乙酸。

5.3.2 电催化剂

对于甲醇氧化（阳极），很少有有效且具有选择性的催化剂。甲醇氧化的催化剂见表 5.5。

① Emirs（电调制红外反射光谱）和 FFT 方法（Sniftirs，Irrass）。

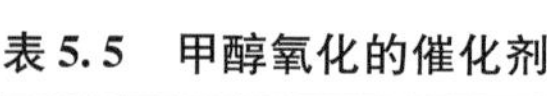
表 5.5　甲醇氧化的催化剂

铂合金与:	
(1) 铂族金属	Ru, Os, Rh
(2) 钒组	Re
(3) 铬组	Mo, W
(4) 组 4	Sn, Pb
(5) 组 5	Bi
(6) 有色金属	Ni
(7) 钛组	Ti
(8) 半金属	Ga

(1) 添加锡、钨和镍的铂钌合金可以提高阳极的活性，但会以牺牲长期稳定性为代价[19]。在类似的 Table 斜率下，三元合金比二元合金好：

$$\text{PtRuw, PtRuMo} > \text{PtRuSn} > \text{PtSn} > \text{PtAuRu} > \text{PtRu}$$

合金元素如钌即使在 250 mV 时也会加速甲醇氧化（镍、镓、钛、铼、铑、钼、锡甚至更糟）。在次级金属上会比在铂上更先形成氧化吸附中间产物所必需的氧吸附层。

①电子合金效应。可更早生成氢氧化物的贵金属钌对甲醇呈惰性，但由于吸附的 CO 结合弱于铂，所以能够更好地氧化 CO。钌可向铂的 d 电子层提供电子，由此减弱了 CO - π^* 轨道的反键[17]。被吸附物的结合较弱，并且强化碳原子上的正电荷部分，从而有利于亲核攻击。

②次级合金金属（Ru, Sn, Pb, Rh）被释放并增加活性电极表面积。铂在破碎表面的氧化电位比平滑的铂上更低。这种优势不是长期的。

③次级金属（Ru, Sn, W）形成相邻铂所用的 $OH_{吸附物}$。与 Pt/Ru 相比，带有 Rh, Ir, WO_x, Sn 的 Pt/Ru 三元系统实际上没有明显的优势。

(2) 铂上外来金属（Pb, Ru, Bi, Sn, Mo）的欠电位沉积可提高有机物质的吸附性能，但对甲醇的作用并不明显。

(3) 用于碱性电解质的镍 - 卟啉。

(4) 碳化钨可作为硫酸溶液中的助催化剂。

5.3.3　氧还原

铂优选用于阴极氧还原。甲醇会通过电解质扩散到阴极而发生寄生转化并生成 CO_2，从而导致不利的混合电位，这是人们不想看到的。DMFC 的催化剂见表 5.6。

表 5.6　DMFC 的催化剂

（1）阳极	Pt/Ru Pt/Ru/C Pt/RuO_2
（2）阴极	铂 Pt/C 铂黑 Pt/Ru/C Chevrel 相（Mo，Ru，S）

（1）铂合金的一个优点是与氧的适度结合，即比铂稍弱。氧还原活性按照 $Pt_3Co > Pt_3Ni$，$Pt_3Fe > Pt_3V > Pt_3Ti > Pt$ 的顺序降低。

（2）硫酸溶液中氧还原的 N_4 螯合系统（铁酞菁、四氮杂钴、甲基卟啉钴）可缓解寄生的甲醇氧化，但长期稳定性很差。

（3）Chevrel 相（如 $Mo_2Ru_5S_5$ 和 RuSeO）耐甲醇。它们的氧还原催化活性较低，但在甲醇存在下优于铂。但已证明，使用硫处理载体可有力地防止Pt/C 电极中毒。

5.3.4　寄生甲醇氧化

可渗透的薄膜，燃料流体中的高甲醇浓度、高运行温度和阳极材料有利于甲醇从阳极通过膜到阴极的迁移（甲醇穿透）并在那里被氧化。甲醇穿透降低了效率，降低了阴极电位并增加了需氧量。氧还原和不需要的甲醇氧化之间存在着混合电势。6% 的甲醇 - 水混合物（1 ~ 2 mol/L）是有利的。浓度更大的溶液和热量可促进甲醇的穿透，具体见表 5.7。

5.3.5　膜 - 电极单元（MEA）

（1）DMFC 基于酸性聚合物电解质，如 Nation®。固体电解质的优点包括：质量轻，可节省空间，耐腐蚀，不良的电子导体，无电解液循环；但其也存在以下缺点：昂贵，不能干透，透气。可用于氢氧电池的 PEM 膜（针对电导率进行优化）不能阻止甲醇和水通过扩散与电渗透进行的迁移（寄生传输到阴极）。

表 5.7　甲烷穿透 Nafion－117[21]

等效穿透流量	
	$mA \cdot cm^{-2}$
■ 1 mol/L CH_3OH	
38 ℃	55
60 ℃	105
80 ℃	145
■ 2 mol/L CH_3OH	
38 ℃	100
■ 3 mol/L CH_3OH	
38 ℃	155

电渗：每摩尔 CH_3OH 可转化 18 mol 的 H_2O。

较厚的膜（Nafion 117）是有利的，但其是以牺牲性能为代价的。DMFC 膜可通过含水燃料（阳极侧）和反应水（阴极）保持潮湿。商业质子传导膜需要在水或稀硫酸中溶胀。添加可在磷酸中溶胀的聚苯并咪唑（PBI）使膜具有非水传导机理并降低水和甲醇的渗透性，但是存在其他系统缺点。① 新型聚合物共混物仍不够稳定。甲醇穿透见表 5.8，电导率和甲醇渗透率见表 5.9。

表 5.8　甲醇穿透

$$I_p = zFAD\frac{c}{\delta} + I\xi x$$

式中　x——溶液中的醇摩尔分数；

I——释放的电流；

D——醇在 PEM 中的扩散系数；

c——阳极/PEM 界面处的醇浓度；

δ——PEM 膜的厚度；

ξ——电渗系数

表 5.9　电导率和甲醇渗透率

物质名称	$S \cdot cm^{-1}$	$cm^2 \cdot s^{-1}$
Nafion 117	0.110	167×10^8
腈官能化的二磺化聚亚芳基醚砜	0.090	85×10^8
磺化聚亚芳基醚腈（m－Spaeen－60）	0.057	26×10^8
磺化聚苯乙烯	0.050	52×10^8

① 在甲醇－蒸汽中，磷酸会析出液态水。

聚合物膜的替代电解质是液体填充陶瓷或碳纳米材料。

①酸溶液具有腐蚀性；氧气还原比在碱中要慢。无机磷酸锡和硅氧烷的质子传导性比 Nafion 低 100 倍。

②甲醇氧化在诸如氢氧化钾等碱性电解质中比在酸中的要快；然而，在缺少碳酸钾的情况下二氧化碳的吸收无法进行。① 正在研究超过 60 ℃时 DMFC 中化学稳定的聚合阴离子交换膜。碳酸盐水溶液，例如：180 ℃和 10 bar 下的碳酸铯（Giner[8]）至少在理论上是长期稳定的。

（2）如 PEM 燃料电池一样，膜 - 电极单元（MEA）也是由热压层制成的[18]，如图 5.3 所示。

①气体扩散层（GDL）：疏水的石墨纸或热塑性碳纤维复合材料。

②疏水碳基层（催化扩散层）：与 PTFE 结合的研磨炭黑或石墨颗粒，如通过丝网印刷涂覆于 GDL 上。

③催化剂层（catalyst layer）：Nafion®中悬浮的纳米颗粒。阳极使用碳载 Pt/Ru 合金，阴极使用铂。在价格和性能之间找出折中后，负载分别为 4%（阴极）和 2%（阳极）或每个均为 5%。

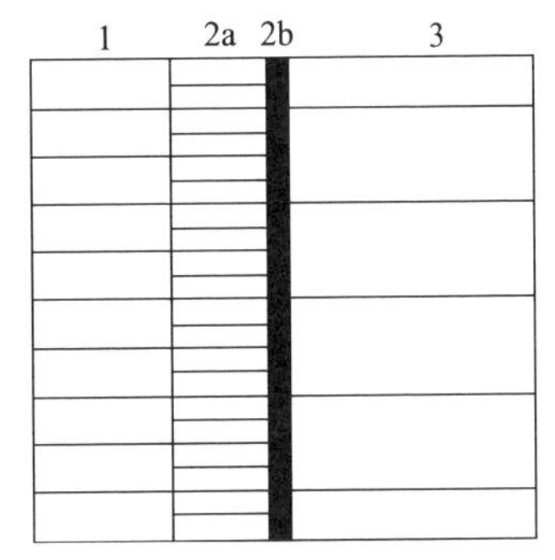

图 5.3　MEA 的结构

1—气体扩散层（GDL）：疏水性碳纸；
2a—碳基层（carbon base layer）：PTFE 结合的炭黑；
2b—催化剂层：碳载铂；3—PEM 膜

④质子传导膜：Nafion 117，PBI/H_3PO_4。

DMFC 阳极由浸有 Nafion 溶液的石墨纸组成，石墨纸上涂覆碳载 Pt/Ru 或 Pt/Ru - Mohr。阴极含有疏水石墨纸上的铂黑[17]。疏水性增强衬层有利于水运输。

（3）由石墨、铌或钢制成的集电器（current collector）和双极板在燃料与空气侧上承载流动管道（网格、多孔板、冲击场）。电池堆的紧密性要求有极好的平整度。

① AFC 描述了这个问题。

5.4 DMFC 的运行特性

DMFC 可以使用液态或蒸汽态甲醇运行，只有一部分甲醇被阳极转化为电力。甲醇 - 水由泵主动供应或被动地直接从储罐流向阳极侧，如图 5.4 所示。

（1）液态甲醇 - 水混合物（≈2 mol/L）在 60 ~ 110 ℃下可保证膜的增湿，但这会以牺牲电池电压为代价。3% ~12% 的溶液有利于防止从阳极到阴极的寄生甲醇穿透。

（2）甲醇 - 水蒸气混合物在 120 ~ 150 ℃下可加速电催化。阴极的甲醇穿透和寄生消耗低于液体供应，但不利于气体加湿和加热阶段。甲醇供应通过以下步骤来进行：

①为了达到较高的功率（ >0.1 W/cm^2）而进行汽化（≈140 ℃）。

②以牺牲功率为代价在膜上进行渗透蒸发（25 ~ 50 ℃）。甲醇氧化发生在阳极的冷凝液相中。

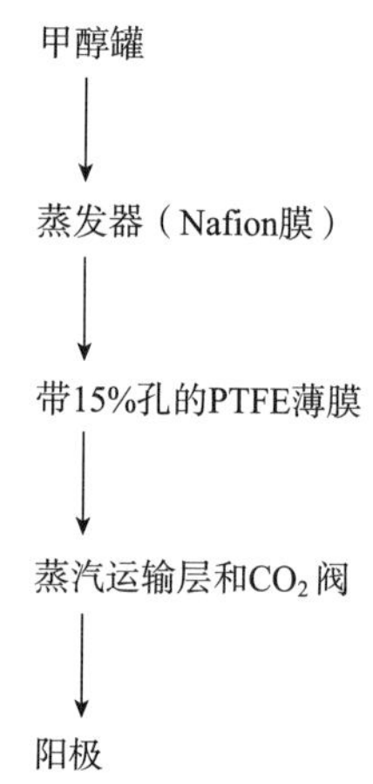

图 5.4 燃料供应

液态 DMFC 可提供更高的系统功率密度。电池电压取决于反应气体的温度、压力、湿度和化学计量。每个电流变化都需要调整体积流量。甲醇 - 水混合物在阳极流过流体分配板，阴极会流入氧气或空气，并且在过剩时会出现如法拉第定律所述那样的现象。燃料通过阳极室循环，所产生的 CO_2 会从循环中分离。

①由于功率密度低，需要选择略高于 PEM - FC 的工作温度。在 10 mA/cm^2 下的电池电压见表 5.10。

表 5.10 在 100 mA/cm^2 下的电池电压（Siemens 1994）[27] V

（1）DMFC	
■ 液态甲醇，80 ℃	0.45
■ 甲醇蒸汽	
-120 ℃	0.50
-130 ℃	0.65
（2）PEM	
-H_2，80 ℃	0.9

②甲醇化学计量对电池电压几乎没有影响。然而，在使用纯甲醇时，穿过膜的突破（crossover）将会太大；此外，阳极反应也需要水。用安培甲醇传感器监测燃料混合物的恒定组分。燃料或氧气供应量与化学计量之比见表 5.11。

表 5.11　燃料或氧气供应量与化学计量之比

甲醇过量

$$\lambda_{CH_3OH} = \frac{6F\dot{V}c_{CH_3OH}}{l}$$

空气过量

$$\lambda_L = \frac{4F\dot{V}\varphi_{O_2}}{IV_{mm}}$$

法拉第定律

$$m = \frac{MIt}{zF}$$

法拉第常数

$$F = 96\ 485\ \mathrm{C/mol}$$

摩尔体积

$$V_{mn} = 22.414 \times 10^{-3}\ \mathrm{m^3/mol}$$

空气中的氧含量

$$\varphi_{O_2} = 20.946\%$$

甲醇浓度

$$c = \frac{\rho w}{M} = \frac{0.99 \times 6\%}{32.03}$$

$$= 1.85\ (\mathrm{mol/L})$$

$\lambda = 1$ 化学计量运行

③空气化学计量：阴极流动着化学计量过量的空气或氧气，这时任意大的空气过压可抵消运行消耗和气体压缩效率。当空气过剩时，电池电压趋向于达到最高值（$\lambda \approx 2 \sim 3$）。

通过甲醇穿透（crossover）在阴极产生寄生二氧化碳。在 100 $\mathrm{mA/cm^2}$下，有大约 30% 的甲醇迁移穿过膜；随着电流密度的增加，甲醇穿透率会有所下降。甲醇可以通过阴极废气流中 CO_2的气相色谱测定来定量计量（1 mol CO_2 ≙ 1 mol CH_3OH）。

对策：在阳极 GDL 前面的甲醇屏障（膜、多孔板、水凝胶）可改善阳极电流场。

为了脱水（反应水和电渗①），电池使用大量过剩空气（体积流量或压差）运行。水会增加空气流板中的压力损失，具体取决于通道几何形状和长度。渗透过膜的水可随着废气流在氢气侧排出，与膜接触点处的防水层和肋板非常有利于此（Sanyo，US 6 492 054）。阴极水管理见表 5. 12。

表 5. 12　阴极水管理

目标	防止脱水； 水的回收； 膜的湿润。
甲醇	（1）GDL 或碳纸； （2）疏水空气过滤器； （3）保水颗粒（SiO_2/Nafion）

一个微型排气阀（$\phi0.01\ mm^2$）被用于去除甲醇侧的二氧化碳，从而防止 CO_2 气泡阻塞甲醇供应。阳极定期生成的 CO_2 溶解在水中并且不希望通过膜扩散到阴极。寄生二氧化碳扩散可以在氮气模式下测量（无甲醇氧化）。

5. 4. 1　电流 – 电压曲线

作为阳极和阴极电位差的实际电池电压主要是由甲醇氧化（阳极）决定的。在高电流下，会出现渗透抑制和传输抑制，并且电解质与电极材料中的欧姆电压降增加。另外，还因为甲醇穿透，电流效率增加，电压效率随着电流增加而下降。在中等电池电压下，DMFC 在出现传质抑制之前可提供最大功率。在低电池电压（高电流）下，效率很低。带 Pt/Ru 阳极和 Pt 阴极的 PEM – DMFC 的电流 – 电压特性曲线由以下三个区域组成：

（1）激活区域（陡降）。

（2）伪线性区域。

（3）极限电流区域：高电流下的传质抑制。

实际电池电压：欧姆损失和动能损失如图 5. 5 所示。

从运行条件中可看出以下相互关系：

（1）随着温度升高，由于阳极甲醇氧化可更有效地进行，电池电压显著

① 每个 H^+ 将多个水分子穿过膜运输到空气侧（⊖→⊕），从而减少活性阴极表面积，在供应液态甲醇时，水的反向扩散（⊕→⊖）可以忽略不计。

增加。对阴极氧还原的影响不太明显。合理的运行温度应低于甲醇－水混合物的沸点（110 ℃）。在高温（>100 ℃）下，水蒸气分压会干扰阴极的氧气供应；当阴极产生的水蒸气阻碍随后的氧输送时，电流－电压特性曲线在高电流密度下会显示出剧烈波动[15]。

（2）在恒定温度下，增加运行压力可提高电池电压，如图 5.6 所示。在 110 ℃以上时，阳极侧需要 1.5 bar 以上的压力，否则膜将被干燥。为了膜不破裂，必须在阴极侧调节压力，然而，这会恶化系统效率。压缩机输出随压力比（表 5.13）呈对数增加。膨胀器可返回部分压缩能量。

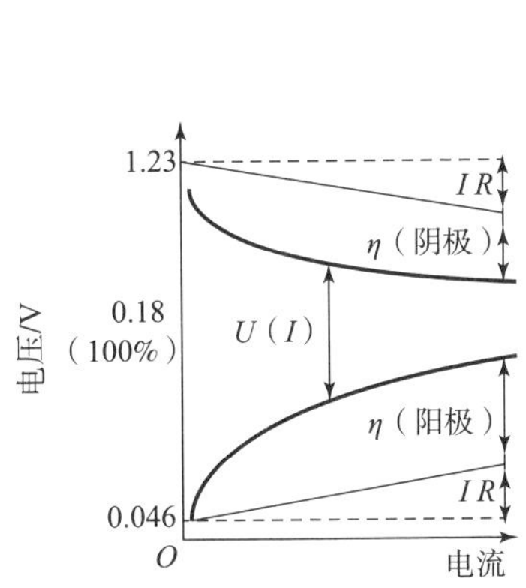

图 5.5　实际电池电压：欧姆损失和动能损失

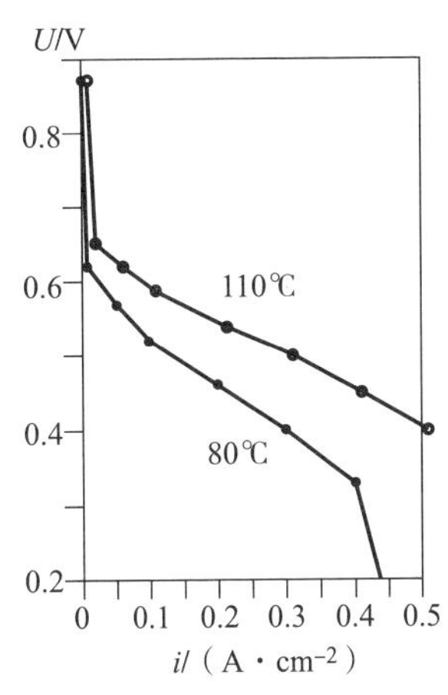

图 5.6　空气运行特征曲线（1.5 bar；0.5 mol/L 甲醇）[15]

表 5.13　压缩机

工作过程：
绝热气体压缩
实际驱动功率
$P = \dot{m}\omega$
实际比功
$\omega = h_2 - h_1 = c_p\ (T_2 - T_1)$
等温效率
$\eta T = \frac{wT}{w} = \frac{PT}{P} = RT_1 \ln \frac{p_2}{p_1}$

（3）对于每个电流密度，用于阳极的最佳供应和针对阴极的不希望穿透

的甲醇浓度是不同的。

①当阳极甲醇供应量低时，静态电压最高，但高于 500 mA/cm^{2}时，特性曲线转折垂直向下（传输抑制）。

②在较低和中等电流密度下，过度供应会通过混合电位降低电池电压，但电流密度可高于 1 A/cm^2[27]。

（4）过量空气。电池电压随阴极处氧浓度的增加而提高（在给定电流下）。在空气运行中，2～3 倍的过量空气（$\lambda>2$）是有利的，进一步增加则优势消失。电池电压在化学计量空气量的 2 倍以下时会明显降低。

5.4.2 阻抗谱

DMFC 的阻抗谱显示出三条曲线，其中低频传质抑制非常明显。根据测得的电池阻抗（在空气运行下）和阳极阻抗可以计算出阴极阻抗[17]。当动力学抑制在阳极占优势时，阴极处传质受到抑制。如果阴极用氢气代替空气，则阴极阻抗可以忽略不计；在该动态氢电极上，质子被还原和氢沉积。

阳极。阳极阻抗轨迹显示出三个圆弧，其中中间的电极弧占主导地位，如图 5.7 所示。

（1）膜弧（1 kHz：膜/电极界面）。离子导体的膜电阻（圆直径）通常随着温度的升高而降低，随着膜厚度的增加而增加，并且与电流无关。① 穿过 PEM 膜的水和甲醇迁移量随温度的升高而增加，特别是在低电流下，这可使膜的阻力和电容发生变化。

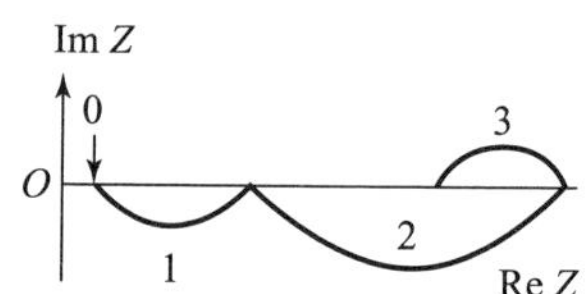

图 5.7　DMFC 的阳极定性阻抗（数学惯例）

0—触点，膜膨胀；1—膜弧（晶界）；2—电极弧；3—传质弧

（2）电极弧（<1 kHz）：在甲醇过量较多和高温下，三相边界中催化剂/膜上的甲醇氧化会明显受到动力学抑制。迁移电阻 R_D 随着电流增加而减小。双层电容（伪电容）映射活性电极表面。半圆的感应位移则表明了从碎形表面到多孔电极内部的电导率梯度。

甲醇过量（3a）感应传质弧（<0.1 Hz，气体空间/电极界面，气体扩散层/催化剂界面）。在有大量过量的甲醇时，不存在传质抑制。流动的流体取决于被吸附物（CO）的表面覆盖度。在可生成 CO_2 的前提下，吸附的 CO 越多，从表面释放 CO_2 越多，流动的电子越多和电阻越小；从而形成一个感应弧。二

① 晶粒和晶界的区别：第 4 章（PEMFC）

氧化碳气泡相对较大，特别是在 DMFC 阳极接近零电荷电位运行时[3]；但此处的双层电容最小并且含水电解质的表面张力最大。

甲醇过量

甲醇贫乏（3b）电容性传质弧（<0.1 Hz）。在低于 100 ℃或高压下，会形成屏障气体扩散的冷凝水膜。在接近化学计量的甲醇供应（$\lambda<2$）时，CH_3OH 的气相扩散（穿过电极上的 CO_2-水蒸气层）会限制流体流动。圆的直径（扩散阻力 R_o）随着温度的降低和工作压力的增加而增加；高频下形成倾斜 45°的直线线段。由于会形成 CO_2湍流，阳极传质抑制小于阴极。当甲醇和氧气贫乏时，可观察到轨迹的低频端出现了陡峭到几乎垂直的线性下降（Warburg 阻抗）。

甲醇贫乏

Conway 和 Harrington 的阻抗模型[12]描述了 DMFC 阳极在小电流和中等电流（没有膜弧）情况下的法拉第阻抗（图 5.8）。在阻抗测量中，表面占用率和电流随着正弦激励信号周期性变化。在恒定的占用率 θ 下，R_D映射了电子迁移。R_0和 L 对应于占用率所决定的部分流量。

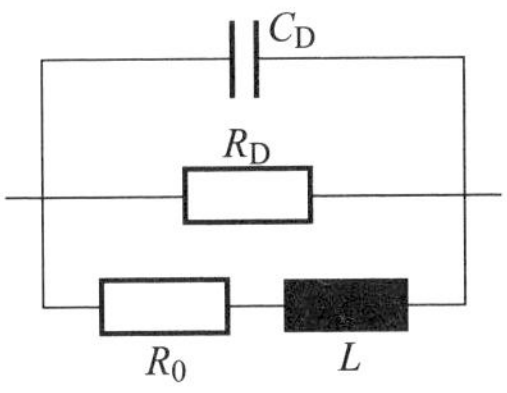

图 5.8　DMFC 阳极的阻抗模型

吸附：$$CH_3OH \xrightarrow[-4H^{\oplus}\ -4e^{\ominus}]{(1)} CO_{ad} \xrightarrow[-2H^{\oplus}\ -2e^{\ominus}]{(2)\ +H_2O} CO_2$$

阳极阻抗：$$Z(\omega)=\left[\frac{1}{R_D}+\frac{1}{R_0+j\omega L}\right]^{-1}$$

迁移反应：$$\frac{1}{R_D}=F\left(\frac{dr_e}{dE}\right)_0$$

吸附：$$\frac{1}{R_0}=-\left(\frac{dr_e}{d\theta}\right)_E$$

净形成率：$$r_e=4v_1+2v_2=\frac{1}{F}$$

$$r_{CO}=v_1-v_2=\frac{q_{CO}}{F}\cdot\frac{d\theta}{dt}$$

静态下：$$\nu_1=\nu_2 \text{和} r_{CO}=0$$

式中：C_D为双层电容；L 为吸附电感；R_D为迁移电阻；R_0为吸附电阻；ν_i为反应速度；θ 为占用率；E 为电极电位；F 为法拉第常数；I 为电流；q_{CD}为吸附

单层的电荷。

阴极。阴极阻抗轨迹显示为三个弧；传质抑制占主导地位。从阳极通过膜扩散的不希望甲醇氧化消耗氧气，从而形成氧还原和甲醇氧化的混合电势。

（1）膜弧：在数学上，与阳极阻抗相关。

（2）电极弧（氧还原）。在①低电流；②缺氧；③水过量的情况下，穿透阻力很大。高频下，45°直线段映射了催化剂层中的传质。

（3）电容传质弧：原因是氧气在空气和水蒸气中的气体扩散。

①在纯氧（$\lambda > 2$）中，弧消失。

②从阳极电渗透到阴极的水可形成氧气扩散的屏障。可在催化剂和气体扩散层之间使用额外的疏水性碳层，以吸收多余的水。水中的扩散系数见表 5.14。

表 5.14　水中的扩散系数（25 ℃）

$H^{\oplus}$	$9.26\times10^{-5}\ cm^2/s$
H_2	$9.75\times10^{-5}\ cm^2/s$
O_2	$2.41\times10^{-5}\ cm^2/s$
CH_3OH	$1.58\times10^{-5}\ cm^2/s$

Einstein – Schmoluchowski 方程：统计学描述了粒子从一个地方到另一个地方无序地扩散。

$$D=\frac{跳跃距离\ r^2}{跳跃时间\ 2\tau}$$

时间常数

$$\tau=\frac{r^2}{2D}=\frac{1}{2\pi f_m}$$

式中　f_m——轨迹上的最小频率；

r——催化剂层厚度

③特别是在低电流下，甲醇穿透会增加电阻（圆直径）。

随着温度的升高，第 2 段和第 3 段可合并成一个大弧（$\tau_1 < 10\tau_2$）。电渗水运输和甲醇穿透增加。

退化。在 XPS 研究中，老化的 PtRu/C 电极显示出钌减少和碳浓度增加的现象。PTFE 碎片变成疏水性较差的碎片。见第 4 章。

5.4.3　循环伏安法

在碳载铂电极上加入甲醇或在硫磺酸中吹入 CO 后显示出在 800 mV RHE

下有较大的 CO 氧化峰[17]，这与 CO 吸附物相关。因为通过甲醇的解离吸附使表面被 CO 覆盖，Pt－H 峰在 0～300 mV RHE 下消失。在 Pt/Ru 电极上，CO 氧化在 600 mV RHE 下已经开始。

5.5　应用

20 世纪 60 年代矿物油公司和汽车供应商的早期努力就已经瞄准了 DMFC 的移动与便携式应用（表 5.15 和图 5.9）。在 0.4 V 的电池电压、50% 的法拉第效率以及在碱性系统中系统效率低于 15%，电流密度约为 50 mA/cm²，这使得其难以在技术上期望的功率密度下获得应用。原因是甲醇阳极的过电压、催化剂中毒以及氢氧化钾的 CO_2 敏感性。PEM 电池带来了一些改进。

表 5.15　Bosch 燃料电池（1963）

额定电压/V	12
功率/W	100
电解质	KOH
运行温度/℃	65～70
尺寸/cm×cm×cm	60×60×44
质量/kg	90

1. 燃料电池系统

燃料电池系统需要甲醇浓度可调整的甲醇－水回路。用液体和气体反应物供应 DMFC 并不容易。

(1) 甲醇回路（阳极侧）：甲醇储罐，定量供应和循环泵，液位控制，甲醇传感器，供水，启动阶段加热器。

(2) 空气供应（阴极侧）：压缩机。

(3) 冷却系统：冷却器，CO_2 分离器（阳极），水分离器（阴极）。

(4) 电器：逆变器，控制装置，调节装置。

图 5.9　后部带有 3 kW DMFC 的实验卡丁车（2001）
资料来源：Daimler 公司

DMFC 系统的简单性令人印象深刻。在 0.5 V 的所需电池电压下，DMFC 可提供大约 0.2 A/cm² 的电流密度和 0.1 W/cm² 的功率（表 5.16）。电压效率达到 0.5/1.18≈42%。对于 200 V 的有效电压，必须串联连接 400 个单个电池。20 kW 的单元需要 500 cm^2的有效电极面积。目前尚未实现电池电压在 3 000 h（移动）或 4 000 h（静止）的运行时间内 10 μV/h 的允许退化目标。随着电流密度的增加，甲醇穿透 PEM 膜并降低电池电压。另外，已知 PEM 系统在冬季和恶劣天气下的运行存在问题。通过将空气吹入燃料气流中（air bleed，US 4 910 099），可以减缓阳极 CO 中毒，但由于寄生氧化反应会导致功率损失。过氧化氢作为氧化剂也会促进 CO 的氧化，但是它将长期损害 PEM 膜。

表 5.16　单位电极横截面积的典型功率[1]　　mW/cm^2

带有甲醇蒸发器	30 ~ 100 ~ 150
通过渗透蒸发	5 ~ 20 ~ 40

2. 便携式应用

目前的 PEM – DMFC 技术对固定式系统和电动车来说并不令人信服。有前途的便携式燃料电池看起来很有希望代替电池。可再填充的甲醇可以延长运行时间，而不是更换电池或为蓄电池充电。

原则上，DMFC 可以驱动割草机、轻便摩托车和发电机。便携式计算机和相机的 DMFC 市场正在发展。便携式 DMFC 见表 5. 17。

表 5.17　便携式 DMFC

2000 年，Manhattan Scientific：MEA 带微型 DMFC（离子蚀刻聚合物膜，逐段固定在空气和燃料气体电极上）。

2001 年，Ballard：500 W/L 便携式 DMFC。

2002 年，smart fuel cell：远程电源系统 SFC 25. 2500 R。

2003 年，NEC，Toshiba，Motorola，Giner，Sanyo 的发展。

2016 年，预计的 DMFC 市场：10 亿美元

（1）喷射推进实验室（JPL，1992—1994）在氧运行下用 3% 甲醇水溶液将 PEM – DMFC 技术的电池电压提高到 0. 5 V（300 mA/cm^2，60 ~ 90 ℃，1. 4 bar）。国际燃料电池（IFC，1994/1995）在 270 mA/cm^2（104 ℃，3. 5 bar）下也达到了 0. 5 V。

（2）SFC Energys① 远程电力系统 SFC 25. 2500 R（2001）可独立于电网向

① 之前：Smart Fuel Cell。

移动系统供电。例如：代替露营者、野营和船中的柴油发电机。集成有铅酸电池的便携式 SFC A25 可从 2.5 L 甲醇储罐中提供 25～80 W 功率。用于笔记本电脑的“东芝能源坞站”原型机可通过 125 mL 的甲醇存储盒提供 20～40 W 的功率（115 W·h，0.8 kg，25% 的效率）。阴极形成的水被传送到阳极来稀释来自存储盒的纯甲醇。带电池的 EFOY 系列（2016）通过 Pro 12000 Duo 可提供：500 W 和 24/48 V，质量为 32 kg，甲醇消耗量为 0.9 L/（kW·h）。

SFC A25：2 500 W·h；9.7 kg；

47.5 cm×24 cm×16 cm

（3）“东芝能源坞站”可通过 100 mL 的存储盒（90% 甲醇）提供满足笔记本电脑 10 h 运行的 12～20 W 的电力。

Toshiba：120 W·h；0.9 kg；

27 cm×7.5 cm×4 cm

（4）锂离子电池的 Motorolas“Impres”充电器可用通过产物水稀释的纯甲醇发电。812 cm^3的体积中包含了启动电池、甲醇泵、空气泵、混合室、再循环泵、甲醇传感器、DMFC、甲醇储罐、泵控制电子元件、传感器和 DC/DC 转换器、功率调节器和电池接口。

Motorola“Impres”：

1～2 W，62 W·h/100 mL 甲醇；0.6 kg

（5）NEC 外置笔记本电脑套装可通过其 330 mL 的甲醇存储盒提供 5 h 的电量。碳纳米管（富勒烯）增大了阳极表面。

NEC：12～18 W；60 W·h；0.8 kg

（6）带甲醇存储盒的 Gerer Electrochemical Systems 可在 50 W 的军用情况下运行 16 h。

Giner：50～90 W，800 W·h，6 kg，

45 cm×33 cm×17 cm

（7）MTI Micro Fuel Cells 公司：1 800 W·h/kg 和 0.1 W/cm^2。

5.6　醚直接发电

尽管二甲醚①有挥发性和危险性，但其具有与甲醇一样的优点，即在阴极处不存在寄生氧化，产生的二氧化碳较少。甲醇的阳极中间痕迹是可检测的。

① 1839/1842 W. R. Grove：用醚发电。

在铂电极的硫酸中加入二甲醚几乎不会改变循环伏安图[17]。Pt－H区（约250 mV RHE）中的还原峰消失；在约700 mV RHE下会出现氧化峰。

在更高的阳极电势下，DME吸附因此也比无Pt－H电极表面上更易发生。阻抗谱与甲醇DMFC类似。然而，与铂不同，Pt/Ru阳极缺少感应传质弧，即被吸附物比电极表面的甲醇更容易解吸。其材料数据见表5.18。

表5.18 材料数据

甲醇	沸点/℃	65
	蒸汽压力（20 ℃）/mbar	128
	密度/（$g \cdot cm^{-3}$）	0.79
	热值/（$MJ \cdot kg^{-1}$）	22.7
	闪点/℃	12
二甲醚	沸点/℃	－23
	蒸汽压力（20 ℃）/mbar	5 100
	密度/（$g \cdot cm^{-3}$）	0.67
	热值（$MJ \cdot kg^{-1}$）	28.4

二甲氧基甲烷可生成中间体甲醇。阻抗谱显示了从甲醇通道和传质弧中已知的额外高频半圆。

$$CH_3O—CH_2—OCH_3 + 2H_2O \longrightarrow 2CH_3OH + CO_2 + 4H^{\oplus} + 4e^{\ominus}$$

二甲氧基乙烷（DME），$CH_3O—CH_2CH_2—OCH_3$，乙醇的乙醚（乙二醇）是油漆和乙基纤维素的重要溶剂。

参考文献

技术

[1] R. K. Mallick, S. B. Thombre, N. K. Skrivastava, Vapour feed direct methanol fuel cells (DMFC): A review, *Renewable and Sustainable Energy Reviews*, 2016, 56: 51－74.

[2] L. J. Blomen, M. N. Mugerwa (Hg.), Fuel Cell *Systems*. New York: Plenum Press, 1993. Reprint 2013.

[3] J. O'M. Bockris, S. U. M. Khan, *Surface Electrochemistry*. New York: Plenum Press, 1993.

[4] L. Carette, F. A. Friedrich, U. Stimming, Fuel *Cells – Fundamentals and Applications*, *Fuel cells* 1(2001)5 –39.

[5] *Encyclopedia of Electrochemical Power Sources*, J. garche, Ch. Dyer, P. Moseley, Z. Ogumi, D Rand, B. Scrosati(Eds.), Vol. 2: Fuel Cells – Direct Alcohol Fuel Cells. Amsterdam: Elsevier; 2009.

[6] C. H. Hamann, W. Vielstich, *Elektrochemie*. Weinheim: Wiley – VCH, [4]2005, Abschnitt "ELektrokatalyse".

[7] (a) K. Kordesch, G. Simader, Fuel *Cells and Their Applications*. Weinheim: Wiley – VCH, [4]2001.

(b) K. Kordesch, A. Marko, *Österr. Chem. Ztg.* 52(1951)125.

[8] A. R. Landgrebe, R. K. Sen, D. J. Wheeler(Ed.), *Proc. Workshop on Direct Methanol –Air Fuel Cells*, Electrochemical Society 92(14)(1992).

[9] K. Ledjeff – Hey, F. Mahlendorf, J. Roes (Ed.), *Brennstoffzellen—Entwicklung*, *Technologie*, *Anwendung*. Heidelberg: Müller, [2]2001, Kapitel 5.

材料

[10] A. Binder, A. Köhling, G. Sandstede, *From Electrocatalysis to fuel cells*. Seattle: Univ. of Washington Press, 1982.

[11] R. P. H. Gasser, *An Introduction to chemisorption and catalysis by metals*. Oxford: University Press, 1985.

[12] D. A. Harrington, B. E. Conway, *Electrochim. Acta* 32(1987)1703.

[13] Mechanismus der Methanoloxidation. (a) M. P. Hogarth, G. A. Hards, *Direct Methanol Fuel Cells*, *Platinum Metals Rev.* 40(4)(1996)150 –159.

(b) V. S. Bagotzky, Y. B. Vasiliev, O. A. Chasova, J. *Electroanal. Chem.* 81(1977)229.

(c) R. parsons, T. Vandernoot, J. *Electroanal. Chem.* 257(1988)9.

(d) H. A. Gasteiger, N. M. Markovi, P. N. ross, E. J. Cairns, J. *Electrochem. Soc.* 141(1994)1795.

(e) A. S. Arico, H. Kim, A. K. Shukla, M. K. Ravikumar, V. Antonucci, N. GIORDANO, *Electrochim. Acta* 39(1994)691.

(f) A. Küver, I. Vogel, W. Vielstich, J. *Power Sources* 52(1994)77.

(g) A. B. Anderson, E. Grantscharova, J. *Phys. Chem.* 99(1995)9149.

(h) L. Liu, R. VISWANAHAN, R. LIU, E. S. Smotkin, *Electrochem. Solid State Lett.* 1(1998)123.

[14] CO – Absorption an Platin, (a) T. Iwasita, F. C. Nart, W. Vielstich, *Ber. Bunseges. Phys. Chem.* 94(1990)1030; J. M. Leger, C. Lamy, *ibid.* 1021; und andere Autoren dort.

(b) J. Willsau, J. Heitbaum, J. *Electroanal. Chem.* 161 (1984) 93; *Electrochim Acta* 31(1986)943.

[15] Anorganische Protonenleiter: J. Kjaer, S. Y. Andersen, N. A. Knudsen, E. Skou, *Solid State Ionics* 46(1991)169.

[16] E. MÜLLER, Z. *Elektrochem.* 28(1922)101.

[17] (a) J. T. Müller, *Direktverstromung flüssiger Energieträger in Brennstoffzellen*, Dissertation, Aachen: Shaker, 2000. (b) J. T. Müller, R. Wezel, R M. Urban, K. M. Colbow, J. Zhang, PCT Patent 9944253(1999).

[18] Patente zur MEA – Herstellung: siehe PEM – Brennstoffzelle(Kap. 4).

[19] (a) Edelmetallkatalysatoren: A. Reddington, A. Sapienza, B. Gurau, R. VISWANATHAN, S. SARANGAPANI, E. S. SMOTKIN, T. E. mallouk, *Science* 280 (1998)1735.

(b) Porphyrine: D. S. Cameron, G. A. Hards, B. Harri son, R. J. Potter, *Platinum Metals Rev.* 31(4)(1997)173.

(c) Wolframcarbid: R. Miles, J. *Appl. Chem. Biotech.* 30(1980)35.

[20] Elektrokatalysatoren:

(a) M. GÖTZ, H. Wendt, *Electrochim. Acta* 43(1998)3637.

(b) L. LIU et. al., *Electrochem. and Solid State Lett.* 1(1998)123.

(c) K. L. Ley et. al., J. *Electrochem. Soc.* 144(1997)1543.

(d) A. S. Arico et. al., J. *Power Sources* 55(1995)159.

(e) A. Hamnett, B. J. Kennedy, *Electrochim. Acta* 33(1988)1613.

(f) N. A. HAMPSONet. al., J. *Power Sources* 4(1979)191.

(g) B. D. McNICOL et. al., J. *Chem. Soc. Faraday I* 72(1976)2735.

[21] (a) M. G. roelofs, *Recent developments in perfluorinated membranes for fuel cell applications* (DuPont), 18. Tagessymposium, Paul – Scherrer – Institut, Villigen 2003.

(b) X. Ren, T. A. Zawodzinski, F. Uribe, H. Dai, S. Gottesfeld, *Methanol cross – over in direct methanol fuel cells*, 1st Internat. Symposium on proton conducting membrane fuel cells, The Electrochem. Soc. 95 – 23(1995)284 – 298.

[22] Ph. ROSS, *Electrochim. Acta* 36(1991)2053.

[23] Membranentwicklung: (a) R. F. Savinell et al., J. *Electrochem. Soc.* 141

(1994)L46,142(1995)L121; J. *Appl. Electrochem.* 26(1996)751;*Electrochim. Acta* 41(1997)193.

(b)*Proc. 11th World Hydrogen Energy Conf.* 2(1997)1881,1951.

应用

[24] BOSCH - Brennstoffzelle: W. Haecker, H. Jahncke, M. Schönborn, G. Zimmermann,*Metalloberfläche* 24(1970)185.

[25]Direktverstromung von Methanol und kleinen Molekülen:

(a)K. Y. Chen,A. C. C. Tseung,J. *Electroanal. Chem.* 451(1998)1.

(b) S. R. Narayanan, E. Vamos, S. Surampudi, H. Frank, G. Hal - pert, G. K. S. Prakash,M. C. Smart. R. Knieler, G. A. Olah, J. kosek, C. copley, J. *Electrochem. Soc.* 144 (1997)4195.

(c)R. parsons,T. Van der Noot,J. *Electroanal. Chem.* 257(1988)9.

(d)J. Wang,S. Wasmus,R. F. Savinell,J. *Electrochem. Soc.* 142(1995)4218.

[26] HITACHI - Brennstoffzelle: K. Tamura, *New Mater. Processes* 2 (1983)317.

[27]SIEMENS - Brennstoffzelle:(a)M. Waidhas,W. Drenckhahn,W. Prei - del,H. Landes,J. *Power Sources* 61(1996)91.

(b)H. Grüne, K. Mund, M. Waidhas, *Proc. EFCG Ltd's* 1994 *Spring Workshop "Fuel Cells for Transportation"* (1994)79.

(c)M. Waidhas et al. ,*Proc. Fuel Cell Seminar*,San Diego(1994)477.

[28]K. Mund,*VDI Berichte* Nr. 1174(1995)211.

[29]TÜV süddeutschland Holding AG,*Hydrogen - a world of energy*,B. Chen (Ed.),Broschüre,München 2002.

[30] C. J. Winter (Hrsg.), *Wasserstoff als Energieträger.* Berlin: Springer,[2]1989.

[31]K. R. Williams,D. P. Gregory,J. *Electrochem. Soc.* 110(1963)209.

第 6 章

磷酸燃料电池

在多次尝试硫酸燃料电池中使用汽油进行发电无果而终后，促使磷酸盐料电池（PAFC）出现。

硫酸在 80 ~ 100 ℃下就会与碳氢化合物发生反应，磷酸则可在 200 ℃下使用。硫酸具有较低的电解质电阻；但磷酸在较高的运行温度下易于去除氧侧的反应水。

PAFC 耐受 1% ~3% 的 CO 和 H_2S，因此可以在无须进行复杂的精细清洁步骤下使用化石燃料中的富氢气体。PAFC 可提供较高的电流密度，并已证明具有良好的长期稳定性。20 世纪 90 年代，所有燃料电池类型最多只发展到装置建设的商业化，目前则都已停滞不前。

PAFC 历史见表 6.1。

表 6.1　PAFC 历史（一）

1839/1942 年，W. R. Grove：硫酸氢 - 氧电池。

1889 年，Mond 和 Langer：硫酸中带铂电极的氢 - 氧气池。

1967—1976 年 USA：“气体能量转化的研究团队”（Target）。

1967 年，United Technologies（UTC）。自 1985 年起：International Fuel Cells（IFC）：水冷 PAFC：钽网中的 Pt - Mohr/PTFE；85% H_3PO_4/玻璃纤维分离器。

1971 年：燃料电池发电机；碳纸上结合 PTFE 的铂 - 碳电极；SiC 分离器中 95% H_3PO_4。

续表

1977：1 MW 的示范设施，康涅狄格州的南温莎。

1978—1983：4.5 MW 在曼哈顿。

1979/1980：带肋的电池设计。

1980—1985：4.5 MW 在东京（在 0.65 V，3.4 bar，40% ~ 45% 的总效率下，270 mA/cm^2）。

1985：UTC 和 Toshiba 组成 IFC（自 1990 年以来：ONSI）。

1982—1986 现场测试：42 “PC-18”（40 kW）；9 ~ 15 个月。

1989—1994：11 MW 在东京。

Ab 1967 年，Westinghouse：风冷式 PAFC；能源研究公司（ERC）的先进技术。

1971—1973 年，Pratt&Witney 公司：美国、加拿大和日本的 65 个实验性 12.5 kW 天然气 PAFC。

1976—1986 年，USA：气体研究学院（GRI）和美国能源部（DOE）：美国和日本的 64 个装置；平均寿命：6 500 h。

基本结构。IFC-ONSI 的 PC25 单个电池由两个涂覆铂催化剂的高度多孔石墨气体扩散电极组成。位于它们中间的纤维状碳化硅基质与浓磷酸相结合并将阳极侧和阴极侧彼此气密地隔开。带肋双极板被用于供气。水冷 PAFC 的基本结构如图 6.1 所示。

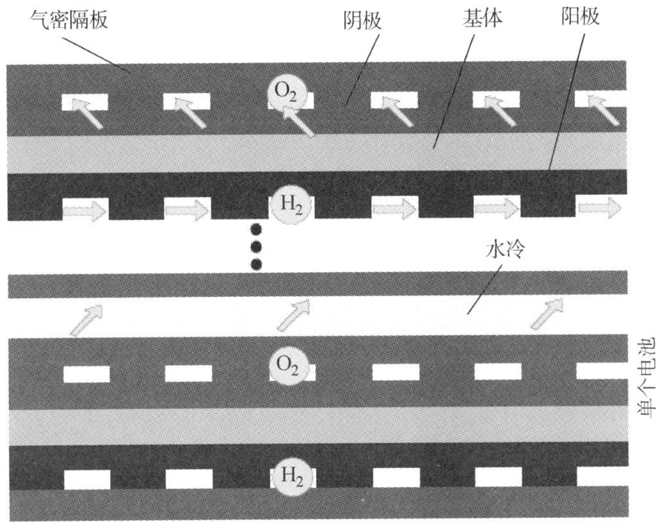

图 6.1　水冷 PAFC 的基本结构

6.1 PAFC 系统的特征值

PAFC 历史见表 6.2。

表 6.2 PAFC 历史（二）

1980 年，US 海军：潜艇 PAFC 测试。

1981 年，日本的“月光计划”。

1980—1983 年，Engelhard：用于叉车（5 kW）的液体冷却 PAFC 和带有甲醇重整器的公共汽车（50 kW）。

1983 年，Exxon，Alsthom，Occidental Chemical：硫酸电池；铂；双极板由 PP + 炭黑制成。

1985 年，PAFC 发电站：Westinghouse（1980），Engelhard（1986），Toshiba（1982），Mitsubishi（1984），Fuji（1990），Sanyo（1986），Hitachi（1990）。

1987—1991 年，ERC 和美国 Los Alamos 国家实验室（LANL）：用于城市公交车的 36 kW甲醇 PAFC；带镍镉电池的混合动力系统。

1989 年，Kinetics Technology（KTI）：第一个欧洲 PAFC 发电厂（25 kW）。

1990 年，IFC（UTC 燃料电池）、Toshiba 和 ANS ALDO（意大利）运营的 ONSI；商业 PC 25（200 kW）。截至 1998 年底，全球有 160 个装置，欧洲 19 个，每台 2 500 美元；使用寿命 >6 800 h。

1993 年，PC25B 型。

1997 年，PC25C 型。

1992/1993 年，Ruhrgas 和 Thyssengas 对 PC25A 进行了测试。

1994—1997：室内游泳池（Düren 市政部门）和仓库（Bochum 市政部门）。

1994 年，H－Power 和 Fuji：50 kW 甲醇 PAFC 公共汽车（带铅酸电池的混合动力系统）。此后：Mitsubishi。

2002 年，Dbi Gas－Und Umwelttechnik：用于 Kamenz 医院的 200 kW PAFC。

2003 年，Nissan 和 UTC：车辆应用。

2008 年，UTC：400 kW 单元。

2015 年，ZBT Duisburg：110 kW 的电源和低氧空气的生产

同义词：磷酸燃料电池（Phosphoric Acid Fuel Cell，PAFC）。

类型：低温氢氧气体电池。

电解质：浓磷酸；在 PFTE 结合的碳化硅基质中固定为凝胶。电荷载体是质子 $H^{\oplus}$或水合氢离子 $H_3O^{\oplus}$。

运行温度：180 ℃（160～220 ℃）。

燃料气体：氢（化石和生物能源）。

氧化剂：空气、氧气。

电极反应：H_2和 O_2通过阳极和阴极气体空间进入，并溶解在电解质中然后扩散到气体扩散电极中的活性反应中心（铂催化剂）。通过阳极氢氧化形成的质子通过电解质迁移并且在阴极处与氧再结合以生成水蒸气。简而言之，就是发生氢氧气体反应（$\Delta H = -285.8\ kJ/mol$）。电极反应：

$$\ominus\text{阳极} \qquad 2H_2 \rightleftharpoons 4H^{\oplus} + 4e^{\ominus}$$

$$\oplus\text{阴极} \qquad O_2 + 4H^{\oplus} + 4e^{\ominus} \rightleftharpoons 2H_2O$$

$$2H_2 + O_2 \rightleftharpoons H_2O$$

电极毒物：一氧化碳转化为二氧化碳并排出。>1% 的一氧化碳含量即可使铂阳极中毒。

$$CO + H_2O \longrightarrow CO_2 + 2H^{\oplus} + 2e^{\ominus}$$

电池电压：理论上，可逆电池电压为 1.1 V（190 ℃）；实际可达到大约 0.64 V。

电极材料：具有炭黑支撑纳米分散铂催化剂的多孔碳纤维电极。带印刷流动通道的石墨双极板。

特殊优点有以下两个方面：

（1）使用含二氧化碳的燃料气体；CO 耐受性可达 1%；由于其运行温度较高，CO 在铂催化剂上不如其在 PEM 燃料电池上那样吸附良好。

（2）蒸汽重整和热水制备的余热。

典型缺点包括以下两个方面：

（1）使用寿命（碳烧损、铂烧结）。

（2）适度的电解液电导率。

系统组件：重整器（第 10 章），变换反应器，热回收用热交换器，电气操作部分。

电效率：55%（电池），40%（含重整器），80%（以天然气为基准；燃气轮机：分别为 85% 和 33%）。

发展状况：商业化；兆瓦范围内的原型装置；热电联产，分散发电。

6.2　酸性电解质

6.2.1　磷酸

磷酸 H_3PO_4在 225 ℃下电化学稳定；在 150 ℃以上时，电导率非常好。蒸发水溶液后，一旦达到 $H_3PO_4 \cdot H_2O$ 组成，就会生成二磷酸 $H_4P_2O_7$ 和更高价的磷酸[5]。由于其极低的水蒸气压力，今天被用于 PAFC 中防腐的 100% 磷酸①是固态的并且可在 42 ℃时熔化。在 H_3PO_4 浓度低于 95% 时，水蒸气压力急剧上升。92% ~95% 的磷酸可自动脱水和自溶。

$$H_4PO_4^{\oplus} + H_2PO_4^{\ominus} \rightleftharpoons 2H_3PO_4 \rightleftharpoons H_4P_2O_7 + H_2O$$

因为磷酸盐黏附在电极上会阻碍氧气吸附，氧气还原比硫酸或高氯酸中要慢。随着温度升高和压力增加，形成多磷酸。在 150 ℃以上时，存在二磷酸等高度分解的多磷酸盐，阴离子吸附量小。

由于存在腐蚀敏感的成分，以前只使用稀磷酸。今天，可以使用耐腐蚀材料，碳质电极的长期稳定性在 100% 的酸中得到了改善。磷酸见表 6.3。

表 6.3　磷酸

电导率	95% H_3PO_4： >0.6 S/cm（200 ℃） 酸浓度 190 ℃，1 bar：98% ~100% H_3PO_4 205 ℃，8.2 bar：93% H_3PO_4
水蒸气压力	108% H_3PO_4 3 mbar 103% H_3PO_4 10 mbar 97% H_3PO_4 120 mbar 93% H_3PO_4 300 mbar 85% H_3PO_4 450 mbar

6.2.2　无机酸和磺酸

含水酸的蒸汽压高；在 100 ℃以上时，水会被蒸馏掉，从而不能在 PAFC 中使用。

硫酸 H_2SO_4 具有高导电性（约 1 S/cm），但比磷酸更易挥发，阴极还原为亚硫酸 H_2SO_3 和一些 H_2S 与硫。

高氯酸 $HClO_4$ 作为一种强效氧化剂，会导致燃料爆炸。

HCl 和 HBr 可用于高功率密度的氢卤素电池。氯电极和溴电极上的反应比

① 市售 85% 的磷酸（密度 1.687 g/cm^3，熔点 21 ℃，沸点 158 ℃）。

氧电极处的反应更快；交换电流密度分别为 1 mA/cm^2 和1 nA/cm^2；不会出现复杂的氧化覆盖层。正向和逆向反应均在相同的电催化剂上进行。然而，电池部件有腐蚀稳定性方面的问题。对于 PAFC 来说，HCl 太易挥发，高氯酸 $HClO_4$ 太不稳定。

三氟甲磺酸 CF_3SO_3H 是热稳定的，能够很好地溶解氧；酸阴离子几乎不吸附在电极表面上。氧还原比在无机酸中快 10 倍。不希望的是 PTFE 在疏水气体扩散电极中的良好润湿性，低沸点温度和高温下电导率下降。不同电解质的电导率 κ 见表 6.4。

6.4　不同电解质的电导率 κ

含水电解质/（$mS \cdot cm^{-1}$）	
Ni－Cd 电池中的 KOH	620
铅酸电池中的 H_2SO_4	850
无水电解质	
1.16 mol/L $LiClO_4$，DMF	22
1.39 mol/L $LiClO_4$，DME－PC	15

DMF	二甲基甲酰胺（至 105 ℃）
DME	二甲氧基乙烷
EG	乙二醇
PC	碳酸亚丙酯
GBL	γ－丁内酯

6.2.3　超强酸

超强酸是强酸性 Lewis 酸（SO_3，BF_3，AsF_5，SbF4）和强酸性 Brönsted 酸（HSO_3F，$HClO_4$）的混合物，其酸性超过硫酸。从最广泛的意义上讲，Nafion®也可以被认为是一种超强酸。

“魔酸”（SbF_5/HSO_3F）本身甚至可以质子化硫酸、碳酸、甲酸、甲醛和氟苯，并迫使氢从氢气中裂解。当通过生成加合物将 $H_2SO_3F^{\oplus}$ 阴离子从平衡中析出时，通过氟磺酸 HSO_3F 的质子自迁移反应生成酸性极强的 $H_2SO_3F^{\oplus}$ 阳离子。

Hammett 方程描述了超强酸的强度：

$$H_0 = pK_I - \lg \frac{c_{BH\oplus}}{c_B},\ pK_I = -\lg \frac{c_B c_{H\oplus}}{c_{BH\oplus}}$$

在稀释的水溶液中为

$$H_0 = pH - \lg \frac{\gamma_{B\oplus}}{\gamma_{BH\oplus}}$$

Hammett 酸度函数：相当于超强酸的 pK 见表 6.5。

表 6.5　哈米特酸度函数：相当于超强酸的 pK

酸	H^0
HSO_3F + 25 mol - % SbF_5	-21.5
HF + 0.6 mol - % SbF_5	-21.1
HSO_3F	15
$H_2S_2O_7$	15
H_2SO_4	12
HF	11
HF + 1 M NaF	+8.4
H_3PO_4	+5.0
H_2SO_4 63%	+4.9
HCOOH	+2.2

c_B——光谱法测定的高度稀释酸中弱碱指示剂浓度（对硝基苯胺、芳族硝基化合物）；
$c_{BH\oplus}$——相应酸指示剂的浓度；
H^0——Hammett 酸度函数；
pK_I——指示剂体系的酸指数；
γ——活度系数

6.3　电极材料

PAFC 气体扩散电极采用箔技术生产。嵌入石墨化酚醛树脂中的 10 μm 玻璃碳纤维制成的多孔石墨纸被用作电极载体。带含氟聚合物（PTFE）的疏水化背衬层决定了电池的水平衡。

活性层。铂催化剂以 10% 的载荷在乙炔黑（例如：Vulcan XC - 72）上胶体状沉积，与 30% ~40% PTFE 黏合剂混合并涂覆或印刷到基材上。[①] PTFE 可使电极表面疏水化，形成电解质/电极/气体空间三相边界并防止孔隙溢水。疏水性黏合剂的分布明显决定了多孔电极的结构和三相边界。<100 nm 的小颗粒碳粉为精细分散的铂纳米晶体创造了较大的比表面积。阳极铂覆盖率约为 0.1 mg/cm^2，阴极为 0.5 mg/cm^2。阴极上的氧化物形成和吸附膜以及铂颗粒的烧结会降低使用寿命与活性表面。

市售电极[②]极大地刺激了 PEM 燃料电池的发展。

SiC 微孔电解质基质被浇注到阴极上。晶粒尺寸必须 <1 μm，确保 1 bar 的压差不会将电解质从孔中吹出。

Laplace 定律：

$$\Delta P = \frac{2\sigma}{r} \tag{6.1}$$

式中：Δp 为压差；r 为孔半径，σ 为表面张力。

由于电池堆中各个电池之间的压缩石墨板可用作双极板，为供气和气体分配在石墨板中加肋或压制出 Z 形图案。独立的双极板和流板已经过时。通过热解合成树脂将电极和双极板黏合在一起。电极材料见表 6.6。

表 6.6　电极材料

氧电极（阴极）	碳载催化剂 与 PTFE 结合： 铂 铂族金属 铂合金（Pt－V，Pt－Cr）
燃料气体电极（阳极）	铂 铂族金属（Pt，Pd，Ru） 碳化钨（WC） 催化剂载体 石墨化炭黑 （Vulcan XC－72）
电极载体	碳纸

① 延展，刮片工艺：丝网印刷，流延成型。

② 例如：美国 E－TEK 公司。

续表

双极板	石墨
电解质基体	SiC + PTFE
PEMFC：第4章	

6.3.1 氢氧化

氢的解吸决定了铂阳极上的氢氧化速率。

$$[Pt] + O_2 + H^{\oplus} + e^{\ominus} \longrightarrow [Pt]—HO_2$$

没有观察到 ln 10 ×2 *RT/F* 的理论预期 Table 斜率，其与温度也无关（如在氢气分离的情况下）。

一氧化碳与 H_2竞争结合位点并毒害电极表面，特别是在 150 ℃以下。因为钌可促进 CO 氧化，采用铂-钌合金是非常有利的。钌在高过电压下会迅速老化。添加钨和钯也可提高 CO 耐受性。

6.3.2 氧还原

阴极氧还原的核心步骤

$$O_2 + 4H^{\oplus} + 4e^{\ominus} \longrightarrow 2H_2O$$

是形成化学吸附氧。

$$O_{2,吸附} + e^{\ominus} \longrightarrow O^{\ominus}_{2,吸附} \quad (E^0 = -0.33\ V)$$

铂栅允许末端吸附和桥接吸附 O_2。特别是电极表面吸附的磷酸根离子会阻碍氧还原（图6.2）。过氧化氢的生成并不重要。酸性溶液中的氧气还原速度比在碱性中时慢，这使得 PAFC 的效率比 AFC 低。实际的物质转换需要相对较高的铂量。

铂合金（Pt - Co，Pt - V，Pt - WO_3）可暂时改善电极活性。次级金属会从表面和缓慢地从块状材料中溶出，这增加了活性表面的面积。氧还原本身并没有加速。氧还原的过电压见表6.7。

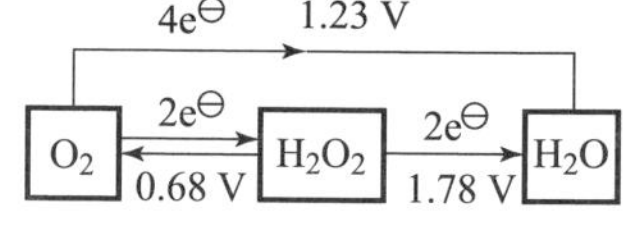

图6.2 氧还原的电势

表 6.7　氧还原的过电压（0.2 A/cm²）[6]

MCFC	
（Ni，NiO，650 ℃）	<0.1 V
AFC	
（Pt，Pt，65 ℃）	<0.1 V
PEMFC	
（Pt，Pt，100 ℃）	<0.25 V
PAFC	
（Pt，Pt，190 ℃）	<0.4 V

6.3.3　碳载铂催化剂

通过复合盐水解将胶体铂沉积在高表面积的活性炭颗粒上[6,13]。

（1）制备 $Na_6pt(SO_3)_4$（前体）：

①六氯铂酸与苏打（$H_2PtCl_6 + Na_2CO_3 \longrightarrow Na_2PtCl_6$），加入亚硫酸氢钠和亚硫酸氢钠，用苏打中和至 pH =7。

②$Pt(NH_3)_2Cl_2$加入亚硫酸钠。

③用亚硫酸钠煮沸 $H_2Pt(OH)_6$。

（2）在离子交换器中质子化，在 SO_2 裂解下沸腾。在 135 ℃下干燥铂黑。

（3）用活性炭过滤水悬浮液中的铂黑，由此吸附铂。

在 900 ℃的氮气流中对碳载铂进行热处理改善阴极材料。

6.3.4　电极稳定性

PAFC 的退化通常为 $\Delta U = -3\ \mu V/h$。碳在 200 ℃的热磷酸中腐蚀，特别是在水蒸气分压高于 100 mbar 和电池电压高于 0.8 V 时。在热力学上，水溶液中的碳在 50 mV NHE 时会被氧化成二氧化碳[12]。但反应受到动力学抑制，碳烧损因此而变得缓慢。

$$C + 2H_2O \longrightarrow CO_2 + 4H^{\oplus} + 4e^{\ominus},\ E^0 = +0.207\ V$$

$$C + H_2O \longrightarrow CO + 2H^{\oplus} + 2e^{\ominus},\ E^0 = +0.518\ V$$

$$CO + H_2O \longrightarrow CO_2 + 2H^{\oplus} + 2e^{\ominus},\ E^0 = -0.103\ V$$

碳的电阻见表6.8。

表6.8　碳的电阻（μΩ·m）[6]

石墨	-来自石油焦炭	8~13
	-石墨纤维	42
	玻碳	30~50
活性炭	-来自石油焦炭	35~46
	-由无烟煤制成	33~66
	-由炭黑制成	58~81
	碳纤维	>600

碳载体在2 700 ℃下的石墨化会提高其耐久性。① 铂团聚体（2~5 nm）易于晶粒生长，从而在长期运行下增加过电压。钒和铬合金比铂更耐腐蚀。在实际运行中，可停机时在阴极侧用氮气吹扫PAFC。

6.3.5　电极毒物

二氧化碳不会降低PAFC的性能。但重整燃料气体中的CO和H_2S会损坏氢电极，温度高于180 ℃会导致1%~2%的CO耐受性。

电极毒物见表6.9。

表6.9　电极毒物

CO	>1 %（175 ℃）
	>2%（200 ℃）
$Cl^{\ominus}$/ppm	>1
NH_3/ppm	>1
H_2S，COS/ppm	>100
$C_2^{\oplus}$/ppm	>100
非关键性的	
金属离子，CO_2，CH_4，N_2	

1 ppm = 10^{-6} = 0. 000 1%

硫化氢可使铂中毒，特别是在较低的运行温度下。[Pt] 代表表面原子。

① 石墨化的炭黑（例如：2 700 ℃下的Vulcan XC-72）在磷酸中比未处理的活性炭更耐腐蚀。

$$\mathrm{Pt + H_2S \longrightarrow [Pt] - H_2S \xrightarrow[-e^{\ominus}]{-H^{\oplus}} [Pt] - HS_{ads} \xrightarrow[-e^{\ominus}]{-H^{\oplus}} [Pt] - S}$$

可以在高阳极电位下出现的元素硫被氧化成 SO_2。

氨与磷酸反应成盐并使氧还原恶化。

$$\mathrm{NH_3 + H_3PO_4 \longrightarrow (NH_4)H_2PO_4}$$

在运行 800 或者 2 h 后，短暂加载氨和甲醇 1 h 即可恢复（表 6.10）。由于硅氧烷磷酸酯仅在 300 ℃ 的沸点以上蒸发，所以硅氧烷造成的损害即使在 1 000 h后也不会完全消失。

表 6.10　电极毒物：对电池电压和过电压的影响

	CH_3OH	NH_3	硅氧烷
U	↑	↑	↑
U_0	↓	↓	↓
$\eta^{\oplus}$	↑	↑	—
$\eta^{\ominus}$	↓	—	—

6.4　运行特性

随着运行温度的升高，电极反应将更容易运行。温度升高 10 ℃可使电池电压增加 15 mV（5 bar，200 mA/cm^2）。然而，在 180 ℃以上、电压 >0.8 V 且反应气体分压较高时，铂覆盖的碳电极会被迅速腐蚀。负载电路可使电池电压保持在低于 0.8 V 的水平。磷酸电解质在 42 ℃以下时会固化，这使得只能设定较低的运行温度。PAFC 电池反应的 Nernst 方程见表 6.11。

表 6.11　PAFC 电池反应的 Nernst 方程

⊖阳极，H_2：	$E_{OX} = E^0_{OX} + \frac{RT}{2F}\ln\frac{[H^{\oplus}]^2}{[H_2]}$
⊕阴极，O_2：	$E_{red} = E^0_{red} + \frac{RT}{2F}\ln\frac{[O_2]^{1/2}[H^{\oplus}]^2}{[H_2O]}$
电池开路电压	$E = E_{red} - E_{OX} = \Delta E^0 + \frac{RT}{2F}\ln\frac{[H_2][O_2]^{\frac{1}{2}}}{[H_2O]}$
（阳极和阴极的 pH 值与水含量相同。）	

方括号表示平衡活性：$[OH^{\ominus}] = a_{OH^{\ominus}}$。对于气体，可以使用压力：$[H_2] = p_{H_2}/p^0$，其中 $p^0 = 101\ 325$ Pa。

将运行压力从 1 bar 增加到 5 bar 可使电池电压增加 120 mV（在 205 ℃，200 mA/cm^{2}下）。IFC 在 200 ℃和 8 bar 压力下使用重整器氢气与空气运行 PAFC（325 mA/cm^{2}时 0.73 V）。其他公司在大气压或稍高的压力下需要 150～190 ℃。

冷却技术。通常 190～210 ℃的运行温度有利于水和废热的去除。辐射冷却仅适用于小型系统。通过双极板（IFC）中的平行薄壁铜 U 管和介质系统①可实现主动冷却。液体冷却系统效率更高，但比气体冷却更为复杂，这可通过供应气体或特殊冷却通道来很容易地加以实现。

（1）水冷：通过多个双极电池之间的冷却板可有效地冷却；辅助能量极低，热水流的利用价值高；需要管道，高工作压力和高纯度水（腐蚀，泄漏电流）。

水冷：IFC，Fuji，Toshiba，Mitsubishi

（2）空冷：简单可靠；需要密封（辅助能源）。

空冷：Erc，Sanyo

（3）油冷：简单可靠；需要密封。

油冷：Fuji

多孔阴极中氧还原和氧化膜形成的动力学决定了电流－电压曲线与阻抗谱。当启动时，阴极充满氮气。如果阴极电位高于 0.8～0.85 V NHE，则会发生腐蚀损坏。低于 45 ℃时，电解液会冻结，聚四氟乙烯黏合的电极结构会被破坏。只要能够达到温度，其中 CO 中毒并不重要，可用纯氢作为燃料气体。PAFC 电流－电压特征曲线示意图如图 6.3 所示。

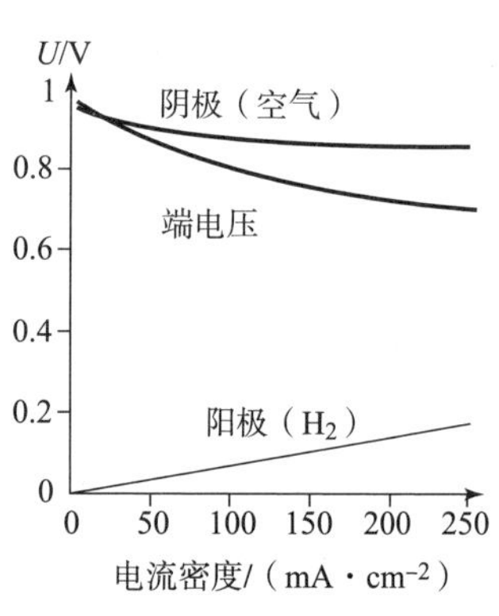

图 6.3　PAFC 电流－电压特征曲线示意图

6.5　固定设备

PAFC 电厂已达到较高的技术水平。可持续减排推动其发展：传统燃煤电

① 使用不导电的冷却介质。

厂会造成大部分人为空气污染（含 25% 的二氧化碳、40% 的氮氧化物和额外的二氧化硫）。对燃料电池发电厂的投资则是面向进一步标准的。

（1）以最低成本为社会实现最大增值：生活质量、环境和噪声保护、选址、空间消耗、替代燃料。

（2）能源生产成本：原材料价格、效率。

（3）贴近用户的能源利用：动态负荷特性、热电联产。

分散式供应结构中的燃料电池发电厂：

（1）多用途市政供电/供热系统。[①]

（2）分散发电，现场热电联产。[②]

（3）工厂过程气体的利用。[③]

传统和直接的能量转换如图 6.4 所示。

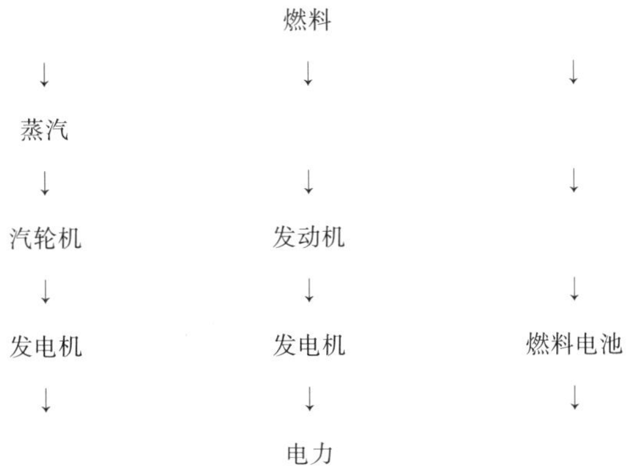

图 6.4　传统和直接的能量转换

6.5.1　PAFC 电厂

燃料电池发电厂可以使用各种碳载体，其中应优先考虑低硫天然气，因为它产生的二氧化碳排放量最低。用天然气运行的燃料电池系统包括以下几个方面。

（1）产气：天然气中约 78% 的氢气。

①脱硫。

②重整水煤气。

③CO 的两阶段转换。

---

① utility use in dispersed energy systems，分散能源系统中的公用事业利用。

② on – site integrated energy systems，现场综合能源系统。

③ industrial co – generation，工业合作。

④气体净化：烃的催化后燃烧；氨吸收。

蒸汽重整：　$CH_4 + H_2O \longrightarrow 3H_2 + CO$（850 ℃）

CO 转化：　$CO + H_2O \longrightarrow H_2 + CO_2$（220 ℃）

大量蒸汽（$S/C = 2.5 \sim 7$）提高了氢气产量、燃料电池效率和净系统效率，同时也降低了气体发生系统的效率。

（2）燃料电池：在 220 ℃（1 bar）下，通过空气使重整产物发电。所产生的蒸汽反过来被导入重整过程中；用随后燃烧的阳极废气加热重整器。

（3）电力转换：DC－DC 转换器和逆变器产生同步三相电流（380 V，50 Hz）。

（4）辅助装置：

①供气（天然气、氮气、压缩空气）。

②冷却系统：换热器、汽水分离器（排气至重整器）。

③制备冷却水（离子交换剂、活性炭）。

④蒸汽发生器。

⑤发电机（用重整器排气发电）。

⑥控制和管理。

PAFC 发电厂的燃料见表 6.12。

表 6.12　PAFC 发电厂的燃料

天然气：
甲烷
液态天然气，LNG
液化气
液化石油气，LPG
石油：
■ 轻质汽油（<100 ℃）
■ 重汽油（<200 ℃）
■ 石油：煤油 175～280 ℃
■ 粗柴油（<350 ℃）
■ 重质燃料油（>350 ℃）
煤
甲醇

产气：见第 10 章。

对重整器（管道、管束或流化床反应器）有以下要求：

（1）结构紧凑。
（2）能够快速响应负载变化。
（3）氮氧化物排放量极低。
（4）通过废气再燃烧提高效率。

Fuji 城市燃气蒸汽转化炉（1990）可在 710 ℃的反应温度、大气压力和 2.5 的蒸汽与碳比率下提供 50 m^3/h 的氢气。Fuji 还尝试了甲醇重整器（190 ℃，1 bar，效率为 40%）。汽油和液化气裂变不能获得满意的产出。

PAFC 发电厂的能量平衡见表 6.13。

表 6.13　PAFC 发电厂的能量平衡

燃料	100%
⇓	
电池堆中的能量转换	87%
⇓	
废热	
–燃料处理	4%
–电池堆	48%
重整器废气	9%
⇓	
直接功率	46%
转换损失	3%
⇓	
AC–总功率	43%
辅助功率 ⇓	3%
AC–有效功率	40%

6.5.2　Toshiba，IFC 和 ONSI

IFC/ONSI 的 PC25 电厂。Toshiba[①] 建造了水冷式 PAFC。采用密封石墨双

① 1985 年，UTC（USA）和 Toshiba 组建了 IFC“国际燃料电池”公司。
1990 年，IFC 和 Toshiba 组建的销售公司 ONSI。
2001 年，在日本的国际燃料电池公司（TIFC）。
2004 年，东芝燃料电池动力系统公司（TFCP）。

极板（顶部和底部交叉布置有流动通道）以及基于碳纸的阳极和阴极的原始电池设计显示出较高的接触电阻。带肋电池结构①由多孔阳极板和阴极板（约 1.8 mm）组成，其一侧设有气体通道；在光滑侧带有催化活性涂层和电解质基体。为了分离气体，需要有额外的石墨双极板（约 1 mm）。每 5 ~8 个电池之间还配有冷板，如图 6.1 和图 6.5 所示。

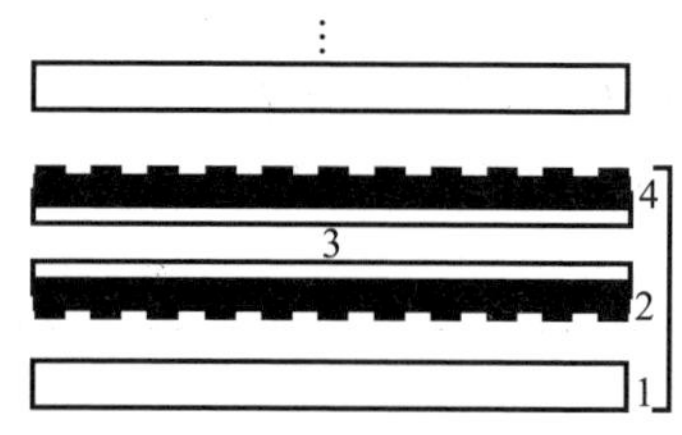

图 6.5　带肋电池结构（IFC/UTC）
1—双极板；2—多孔阴极板；
3—电解质；4—多孔阳极板

IFC/ONSI 从 1992 年开始上市销售的 PC25A 在 700 cm × 700 cm 的电池横截面下可提供 1.4 kW/m^2。由 320 个电流串联单体电池组成的 200 kW 单元在防水外壳中时的尺寸为 7.5 m×3.0 m×3.5 m，质量为 27 t。在满负荷下，50m^3/h 的天然气（0℃）可产生 1 050 A 的直流电（220 V），电效率达到 40%，热效率达到 45%。200 kW 的废热被用于运行蒸汽发生器。在启动和停止时，用氮气惰化系统。硫毒化电极和氨毒化电解质限制了使用寿命。电池堆的温度不应低于 45 ℃，以确保基体中的磷酸不会凝固。Ruhrgas 和 Thyssengas 对两台 PC25A 系统运行了 30 000 个运行小时。其运行参数见表 6.14。

表 6.14　运行参数：PC25A[15]

电效率	在 100 kW 的功率下	
	2 000 h 后/%	40
	4 000 h 后/%	39
	8 000 h 后/%	38
	22 000 h 后/%	36
	28 000 h 后/%	34
	33 000 h 后/%	31
热效率	和热性能（200 kW_{el}，始流 80 ℃）	
	6T = 10 K/kW	25% = 115

① ribbed substrate cell configuration，带肋基底电池的配置（1980）。

续表

热效率	6T = 13 K/kW	150
	6T = 16 K/kW	180
	6T = 20 K/kW	45% = 235
	6T = 23 K/kW	260
有害物质排放	基准：废气中 5 个体积百分比的 O_2	
	CO/（mg · m^{-3}）	< 15
	NOx/（mg · m^{-3}）	< 5
	碳氢化合物/（mg · m^{-3}）	
	（NMHC）	< 1

（1）电效率（基于天然气低热值的馈入电网电能）可达到 40%（100 kW），满负荷下可达到 38%（200 kW）。

$$\frac{\eta}{\%} \approx 0.35 \times \frac{P}{\text{kW}} + 5 \qquad (P < 100\ \text{kW})$$

在反应热量能够维持运行温度之前，燃料电池必须通过外部电阻加热器加热到 200 ℃。由于老化，在 33 000 h 的运行时间后，仍可达到 31%（100 kW）。

（2）在超过 100 kW 的净电力时，热效率与电力成比例地增加；低于 75 kW时，燃料电池通过电加热。在 U 形 $P_{热}$（$P_{电}$）曲线上，热功率在半满载（100 kW）时达到最小值。回流温度越低或者与冷却介质的温度梯度 ΔT 越大，热功率增加得越快。

（3）天然气质量［取决于甲烷、高碳氢化合物（NMHC）、氮气和二氧化碳的含量］仅在 1‰范围内影响电效率。在冬季的需求高峰时，可将液化气/空气混合，这会将燃料电池功率降低约 3%（在 150 kW 下，75% 天然气 + 25% 的以 2∶3 比例混合的丙烷 + 空气）。

ppm 量级的氨是通过富氮天然气在重整器和转换反应器中产生的。在磷酸基质中会形成磷酸二氢铵（~kg/年）。铵离子妨碍阴极氧还原。

（4）基本上是由重整装置产生的有害物质排放（表 6.15）比燃气发动机和燃气轮机的 TA - 空气标准限值低几个数量级。超过 50 kW 的负载跳动会在短时间内增加 CO 和碳氢化合物的排放（由于重整燃烧器供气的惯性）；小负载跳动不会产生什么后果。

在 9 m 距离处 60 dB（A）的极低噪声辐射主要来自风扇、水泵和逆变器。

表 6.15　联合热电厂与 ONSI PC－25 磷酸燃料电池的排放比较（根据文献［17］）

排放量/［g·（MW·h）$^{-1}$］			
	NO*x*	SO*x*	HC
PAFC	8	0	17
GuD 涡轮机	540	2	15
燃气柴油机	715	2	358
褐煤	682	434	36
硬煤	700	446	36
	CO	CO_2	
PAFC	35	537 000	
GuD－涡轮机	240	410 000	
燃气柴油机	1 070	626 000	
褐煤	186	992 000	
硬煤	190	838 000	

处置。电池堆中燃料气体从阳极侧渗透到阴极侧而产生的气体泄漏可导致运行终止（表 6.16）。重整器和变换催化剂在氮－空气流中失活。从 3.6 t 的电池堆中可回收石墨和 1.2 kg 的铂。贵金属、铜和钢的收益可涵盖处置成本。

表 6.16　PAFC 的生命现象

烧损：
碳电极的氧化
$C + 2\ H_2O \longrightarrow CO_2 + 4\ H^{\oplus} + 4\ e^{\ominus}$
铂催化剂：
侵蚀，烧结
PTFE 黏合剂的润湿性
基体：
燃气突破（crossover）
燃料耗尽：
燃料出口附近阴极的腐蚀（0.8～1.0 V RHE）

经济性。尽管有国家补贴（美国能源部），如在满负荷工作时间为 8 000 h 和总使用寿命为 10 年以及第 2 年 1.6×10^6 kW·h 的情况下，PC25 发电厂的

购置、运行和维护成本仍明显高于燃气发动机热电联产。

PC25C－后继者。IFC/ONSI 于 1997 年推出了尺寸更小、功率密度更高的 Power Cell 25 C 版本，其价格为 850 000 美元，见表 6.17、表 6.18 和图 6.6。尺寸：5.5 m×3.0 m×3.0 m；240 个电池，改进后的催化剂层；在 120 ℃和 60 ℃的始流温度下可高效输出热量；随废气排放水；取消了废水连接；改进后更轻的换热器；基于 IGBT 的电压互感器。

表 6.17 德国 ONSI（热电联产信息中心，拉施塔特）

ABB 能源系统公司，埃森
萨尔布吕肯，纽伦堡 1997 年，卡尔滕基兴 1999 年。
HGC Hamburg：
汉堡 1996；
霍尔，奥拉宁堡，1997 年；
巴尔格特海德 1998 年；
法兰克福，卡门兹 1999 年。
TBE Duisburg：
科隆 2000 年，博霍尔特 2001 年。

表 6.18 ONSI 系统的规格

	PC 25A	PC 25C
质量/t	27.3	18
体积/m^3	76.7	49.5
燃料/（$m^3 \cdot h^{-1}$）	民用煤气：44	民用煤气：44
额定功率/kW	200	200
	（220 V 三相交流电）	（480 V 三相交流电）
热回收/℃	74 或者 90	60 或者 120
	热水	热水
电效率/%	40（$H_{低热值}$）	40（$H_{低热值}$）
总效率/%	84（$H_{低热值}$）	80（$H_{低热值}$）
调试/h	<5	3
排放 NO_x/ppm	<2	<2

图 6.6　PC25

资料来源：燃料电池堆（BZM）

东芝的 ENE - FARM（自 2009 年起）是一种 1 kW 的家用系统，基于天然气热值的热效率达到 95% 和电效率达到了 39%。TM1 - AE 型在规定的 80 000 h使用寿命内可提供250 ~700 W 的功率，提供200 V DC 和100 V AC 以及超过60 ℃的热水，其质量为94 kg，体积为234 L（2014）。冷启动时间需要 70 min。

6.5.3　PAFC 在美国的发展

Westinghouse 和 ERC 的375 kW 燃料电池模块（1987/1990）由4 个十字形垂直排列的电池堆和一体化的燃气、空气和冷却空气供应系统组成。Engelhard 开发了采用电介质液体冷却的 PAFC。其中，非导电冷却剂流过电池堆冷却板的管道。由于冷却流体的高热容量（与气体相比），较小的热交换器和泵功率就能满足诸如建筑物或空间胶囊的有效加热要求。

6.5.4　日本的 PAFC 燃料电池

日本在商业 PAFC 发展领域处于世界领先地位。主要能源公司都安装了 1 MW、5 MW 和 11MW 电厂产量的装置。然而，自 1995 年以来，对有利于 PEM 燃料电池和煤气发电的 PAFC、MCFC 和 SOFC 的国家补助①一直在持续下降。发展遵循以下三个方向：

（1）作为环保的火电厂替代品的城市能源供应用兆瓦系统（Hitachi，Toshiba）。

① MITI = Ministry of International Trade and Industry，国际贸易和工业部。
NEDO = New Energy And Industrial Technology Development Organisation，新能源和工业技术开发组织。

（2）用于分散于偏远地区、野外和岛屿的无压 PAFC（Fuji，Mitsubishi，Kansai）。

（3）消费类应用的空冷小型 PAFC（Sanyo）。

PAFC 在日本见表 6.19。

表 6.19 PAFC 在日本

1970 年，Tokyo Gas，Osaka Gas：美国产 12.5 和 40 - kW - PAFC。

1973 年，Fuji 开发出了 PAFC。

1980—1985 年，Toshiba：UTC 的 4.5 MW - PAFC（美国）。

1981 年，节能技术“月光工程”。

1985 年，UTC 和 Toshiba 组建了 IFC（1990：ONSI）。

1986 年，Petroleum Energy Centre（PEC）：石油发电。

1987—1991 年，PAFC 试验电厂（200 kW 和 1 MW）。

1989—1999 年，富士电机株式会社：Tokyo，Osaka 和 Toho Gas 的 25 台 PAFC（50 kW，100 kW 和 500 kW）。

1989—1997 年，Toshiba/IFC：为东京电力公司（Tepco）生产的 11 MW - PAFC。

1992—1998 年，41 场现场测试：医院、酒店、办公室、工厂。Toyko Gas，Osaka Gas 和 Toho Gas 共运行了 20 台 PC35A。

1994 年，Fuji：50 ~ 500 kW 动力总成；可达 15 000 个工作小时；PAFC 混动公交车。

三菱：200 kW 动力总成。

1995—1998 年，Tokyo Gas（1 MW），Fuji（5 MW），Sanyo。

1996/1997 年，Kansai 电力公司：5 MW - PAFC 运行 6 410 h。

1999 年，162 建造好的 PAFC 中有 70 台在运行：500 kW（2），200 kW（46），50 ~ 100 kW（22）。

2001 年，Mitsubishi 和 Fuji：商业设施。

1. 天然气发电厂

Toshiba 和 IFC 的合资企业 ONSI 生产出商用 200 kW 的装置。其他制造商还有 Fuji 电力公司和三菱电机株式会社。

东京电力公司（Tepco）世界上最大的 11 MW 装置是由在东芝基础设施中的 18 块 IFC 670 kW 电池堆组成的。经过一年的建设期（1989/1990）和短暂的测试阶段后，该装置于 1991 年 4 月达到了标称产能。在 7 年的运行中，该装置运行了 23 140 h，并生产了 77 842 MW · h 的电能。令人印象深刻的是其所达到的效率。

（1）AC 总电效率：43.6%（在 11 MW 下）；40%（6 MW）；35%（4 MW）。

（2）AC 净电效率：41.8%（11 MW）。

（3）燃料利用率（在 11 MW 下）：甲烷转化率 83%；CO 转化率 32.2%；蒸汽与碳比率 3.5。

（4）余热利用率：32.2%。

（5）排放：涡轮机排气中，NO_x <3 ppm。

长期测试中的运行经验得出了 PAFC 的薄弱环节。

（1）电池堆的退化：在 40 000 h 中，>10%。

（2）合成气、水蒸气和氧气对电池堆外壳和空气电极的腐蚀，换热器的腐蚀。

（3）气体发生系统和空气供应。

（4）辅助部件和变频器。

蒸汽泄漏和不密封、振动部件或旋转部件的机械故障以及电气传感器和操作部件的故障造成了一些小事故。

2. 汽油燃料电池

在 PAFC 中用轻质石油馏分和液化石油气发电时，遇到了脱硫和蒸汽重整方面的困难。

（1）石脑油燃料电池：Fuji Electric 和 Toshiba（1991—1995）生产出 50 kW和 170 kW 的装置。

（2）煤油燃料电池：Toshiba 和 Mitsubishi Kakoki（1995/1996）的 180 kW 装置。

（3）丁烷燃料电池：富士电机株式会社（1994/1995）。

日本电报电信公司（NTT）正在电信建筑物中使用多燃料 PAFC 系统，其使用作为分散供应清洁能源的民用燃气和液化石油气来发电。双重催化剂床（$Ru-Al_2O_3$和 $Ni-Al_2O_3$）可防止重整器在 LPG 运行期间焦化。

3. 沼气燃料电池

诸如下水道淤泥或啤酒生产废物等通过厌氧菌产生的沼气①是由约 60% 的甲烷和 40% 的二氧化碳组成的。经过脱硫、吸收杂质、浓缩甲烷（60%）、重整和 CO 转化后，Toshiba（1996）和 Mitsubishi（1998）用其运行 200 kW - PAFC。

11 - MW 发电厂（Tepco）见表 6.20。

① ADG，anaerobic digester gas，沼气。

表 6.20　11 – MW 发电厂（Tepco）　%

能量平衡	
基于高热值	
天然气（91 GJ/h）	100
■ 废热	23.1
■ 热回收	32.0
■ DC 总效率	44.9
– 逆变器损耗	1.3
= AC 总效率	43.6
– 寄生损失	1.8
= AC 净效率	41.8

4. 技术流程用直流电

Tokyo Gas（1996）用民用燃气驱动的 PC25C 燃料电池可产生 750 A DC，通过盐水电解来生产次氯酸钠①。废热被用于蒸发产品溶液，剩余的电力被转换成交流电并馈入电网。

6.6　燃料电池的系统比较

（1）有效能比效率更适用于比较不同制造商的以不同质量提供电能和热能的系统。有效能描述了一种物质由于与环境有关的热力学不平衡而能够提供的最大有用功。因此，有效能是可以在环境参与下转化为任何其他形式能量的一部分。无效能是指能量转换过程中不能用的那部分能量（例如：热损失）。

能量 = 有效能 + 无效能

$$W_E = (H - H_{amb}) - T_{amb}(S - S_{amb}) \tag{6.2}$$

式中，H 和 S 为在给定的初始状态下的焓和熵；amb 为环境状态。

有效能是指循环过程中工作介质内部能量可以转化为有用功的那部分。无效能则是必须作为热量排出的剩余部分。

IFC/ONSI，Toshiba，Mitsubishi 和 Fuji 的 PAFC 发电厂有效能总效率［电力（约 40%）加上蒸汽发热（约 7%）和热水（约 3%）］为 47% ~50%。燃气发动机可达到 43%。燃气发动机的能量效率为 83% ~85%或者 85%。

① NaOCl 被用于工艺用水的消毒和用作漂白剂。

（2）在排放方面，燃气发动机达到了 TA 空气标准的限制值，而 PAFC 发电厂 PC25 可达到 3 mg/m^3 的 NO_x，CO <6 mg/m^3，碳氢化合物 <15 mg/m^3。

（3）关于 PAFC 发电厂的可靠性，日本新能源基金会指出，平均每年和每个发电厂发生 3.3 次故障，或每 1 000 个运行小时（1992）故障 2.2 次。

（4）效率：见第 2 章。

6.7 固体－酸燃料电池

固体－酸燃料电池（Solid Acid Fuel Cell，SAFC）使用固体磷酸盐作为电解质。由于溶解度的原因，仅在蒸汽环境中才能使用。在 220 ℃以上，质子传导率达到 0.05 S/cm 以上，接近 PAFC 中的磷酸（0.1 S/cm）。

$$Cs_3PO_4 + 2\ H_3PO_4 + 3\ CsH_2PO_4$$

Nordic Power Systems 和加利福尼亚州的 Safcell 公司（2010）希望使用柴油作为氢的来源；SAFC 对一氧化碳具有很高的耐受性。

参考文献

技术

[1] (a) A. J. AP P LEBY, F. R. FOULKES, *Fuel Cell Handbook*. New York: Van Nostrand Reinhold, 1989.

(b) A. J. AP P LEBY, Proc. *New materials for fuel cell systems*, p. 2, Montreal, Quebec, Canada, July 9 – 13, 1995.

[2] L. J. BLOMEN, M. N. MUGERWA (Hg.), *Fuel Cell Systems*. New York: Plenum Press, 1993, Reprint 2013, Chapt. 6 (System Design and Optimization) und 8 (Phosphoric Acid Fuel Cell Systems).

[3] *Encyclopedia of Electrochemical Power Sources*, J. GARCHE, CH. DYER, P. MOS ELEY, Z. OGUMI, D RAND, B. SCROS ATI (Eds.), Vol. 2: Fuel Cells – Phosphoric Acid Cells. Amsterdam: Elsevier; 2009.

[4] C. H. HAMANN, W. VIELS TICH, *Elektrochemie*, Weinheim: Wiley – VCH, ^{4}2005.

[5] J. HIRS CHENHOFER, D. B. STAUFFER, R. R. ENGLEMAN, *Fuel cells. A Handbook*, Rev. 3., US – DOE, DE – AC01 – 88FE6184.

[6] (a) K. KORDES CH, G. SIMADER, *Fuel Cells and Their Applications*. Weinheim: Wiley－VCH,42001.

(b) K. KORDES CH, Brennstoffbatterien. Wien: Springer,1984.

(c) K. V. KORDES CH, J. C. T. OLIVEIRA, Fuel Cells; in: *Ullmanns Encyclopedia of Industrial Chemistry*, Vol. A12, S. 55 － 83, 1989.

[7] K. LEDJEFF － HEY, F. MAHLENDORF, J. ROES, *Brennstoffzellen*. Heidelberg: C. F. Müller Verlag, 2 2001, Kap. 7, 8.

[8] S. S. PENNER, *Assessment of research needs for advanced fuel cells by the DOE advanced fuel cell working group* (AFCWG), Nov. 1985, Chapt. 2: "Phosphoric Acid Fuel Cells".

[9] (a) H. WENDT, V. PLZAK, *Brennstoffzellen 类型 en. Stand der Technik, Entwicklungslinien, Marktchancen*. Düsseldorf: VDI Verlag, 1990.

(b) H. WENDT, *Phosphorsaure Brennstoffzellen mit Kraft － Wärme － Kopplung*, *BWK* 41(10)(1989)463.

材料

[10] J. BARTHEL, *Elektrolytlösungen . Bausteine moderner Technologien, GDCh － Monographie* 2. Frankfurt 1995, S. 15 － 29.

[11] A. F. HOLLEMAN, E. WIBERG, *Lehrbuch der Anorganischen Chemie*. Berlin: de Gruyter, 102 2007.

[12] M. POURBAIX, Atlas of *Electrochemical Equilibria in Aqueous Solutions*. Brüssel: Pergamon Press, 1966.

[13] Kohlegeträgerte Platinkatalysatoren:

(a) H. G. PETROW, R. J. ALLEN, US 3992331(1976), US 3992512(1976).

(b) P. STONEHART, *Ber. Bunsenges. Phys. Chem.* 94(1990)913 － 921.

[14] S. SARANGAPANI, J. R. ADRIDGE, B. SCHUMM, (Eds.), Proc. *Workshop on the electrochemistry of carbon*. Pennington: The Electrochem. Soc., 1984.

[15] Sauerstoffreduktion: D. R. DE SENA, E. R. GONZALES , E. A. TICIANELLI, *Electrochim. Acta* 37(1992)1855.

[16] PTFE － gebundene Platinelektroden: W. VOGEL, J. T. LUNDQUIS T, *J. Electrochem. Soc.* 117(1970)1512.

应用

[17] F. A. BRAMMER, P. BIEHLE, M. STEINER, *Erfahrungen mit 200 kW －*

PAFC – Anlagen in Deutschland, *VDI – Berichte* 1383(1998)83 – 105.

[18] *Fuji Electric Review* No. 152(2), 38(1992).

[19] JAPANES E GAS AS S OC., *Technical Survey Report of Fuel Cells*(jap.), 1999.

[20] (a) H. KNAP P S TEIN, H. NYMOEN, G. WIS MANN, W. DROS TE, D. WOLF, 200 *kW – BHKW mit Brennstoffzellen. Stand der Ruhrgas/Thyssengas – Demonstrationsvorhaben*, *VDI – Berichte* 1019(1993)231 – 251.

(b) H. KNAP P S TEIN, *Blockheizkraftwerk mit Brennstoffzellen*, *Gaswärme Internat.* 43(4)(1994)139 – 145.

[21] T. J. KOTAS, *The exergy method of thermal plant analysis*. GB – Guilford: Butterworths, 1985.

[22] H. C. MARU et. al., *Superacid electrolyte fuel cells for transportation applications*, Proc. Renewable fuels and advanced power sources for transportation workshop, p. 55, June 17 – 18, 1982, Boulder, Colorado.

[23] D. NEWBY, *Westinghouse air – cooled PAFC program*, Proc. *CEC – Italian Fuel Cell Workshop*, Taormina, Italy, June 4 – 5, 1987, p. 85.

[24] ONS I Corp., *Broschüre*, 2000.

[25] TOS HIBA, *Environmentally friendly cogeneration package*, 200 *kW Fuel cell power plant*, Broschüre.

[26] (a) G. WIS MANN, 5 *Jahre Versuchsbetrieb mit einem* 200 *kW – Brennstoffzellen – BHKW*, *gwf Gas/Erdgas* 139(7)(1998)395.

(b) G. WIS MANN, 200 *kW – Brennstoffzellen – BHKW. Ergebnisse einer vierjährigen Praxiserprobung*, *Gaswärme Internat.* 46(3)(1997)162 – 168.

[27] D. WOLF, W. DROS TE, *Oberschwingungsmessungen an einer Phosphorsäure – Brennstoffzelle auf dem Betriebsgelände der Ruhrgas AG in Dorsten*, *gwf Gas/Erdgas* 136(12)(1995)638 – 642.

[28] K. YOKOTA et. al., *Load operation characteristics of TEPCO* 11 *MW PAFC power plant*, *Proc. Int. Fuel Cell Conf.* (IFCC), Makuharo, Japan(1992)87.

第7章

熔融电解质燃料电池

熔融电解质燃料电池（MCFC）使用熔融碱金属碳酸盐作为电解质。直接燃料电池模块由内含充碳酸盐的载体薄膜（基体）的多孔镍电极组成。在650 ℃下，阳极产生二氧化碳和来自氢气与从电解质中补充的碳酸盐所产生的水。在阴极上，二氧化碳中的氧被还原成碳酸盐。碳酸根离子负责电解质中的电荷传输。电解质平衡的决定性因素是二氧化碳回收：阴极消耗的二氧化碳必须从阳极侧稳定地加以补偿。阳极废气二氧化碳不含水蒸气并以过量的空气供给阴极。波纹板状集电器可确保气体供应，通过双极板将串联连接的单个电池分开。

电池的余热可用于甲烷的燃料制备和内部重整。低排放的电力和热力联合生产（热电联产）① 使得这项技术对于中小型发电厂来说非常有趣，商业化正在运行中。

熔融电解质电池的历史见表7.1。

带侧气罩的MCFC的基本结构如图7.1所示，熔融电解质电池的历史见表7.2。

① co－generation of electricity and heat，热电联产。

表 7.1　熔融电解质电池的历史（一）

1911 年，R. Beutner，F. Haber 的学生：钯箔作为 600 ~ 800 ℃下熔盐（KF + NaCl）中的氢扩散电极。
1910—1939 年，E. Baur（1873—1944；布伦瑞克，苏黎世）及其同事[1]：含盐熔体和空气电极的电池。
1910 年：带掺杂氢氧化钠熔体（380 ℃）和 MgO 隔膜的铁盘；糖、一氧化碳、褐煤、城市煤气、锯末和重油被用作燃烧材料。
1912 年：熔融银上的氧还原。阳极：碳或铂。电解质：苏打、钾盐、硼砂、冰晶石。燃料气体：CO 或 H_2。
1921 年：燃料气体 CO 或者 H_2。铁丝（阳极），氧化铁或磁铁矿（阴极）；多孔 MgO 陶瓷中的碱式碳酸钙熔体（800 ℃左右）。燃料气体：CO 或 H_2。
1933 年：氢电极：石蜡疏水化的铂化石墨。
1935 年：发现空气流中的 CO_2 可改善碳酸盐熔体中阴极处的浓差极化。
1958—1969 年，G. H. J. Broers 和 Ketelaar（阿姆斯特丹）[3]：在 650 ℃下的 MCFC。电解质：在氧化镁陶瓷上或其中的碱金属碳酸盐；银作为阴极催化剂，阳极为镍粉。燃料：加湿的天然气；在 0.7 ~ 0.8 V 时为 50 ~ 100 mA/cm^2。

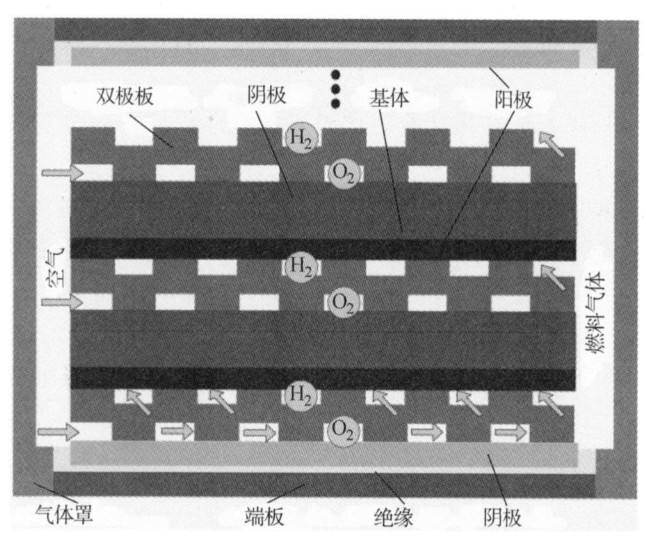

图 7.1　带侧气罩的 MCFC 的基本结构

表 7.2 熔融电解质电池的历史（二）

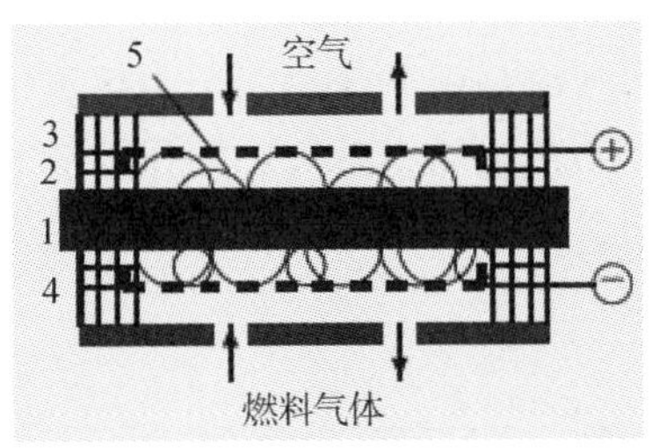

Broers - Ketelaar 电池：
1—在氧化镁盘上或氧化镁压块中的碱金属碳酸盐；2—云母；
3—石棉垫片；4—穿孔钢板；5—银或镍粉

1960 年，S. Baker，芝加哥天然气技术研究所。

1975—1985 年，USA：能源部（DOE）和电力研究院（EPRI）资助项目。

1981 年，Mitsubishi，Fuji，Hitachi，Toshiba：在 0.74 ~ 0.69 V 下，10 000 h 以上150 mA/cm^2。

1985—1992 年，ECN（荷兰）和 IGT（芝加哥天然气技术研究所）：2 kW 电池堆，5 000 h的使用寿命（1992）。

1988/1990 年，德国的研究资金（BMFT/BMBF，1998：BMWi）：MTU，RWE，Ruhrgas 的研究发展。Siemens - KWU 建造 MCFC。

1990 年左右，$LiAlO_2$丝网印刷代替了热压。

1991—1996 年，M - C Power：具有“内部歧管式换热器”（internally manifolded heat exchanger，IMHEX）的 250 kW 模块。

1992 年，Energy Research CORP.（ERC），随后的 Fuel Cell Energy（FCE）：70 kW - MCFC，2000 h。

1993 年，120 kW 机组，内部天然气重整；效率 50%；运行 250 h。

1995 年，2 MW 在圣克拉拉。

2000 年左右，欧洲：MTU Friedrichshafen，ECN，Ansaldo。

美国：ERC/FCE，IFC/UTC 以及其他。

日本：Hitachi，IHI，Mitsubishi，Toshiba（1993）。

2004—2010 年，MTU & FCE：热电联产电厂：250 kW，1 MW，2 MW；与燃气涡轮机连接。

2015 年，Fuel Cell Energy Solutions（FCES，Dresden；由 FCE 和 MTU 组建）：250 kW ~ 2.8 MW；3 300 欧元/kW

原则上，可以有效使用天然气和家用能源载体煤。通过内部重整（将阳极室中的低硫甲烷直接转化），IRMCFC 直接燃料电池[①]的效率可达到 60% 左右，并且可由此将燃料电池的高质量废热用于内部重整器或上游的重整器。

可以以多种方式使用所产生的水蒸气：用作加热气体，过程蒸汽，用于驱动发电装置的蒸汽涡轮机，用作吸收式制冷系统的发生器热量，用于进行加压热水的生产，干燥和灭菌。

7.1 MCFC 系统的特点

同义词：熔融碳酸盐燃料电池（Molten Carbonate Fuel Cell，MCFC）。

类型：中温氢氧电池。

电解质：碱式碳酸盐熔体：$Li_2CO_3-K_2CO_3$混合物或耐热基体（$LiAlO_2$）中的 Na_2CO_3；电池外部电解质从阴极室补充到阳极室。电荷载体是碳酸化 $CO_3^{2\ominus}$。

运行温度：620 ~ 650 ℃。

燃料气体：氢气（来自天然气、煤、甲醇、汽油、液化石油气、煤气、沼气）。

氧化剂：O_2/CO_2混合物，阴极供应。含有 CO_2的阳极废气混合。

电极反应：

$$
\begin{array}{lr}
 & H_2 + CO_3^{2\ominus} \rightleftharpoons H_2O + CO_2 + 2e^{\ominus} \quad | \times 2 \\
\ominus\text{阳极} & (CO + CO_3^{2\ominus} \rightleftharpoons 2CO_2 + 2e^{\ominus}) \\
\text{水煤气转换} & (CO + H_2O \rightleftharpoons H_2 + CO_2) \\
\oplus\text{阴极} & O_2 + 2CO_2 + 4e^{\ominus} \rightleftharpoons 2CO_3^{2\ominus} \\
\hline
 & 2H_2 + O_2 \rightleftharpoons 2H_2O
\end{array}
$$

电池电压：静端电压为 1.04 V；实际上，在 160 mA/cm^2（1 bar）下达到了 0.75 V。

电极材料：

阳极：多孔镍板（含有 2% ~10% Cr）。

阴极：锂化氧化镍（从镍开始形成）。

MCFC 原理如图 7.2 所示。

---

① DFC，直接燃料电池（direct fuel cell）。具有内部重整装置的 IRMCFC。与 PAFC 和 PEMFC 一样，用燃料气体加热重整器可省去。

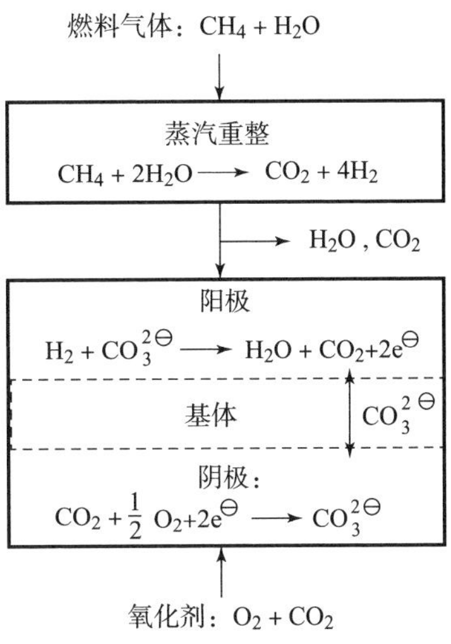

图 7.2　MCFC 原理

MCFC 系统的特殊优点：

（1）无贵金属，CO 耐受性，产物为反应水和 CO_2 气体。

（2）内部重整：碳氢化合物（加水蒸气），在阳极室中的催化剂上产生氢气和 MCFC 的废热。

（3）热电联产用高品质废热。

MCFC 系统典型缺点：

（1）CO_2 需要返回。

（2）腐蚀和相变问题。

（3）短路风险：NiO 阴极的溶解和阳极处的镍沉积。

（4）硫敏感。

电效率：55% ~65%（电池），55% ~60%（天然气系统），60% ~65%（内部重整）。

发展状况：兆瓦级原型（0.1 ~2 MW）：热电联产，发电，通过蒸汽轮机进行热电联产。柏林研究所的 250 kW MCFC（2014）。

7.2　熔融电解质

MCFC 的电解质由 Al_2O_3 纤维增强铝酸锂基质中 50% 的碱金属碳酸盐混合物构成。它将阴极的碳酸根离子传导到阳极并将燃料气体和氧化剂隔开。通过丝网印刷可在 0.5 mm 厚的层中加以生产。热压盘①和糊已过时。见表 7.3。

表 7.3　电解质

电解质熔体 （以摩尔% 计）	62 $LiCO_3 + K_2CO_3 + 5$（Ca，Sr，Ba）CO_3 52 $LiCO_3 + Na_2CO_3 + 5$（Ca，Sr，Ba）CO_3 62 $LiCO_3 + 38\ K_2CO_3$

① 电解质砖（直到 1980 年）：在 490 ℃ 和 350 bar 下 60% ~65% 碱金属碳酸盐混合物（62% Li_2CO_3 +38% K_2CO_3）。

续表

	50 $LiCO_3$ +50 Na_2CO_3 70 $LiCO_3$ +30 K_2CO_3 40（Li，K，Na）$2CO_3$（共晶）[3] NaOH +锰或钒作为催化剂[1] 氯化锂 （5 854 mS/cm，637 ℃） $AlCl_3$ + N－乙基吡啶鎓氯化物（2：1；17 mS/cm，20 ℃） 硼砂 冰晶石
电解质基体	铝酸锂：γ－$LiAlO_2$ Al_2O_3[3] MgO（已过时）
集电器（分接头）	镍网 镀镍钢

（1）锂和钠提高了电导率。

（2）钠可改善氧化镍的氧气还原能力和耐腐蚀性。

（3）钾提高了气体溶解度，但容易与氢气发生反应（$K_2CO_3 + H_2 \longrightarrow 2K\uparrow + CO_2 + H_2O$）。

（4）氧化镁，碱土金属碳酸盐（5 mol% $BaCO_3$）和钨酸钾会增加熔体的碱度，并减缓镍的腐蚀。

$$NiO + CO_2 \longrightarrow Ni^{2\oplus} + CO_3^{2\ominus}$$

$$Ni^{2\oplus} + CO_3^{2\ominus} + H_2 \longrightarrow Ni\downarrow + CO_2 + H_2O$$

电极的孔隙结构、碳酸盐含量和熔体的表面张力决定了三相边界。随着温度的升高，熔体的电导率增加，但气体溶解度降低。

碳酸盐熔体对金属、玻璃和烧结陶瓷具有极强的腐蚀作用。金属和合金的稳定性取决于气体环境。在阴极上，半导体氧化物是稳定的；而镍、钴和铜在阳极上更为稳定。

诸如水溶液和有机溶液等离子传导熔体可以是强电解质或弱电解质，即完全或部分解离成电荷载体。熔融的碱金属和碱土金属卤化物、氢氧化物、硝酸盐、碳酸盐和硫酸盐是最好的离子导体。作为弱电解质的氯化铝在熔体中仍然含有未解离的分子。加入的盐与外来熔体形成熔融溶液。蒸发过程和金属在熔融电解质中的溶解度可能会造成伪材料平衡。

熔体的电导率见表 7.4。

表 7.4　熔体的电导率　　S/cm

LiCl（620 ℃）	5.83
NaCl（850 ℃）	3.75
$CaCl_2$（800 ℃）	2.21
KNO_3（400 ℃）	0.81
NaOH（400 ℃）	2.82

熔体中的电荷传输主要通过位错来进行，位错在晶格熔化时会大量出现。对于碱性盐，体积会增加 20%。在直流电流下，迁移数量可通过体积变化或使用放射性示踪剂的方法来确定。如在固体中一样，较小阳离子的电导率占主导地位；例如：在 835 ℃的 NaCl 中，$t_{\oplus} = 0.76$。

熔体中的电势测量因缺乏通用的基准系统而变得非常困难。非溶剂化离子的相互作用导致相当大的自由迁移焓。① 可用作熔体中的参比电极包括[15]以下两种：

（1）Al_2O_3管中 Li_2CO_3/K_2CO_3熔体（作为内部电解质）中受 O_2/CO_2冲刷的金丝，可通过小孔或毛细管与测试电解液连接在一起。

（2）（Li，Na，K）NO_3/KCl 熔体中的银 – 氯化银电极。

与极谱法类似，使用银滴电极（961 ℃）进行的分析性研究也取得了成功。电流 – 电压曲线是扩散控制的，特别是在高温下化学反应会快速发生。熔体中的扩散系数为 $10^{-6} \sim 10^{-4}\ cm^2/s$。

电解质基质由亚微米级大小的 γ – $LiAlO_2$颗粒组成，其可确保较高的孔隙率和电解质储存容量。为了增加机械稳定性和热稳定性，将 30% 的粗粒（100 μm）和 15% 的 Al_2O_3纤维混合在一起[6]。α – 和 β – 锂铝酸盐形成较不稳定的晶体并分离。随着运行时间的增加，γ – $LiAlO_2$变为 α 相。

① 因为单个离子的自由溶解焓是未知的，无法通过公式 $\Delta G = zF\ [E^0\text{（熔体 1）} - E^0\text{（熔体 2）}]$ 进行计算。

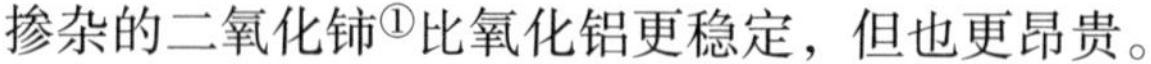

掺杂的二氧化铈[①]比氧化铝更稳定，但也更昂贵。

7.3 电极材料

在 650 ℃的运行温度下，过电压不再重要，因此可使用镍来代替昂贵的贵金属催化剂。测得的开路电压与 PAFC 的大致相同。电极材料见表 7.5。

表 7.5 电极材料

氧电极（阴极）	NiO + 1% ~ 2% Li $LiCoO_2$ $LiFeO_2$ Li_2MnO_3（+ Co，Cu，Mg） $Li_xNi_{1-x}O/La_2O_3$ $Li_xNi_{1-x}O/CeO_2$ $Li_xNi_{1-x}O/(La, Sr)CoO_3$ Ni – Fe – Mg – Oxide 奥氏体钢（Fe – Ni – Cr） Ag_2O，Cu（已过时）
燃料气体电极（阳极）	Ni – 海绵 + 10 % Cr Ni + 5 % Al Li_2TiO_3 Ti – Ni – 氢化物 Pt，Pd，Ni（已过时）
双极板	镀镍钢 Ni 合金 Cr/Al 合金

7.3.1 氢电极

阳极（氢电极）由厚度为 0.5 ~ 1.5 mm 的镍铬合金组成，孔隙率为

① E. Baur 1937：碳氧元素与 $Al_2O_3/CeO_2/WO_3$ 电解质（SOFC）。

50% ~70%，在 3 ~5 μm 的间距内有 1 ~2 μm 的孔隙。熔融电解质不能完全润湿镍海绵（对于62% Li_2CO_3 +38% K_2CO_3，其接触角为30°）。2% ~10%的铬可防止多孔电极的烧结；可在晶界形成的 $LiCrO_2$以防止镍扩散。氧化物颗粒（Al_2O_3、$LiAlO_2$）的添加改善了机械稳定性和蠕变行为。

1976 年以前，使用的是已被证明不是长期稳定的纯镍。陶瓷金属（金属陶瓷）可防止镍的烧结、晶粒生长、收缩和表面损失，但钢不耐腐蚀。

阳极支撑阴极结构和电解质基质。由于阳极被用作电解质储存器以及更快的阳极反应，所以尽管孔隙略小于阴极侧上的孔隙，但更小的电极表面积也能满足要求。气体扩散阻隔层①（阳极/电解质界面处的均匀细孔薄层）可以防止气体突破，其可通过毛细管力将电解质固定在小孔中并承受差压。

金属箔的交换电流密度和催化活性（在 Li_2CO_3/K_2CO_3 共晶熔体中，650 ℃，用水蒸气饱和的 H_2/CO_2混合物冲刷）明显高于在水溶液中[14]，镍是有益的。

$$(126\ \mathrm{mA/cm^2})\ \mathrm{Pd > Ni > Pt > Ir > Au > Ag}\ (13\ \mathrm{mA/cm^2})$$

阳极反应可简化为

$$(1)\qquad H_2 \longrightarrow 2H_{ad}$$

$$(2)\qquad H_{ad} + CO_3^{2\ominus} \longrightarrow OH^{\ominus} + CO_2 + e^{\ominus}$$

$$(3a)\qquad H_{ad} + OH^{\ominus} \longrightarrow H_2O + e^{\ominus}$$

$$H_2 + CO_3^{2\ominus} \longrightarrow CO_2 + H_2O + 2e^{\ominus}$$

$$(3b)\qquad 4OH^{\ominus} + 2CO_2 \longrightarrow 2H_2O + 2CO_3^{2\ominus}$$

也可以将 H_{ad}视为镍氢。

7.3.2 氧 - CO_2电极

（1）阴极（氧电极/二氧化碳电极）由 0.5 ~0.75 mm 厚的烧结镍组成，其孔隙率为 70% ~80%，大孔径为 5 ~15 μm[3]。多孔镍块被原位氧化成 NiO，并通过锂化产生具有良好导电性的非化学计量的锂镍氧化物 $Li_xNi_{1-x}O$（$0.022 \leqslant x \leqslant 0.04$）。这为熔体创造了具有良好润湿特性的新微小孔隙，而大孔隙被用于供气。阴极结构中的孔填充度（约 20%）和电解质分布决定了过电压。

① 泡沫压力屏障（bubble pressure barrier，BPB）。

(2) 在650 ℃下，氧还原几乎是可逆的，但很缓慢。交换电流密度仍然比在水溶液中高1 000倍（金：10 ~40 mA/cm^2）。碳酸锂中在生成碳酸钾过氧化物之前主要是过氧化物中间体。在68 mol% Li_2CO_3和32 mol% K_2CO_3的共晶体中，前面提到的两种物质都会出现。

①在碱性熔体（$Li_2CO_3 > Na_2CO_3 > K_2CO_3$）中，通过过氧化物离子阴极反应优先进行。

$$\frac{1}{2}O_2 + CO_3^{2\ominus} \longrightarrow O_2^{2\ominus} + CO_2$$

$$O_2^{2\ominus} + 2e^{\ominus} \longrightarrow 2O^{2\ominus}$$

$$2O^{2\ominus} + 2CO_2 \longrightarrow 2CO_3^{2\ominus}$$

$$\overline{\frac{1}{2}O_2 + CO_2 + 2e^{\ominus} \longrightarrow CO_3^{2\ominus}}$$

②在酸性熔体中，超氧化物机制占主导地位。

$$3O_2 + 2CO_3^{2\ominus} \longrightarrow 4O_2^{\ominus} + 2CO_2$$

$$4O_2^{\ominus} + 4e^{\ominus} \longrightarrow 4O_2^{2\ominus}$$

$$4O_2^{2\ominus} + 8e^{\ominus} \longrightarrow 8O^{2\ominus}$$

$$8O^{2\ominus} + 8CO_2 \longrightarrow 8CO_3^{2\ominus}$$

$$\overline{\frac{1}{2}O_2 + CO_2 + 2e^{\ominus} \longrightarrow CO_3^{2\ominus}}$$

(3) 使用寿命。工作温度升高时会由于腐蚀问题而导致失效。特别是在高CO_2分压下和酸性熔体中，NiO溶解①。镍再次沉积在电解质和阳极上；存在短路的风险。添加镁可改善阴极稳定性。在碱性熔体中，保护性氧化物的浓度更高②。

① $$NiO + CO_2 \longrightarrow Ni^{2\oplus} + CO_3^{2\ominus}$$

$$Ni^{2\oplus} + 2e^{\ominus} \longrightarrow Ni$$

② $$M_2CO_3 \longrightarrow M_2O + CO_2 \qquad (M = Li, K, Na)$$

$$Ni^{2\oplus} + O^{2\ominus} \longrightarrow NiO$$

在62% Li_2CO_3 - 38 % K_2CO_3和52 % Li_2CO_3 - 48 % Na_2CO_3共晶熔体中观察到的腐蚀最小。碱性添加剂（氧化镁、碱土碳酸盐）可减少镍腐蚀。阳极氢氧化不太敏感。

(4) 混合阴极材料。NiO/$LiMO_2$双层电极（M = Co，Fe）是有利的。

$LiCoO_2$和 $LiFeO_2$比 NiO 更耐腐蚀，但它们会降低电池电压。正在研究铬含量较高的奥氏体钢，通过 $LiCrO_2$对其钝化来防止铁扩散。

7.3.3　涂层技术

多孔电极和电解质基体被浇铸成薄膜。① 其中，将粉末状合金（电极）或陶瓷（基体）和黏合剂（例如：PVA）制成的浆料涂布在玻璃基板上，然后在连续炉或箱式炉中干燥并烧结。在电池堆的第一次加热期间，通过烧尽黏合剂在安装状态下进行电极的最终形成（阴极氧化）。

必须仔细确定电极和 $LiAlO_2$电解质基体的孔结构尺寸[15]。基体应该是完整的，电极只有一部分充满电解质熔体；其中小孔被充满，而较大的孔则被电解质膜覆盖。没有已知的材料可以排斥电极的熔化（如在含水体系中的 PTFE 一样）。因此，最大被淹没孔的直径应相互匹配：阴极 5 ~ 15 μm，阳极 2 ~ 6 μm，基体 <0.5 μm。

$$\frac{\sigma_c\cos\theta_c}{d_c}=\frac{\sigma_e\cos\theta_c}{d_e}=\frac{\sigma_a\cos\theta_a}{d_a} \tag{7.1}$$

式中：d 为孔直径；σ 为表面张力；θ 为润湿角；下标 a 为阳极，c 为阴极，e 为电解质基体。

7.3.4　电极毒物

不像低温燃料电池，CO 不是电极毒物。但燃料气体或氧化剂中含 1 ppm 硫即可成为可逆电极毒物。

细尘（煤、灰）会阻塞气室。

碳氢化合物（C_6H_6，$C_{10}H_8$，$C_{14}H_{10}$）会导致电极长期焦化。

硫化物（H_2S，COS，CS_2，C_4H_4S）会在电解液中产生过电压并生成 SO_2。生成的硫化物可使镍电极中毒（1）。在 H_2S 浓度较低时，在氢存在下不会产生损坏（2）。

（1）

$$H_2S + CO_3^{2\ominus} \longrightarrow H_2O + CO_2 + S^{2\ominus}$$

$$S^{2\ominus} + Ni \longrightarrow NiS + 2e^{\ominus}$$

（2）

$$NiS + H_2 \longrightarrow Ni + H_2S$$

电极毒物如表 7.6 所示。

---

① tape casting（流延成型）；第 8 章（SOFC）。

表 7.6　电极毒物

As/ppm	<0.1
HCl/ppm	>0.1
H_2S/ppm	>0.1
COS，CO_2/ppm	>1
Pb/ppm	>1
Zn/ppm	>15
Cd/ppm	>30
Hg/ppm	>35
C_2⊕/ppm	>100
CO/%	>6 ... 10
NH_3/%	>10
非关键的	CH_4，N_2

1 ppm = 10^{-6} = 0.000 1%

卤素化合物（HCl，HF，HBr，$SnCl_2$）具有腐蚀性并会与电解质发生反应；所生成的 LiCl 和 KCl 极易蒸发。

氮化物（NH_3，HCN，N_2）可与电解质发生反应。

重金属（As，Pb，Hg，Cd，Sn，Zn，H_2Se，H_2Te，AsH_3）被吸附在电极上并与电解质反应。

7.4　运行特性

7.4.1　MCFC 的热力学特性

可逆电池电压由温度、压力和水活度决定。以氢气和一氧化碳为燃料时，ΔE^0随着温度的升高而下降；以甲烷和煤为燃料时，$\Delta E^0(T)$ 则是恒定的。在较高的工作温度下，阴极过电压和电解质电阻下降，因此实际电池电压的增益远远超过所计算的 Nernst 电压的轻微下降（表 7.7）。水煤气变换反应$CO_2 + H_2O \rightleftharpoons CO_2 + H_2$ 更快，并且放热 Boudouard 反应 $2CO \rightleftharpoons C + CO_2$ 则会变慢。

表 7.7　电池电压

方括号表示平衡活度：
$[OH^{\ominus}] = a_{OH^{\ominus}}$

续表

气体可以使用分压：$[H_2] = pH_2/p^0$，其中 $p^0 = 101\ 325$ Pa。

（1）氢作燃料气体时的 Nernst 方程：

①阳极，⊖：

$$H_2 + CO_3^{2\ominus} \longrightarrow H_2O + CO_2 + 2e^{\ominus}$$

$$E_{氧化} = E^0_{氧化} + \frac{RT}{2F}\ln\frac{[H_2O][CO_2]}{[H_2][CO_3^{2\ominus}]}$$

②阴极，⊕：

$$\frac{1}{2}O_2 + CO_2 + 2e^{\ominus} \longrightarrow CO_3^{2\ominus}$$

$$E_{还原} = E^0_{还原} + \frac{RT}{2F}\ln\frac{[O_2]^{\frac{1}{2}}[CO_2]}{[CO_3^{2\ominus}]}$$

③开路电池电压：

$$E = E_{还原} - E_{氧化} = \Delta E^0 + \frac{RT}{2F}\ln\frac{[H_2][O_2]^{1/2}}{[H_2O]} + \frac{RT}{2F}\ln\frac{[CO_2]_{阳极}}{[CO_2]_{阴极}}$$

（2）一氧化碳作燃料气体时的 Nernst 方程：

$$CO + CO^{2\ominus} \longrightarrow 2CO_2 + 2e^{\ominus}$$

$$CO + H_2O \longrightarrow CO_2 + H_2 \quad （较为缓慢）$$

①阳极，⊖：

$$E_{氧化} = E^0_{氧化} + \frac{RT}{2F}\ln\frac{[CO_2]^2}{[CO][CO_3^{2\ominus}]}$$

②阴极，⊕：

$$\frac{1}{2}O_2 + CO_2 + 2e^{\ominus} \longrightarrow CO_3^{2\ominus}$$

$$E_{还原} = E^0_{还原} + \frac{RT}{2F}\ln\frac{[O_2][CO_2]}{[CO_3^{2\ominus}]}$$

③开路电池电压：

$$E = E_{还原} - E_{氧化} = \Delta E^0 + \frac{RT}{2F}\ln\frac{[CO][O_2]^{1/2}}{[CO_2]}$$

（在阳极和阴极的碳酸盐浓度和水浓度相同的情况下。）

在温度过高时，甲烷会焦化，电解质蒸发，腐蚀问题加剧。650 ℃被认为是最佳的工作温度。MCFC 的启动和关闭需要缓慢的温度变化，以避免热应力和气体突破。

甲烷的焦化：

$$CH_4 \rightleftharpoons C + 2H_2$$

理论上，10 倍的运行压力可使电池电压增加 46 mV。压力增加的缺点是 Boudouard 反应和甲烷化（$CO + 3H_2 \longrightarrow CH_4 + H_2O$）。

在 650 ℃，160 mA/cm^2，阳极不同燃料气体组分下，电池电压与压力的关系（经验性）：

$$\Delta U = 76.5\ \text{mV} \cdot \log\ (p_2/p_1)$$

实际电池电压在 100 ~ 200 mA/cm^2时为 750 ~ 950 mV；单位面积的功率 > 0.15 W/cm^2。低于化学计量组分 33% O_2 + 67% CO_2时，会导致高电流下输送过电压。CO、甲烷和高级碳氢化合物仅在阳极上被直接缓慢氧化。氢主要通过镍催化剂转化（$CO + H_2O \longrightarrow CO_2 + H_2$）而产生。燃料气体富含水蒸气，以避免气体通道和电极中的碳沉积（焦化）。

7.4.2 阻抗谱

电池阻抗反映了电极的润湿、腐蚀和长期废物。轨迹显示了两个弧，其中 NiO 阴极占主导地位。通过链形线路可很好地描述电极聚集体结构（具有被电解质膜覆盖的气体填充大孔和电解质填充微孔的金属颗粒）。

链形线路模型，传输线（transmission line），见第 2 章。

（1）电解质电阻。与实轴的高频交叉点；与熔体的离子电阻相对应。

（2）电极弧（电极/电解质界面）。

①NiO 阴极的氧还原通过上游 O_2 和碳酸盐化学步骤所产生的超氧离子 $O_2^{\ominus}$，过氧化物 $O_2^{2\ominus}$ 和可能的过碳酸盐 $CO_4^{\ominus}$ 来进行。快速迁移反应通常仅形成一个 1/4 圆，并融入低频传输弧中。[①] 双层电容与可获得的内部电极表面相关。

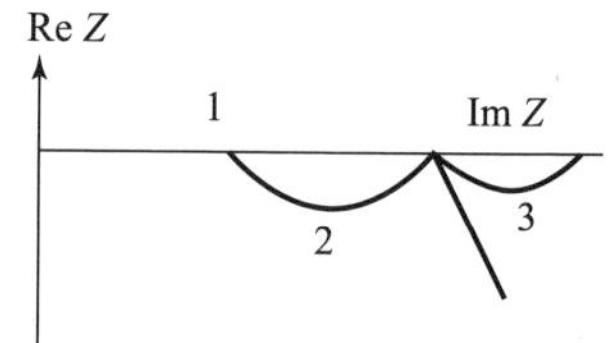

图 7.3　MCFC 的阻抗谱（定性的数学约定）

1—电解质电阻；2—迁移阻抗；3—扩散阻抗

②镍阳极导电率比 NiO 阴极的好 5 倍。混合颗粒（Li_2TiO_3，$LiAlO_2$）可改善润湿性和内表面。如图 7.3 所示，扩散控制的氢氧化可在电极弧 2 中产生高频 45°的直线；通常缺失传质弧 3。

（3）传质弧（气体空间/电极界面）。阴极的 NiO 簇上的电解质膜阻碍了溶解的 O_2 和 CO_2 的质量传输。

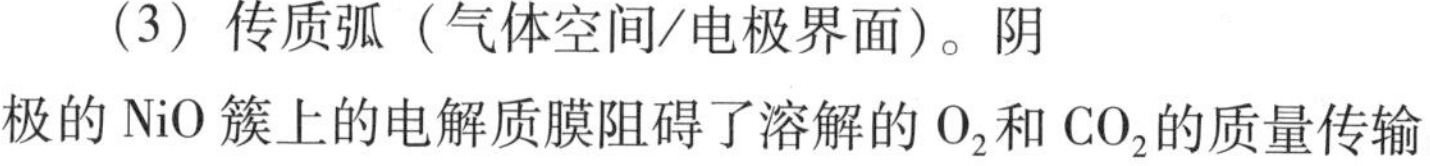

① 如果时间常数 $\tau = RC$ 相差≥10 倍，则两个过程可导致单独的半圆。

7.5　应用

内部具有重整装置的天然气 MCFC 发电厂的整体效率达到 50% 以上。美国的市场领导者是燃料电池能源公司（原 ERC 公司）。在欧洲，MTU，Ansaldo（意大利）和 ECN（荷兰）推进了 MCFC 的商业化。

7.5.1　内部重整

烃蒸汽重整可产生富氢合成气（重整产物）。电池本身中的燃料重整就在氢氧化的附近进行，并利用废热和氧气还原产生水。内部重整如图 7.4 所示。

（1）直接内部重整：在直接燃料电池阳极室（650 ℃）的重整催化剂上。

（2）间接内部重整：在阳极前由电池加热的内部反应器中（650 ℃）。

（3）外部重整：在 800～900 ℃的单独反应器中。

内部重整的优势包括以下几点：

（1）系统简单：无须单独加热的重整反应器。

（2）系统效率高：废热产生新的主要能源（热电联产）。

（3）冷却要求被降低：通过吸热重整反应进行化学冷却。

（4）燃料气体使用最优化：由于重整反应持续消耗氢气，将电池反应的化学平衡转变为氢气生产（Le Chatelier 最少强制原则）。

（5）与内燃机技术相比，污染物排放量极低。

燃料电池反应的 2 kW · h 余热可节省 20% 的生产氢气用一次能源。

$$CH4 + 2H_2O + 余热 \longrightarrow CO_2 + 4H_2 \Delta H = 225\ kJ/mol$$

1 m³　　　　　　　　4 m³

10 kW · h　　+2 kW · h　　=12 kW · h

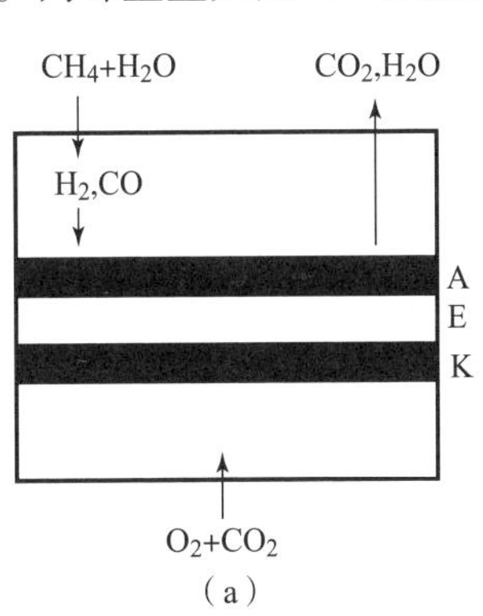

（a）

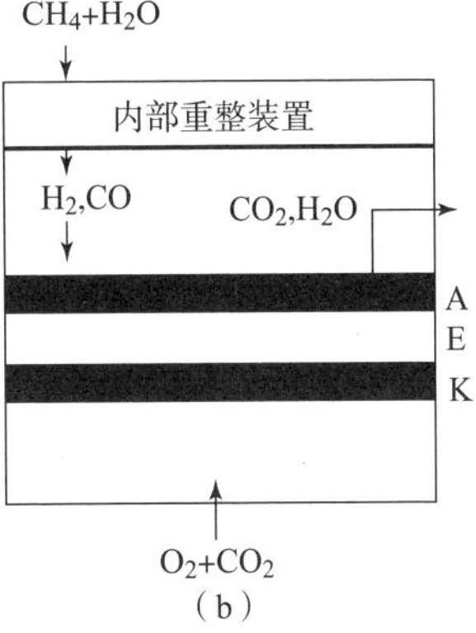

（b）

图 7.4　内部重整

（a）直接；（b）间接；
A—阳极；E—电解质；
K—阴极

内部重整优选在高温和低压下进行。甲烷在阳极转化为二氧化碳。

甲烷	10 kW · h/m^3
氢	3 kW · h/m^3

内部重整：　$CH_4 + H_2O \longrightarrow 3H_2 + CO$

$3H_2 + 3CO_3^{2\ominus} \longrightarrow 3H_2O + 3CO_2 + 6e^{\ominus}$

氢氧化：　$CO + CO_3^{2\ominus} \longrightarrow 2CO_2 + 2e^{\ominus}$

净反应　$CH_4 + 4CO_3^{2\ominus} \longrightarrow 2H_2O + 5CO_2 + 8e^{\ominus}$

由于氢气在阳极和重整器的水蒸气中被消耗，电池反应的平衡在产物一侧。在 S/C = 2.5 的蒸汽与碳的比率下，这导致接近 100% 的甲烷转化率，所以在较高的运行温度下（或在 650 ℃转化率为 85%）外部重整器几乎没有缺点。尽管蒸汽过量（S/C = 2.5 ~ 7）较高，但提高了 H_2产量并且阳极反应效率也略有提高，但由于热蒸汽的产生，降低了气体产生效率和系统净效率。然而，为了防止碳沉积在重整器和多孔阳极中，存在 S/C 比和温度下限。① MCFC 允许（优于 PAFC）有较低的重整器温度和蒸汽碳比。

蒸汽碳比（steam to carbon ratio，S/C）。

7.5.2 MCFC 电厂的构造

与 PAFC 不同，使用天然气运行的 LRMCFC 燃料电池系统②不需要外部重整器。

（1）产气：脱硫，与水蒸气混合，内部重整。

（2）燃料电池：在 650 ℃下用空气转化重整产物。

（3）电流转换：DC - DC 转换器和逆变器产生同步三相电流（380 V，50 Hz）。

（4）辅助设备包括以下几项：

①供气（天然气、压缩空气）。

②冷却系统。

③制备冷却水（离子交换器、活性炭）。

④蒸汽发生器。

⑤发电机（用重整器废气发电）。

---

① 反应参见产气章节。

② IR = 内部重整。

⑥控制和管理。

阴极废气的余热被用于天然气预热和生产蒸汽。

MCFC 系统运行中的典型长期现象是腐蚀和材料变化。终生现象见表 7.8。

表 7.8　终生现象

(1) 材料的硬化和蠕变：接触面积损失，活性表面损失。
(2) 腐蚀。
(3) 电解质损失。
(4) 基体断裂。
(5) 直接重整：催化剂失去活性。

7.5.3　MTU 热模块

由 ERC 公司及其合作伙伴燃料电池能源公司授权的 Friedrichshafen 发动机和涡轮联合有限责任公司（MTU）的直接燃料电池由大约 300 个每个 0.8 m^2 的单个电池组成。由多孔镍电极、基体膜、气体分布板和双极板组成的电池堆被带拉杆的端板固定在一起。4 个侧表面上的气罩使燃料气体和阴极空气在电池块与反应产物上交叉流动（所谓的外部歧管）。①

MTU 的热模块方案使用了更简单的系统，因为传统的子系统（气体制备、流动调节、热利用、控制和管理）占用了大部分设备成本，如表 7.9 和表 7.10、图 7.5 ~ 图 7.7 所示。

表 7.9　MTU 热模块历史

1990 年，由 MTU Friedrichshafen 责任有限公司，Ruhrgas AG，RWE Energie，Haldor Topsøe，丹麦，Elkraft A. m. b. A.，丹麦组建了工作组。

1997 年，为 Ruhrgas 股份公司建造 MTU 热模块。

1999 年，250 kW - MCFC：比勒费尔德市政部门。效率 52%，160 kW 工艺蒸汽：75%。

2001 年，巴特诺伊施塔/萨勒 Rhön - 医院的 250 kW MCFC。400 ℃热蒸汽用于杀菌目的和热商业用水，第一年运行 8 300 h。

---

① 在 AFC，PEMFC，PAFC 中进行内部气体分配（内部歧管）时，双极板带有气体供应和排放通道；通过环形通道，它们连接在活性电池表面之外。电解质填充的基质可用作密封装置［湿密封（wet seal）］。

续表

2002 年，250 kW 天然气 MCFC：慕尼黑 Telekom 的应急电源，花费 5000 万欧元。 2007 年，Fuel Cell Energy：MCFC 和燃气轮机的 300 kW 联产。天然气系统效率：56%。 2014 年，柏林 BMBF 的 250 kW MFCF

（1）诸如电池堆、催化燃烧器（阳极废气的后燃烧系统）以及带有空气供应和鼓风机的阴极气体循环系统等热电池组件被集成在隔热锅炉中。电池堆水平放置，通过重力省去了压紧装置。

（2）在混合室中，阳极和阴极废气与新鲜空气汇合在一起；这节省了气体分配和收集装置（歧管）、密封件和管道，并且可通过阳极室和阴极室之间的压差来防止基质的破坏。电池堆的大面积气体供应节省了管道和风机功率。

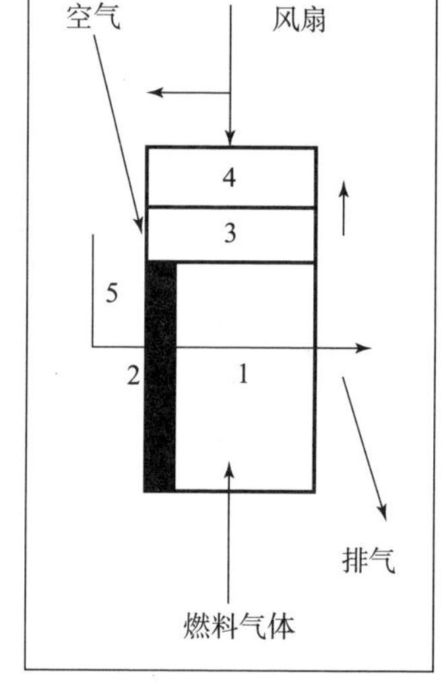

图 7.5　MTU 热模块原理

1—电池堆；2—加热装置；3—混合室；4—催化后燃烧器；5—阴极气体

通过热交换器，阴极废气热流可提供 550～600 ℃ 的有用热量，还可用于燃气预热和加湿。逆变器将产生的直流电转换成与电网相匹配的交流电。多个直接燃料电池模块通过电和气体并联而成的发电厂可提供 10 kW～10 MW 的电力输出，并且其系统效率高，污染物排放低（表 7.10）。即使是热电联产和燃气/蒸汽涡轮机，在最大功率下，其最高电效率也只达到 40%～50%。

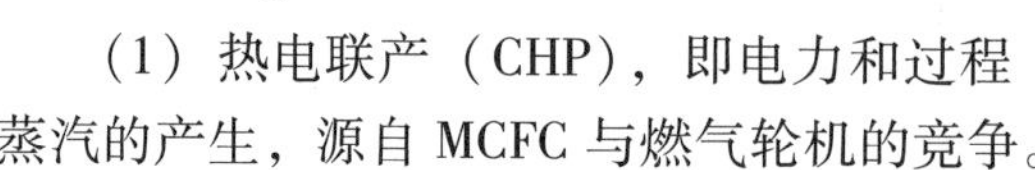

（1）热电联产（CHP），即电力和过程蒸汽的产生，源自 MCFC 与燃气轮机的竞争。

（2）MCFC 的高温有用热量（550～600 ℃）可用于下游蒸汽轮机中进行发电。如果涡轮机排气继续用作过程蒸汽，则整体电和热效率可达 85%。

天然气、沼气、瓦斯和矿井气，有机残渣或煤汽化的热解气都可作为燃料。液态碳氢化合物必须进行纯化。通过热模块方案和组件的批量生产，产量为 40～50 MW/年的 1 MW 以下小型系统的目标成本为 1 250 欧元/kW。MTU 在 2010 年左右停止销售。

表 7.10　电效率　%

直接 MCFC	10 kW	40 ~ 48
	100 kW	44 ~ 58
	1 MW ~ 1 GW	45 ~ 65
BHKW	1 MW	30 ~ 40
	10 MW	31 ~ 42
燃气/蒸汽涡轮机	10 MW	26 ~ 34
	100 MW	30 ~ 40
	1 GW	32 ~ 48

图 7.6　20 世纪 90 年代中期的 MTU 热模块
资料来源：Dalmler 公司

7.5.4　MTU 高性能电解槽

与燃料电池工艺相比，MTU 直接将市电驱动的高压水电解与不稳定的可再生能源电力结合在一起。

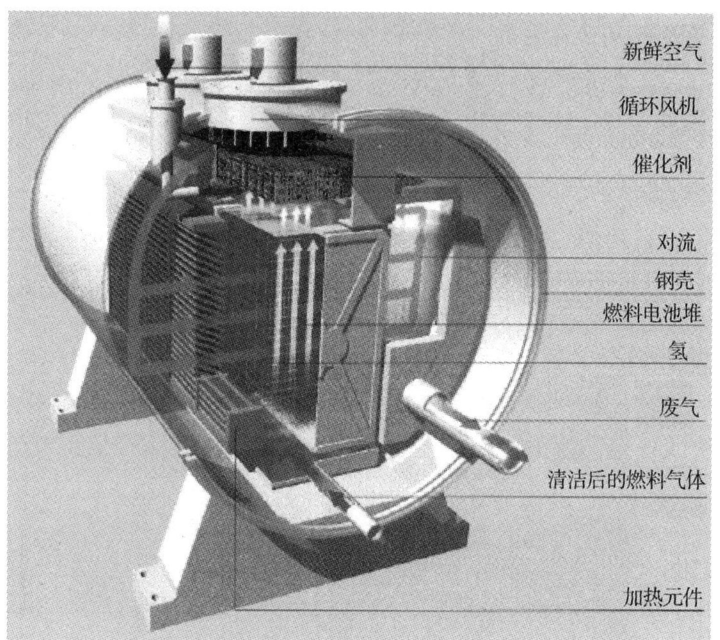

图 7.7　热模块的内部视图

资料来源：Dalmler 公司

（1）电站侧功率峰值的利用：电网控制和联合电网频率稳定。

（2）氢气和氧气的分散式生产：用于陆地车辆、水中船舶和飞行器的氢气加注站，工业过程（甲醇合成、脂肪硬化、化肥生产、还原过程）。

（3）并网发电电源：电解氢作为光伏和再生能源的存储介质。通过燃料电池（而不是电池）或氢发动机进行再发电和电网稳定。

通过电网交流/直流转换器供电的 250 V/10 kA 电解槽可将 2 500 kW 的功率转换为氢气和氧气，这个过程是间歇性的并可在部分负荷下具有良好的特性。消除道路供应相关的运输风险。在 30 bar 的运行压力下可直接填充氢化物储罐和管道。

材料。陶瓷氧化物电极 - 膜片单元（EDE）是由碳酸钙、二氧化钛和金属氧化物拉制成膜并烧结的。

MTU 电解槽如表 7.11 和图 7.8 所示。

7.5.5　MCFC 在日本的发展

日本的天然气和电力公司在国家补贴（MITI）的激励下积极发展尤其是兆瓦级涡轮机领域。中央 Agaki 研究中心开发出了外围组件，如重整器、风机和后燃烧室。以下公司也正在积极参与到发展中。

表 7.11　MTU 电解槽[20]

运行压力/bar	30
效率/%	>80（P_n）
	>87（0.2P_n）
气体纯度/%	>99.5 H_2
	>99.1 O_2
负荷/%	20～120 P_n
P_n标称负荷	

（1）Mitsubishi（通过 ERC 的许可）。

（2）Fuji（通过 IFC 的许可）。

（3）IHI（Ishikawajima－Harima 重工业）：电池堆功率 500 kW，电池面积 1 m^2。

（4）Hitachi。

与 PAFC 技术相比，日本的 MCFC 相对落后。作为 Moonlight 项目（1990）的一部分，Hitachi，Mitsubishi 和 IHI 推动了电池堆的开发；中央电力工业研究院和技术研究协会则发展了系统及其外围。

图 7.8　MTU 压力电解槽（1998）
资料来源：Dailmler 公司

世界范围内的 MCFC 见表 7.12。

表 7.12　世界范围内的 MCFC

FCE（美国）
Gencell（美国）
MTU－CFC Solutions（德国）
Ans Aldo（意大利）
Kepr（韩国）
Doosan Heavy Industries（日本）
IHI（日本）

7.6 沼气发电

沼气能量的使用吸引了农民、生物垃圾处理公司、食品和饲料制造商、污水处理厂和垃圾填埋场运营商的兴趣。MCFC 还可提供理想的二氧化碳成分。

(1) 脱硫：常规或生物（在滴滤池中生物转化为硫或硫酸盐）。

(2) 甲烷重整转化为氢气。

(3) 在 MCFC 中的发电。

MCFC 的燃料见表 7.13。

表 7.13 MCFC 的燃料

天然气
煤层甲烷
来自发酵过程的沼气
垃圾填埋气
煤气
丙烷
柴油
乙醇

沼气由甲烷、二氧化碳、水蒸气以及痕量的乙烷、丙烷、氮气、氧气、硫化氢、硫醇、氨气、硅氧烷和卤代烃组成。不同于天然气，其成分各不相同，具体取决于污水污泥投入量、废物成分和季节性温度差异。硅氧烷衍生被用作热油、液压油和变压器油、清洁剂的泡沫抑制剂、化妆品和皮革护理产品的有机硅[19]。二氧化硅的转化会损害热电联产装置、内燃机和燃料电池等。

参考文献

技术

[1] E. BAUR, grundlegende Arbeiten über schmelzflüssige Brennstoffzellen,

zusammen mit seinen Mitarbeitern I. TAITELBAUM, H. E. EHRENBERG, W. D. TREADWELL, G. TRUMPLER, J. TOBLER, R. BRUNNER, chronologisch: Z. *Elektrochem.* 16(1910)286 – 302; 18(1912)1002 – 1011; 27(1921)199 – 208; 39(1933)148 – 167, 168 – 169, 169 – 180; 40(1934)249 – 252; 41(1935)794 – 796; 43(1937)725 – 726.

[2] L. J. BLOMEN, M. N. MUGERWA(Hg.), *Fuel Cell Systems*. New York: Plenum Press, 1993, Nachdruck 2013, Chap. 9.

[3] G. H. J. BROERS, (a) *High temperature galvanic fuel cells*, PhD thesis, Amsterdam 1958.

(b) mit J. A. A. KETELAAR, *Ind. Eng. Chem.* 52(1960)303 – 306.

(c) mit M. SCHENKE, *Adv. Energy Conv.* 4(1964)131 – 147; *Symp. Am. Chem. Soc.* (1965)225 – 250.

[4] EG&G SERVICES, Fuel Cell Handbook, Morgantown ^{5}2000.

[5] *Encyclopedia of Electrochemical Power Sources*, J. GARCHE, CH. DYER, P. MOSELEY, Z. OGUMI, DRAND, B. SCROSATI(Eds.), Vol. 2: Fuel Cells – Molten Carbonate Fuel Cells. Amsterdam: Elsevier; 2009.

[6] W. W. JACQUES, Harpers Mag. 26(559)(1896)144 – 150. Dazu Kritik von: W. BORCHERS, *Z. Elektrochem.* 4(1897)129 – 136, 165 – 171.

[7] (a) K. KORDES CH, G. SIMADER, Fuel Cells and Their Applications. Weinheim: Wiley – VCH, ^{4}2001.

(b) *Brennstoffbatterien*, Wien: Springer, 1984.

材料

[8] C. L. BUSHNELL, *Electrolyte matrix for molten carbonate fuel cells*, US 4, 322, 482(1982).

[9] The CRC *Materials Science and Engineering Handbook*, Eds.: J. F. SHACKELFORD, W. ALEXANDER. Boca Raton: CRC Press, ^{3} 1999.

[10] *Encyclopedia of Materials Science and Engineering*, M. B. BEVER(Ed.), Oxford.

[11] (a) W. JENSEIT, O. BÖHME, F. U. LEIDICH, H. WENDT, *Impedance spectroscopy: a method for in situ characterization of experimental fuel cells*, *Electrochim. Acta* 38(1993)2115 – 2120.

(b) J. R. SELMAN, Y. P. LIN, *Application of ac impedance in fuel cell research and development*, *Electrochim. Acta* 38(1993)2063 – 2073.

[12] LANDOLT – BÖRNSTEIN, *Zahlenwerte und Funktionen aus Physik, Chemie, Astronomie, Geophysik und Technik und Numerical Data and Functional Re – lationships in Science and Technology*, mehrbändig. Berlin: Springer.

[13] R. A. MEYERS (Ed.), *Encyclopedia of Physical Science and Technology*, 18 Bände. New York: Academic Press, 1992.

[14] T. NIS HINA, M. TAKAHAS HI, I. UCHIDA, *J. Electrochem. Soc.* 137 (1990) 1112 – 1121.

[15] (a) S. SRINIVAS AN, H. D. HURWITZ, *Electrochim. Acta.* 12(1967)495.

(b) D. T. WAS AN, T. SCHMID, B. S. BAKER, *Mass Transfer in Fuel Cells. I. Models for Porous Electrodes*, *Chem. Eng. Progr. Symp. Ser.* 77, Vol 63(1967).

[16] Elektrodenmaterialien:

(a) P. G. P. ANG, A. F. SAMMELLS, *J. Electrochem. Soc.* 127(1980)1287.

(b) A. J. AP P LEBY, S. B. NICHOLSON, *J. Electroanal. Chem.* 53(1974)105; 83 (1977)309; 112(1980)71.

(c) C. E. BAUMGARTNER, *J. Electrochem. Soc.* 131(1984)1850.

(d) J. DOYON, T. GILBERT, G. DAVIES, L. PAETSCH, *J. Electrochem. Soc.* 134(1987)3035.

(e) H. R. KUNZ, *J. Electrochem. Soc.* 134(1987)105.

(f) R. C. MAKKUS, K. HEMMES. J. H. W. DE WIT, *J. Electrochem. Soc.* 141 (1994)3429.

(g) S. W. SMITH, W. M. VOGEL, S. KAP ELNER, *J. Electrochem. Soc.* 129 (1982)1668.

[17] Stähle für die MCFC: (a) C. YUH et. al., *J. Power Sources* 56 (1995) 1 – 10.

(b) A. C. SCHOELER et. al., *J. Electochem. Soc.* 147(2000)916.

应用

[18] L. BARELLI, G. BIDINI, S. CAMPANARI, G. DIS CEP OLI, M. SP INELLI, Performance assessment of natural gas and biogas fueled molten carbonate fuel cells in carbon capture configuration, *J. POwer SOurced* 320(2016)332 – 342.

[19] M. HABERBAUER, R. HOP F, W. AHRER, *Energetische Nutzung von Biogas in Brennstoffzellen*, *GIT* Nr. 12(2002)1366 – 1669.

[20] (a) MTU Deutsche Aerospace, *MTU – Energiewandlungsanlagen: Der Hochlei – stungselektrolyseur*, Firmenprospekt, München.

(b) G. HUP P MANN, *Das MTU Direkt – Brennstoffzellen Hot – Module (MCFC)*, Kap. 9, S. 170 – 186, in: K. LEDJEFF – HEY et al. *Brennstoffzellen*. Heidelberg: C. F. Müller, ^{2}2001.

(c) DAIMLERCHRYSLER, *Hightech Report* (2000)34 – 35.

第 8 章

固体氧化物燃料电池

E. Baur 在 20 世纪 30 年代后期发现 SOFC 可作为“非极化”电源。当时离子导体和电极的传导率和耐久性仍然很差。

如 Dornier 的 Hot Elly 这样的用高温水蒸气电解生产氢气为固体氧化物技术提供了新的动力。在 1 000 ℃下，电解电压仅为 0.9 V。

现在生产的 50 μm 厚固体电解质在 1 000 ℃下的传导率仅为 650 ℃下碳酸盐熔体的 1/10。美国 Westinghouse 公司开发出了一个管道方案（表 8.1），而在德国则出现了利于生产的平面技术。目前正在开发工作温度低于 800 ℃的系统。

表 8.1　SOFC 的历史（一）

1897 年，W. Nernst：含 15% Y_2O_3 的 ZrO_2 能斯特发光元件被用作光源。1900 年前后用于燃料电池。

1935 年，W. Schottky（Siemens 工厂，Nernst 的学生）提出了含有能斯特物质的 SOFC。

1937—1939 年，E. Baur 和 H. Preis[1]：黏土、高岭土和能斯特物质。空气可通过的焦炭或铁粉作为阴极，磁铁矿作为阳极。燃气：H_2、一氧化碳、城市燃气。恒电压 0.7 ~ 0.83 V。

1937 年，碳 - 氧元素。

续表

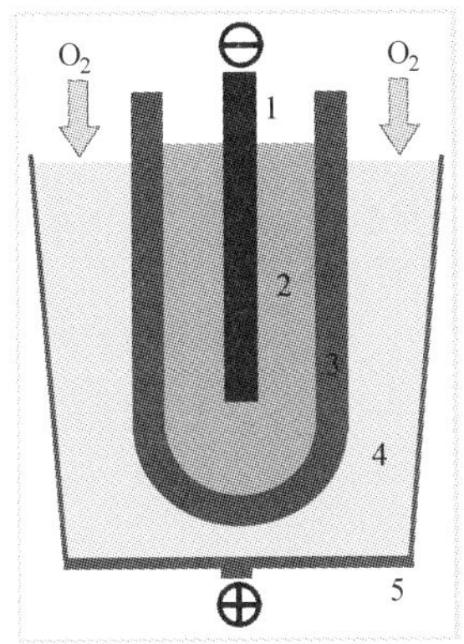

碳粉末 2 包围的碳棒阳极 1 被插入固体电解质管 3（含有 WO_3和 CeO_2的 Al_2O_3）中，并将空气吹入管 3 所插入的且充满磁铁矿 4 的坩埚 5（ϕ5 cm，阴极）中。

1938—1971 年，O. K. Davtyan（莫斯科，第比利斯，敖德萨[4]）：Baur 电池的进一步发展。

1946 年，在 20 mA/cm ^{2}，700 ℃下为 0.79 V，发生器/城市煤气。

SOFC 工作时没有复杂的三相限制、润湿问题和 MCFC 所需的碳酸盐循环。在高温下，除氢气外还可以直接将 CO 和碳氢化合物用作燃料，所以具有内部重整装置的 SOFC 也是直接燃料电池。

2010 年左右人们开始对 SOFC 的开发越来越感兴趣。在脱硫后，可以有效使用天然气、沼气和煤炭（特别是中国）。SOFC 可以比任何其他燃料电池类型更好地耐受 50 ppm 的硫化氢。余热可以用于当地和地区供热或用作工艺蒸汽。50 MW 量级的 SOFC 发电厂可将废热供给下游的燃气和蒸汽轮机工艺，效率达到 65%，如图 8.1 所示。

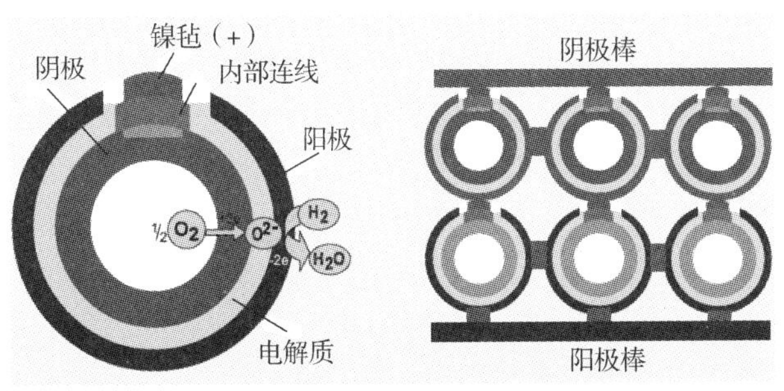

图 8.1　Siemens - Westinghouse 的管方案

8.1 SOFC 系统的特性

同义词：固体氧化物燃料电池（Solid Oxide Fuel Cell，SOFC），氧化物陶瓷燃料电池。SOFC 的历史（二）见表 8.2。

类型：高温氢 - 氧电池。

电解质：固态 $ZrO_2 + Y_2O_3$（YSZ，钇稳定的氧化锆）。电荷载体是氧化物 $O^{2\ominus}$。

运行温度：900 ℃（800 ~ 1 000 ℃），目标：≤500 ℃

燃气：甲烷、天然气、煤、甲醇、汽油、液化石油气、煤气、沼气中的氢气。

氧化剂：空气、氧气。

电极反应：氢气和一氧化碳在阳极上与通过固体电解质传输的氧化物离子发生反应，并生成水蒸气和二氧化碳。阴极上生成氧化物离子。

$$\ominus\text{阳极}\quad 2H_2 + 2O^{2\ominus} \rightleftharpoons 2H_2O\ (g) + 4e^{\ominus}$$

$$(CO + O^{2\ominus}) \rightleftharpoons CO_2 + 2e^{\ominus}$$

$$\oplus\text{阴极}\quad O_2 + 4e^{\ominus} \rightleftharpoons 2O^{2\ominus}$$

$$2H_2 + O_2 \rightleftharpoons 2H_2O$$

电池电压：静态端电压为 0.93 V（在 1 000 ℃下，使用 $H_2 + O_2$）或 0.88 V（空气）。

$$E_0 = -\frac{\Delta G^0}{2F} - \frac{RT}{2F}\ln\frac{p_{H_2O}}{p_{H_2}\sqrt{p_{O_2}}}$$

电极材料：

阳极：YSZ 上的镍（比 Fe、Co、贵金属更具活性）。

阴极：带分布极均匀细 Pt 或 Pd 的掺杂钙钛矿（$LaMnO_3$、$LaSrMnO_3$、$LaCoO_3$）。

内部连接：相邻单电池的阳极和阴极之间连接层；混合氧化物陶瓷（$LaMnO_3$、$LaSrMnO_3$、$CoCr_2O_4$）。

SOFC 系统特殊优点：

（1）无贵金属，耐受 CO；高电流密度（优于 MCFC），无电解质泄漏，无水平衡问题（与 PEMFC 相同）。

（2）内部重整，部分和直接氧化：比外部生产氢气便宜。

（3）使用废热（热电联产）。

表 8.2　SOFC 的历史（二）

1951 年，15% 的 CaO 可改善 Nernst 物质的导电性。 1958 年，Westinghouse 电力公司；管方案。 1980 年，层状结构的火焰喷涂（CVD）。 1983 年，美国 Argonne 国家实验室：单块方案。 1988/1991 年，德国研究基金（BMBF，BMWi）。Siemens - Westinghouse，Dornier（到 1997），MBB 和研究机构（DLR，FhG，FZJ）正在开发中。 1993 年，1 kW 电池堆（Siemens）。 2000 年，Sulzer - Hexis（CH）：日常供应用 Bhkw。 2001/2002 年，BMW，Delphi 自动化系统公司和 DLR：用于车载辅助动力装置的 SOFC：On - board auxiliary power unit（APU）。 2002 年，H - Power 和 Siemens - Westinghouse：用于山区小屋和国家公园的 5 kW 丙烷 SOFC。 2003/2004 年，Thyssengas：42 Sulzer - Hexis HXS1000 的现场测试。 2003 年，天然气无硫的气味剂。 2005—2010 年，FCE Fuel Cell Energy：全球 50 个地点的 250 kW 直接 SOFC。 2006 年，成本：4 800 美元/kW。 2011 年，E. D. Wachsman，K. T. Lee：记录：2 W/cm 在 650 ℃下使用 $Gd_{0.1}Ce_{0.9}O_{1.95}$，$Er_{0.4}Bi_{1.6}O_3$ 和 RuO_2/Bi_2O_3。 2014—2018 年，Mitsubishi Hitachi Power Systems（Mhps）和 NGK Spark Plug：筒状 SOFC 产品。 2016 年，Nissan 电池车辆 e - NV200：5 kW SOFC 增程器和乙醇。 Vaillant XellPower：SOFC 燃气冷凝锅炉：0.7 kW 电力和 1.3 kW 热量，总效率超过 90%

SOFC 典型缺点如下：

材料和密封件的耐温性；热应力；启动时间。

电效率：60% ~65%（电池），52% ~60%（天然气系统，基于热值），60% ~65%（内部重整）。

发展状态：试验原型（250 kW 以下）：热电联产，分散式发电，与燃气轮机耦合。

8.2　固体电解质

离子传导固体被用于流动熔体和高温水电解、钠硫蓄电池、氧传感器（λ

探头）和电解电容器①。SOFC 使用了掺杂氧化锆；纯 ZrO_2是绝缘体。其他材料仍在试验中。固体电解质见表 8.3。

表 8.3　固体电解质

YSZ：$ZrO_2 \cdot 0.08Y_2O_3$
$ZrO_2 + 15\% Y_2O_3 + 15\% CaO$
Nernst 物质：$ZrO_2 \cdot 0.15Y_2O_3$
为 $Zr_{0.85}Y_{0.15}O_{1.96}$
LSGM
$La_{1-x}Sr_xGa_{1-y}Mg_yO_{3-z}$
GCO：$CeO_2 + 11$ mol−% Gd_2O_3
先前：
$MgO + 40\%$（Li，K，Na）$_2CO_3$
（共晶体）
43% 苏打 +27% 独居石
(La−Ce−Th−oxid) + 20% WO_3 +10% 钠玻璃 + 黏土[4]；
900 ℃下，1.3 Ω · cm。
Al_2O_3含有 WO_3和 CeO_2
黏土 + WO_3 + CeO_2（2∶3∶1）；
1 000 ℃下 150 Ω · cm[1]
高岭土 + CeO_2 + 硅酸锂[1]

（1）钇稳定氧化锆（简称 YSZ，由 ZrO_2 +10 mol% Y_2O_3构成）在750 ℃以上是一种很实用的氧化物离子导体（1 000 ℃时为 0.1 S/cm），同时不渗气且电子导体可忽略不计。氧化物的转移数接近 1。但是，其脆性很大。8 mol% Y_2O_3可以以牺牲导电性为代价产生最高的强度。10^{-7} cm ^{2}/s 的气体渗透率使得突破电流密度达到了 1 mA/cm^2；因此，YSZ 陶瓷必须压制到理论密度的 93% 以上。

锆与钙和钇的混合氧化物会以萤石晶格（C1 型，如 CaF_2）结晶。生成的 CaO 和 Y_2O_3在 ZrO_2网中产生氧化物缺陷。在晶胞中，$[ZrO_2]_2 \rightarrow Y_2O_3 \rightarrow [CaO]_2$的氧缺位增加，这使得氧离子可以通过固体进行传输。这种“内部半导体二极管”导致阴离子 $O^{2\ominus}$以一个方向通过并阻挡阳离子（由于 Coulomb 作

① 软锰矿 MnO_2 不适用于 SOFC；它在 535 ℃下会分解熔化。铝电解槽中碱性锰（Ⅱ）硝酸盐溶液产生的热解层可达 125 ~ 175 ℃。

用力，阳离子不能渗透到阴离子间隙中）。四方 ZrO_2 多晶体力学性能稳定但导电性差，如图 8.2 所示。

如果 YSZ 膜分出两个不同氧分压的气体空腔，[①] 则此氧浓度链可根据 Nernst 方程提供稳定电势（表 8.4）。为了获得分接电压，铂金触点在两侧均应供应蒸汽。在 650 ℃以上时，可重现 Nernst 稳定电势 E_0；在较低的温度下，氧气平衡承受很大的过压。

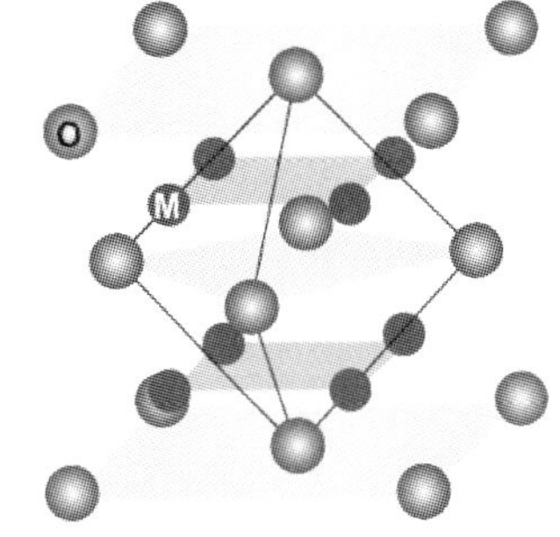

图 8.2　萤石晶格

当电压大于 E_0 时，该装置可被用作氧气泵。当用 Bunsen 燃烧器或高电流加热时，YSZ 棒发出高 *IR* 分量的明亮白光（所谓的 Nernst 灯）。

表 8.4　YSZ 膜

氧浓差电池
$O_2(p_1) \mid Pt \mid ZrO_2 \mid Pt \mid O_2(p_2)$
阴极反应
$\frac{1}{2}O_2 + 2e^{\ominus} \rightleftharpoons O^{2\ominus}$
$\varphi_1 = \varphi_0 + \frac{RT}{2F}\ln\frac{\sqrt{p_1(O_2)}}{a_1(O^{2\ominus})}$
阳极反应
$O^{2\ominus} \rightleftharpoons \frac{1}{2}O_2 + 2e^{\ominus}$
$\varphi_2 = \varphi_0' + \frac{RT}{2F}\ln\frac{\sqrt{p_2(O_2)}}{a_2(O^{2\ominus})}$
固体中的氧化活性
$a(O^{2\ominus}) = 1$
稳定电势
$E_0 = \varphi_1 - \varphi_2$
$E_0 = \frac{RT}{4F}\ln\frac{p_1(\text{阴极})}{p_2(\text{阳极})}$
SOFC 中的阳极反应
$2H_2 + 2O^{2\ominus} \rightleftharpoons 2H_2O + 4e^{\ominus}$
$2CO + 2O^{2\ominus} \rightleftharpoons 2CO_2 + 4e^{\ominus}$

① 汽车催化转化器中的 λ 探头：1 为废气，2 为环境空气。

（2）钪掺杂氧化锆（ScXZ）。即使在中等高温下也能很好地传导并且抗氧化剂和还原剂。四方 ZrO_2 多晶体可产生机械稳定性。但是，它与混合电子和离子导体不兼容。

（3）掺杂的镓酸镧 $La_{1-x}Sr_x(Ga_{1-y}Mg_y)O_3$（LSGM）是一种钙钛矿，在 600～700 ℃时其表现出足够的氧化物离子传导率和非常低的阳离子迁移率，但是机械敏感。加热时，镓蒸发。由于电子迁移，多组分体系趋于减缓离析；消耗掺入组分的体积相[15]。

（4）钆掺杂二氧化铈 $Ce_{0.9}Gd_{0.1}O_2$（CGO）比 YSZ 传导性好，允许的工作温度低于 550 ℃。迁移数为 0.7（950 ℃）。在还原条件下，CeO_2 成为混合导体，即在低 O_2 分压下，它也不合需要地传导电子。有利的是，与铁素体钢结合的材料具有比 YSZ 更大的热膨胀系数。

（5）质子传导氧化物。钇掺杂 $BaZrO_3$ 可传导质子，并且在酸性气体（CO_2）中是稳定的。

（6）成分为 $Na_2O \cdot 5Al_2O_3$ 至 $Na_2O \cdot 11Al_2O_3$（β－氧化铝）的钠离子传导陶瓷在 200 ℃时的传导率达到 0.1 S/cm 以上。在层状结构晶胞之间的断层区域，离子可以很好地迁移。

玻璃是阳离子导体（例如：$Na^{\oplus}$，$Li^{\oplus}$，$H^{\oplus}$）。几十年来，一直就使用玻璃材料作为阳极和阴极空间之间的分离元件或耦合液体基准系统（参考电极）。

所有移动的电荷载体都有助于固体电解质的导电性。但不希望电子传导率导致内部短路。离子传导率则基于阴离子和阳离子在空位（空位晶格位点）和/或间隙位点之间的移动性。传导率强烈依赖于微观结构（晶粒尺寸、晶界、孔隙率），制造过程和材料的污染。在电流作用下，固体电解质经常发生改变。在与电极的固/固相边界处，会形成刚性的扩散双层（类似于水溶液）。另外，由于金属分离和溶解（尤其是由于杂质富集）会产生过电压。为了消除相当大的接触电阻，可采用四点法（图 8.3），因此在测量尖端横向或纵向于大面积外加电流时，可在测试样品上测量到电压降。为了测量混合导体（例如：Ag_2S）中的离子传导率，可在纯离子导体（例如：AgI）耦合一个测量信号。

$$\rho = R\frac{A}{d} \text{在} R = \frac{\bar{U}}{I}, \bar{U} = \frac{U_{\oplus} + |U_{\ominus}|}{2} \tag{8.1}$$

离子传导率随温度升高而增加，因为交换空间的可能性呈指数增长（Boltzmann 统计）。

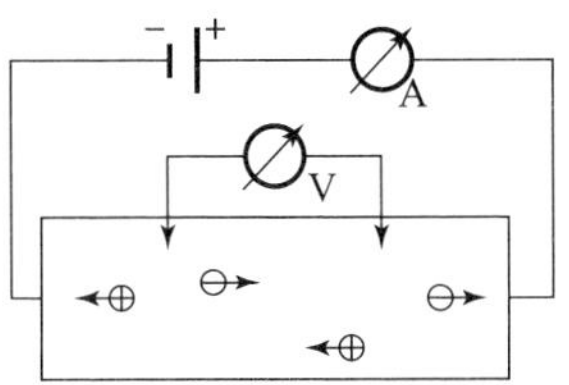

电流密度

$i = e(N_{\oplus} z_{\oplus} v_{\oplus} + N_{\oplus} z_{\oplus} v_{\oplus})$

$i = F(c_{\oplus} z_{\oplus} v_{\oplus} + c_{\oplus} z_{\oplus} v_{\oplus})$

$i = \kappa E = t_{\oplus} i_{\oplus} + t_{\ominus} i_{\ominus}$

迁移数

$$t_{\oplus} = \frac{i_{\oplus}}{i} = \frac{F z_{\oplus} v_{\oplus} c_{\oplus}}{i}$$

$$t_{\ominus} = \frac{i_{\ominus}}{i} = \frac{F z_{\ominus} v_{\ominus} c_{\ominus}}{i}$$

传导率

$$\kappa = \frac{d}{RA}$$

扩散系数

$D_{\oplus} = u_{\oplus} kT$

$D_{\ominus} = u_{\ominus} kT$

离子迁移率

$u_{\oplus} = v_{\oplus}/E = \lambda_{\oplus}/(F z_{\oplus})$

$u_{\ominus} = v_{\ominus}/E = \lambda_{\ominus}/(F z_{\ominus})$

式中：A——电极截面积；

c——电荷载体浓度；

E——电场强度（V/m）；

F——法拉第常数；

i——电流密度；

k——Boltzmann 常数；

N——电荷载体密度（m^{-3}）；

N_A——Avogadro 常数；

R——电阻（Ω）；

v——徙动速度；

z——离子价；

λ——离子传导率

图 8.3　传导率测量的四点法

Arrhenius 方程适用。

$$\kappa = Ae^{-E_A/RT} \Rightarrow E_A = R\frac{d\ln\kappa}{d\ (1/T)} \tag{8.2}$$

式中：A 为 Arrhenius 系数；E_A为活化能；R 为摩尔常数；T 为绝对温度；κ 为传导率。

活化能 $E_A \approx 100$ kJ/ mol 被确定为传导率 - 温度曲线的斜率。两条线段代表了不同的传导机制。在高温下，随着子晶格过渡到准液态，伴随着传导率的增加，结构无序性增加。[①] 当进行两次极性相反的测量时，可以消除在电流交叉点加热样品所产生的热电压。不同电解质的传导率如图 8.4 所示。

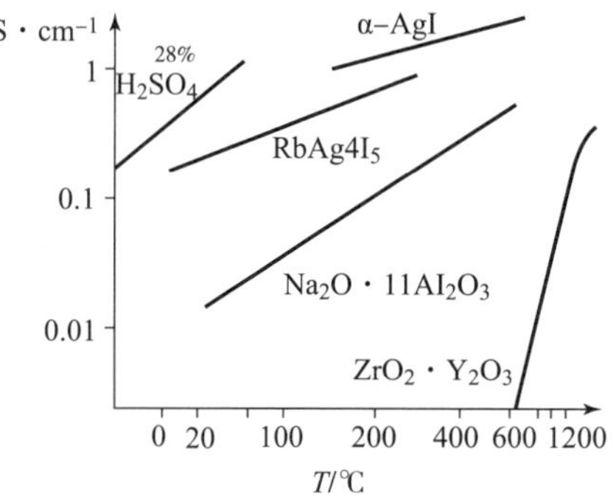

图 8.4　不同电解质的传导率

8.3　电极材料

在大约 1 000 ℃的工作温度下，SOFC 需要使用由陶土、氮化硼、瓷器、难熔金属以及钙钛矿和氧化物基导电陶瓷[②]等制成的耐热与时效稳定的结构部件。材料的不同热膨胀系数[③]、机械热应力和腐蚀成为问题。在测量电势时，可能会受到电热电压的干扰。中温 SOFC 材料不存在。

8.3.1　氧电极

阴极（空气侧）进行的催化氧还原必须在氧化环境中保持稳定，电导率至少为 50 S/cm，孔隙率至少为 30%。在电催化剂限定的步骤中吸附氧气，然后形成氧化物离子并完成迁移过程。表面扩散、体积扩散（在 YSZ 中）和分子扩散以及 Knudsen 扩散（在 YSZ 孔中）相对较快。

锶掺杂的锰酸镧（Ⅲ）（亚锰酸盐，LSM，$La_{1-x}Sr_xMnO_3$，$x = 0.1 \sim 0.16$）是一种 p 型半导体，其电子传导率为 120 ~ 83 S/cm（800 ℃），离子传导率约

① 超级离子传导（super ionic conduction）。

② ceramic metal（陶瓷金属），简称金属陶瓷。

③ 镍 $\alpha = 16.9 \times 10^{-6}$/K；YSZ：$11.0 \times 10^{-6}$/K。

为 10^{-7} S/cm。$La_{0.3}Sr_{0.7}Co_{0.9}Fe_{0.1}O_3$ 的电子传导率可达到837 S/cm（800 ℃），离子传导率约为0.01 S/cm，但有与互连材料发生反应的不利情况。电极材料见表8.5。

表 8.5 电极材料

空气电极 （阴极）	碱土掺杂的锰酸盐和钴酸盐： La_{1-x}（Ca，Sr）$_xMnO_3$（LSM） La_{1-x}（Ca，Sr）$_xCoO_3$（LSC） $La_{1-x}Sr_xFe_{1-y}Ga_yO_3$ $La_{1-x}Sr_xMnO_3$ La_{1-x}（Ce，Ca）$_xMnO_3$ 类钙钛矿材料： $Sr_{3-x}La_xFe_{2-y}Co_yO_7$（LSCF） $La_{2-x}Sr_xNiO_4$ 之前： $ZrO_2+Pr_2O_3$，多孔铂，60% Fe_2O_3 +20% 黏土 +20% 铁粉[4] 铁粉[1]，焦炭[1]
燃气电极 （阳极）	30% Ni－ZrO_2 陶瓷（金属陶瓷） 多孔铂（已过时） 60% Fe_2O_3 +20% 黏土 +20%磁铁矿[4] 磁铁矿[1]
内部连接 （连接电池）	Mg 掺杂 $LaCrO_3$ Sr 掺杂 $LaCrO_3$ Mn 掺杂 $CoCrO_3$（已过时） 铂，金，银
承载管	（阳极材料）： Ca 稳定 ZrO_2 Y_2O_3稳定 ZrO_2（之前）
密封元件	玻璃陶瓷

化学计量和晶粒尺寸决定了热性能。LSM 由悬浮液烧结而成，其约 1 mm 厚孔隙率 20% ~40% 。未解决的问题是由于镍颗粒渗透而导致的热化学和机械老化效应、孔隙度变化和 YSZ 传质。

钇稳定化和两相系统可改善阴极性能。混合传导碱土金属掺杂的锰酸镧和钴酸盐与 YSZ 反应形成导电性差的 La_2ZrO_7层，其在 ZrO_2表面形成岛状，从而降低了 SOFC 的性能[16]。电池总电阻的一半来自阴极；因此，替代材料正受到高度重视。基于镧的钙钛矿是低温 SOFC （650 ~ 700 ℃） 最有希望的候选者。

钙钛矿：$CaTiO_3$衍生的氧化物 ABO_3 （A 和 B 的电荷之和 =6）。

尖晶石：$MgAl_2O_3$衍生的 AB_2O_4的氧化物（A 和 2B 的电荷的总和 =8）。

（1） 铈和钙掺杂的 $LaMnO_3$ 作为空气电极 （Siemens - Westinghouse, US 6 492 051）。

（2） $LaMnO_2$和 $LaCoO_3$的固溶体，如 $LaCo_{1-x}Mn_xO_3$ （$x \approx 0.2$）。

（3） 高温超导体，如 $La_{2-x}(BaSr)_xCuO_4$和 $YBa_2Cu_3O_{7-x}$ （ >200 S/cm）。

微电极（具有铂电源分接头的 YSZ 尖端）允许混合导体的单个微晶接触。因此，可以研究沿单个晶界的电荷迁移和氧掺入。在 La （Sr） MnO_3中就显示出迁移取决于氧分压。

8.3.2 燃气电极

阳极（氢气侧，$H_2 + O^{2\ominus} \longrightarrow H_2O + 2e^{2\ominus}$） 必须在还原性气氛中稳定并且导电率 >120 S/cm。

（1） Ni - ZrO_2 金属陶瓷 （Ni - YSZ）①，150 μm 厚，20% ~40% 孔隙率 ZrO_2/Y_2O_3基体中含 35% 镍，具有电催化活性和电子传导率，适用于氢气作为燃料气体，使用天然气时会发生焦化（碳沉积）。镍含量越高，热膨胀系数越低，比电导率越低（800 ℃时为 250 S/cm，950 ℃时为 3 000 S/cm）。通过丝网印刷、真空等离子喷涂或由 NiO，YSZ 和树脂黏合剂混合物烧结而成 YSZ Ni 电极。复合材料（Cu，Co，Fe） Ni - YSZ 并不比纯金属的功率密度更好。

（2） 铈混合氧化物具有催化活性，允许中等的运行温度，在天然气运行下不会焦化，但在低的 O_2分压下机械稳定性较差。阳极在 80 ℃时的电导率见表 8.6。

---

① Cermet = ceramic metal （金属陶瓷）。自 1995 年以来：Ni - ZrO_2 含镍量约为 50% 。

表 8.6　阳极在 800 ℃时的电导率　　$S \cdot cm^{-1}$

$Ce_{0.887}Y_{0.113}O_{1.9435}$	0. 102
$Ce_{0.9}Gd_{0.1}O_{1.95}$，CGO	0. 054 4
$Ce_{0.9}Sm_{0.1}O_{1.95}$，SDC	0. 02
$La_{0.7}Sr_{0.3}Cr_{0.8}Ti_{0.2}O_3$	
$BaTiO_3$（Fe，Ru，Ni）	
$Sr_{0.86}Y_{0.08}TiO_3$	64
（离子和电子）	
$Cu-CeO_2$	5 200
Ni－GDC	1 070
Cu－GDC	8 500
机械不稳定	
$LaCrO_3$，$CrTi_2O_5$，	
$Ti_{0.34}Nb_{0.66}O_2$，	
$SrTiO_3$（n－导体），	
钨青铜 $A_2^{I}B^{II}W_5O_{16}$	

（3）相渗透：可通过浸渗（浸渍）然后加热（800 ℃）来制备混合电极，例如 LSM 上的（Gd，Sm）CeO_2 或 YSZ 上的 Cu。通过毛细作用力，催化剂迁移到多孔基材中。问题：长期稳定性。

$Cu-CeO_2-YSZ$，$Ce_{1-x}Cu_xO_{2-\delta}$ 具有良好的导电性和氧化还原活性（$Ce^{3\oplus}/Ce^{4\oplus}$），但只在 800 ℃以下是稳定的。Cu－CGO（氧化钆－铈）可传导氧化物和电子并且具有硫耐受性，Ni－CGO 有焦化倾向。

（4）钛酸盐是氧化天然气和甲烷的铂的替代品。$La_{0.3}Sr_{0.7}TiO_3$ 在氢气中烧结时显示出 0. 5 S/cm 的电导率。

催化活性的非法拉第电化学改性（Non－Faradaic Electrochemical Modification of Catalytic Activity，NEMCA）[22] 像铂上的氢－氧反应或 CO 氧化一样是通过电化学催化剂控制的，其可通过向非均相催化剂施加电压来加速化学反应。在一定的电极电位下，催化剂中的强制电子逸出功可达到最大值（1 V ≙ 1 eV），并影响被吸附物的结合能。催化剂和载体交换氢气与氧气。在不参与反应的情况下，增加了氧化物离子并且钠离子可降低金属催化剂的逸出功 Φ（随原子序数增加的全等线：Sc…Ni，Y…Pd，La…Pt）。电化学迁移反应和化学反应共同产生比根据 Faraday 定律（$Q=zF_n$）所预计高几倍的产率，如图 8.5 所示。

电极毒药。燃气（氢气或二氧化碳）可以是干燥的或潮湿的。50 ppm H_2S 可逆地将电池电压降低约 5%；所以与其他燃料电池类型相比，具有一定的耐硫性。在 25% H_2/H_2O 和 CO/CO_2 的典型燃料气体中，镍阳极可耐受 5 ppm H_2S（在 700 ℃下）和 90 ppm（在 1 000 ℃下）。在 Ni－YSZ 电极上会生成硫（如 H_2S、RSH、CS_2）：二硫化物→SO_2，亚硫酸盐→SO_3，硫酸盐。

$$H_2S + Ni \longrightarrow NiS + H_2$$

钴金属陶瓷阴极可以承受 200 ppm 的硫化氢。

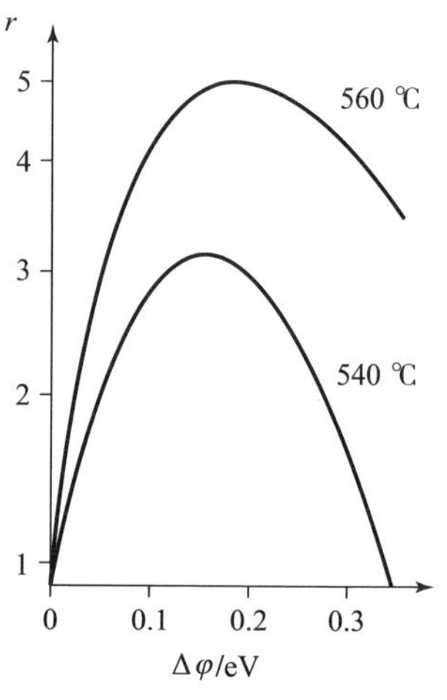

图 8.5　CO 化学氧化在 Pt/ZrO_2 阳极上的加速：逸出功的变化 $\Delta\varphi \hat{=}$ 电极电位；r 为相对耗氧量

8.3.3　电池连接（互连器）

电池堆中各个电池之间的双极中间层［互连材料（Interconnect Material，ICM），引线］必须能够传导电子并且是气密的。

（1）如果表面存在有 Cr_2O_3 层，则镁或锶掺杂的铬酸镧（Ⅲ）（铬铁矿，$LaCrO_3$）可传导电子（20 S/cm），但不传导离子。热膨胀系数（0～1 000 ℃时为 10^{-5}/K）与电解质和电极材料相匹配。通过在氢气气氛中 1 650 ℃下烧结，在高于阴极材料 La（Sr）MnO_3 的分解温度下烧结来产生足够致密的材料。目前正在开发 1 400 ℃烧结层或 Sr－La－铬酸盐烧结助剂。互联器的电子电导率见表 8.7。

表 8.7　互连器的电子电导率　　S/cm

在 1 000 ℃时	
$LaCrO_3$	1
$Y_{0.8}Ca_{0.2}CrO_3$	15
$La_{0.8}Ca_{0.2}Cr_{0.9}Co_{0.01}O_3$	34
$La_{0.8}Ca_{0.2}CrO_3$	35
在 800 ℃时	
$La_{0.75}Ca_{0.27}CrO_3$	16

续表

$Sr_{0.7}La_{0.3}TiO_3$	12
银玻璃复合材料	3.6
$La_{0.4}Ca_{0.6}Ti_{0.4}Mn_{0.6}O_3$	0.12
$Sr_{0.8}La_{0.2}TiO_3$	0.014
800 ℃下的面电阻	
FeCr20Al5	13 Ω·cm^2
FeCr16	0.15 Ω·cm^2

(2) 铁素体铬钢和氧化钇陶瓷[①]制成的钢金属陶瓷合金以及无铬氧化物[如 $(Mn, Co)_3O_4$] 显示出耐腐蚀、机械强度高和热膨胀低的特性。

耐高温密封由特殊玻璃、硼硅酸盐玻璃（pyrex）或陶瓷泡沫（Co-LSM）组成。普通玻璃会软化并泄漏。

8.3.4　涂装技术

(1) 多孔基底上的耐热和气密电极涂层与电池连接（互连器），尤其是管设计中可采用薄膜技术制造。生产技术见表 8.8。

表 8.8　生产技术[6]

(1) 功能陶瓷	流延成型（tape casting） 浆料涂覆（slurry coating） EVD，PVD 等离子和火焰喷涂
(2) 硬陶瓷部件	挤压成型（extrusion） 干印 流延成型 压延（箔轧制）

①化学气相沉积（Chemical Vapor Deposition，CVD）：用金属氧化物封闭电解质和互连层的孔隙。

$$MCl_2 + H_2O \longrightarrow MO + 2HCl$$

① Plansee 公司，A-Reutte。

式中：M 为金属；MCl_2为金属氯化物；MO 为金属氧化物。

②电化学气相沉积（EVD）：通过使金属卤化物（具有 H_2和氩气）在外部与多孔载体管内的水蒸气进行反应来构建 YSZ 电解质层。

$$(1)\quad MCl_x + yO^{2\ominus} \longrightarrow MO_y + \frac{x}{2}Cl_2 + 2ye^{\ominus}$$

$$(2)\quad yH_2O + 2ye^{\ominus} \longrightarrow yH_2 + yO^{2\ominus}$$

$$\frac{x}{2}H_2 + \frac{x}{2}Cl_2 \longrightarrow xHCl$$

$$MCl_x + yH_2O \longrightarrow MO_y + xHCl + \left(y - \frac{x}{2}\right)H_2$$

当孔闭合且反应物不再直接接触时，YSZ 层使氧化物离子通过离子导体进行迁移并与金属氯化物反应而继续生长。EVD 过程如图 8.6 所示。

③物理气相沉积（Physical Vapor Deposition，PVD）：通过电子束或氩气束或在高频场中喷涂进行材料涂布。极低的涂层功率（<1 μm/h）。

④热喷涂：用压缩空气将陶瓷粉末输送到氢气焰或乙炔火焰（火焰喷涂）或微波电弧（等离子喷涂，高达 16 000 K）中撞击基材并熔化在其上。

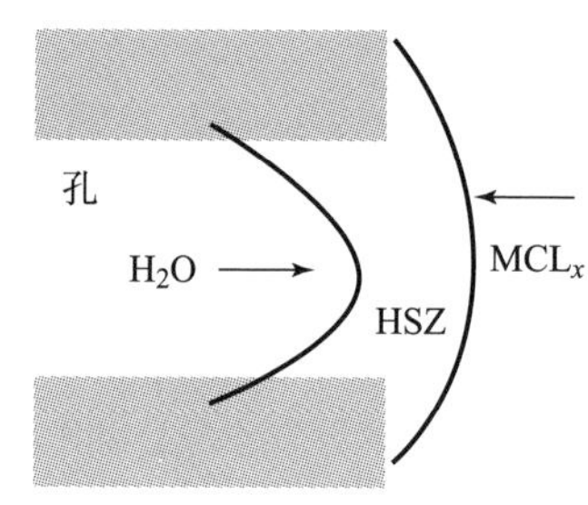

图 8.6 EDV 过程

⑤用脉冲激光使材料蒸发沉积（Pulsed Laser Deposition，PLD）。

线膨胀系数见表 8.9。

表 8.9 线膨胀系数 K^{-1}

（1）电解质	
$ZrO_2 \cdot 8Y_2O_3$	10.5×10^{-6}
$CeO_2 \cdot 11\ Gd_2O_3$	12.2×10^{-6}
（2）电极材料	
Ni/ZrO_2	$(12 \sim 14) \times 10^{-6}$
$La_{1-x}Ca_xMnO_3$	12×10^{-6}
$La_{1-x}Sr_xCoO_3$	$(18 \sim 22) \times 10^{-6}$
（3）互连器	
$LaCrO_3$	$(9.5 \sim 10.7) \times 10^{-6}$
FeCr 合金	12.5×10^{-6}

（2）互连器板和电解质管由粉末颗粒制成。在热等静压（HIP）下，压力通过油浴作用于橡胶模具。

（3）流延成型（tape casting）适用于多层陶瓷层。使用刮刀将陶瓷粉末、黏合剂和溶剂的混合物涂布在承载聚合物基材上，干燥，再从基材上取下并卷绕。再将陶瓷带烧结，由此来烧掉黏结剂，但是材料收缩是整体设计中的主要问题。

（4）压延成型（tape calandering）可生产出多层膜。例如：用于单片电池。从挤出机挤出螺杆中出来的物质（陶瓷粉末、黏合剂、增塑剂）被压入两辊之间，压制成薄膜和薄膜复合材料。

（5）丝网印刷（screen printing）可以使薄膜厚度 <10 μm。使用橡胶刮刀大面积地通过框架上夹持的滤网开口将糊状物（ink）按压在待被涂覆的基板上，然后提起框架。滤网厚度和网眼宽度决定了层的厚度。非常薄的层需要使用钢筛，再将印刷层烧结。技术丝网印刷层的材料见表 8.10。

表 8.10　技术丝网印刷层的材料

欧姆电阻	Pd（Ag），$Bi_2Ru_2O_7$，RuO_2，Rh_2O_3玻璃
电介质	$BaTiO_3$，TiO_2， 玻璃，陶瓷
黏合剂	乙基纤维素等。
溶剂	萜品醇，乙二醇醚 表面活性剂，稀释剂

（6）在浆料浸涂（slurry coating）时（例如：电解质层），可将 YSZ 含水浆液多次分散在载体上，然后干燥并烧结。

（7）通过烧结，受控热处理，将陶瓷颗粒“烘烤”在一起，以形成黏附到基底的多孔层。烧结时，粉末黏结剂会从表面逸出。细粉在高温下生长成致密层；此外，在中等温度下，可形成中间有孔隙的较粗颗粒（聚集体）。因此，YSZ 陶瓷具有由烧结温度限定的小孔和大孔。

8.4 运行特性

8.4.1 SOFC 热力学

由于 1 000 ℃下氢氧反应的自由焓 ΔG 较低，SOFC 的电池电压比 MCFC（650 ℃）低约 100 mV。当温度升高 100 K 时，因为过电压显著下降而可使电池电压提高 70 mV（300 mA/cm²）。在 1 000 ℃以上时，电池电压的改善不再那么明显，这也表明运行承受了更大的材料负荷。Nernst 方程见表 8.11。

表 8.11 Nernst 方程

（1）阳极

$$H_2 + O^{2\ominus} \longrightarrow H_2O + 2e^{\ominus}$$

$$E_{氧化} = E^0_{氧化} + \frac{RT}{2F}\ln\frac{[H_2O]}{[H_2][O^{2\ominus}]}$$

（2）阴极

$$\frac{1}{2}O_2 + 2e^{\ominus} \longrightarrow O^{2\ominus}$$

$$E_{还原} = E^0_{还原} + \frac{RT}{2F}\ln\frac{[O_2]^{1/2}}{[O^{2\ominus}]}$$

（3）开路电池电压

$$E = E_{还原} - E_{氧化}$$

$$E = \Delta E^0 + \frac{RT}{2F}\ln\frac{[H_2][O_2]^{1/2}}{[H_2O]}$$

阳极和阴极处的氧化物与 H_2O 浓度相同。

方括号 $[x]$ 表示平衡活度 a_x。

对于气体，应当使用以下压力：

$[H_2] = pH_2/p^0$

其中，$p^0 = 101\ 325$ Pa

增加氧化剂压力可改善电池电压。有时，流分布会变得不均匀，水浓度变得与位置相关，因此 Nernst 方程只能用于近似计算。

过量的空气可用于冷却。反应气体的余热可用于预热入口的气体。气密性是没有必要的。SOFC 可以毫无问题地启动（start - up）和关闭（shutdown），以及避免陶瓷部件中的热应力。

8.4.2　电流－电压曲线

电流－电压曲线在很宽的电流范围内都是线性的；电阻压降是决定性的。随着工作温度的升高，因为过电压降低可以达到更高的电池电压（在给定电流下）或电流（在给定电压下）。在低电流（10 mA/cm^2）下，较低的温度更为有利。

8.4.3　阻抗谱

SOFC 的阻抗轨迹由三个弧组成。阳极和阴极阻抗具有相同的数量级；与 PEMFC 一样，阳极不可忽略。等效电路包括固体电解质（简化为$R \parallel C$ 电路）并串联电极阻抗（例如：迁移反应的 $R \parallel C$ 电路；扩散抑制的 Nernst 阻抗）。理想的电容 C 可更好地由恒相元件建模。多相催化中的运输过程如图 8.7 所示。

1. 电解质弧

固体电解质的离子传导率取决于晶体的晶粒电阻和晶界电阻，因此而取决于晶粒尺寸。与实轴的高频交点对应于 YSZ 电解质、引线和触点的欧姆电阻 R_b（b = bulk 整体）。半圆描述了晶界弛豫 R_{gb}（gb = grain boundary 晶界），即氧化物晶粒的内聚力；它可以通过一个 $R_{gb} \parallel C_{gb}$电路近似地建模；典型地包括离子导体与流动流和燃料气体组成无关地随着温度的升高而降低。在高电流密度（> 100 mA/cm^2）下，YSZ 电阻主宰电极阻抗。SOFC 组件的电导率见表 8.12。

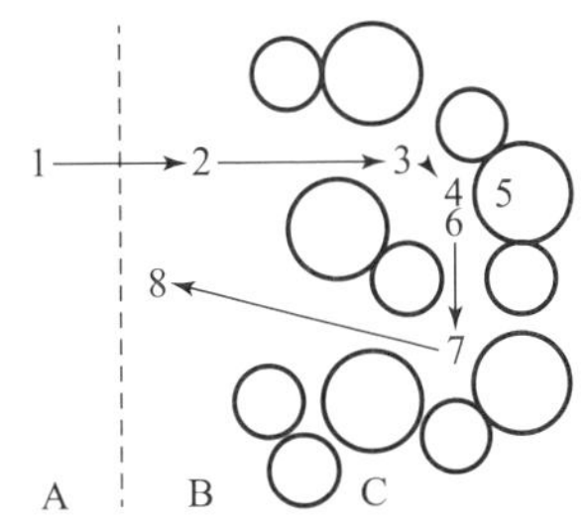

图 8.7　多相催化中的运输过程

A—气相；B—边界层；C—催化器

1—扩散；2—表面上的吸附；3—毛细扩散；4—活性中心；5—反应；6—解吸（活性中心）；7—产物的气孔扩散；8—表面的解吸

连接元件会干扰电解质电弧。随着温度的升高，钙钛矿薄膜的传导率（空气中 1.8 S/cm）在还原性气氛中急剧下降。

2. 电极弧（电极/电解质界面）

电极弧阳极和阴极与电池阻抗重叠。丝网印刷的 La（Sr）MnO_3阴极显示出约等于等离子喷涂 Ni/YSZ 阳极 2 倍的电阻。燃料气体电极比阴极退化更快。迁移阻力随着温度升高而强烈下降（主要在空气侧）并且随着电流（燃料气体侧）的增加而增加。

表 8.12　SOFC 组件的电导率

（1）电解质	$S \cdot cm^{-1}$
YSZ，8 mol% Y_2O_3	
-950 ℃	0.1
-700 ℃	0.03
CeO_2 +11 mol% Gd_2O_3	
-950 ℃	0.12
-700 ℃	0.04
$RbAg_4I_5$	0.27
$Rb_4Cu_{16}I_7Cl_{13}$	0.34
（2）电极材料	
Ni/ZrO_2，950 ℃	3 00
$La_{1-x}Ca_xMnO_3$，950 ℃	100
$La_{1-x}Sr_xCoO_3$，950 ℃	950
（3）互连器	
$LaCrO_3$，950 ℃	30
FeCr，950 ℃	7 690

日益潮湿的燃料气体和阳极产物水提高了迁移阻力，空气侧的加湿没有影响。

3. 传质弧

（1）在低频下，输送氧气到阴极产生了明显的扩散阻抗，如图 8.8 所示。

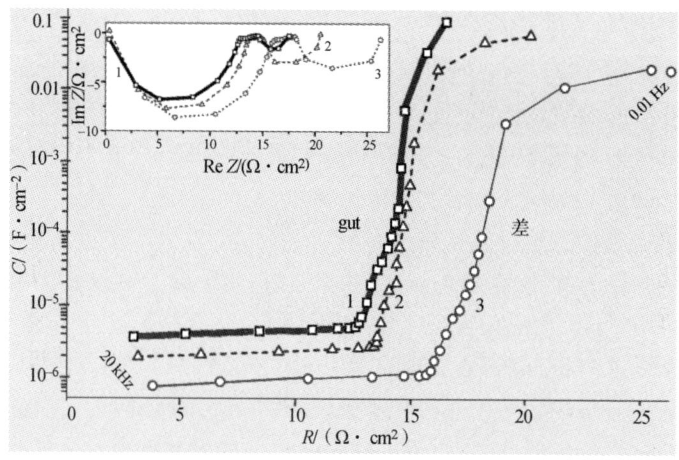

图 8.8　SOFC 的阻抗控制（1 000 ℃，20 个电池，300 mA/cm³）。以最大容量和最小电阻进行优化运行。小图片：阻抗曲线（数学惯例）。

（2）湿燃料气体（H_2/H_2O 较小）、低电流和低温下，在阳极侧的通道中的气体扩散［氢气（燃料气体）进入，水蒸气排出］会导致扩散分叉。

（3）在恒电位下，Nernst 扩散过电压取决于水蒸气的分压，如图 8.9 所示。

扩散过电压

$$\eta_N = \frac{RT}{2F}\ln\frac{\chi}{(1-X)\sqrt{p_{O_2}}}$$

湿度

$$\chi = p_s/p$$

Antoine 方程

$$\lg p_s = 8.0733 - \frac{1656.4}{226.9+\vartheta}$$

$$\vartheta = T - 273.15\ \mathrm{K}$$

开路电池电压

$$E_0\ (950\ ℃) = \frac{180.15\ \mathrm{kJ/mol}}{zF}$$

式中　χ——湿度（mol/mol）；

p——分压；

p_s——水饱和蒸气压；

T——温度（K）

图 8.9　传质弧的扩散

退化。电极和电池组件通过显微结构变化与扩散过程而老化。在 Ni/YSZ 阳极中，镍团聚；在阴极/电解质界面处形成次级相。热应力和电流密度波动可导致电极剥落。阻抗还显示了电极和电解质之间的接触电阻以及复合元件的分离（电阻的突然变化）。

氧化物离子传导。可以通过掺杂铁来监测在真实运行条件下掺入 $SrTiO_3$ 中的氧。① 氧化铁引起的变色可显示出局部氧含量和向体积与晶界的扩散。

图 8.7 所示为 SOFC 电池堆的阻抗谱监测。重新调整运行参数，以确保连续测量的 C（R）曲线倾向于“较小的电阻－较高的容量”。通过经验找到最有利的运行状态[13]。其他应用请参见 4.4 节（PEMFC）和 3.5 节（AFC）。

① K.－D. Kreuer，J. Maier. 固体电解质燃料电池的物理化学方面［J］，光谱科学，1995－7：92－97。

8.5 电池设计

现有技术最先进的是管状、单片和平面 SOFC。

8.5.1 管方案

（1）刚开始，Siemens - Westinghouse（管状 SOFC，表 8.1 和图 8.10）的管方案（表 8.13）包括最初是由 YSZ 和后来被钙稳定氧化锆（长 150 cm，直径 22 mm，孔隙率 30%，孔径 2 ~ 10 μm）制成的单侧封闭支承管组成的一束单个电池。近年来，使用掺杂亚锰酸镧挤制并烧结而成的多孔空气电极管被用作载体。固体电解质和燃气电极被沉积在载体管上。空气在管内流动，燃料则在管外流动。

①燃气电极（外部）。通过在 NiO 和 ZrO_2（Y_2O_3）的悬浮液中浸渍或 EVD 并在还原气氛中烧结而形成的 Ni/YSZ 制造 20 μm厚金属陶瓷阳极。

②用于导出阴极流体的铬酸镧锶制造互连器层可通过在支撑管的纵向上进行等离子喷涂氯化物前体而做成窄带。镍层和镍毡用于外部电源抽头。

③在 1 150 ℃下，通过 $ZrCl_4$、YCl_3、H_2、水蒸气和 O_2 的化学和电化学气相沉积[①]制成约 40 μm 厚的气密 YSZ 电解质层。

④空气电极（内部）。ZrO_2 载体管的阴极涂层是由 La（Sr）MnO_3 悬浮液[②]制成的；溶剂被蒸发并将该层（100 μm 厚，30% 的孔隙率）在氧化气氛中烧结。

图 8.10　管状设计：3 × 8 管
资料来源：Siemens 公司

① 化学气相沉积（Chemical Vapor Deposition，CVD）；电化学气相沉积（Electrochemical Vapor Deposition，EVD）。

② 浆料，slurry。

表 8.13　管方案

自 1958 年起 Westinghouse 电力公司；随后为 Siemens - Westinghouse：管方案；在 0.7 V 下，最高可达 1 A/cm ^{2} 。

1985/1990 年，空气电极支持设计（Air Electrode Supported Design，AES）：多孔阴极管。

1986 年，400 W 机组的 1 760 h 测试；24 个电池，H_2/CO。

1987 年，Tokyo Gas 和 Osaka Gas 的 3 kW 机组。天然气运行 5 000 ~ 15 000 h；退化 2%/ 1 000 h。

1992—1994 年，Osaka Gas 和 Tokyo Gas 的 25 kW 机组；使用天然气运行至 7 064 h。

1999 年，由 SOFC 和燃气轮机组成的 220 kW 压力混合动力系统。

2001 年，RWE 的压力混合动力系统；1 152 个电池，>3 700 h。

2002 年，EN BW 和 Electricite DE France 的 1 MW 压力混合动力系统。

2003 年，原型“e | cell CHP 250”（250 kW）。E. ON 和汉诺威市政部门进行了现场测试。

Siemens - Westinghouse（US 6 492 051）推荐使用钪或钇稳定的 ZrO_2、掺杂的锰酸镧、铬颗粒或铂颗粒的两相混合物作为用于接触电解质和空气电极的中间层。

其优点是自密封无须采用耐热密封技术。缺点是当电解质层在 EVD 涂层下渗透到阴极层孔隙中时的欧姆电阻。在 834 cm^2 的有效电极表面下，单个电池可提供约 150 W 的功率（950 ℃）。这些管通过镍毡彼此电连接在一起。串联连接的 3 ×8 管电池（1.5 m）形成一个电池束，其在顶部和底部带有一个接触板用于集电。

一个 100 kW 的系统需要共 1 152 个单管 4 组串联和 12 个并置的 3 ×8 管束。脱硫天然气流经预重整器进入内部重整器。重整产物（H_2、CO、CO_2）和过程空气（630 ℃）被供给管件。850℃的热排气流入换热器。在转换比为 1.5 和电效率为 47% 下，机组超过内燃机 BHKW。

$$转换比 = \frac{满负荷下的电能}{最大输出有用热量}$$

（2）扁管方案（Siemens - Westinghouse，Kyocera，Kier Korea）（2001）将组合的阳极气体管与平板阴极和互连器结合在一起，如图 8.11 所示。

（3）直径从亚微米到毫米的微管具有功率密度较高、耐温差电压和加热时间短的特点；但电源分接很困难。三层中空纤维是通过相转化法生产的。

8.5.2 平板电池方案

（1）常见的平板电池方案（Siemens[29]，Dornier[27]和其他）由双极单体电池平堆组成，如图 8.12 和表 8.14 所示。

图 8.11 扁管方案

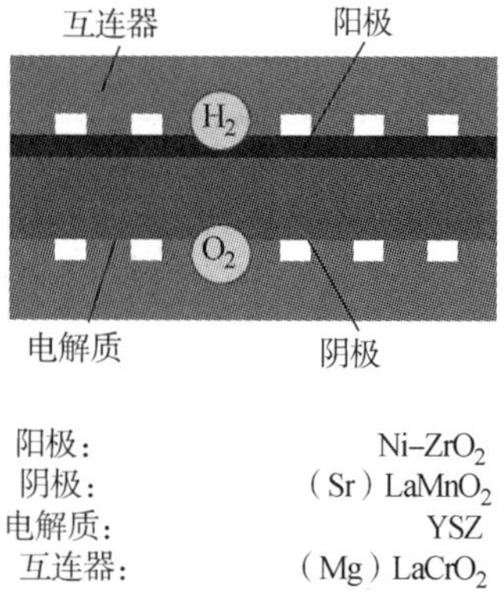

互连器　阳极

H_2

O_2

电解质　阴极

阳极：$Ni-ZrO_2$

阴极：(Sr) $LaMnO_2$

电解质：YSZ

互连器：(Mg) $LaCrO_2$

图 8.12 平板电池方案

表 8.14 平板电池方案

1988 年，Siemens：单个电池在 950 ℃下使用 N_2 中 20% 的 H_2：在 100 mA/cm^2（1990）下，0.6 V；在 500 mA/cm^2（1993）下，0.8 V。

1988—1997 年，Dornier 责任有限公司；随后：FZ Jülich。

1990 年，富士电机株式会社研发部：0.22 W/cm^2；1.07 V。

1994 年左右 ZTEK：片方案。

2000 年，Sulzer - Hexis：家庭供应的 BHKW。

2000/2002 年，Delphi 自动化系统公司和 BMW：用于具有 $Ce_{0.9}Gd_{0.1}O_2$ 电极的车辆电力系统的 SOFC。

可重复的单元包括以下几个。

①双极板（互连器）由高温超级合金①制成，如 CrY_2O_{31}、$CrLa_2O_{31}$ 和 $CrFe_5Y_2O_{31}$（Plansee 股份公司）。

②气体扩散板。空气通道和燃气通道成 90°角，反应气体和排气通过堆叠侧面的陶瓷连接中进出。

① 通过铝和氧化铬层来保证温度稳定；需要有适当的热膨胀系数，以排除陶瓷电解质的机械应力。

③阳极由镍金属陶瓷制成。

④由薄膜铸造工艺生产的 YSZ 电解液。

⑤$LaSrMnO_3$阴极。电极丝网印刷和热烧结。

接触。阳极上的镍网络被用作电流导体和镍储存器。通过湿式喷涂法将陶瓷中间层附着在双极板的阴极侧，以降低接触电阻。[①] 有利的是自支撑结构：由阴极、阳极、电解质或多孔载体支撑。与管式电池相比，短电流路径保证了较高的导电率、能量密度和功率密度。存在的问题是单个电池的密封。

(2) 集成平板电池（Integrated Planar Design，IP SOFC，Rolls Royce，Kyocera，Mitsubishi）。多孔支架上的串联连接电池段由燃料气体和空气交叉供应。优点：简单；短的连接路线。缺点：密封和电池连接。

8.5.3　整体方案

美国 Argonne 国家实验室的整体方案（Msofc），如图 8.13 所示，其不需要支撑结构，相应的功率密度为 8 000 W/kg（与管方案的 100 W/kg 相比）。阴极、固体电解质和阳极的波形层复合物是自支撑的。燃料和空气以并流或逆流方式流动。生产按以下步骤进行：

①电极、电解质和互连器的悬浮液。

②陶瓷层的丝网印刷相互叠加。

③波形层压材料压制成蜂窝结构。

④中间有互连器的单体电池层。

⑤烧结电池堆。

整体方案历史见表 8.15。

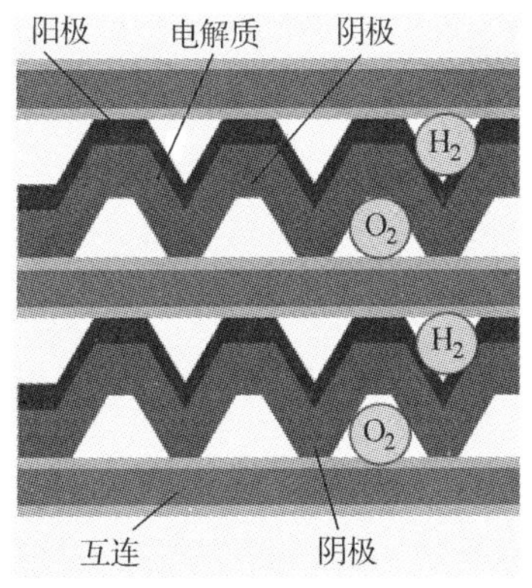

1983 美国Argonne家实验室：
0.3 W・cm^{-2}，100 h
1992 联合信号公司：
在0.1 A/cm^2 (1050℃)下，1.0 V

图 8.13　整体方案

8.5.4　综合方案

(1) 管堆模块。Sulzer Hexis 平板电池[②]是内部孔长为 2 cm 的圆形平面（直径 12 cm，厚度 0.1 ~ 0.2 mm）。自承式 YSZ 电解质涂有阳极和阴极。具有流动通道的单电池之间的金属互连器[③]（铬合金）被用作热交换器和电流导

① 在使用铂金网络作为电流分接的惰性外壳中，更容易测量单体电池。

② HEXIS = 换热器集成电池堆（heat exchanger integrated stack）。

③ Plansee 公司，A – Reutte。

体。电池使用来自低压网络的天然气（内部）和空气侧（外部）的弱风机运行。对于家用能源供应和供热，SOFC 具有高有用热水平，简单的燃料调节，广泛的燃料选择，高效的部分负荷运行和动态控制特性。不像传统的燃烧技术那样会产生氮氧化物。单户住宅用天然气驱动的 1 kW 系统包括以下几方面：

①带外围设备和连接电网的 SOFC。

②200 L 热水器。

③用于热峰值需求的额外燃烧器（超过 3 kW）。

表 8.15　整体方案历史

1997/1998 年，Sulzer Hexis（瑞士丰泰）。现场测试：丰泰和多特蒙德市政工程。

1998—2001 年，Ewe，Thyssengas，Tokyo Gas，Gas de Eukadi，Gasunie 的 1 kW－SOFC。

2002 年，Basf/Wingas 的 SOFC。

2003 年，42HXS1000：Thyssengas，公用事业，酒店和企业；寿命：<6 个月。

2015 年，Viessmann 收购 Hexis。

2013—2016 年，现场测试：Galileo 1 000 N

HEXLS Galileo 1 000 N 见表 8.16。

表 8.16　Hexis Galileo 1 000 N

额定电功率/W	1 053
额定热功率/W	2 500
额定电压/V	39
额定电流/A	27
电池	70
运行温度/℃	950
直径/mm	120
高度/mm	518

（2）蜂窝方案［honeycomb，ABB 1992：condensed tube（凝结管）］机械稳定并具有较高的功率密度（可高达 2 W/cm^2）。氧化剂和燃料气体像在棋盘中一样通过微通道交替流动，接触很复杂。蜂窝方案如图 8.14 所示。

（3）FlexCell 设计（Nextech 材料责任有限公司，2011）。薄电解质层位于具有六边形蜂窝状带孔格栅的支撑层上，其上涂覆电极。单位面积功率：

≈0.53 W/cm^2（800 ℃）。存在的问题：机械不稳定，生产复杂。

（4）圆锥形设计（cone - shaped，花形单体电池彼此串联连接）。燃料气体流过共同的内部通道，而内部连接器被安装在阴极上方的外部。较高的功率密度和抗热振性也带来了较大的复杂性。圆锥形设计如图 8.15 所示。

图 8.14　蜂窝方案

图 8.15　圆锥形设计

8.6　SOFC 电厂

1. 内部重整

天然的耐硫性使得 SOFC 适用于天然气、沼气和煤气发电。

（1）间接重整（IIR）：在阳极前的腔室中。

（2）直接重整（DIR）：在阳极上，由预重整器完成高级烃的裂化。

（3）逐步直接重整（GIR，gradual 逐渐）：在额外的电极涂层上。

碳氢化合物在 800 ℃以上被水蒸气分解。水蒸气运输阳极废气或外部蒸汽加热器。为了改变平衡并避免烟尘形成①，水蒸气的添加量超过化学计量比（蒸汽/碳≥3）。吸热蒸汽重整的能量：①来自阴极；②放热 CO 氧化反应并且同时转化；③燃料的电化学氧化停止。②

		$\Delta_r H^0$/（$kJ \cdot mol^{-1}$）
①蒸汽重整	$CH_4 + H_2O +$ 热量 $\longrightarrow CO + 3H_2$	+206
干重整	$CH_4 + CO_2 +$ 热量 $\longrightarrow 2CO + H_2$	+247

① 硫使 Ni/YSZ 中毒并趋于焦化。

② 甲烷氧化催化剂：$Ni/BaZr_{0.1}Ce_{0.7}Y_{0.1}Yb_{0.1}O_3$。

续表

		$\Delta_r H^0$/（kJ · mol^{-1}）
裂解	CH_4 + 热量 ⟶ C + 2H_2	+206
②CO 氧化	CO + 3H_2 + 2O_2 ⟶ CO_2 + 3H_2O + 热量	+247
③转换	CO + H_2O ⟶ CO_2 + H_2 + 热量	-41
④电化学氧化	CH_4 + 2O_2 ⟶ CO_2 + 2H_2O + 热量	-802
部分氧化	$CH_4 + \frac{1}{2}O_2$ ⟶ CO + 2H_2O + 热量	-36
Boudouard 平衡	CO_2 + C + 热量 ⟶ 2CO	+171

能量平衡。阳极（CO_2、H_2O、残余 H_2、CO）和阴极（N_2、O_2、残余空气）中的废气可使 SOFC 在比原料更高的温度（超过 800 ℃）下排出。未使用的燃料 H_2 和 CO 随后燃烧。

高温有用热量可用于产生蒸汽或燃料预热，并供给当地和远程供热网络。

2. SOFC 发电机

SOFC 发电机（Siemens - Westinghouse），预热到 600 ℃的新鲜空气穿过陶瓷注入器进入阴极管。来自内部重整器的 700 ℃热燃气在阳极管之间并流流动。反应热和辐射热将管束加热到 950 ~ 1 000 ℃。带有残余 H_2 和 CO 的含废水蒸气的燃气通过环形间隙从各个单元流出并流入在再循环室①中，在那里被喷射泵（通过 4 bar 冷燃料气体驱动）吸取并供给阳极。阳极气体流过预重整器和内部重整器（在管束之间，通过来自单体电池的热辐射加热）。未被喷射器收集到的阳极废气通过多孔分隔壁扩散到后燃烧空间中。② 剩余的 H_2 和 CO 在那里 850 ℃下通过过剩的空气燃烧。废热通过热交换器用于预热新鲜空气和进一步使用（过程热量，燃气轮机），如图 8.16 ~ 图 8.18 所示。

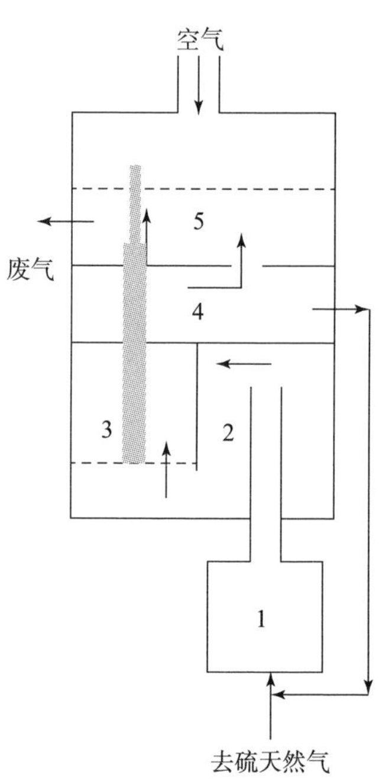

图 8.16 SOFC 发电机
1—预重整器；2—内部重整室；3—SOFC 管；4—再循环空间；5—燃烧室

① recirculation plenum，再循环室。

② combustion plenum，燃烧室。

图 8.17　汉诺威城市公共事业股份公司的 SOFC 发电厂“e | cell CHP 250”（制造商：Siemens – Westinghouse）

资料来源：Sunderdiek&Partner，汉诺威

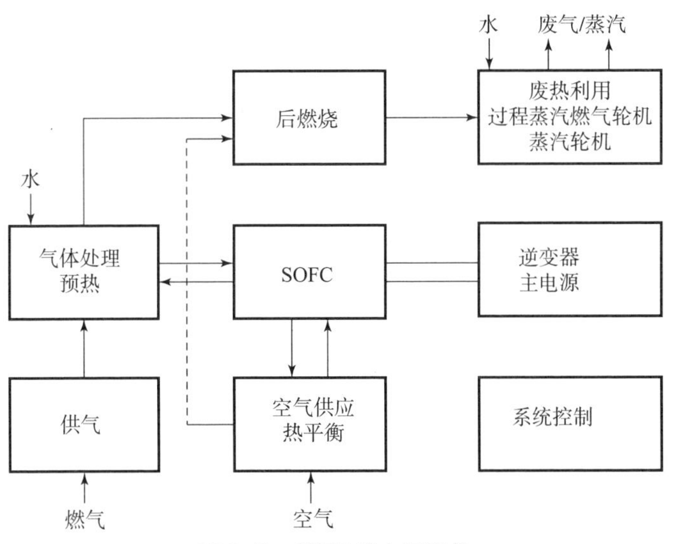

图 8.18　SOFC 发电厂组件

3. SOFC 热电联产

天然气或沼气动力的 SOFC 电站可用于 0.1 ~ 1 MW 范围内的地方和远程供热。Siemens – Westinghouse 的 100 kW SOFC BHKW 可在大气压下运行（EDB/Elsam 的设备，1998）。

通过 800 ~ 850 ℃的废气在回流换热器中将新鲜空气加热到 600 ℃。通过空气预热器对冷启动或部分负荷运行中的热损失进行补偿。120 kW 直流电被转换为400 V的交流电（109 kW交流电），净电效率为46%（根据自身需求和损失进行调整）。额外输出的70 kW局部热量，将整体效率提高到76%（基于燃气的低热值）。

$$\eta_{ges} = \frac{P_{el} + Q_{th}}{H_u} \tag{8.3}$$

系统体积为8.6 m×2.8 m×3.6 m，其中包括天然气脱硫装置、保护气体系统（N_2 +5% H_2）、启动蒸汽发生器、SOFC、空气预热器、换热器、空气压缩机、控制系统和USV。

4. SOFC燃气轮机混合发电厂

SOFC燃气轮机混合发电厂（SOFC/GT混合，combined cycle power plant联合循环发电厂）。理论上，加压SOFC与燃气轮机的耦合可在兆瓦功率范围内提供了60%的效率（表8.17）。实际效率取决于燃气轮机和SOFC的调整。大气压SOFC和燃气轮机的解耦可在部分负荷下更好地运行。

表8.17　SOFC发电厂的净效率　%

0.1 MW	50
1 MW	55
10 MW	62
100 MW	68

SOFC排气流中的热燃烧气体（而不是燃烧室中的）可驱动气体膨胀涡轮机以Joule Brayton循环过程进行发电。通过输出热量或工艺蒸汽，可以实现高达75%的整体效率，其中，

$$转换比 = \frac{有效电功率}{有效热功率} \geqslant 2.5$$

而BHKW仅为1.5。

大型装置效率的进一步提高有以下两点：

（1）燃气轮机排气驱动汽轮机过程（GuD）。使用有机溶剂的涡轮机可利用低废气温度［有机朗肯过程（organic Rankine process）］。

（2）通过废热（再生换热器recuperative heat exchanger）或来自后燃室的废气混合物（exhaust gas recirculation废气再循环）预热阴极空气，如图8.17所示。

尺寸为16.7 m×10.9 m×4 m的Siemens – Westing house（2000）1 MW SOFC加压混合系统包括脱硫燃料气体供应系统、SOFC发电机、燃气轮机、带增压空气的压缩机、冷启动燃烧器和回流换热器。新鲜空气被压缩

(3 bar)，通过燃气轮机废气流（630 ℃，1bar）[①] 在回流换热器中加热（575 ℃），其中，260 ℃下通过热交换器将局部热量分离，并送入 SOFC 阴极。排气气流（870 ℃，3 bar）驱动燃气轮机，也为空气压缩机提供机械能。

热电联产（Combined Heat and Power Generation，CHP）：将能源转化为工业工厂中的电能（或机械能）和有用热量。

现有技术还无法可靠估计系统成本（示范阶段）。燃料电池的投资成本占 25% ~30%；其余部分由气体处理、机械工程、电气工程和控制技术产生。

8.7 车辆中的固体氧化物电池

(1) 备用电池。发电机（交流发电机）为 12 V 电气系统提供约 40 A 的电流，并将电池作为存储介质进行充电。汽车中的耗电器消耗约 550 W，未来，车辆耗电量仍呈上升趋势。发动机停止下的空调、电制动器（break by wir）与转向器（steer by wire）、底盘控制系统（active body control）、电磁阀控制系统、无凸轮轴发动机和其他应用都需要额外的动力源。从 50 V 起，需要有加强绝缘、安全插头和警示提示。

BMW 和 Delphi 汽车系统公司测试了作为备用电池的 SOFC 燃料电池。[②] "750i" 后部的机组（200 L、100 kg）将汽油重整器，SOFC，空气供应和风扇，排气后处理装置组合在一起。在 1 h 内加热到 800 ℃的工作温度需要消耗 2 L 汽油。

(2) 电驱动。日产电池驱动车 e – NV200（2016）使用一个乙醇驱动的 5 kW SOFC 作为增程器来延长车辆的行驶里程。

参考文献

技术

[1] E. BAUR, Arbeiten über Festoxid – Brennstoffzellen, zusammen mit H. PREIS in: *Z. Elektrochem.* 43(1937)727 –732; 44(1938)695 –698; *Bull. Schweiz. Elektrochem. Verein* 30(1939)478 –481.

[2] L. J. BLOMEN, M. N. MUGERWA (Hg.), *Fuel Cell Systems*. New York: Plenum Press, 1993. Nachdruck 2013.

① 绝对压力：1 bar = 大气压力。

② 南德意志报，2001 年 3 月 3 日至 4 日，紧张局势不断加剧。

[3] L. CARETTE, F. A. FRIEDRICH, U. STIMMING, *Fuel Cells - Fundamentals and Applications*, *Fuel cells* 1(2001)5 - 39.

[4] O. K. DAVTYAN mit Mitarbeitern: (a) *Bull. Acad. Sci. USSR*, *Dept. Sci. Technol.* 1(1946)107 -114; 2(1946)215 -218.

(b) *Sov. Electrochem.* 6(1970)773 -776.

[5] *Encyclopedia of Electrochemical Power Sources*, J. GARCHE, CH. DYER, P. MOSELEY, Z. OGUMI, D RAND, B. SCROSATI (Eds.), Vol. 3: Fuel Cells - Solid oxide fuel cells. Amsterdam: Elsevier; 2009.

[6] C. H. HAMANN, W. VIELSTICH, *Elektrochemie*. Weinheim: Wiley - VCH,[4] 2005.

[7] K. KORDESCH, G. SIMADER, *Fuel Cells and Their Applications*. Weinheim: Wiley - VCH,[4] 2001.

[8] K. LEDJEFF - HEY, F. MAHLENDORF, J. ROES, *Brennstoffzellen*. Heidelberg: C. F. Müller,[2] 2001, Kap. 4, 6, 12.

材料

[9] R. BÜRGEL, H. J. MAIER, T. NIENDORF, *Handbuch Hochtemperatur - Werkstofftechnik*. Wiesbaden: Vieweg + Teubner,[3] 2011.

[10] *The CRC Materials Science and Engineering Handbook*, Hrsg.: J. F. SHACKELFORD, W. ALEXANDER . Boca Raton: CRC Press,[3] 1999.

[11] *Encyclopedia of Materials Science and Engineering*, M. B. BEVER (Ed.), Oxford.

[12] G. ERTL, H. KNÖTZINGER, J. WEITKAMP (Ed.), *Handbook of heterogeneous catalysis*. Weinheim: Wiley - VCH, 1997.

[13] (a) P. KURZWEIL, H - J. FISCHLE, A new monitoring method for electrochemical aggregates by impedance spectroscopy, *J. Power Sources* 127(2004) 331 -340.

(b) P. KURZWEIL, Impedanzmessungen an SOFC, Dornier GmbH, 1993/1994.

(c) *IDA Computerprogramm für die Impedanzdatenanalyse*, München: Kyrill & Method, 1991.

[14] (a) J. R. MACDONALD, *Impedance Spectroscopy, Emphasising Solid Materials and Systems*. New York: John Wiley, 1987.

(b) E. SCHOULER, M. KLEITZ, C. DÉPORTES, *J. Chim. Phys.* 70 (1973) 923 -935.

[15] Matrixmaterialien:

(a) J. O. HONG, H. I. YOO, O. TELLER, M. MARTIN, J. MIZUSAKI, *Solid State Ionics* 144(2002)241.

(b) A. MATRASZEK et. al. *Materialwiss. Werkst.* 33(2002)355.

[16] C. J. LU, S. SENZ, D. HESSE, Formation and structure of misfit dislocations at the $La_2Zr_2O_7$ - Y_2O_3 - stabilized ZrO_2 (001) reaction front during vapour - solid reaction, *Phil. Mag. Lett.* 82(2002)167.

[17] H. RICKERT, *Electrochemistry of Solids*. Berlin: Springer, 1982.

[18] J. R. ROSTRUP - NIELSEN, *Catalytic steam reforming*. Berlin: Springer, 1984.

[19] S. P. S. SHAIKH, A. MUCHTAR, M. R. SOMALU, A review on the selection of anode materials for solid - oxide fuelcells, *Renewable and Sustainable Energy Reviews* 51(2015)1 - 8.

[20] B. C. H. STEELE (Ed.), *Ceramic oxygen ion conductors and their technological applications*, The Institute of Materials, 1996.

[21] B. TIMURKUTLUK, C. TIMURKUTLUK, M. D. MAT, Y. KAPLAN, A reviewoncell/stack designs for high performance solid oxide fuel cells, *Renewable and Sustainable Energy Reviews* 56(2016)1101 - 1121.

[22] (a) C. G. VAYENAS, S. BEBELIS, I. V. YENTEKAKIS, P. TSIAKARAS, H. KARASALI, *Platin. Met. Rev.* 34(1990)122.

(b) C. G. VAYENAS, S. BEBELIS, I. V. YENTEKAKIS, H. G. LINTZ, *Catal. Today* 11(1992)303 - 442.

[23] N. WAGNER, W. SCHNURNBERGER, B. MÜLLER, M. LANG, *Electrochemical impedance spectra of solid - oxide fuel cells and polymer membrane fuel cells*, *Electrochim. Acta* 43(1998)3785 - 3793.

应用

[24] L. BLUM, W. DRENCKHAHN, A. LEZUO, *Anlagenkonzeptionen und Wirtschaftlichkeit von SOFC - Kraftwerken*, in [15], Kap. 10, S. 187 - 202.

[25] U. BOSSEL, *Commercializing fuel cell vehicles*, Chicago 1996.

[26] A. BUONOMANO, F. C ALISE, M. D. D ' ACCADIA, A. PALOMBO, M. VICIDOMINI, Hybrid solid oxide fuel cells. gas turbine systems for combined heat and power: A review, *Applied Energy* 156(2015)32 - 85.

[27] (a) W. DÖNITZ, E. ERDLE, R. STREICHER, *Oxidkeramische Brennstoffzelle*,

S. 133 - 143, in: H. WENDT, V. PLZAK (Hrsg.), *Brennstoffzellen*, *Düsseldorf*: VDI,1990.

(b) W. DÖNITZ, *Einsatzpotential von Brennstoffzellen und Forschungsschwerpunkte bei Daimler - Benz*, *Proc.* 1. *Ulmer Elektrochem. Tage*, Ulm: Universitätsverlag, 1994, S. 109 - 126.

[28] T. M. GÜR, Comprehensive review of methane conversion in solid oxide fuel cells: Prospects for efficient electricity generation from natural gas, *Progress in Energy and Combustion Science* 54(2016)1 - 64.

[29] W. DRENCKHAHN, *Brennstoffzellenentwicklung bei Siemens*, *Proc.* 1. *Ulmer Elektrochem. Tage*, Ulm: Universitätsverlag, 1994, S. 127 - 137.

[30] M. SCHMID, *Das Projekt Sulzer Hexis*: *SOFC - Technologie für kleine Leistungen*, in [15], Kap. 11, S. 203 - 209.

[31] B. CHEN (Ed.), *Hydrogen - a world of energy*. München: TÜV Süddeutschland, 2002.

[32] *www. siemenswestinghouse. com/en/fuelcells/sofc*, *www. delphi. com*, *www. dcht. com*, *www. mhi. co. jp/power* (Mitsubishi), *www. ztekcorp. com*.

第 9 章

氧化还原燃料电池和混合系统

不仅是气体和液体，实际上固体也可以转化为电力。锌空气电池和铝空气电池结合了封闭电池与连续供应的燃料电池的特性。在这些混合电池中，燃料是固体，氧化剂是气体。蓄能性能参数见表 9.1。

表 9.1　蓄能性能参数

理论比容（法拉第定律）

$$C_{th} = \frac{zF}{M} \qquad (A \cdot h/kg)$$

理论能量密度

$$W_{th} = C_{th} \cdot E_0 \qquad (W \cdot h/kg)$$

电功率

$$P = UI \qquad (W = J \cdot s)$$

最大放电功率

$$P_{max} = \frac{UI}{2}$$

比功率

$$P_m = \frac{\text{放电功率}}{\text{电池质量}}$$

充电功率/放电功率

$$Q = \int_0^t I(t)\,dt \qquad (C = A \cdot s)$$

电流输出，充电效率

续表

$\alpha = \frac{Q_E}{Q_L} < 1$

能量输出，能源效率

$$\eta = \frac{W_E}{W_L} = \frac{\int_0^{t_E} U_E(t) I_E(t)\,dt}{\int_0^{t_L} U_L(t) I_L(t)\,dt}$$

充电系数

$$a = \frac{\text{充电量}\ Q_L}{\text{已用电量}\ Q_E}$$

1 A · h = 3 600 A · s = 3 600 C

1 W · h = 2 300 W · s = 3 600 J

E_0——开路端电压；

F——法拉第常数；

M——分子量（活性物质）；

z——电极反应价

（1）电池（初级电池）不可逆地将化学能转化为电能和热量，并且不可再充电。

（2）蓄电池（二次电池）[①] 是可再充电的，其通过充电过程才能变成原电池。

理论能量密度是指活性质量，即不包括分离器、电极框架、集电器、溶剂、隔片、电池盒等情况下的质量。假定质量利用率为 100%。实际数据基于实际的电池质量。电容和能量含量随着电流密度和过电压的增加而降低，并取决于放电条件（例如：在恒定电流强度下放电 1 h、2 h 或 5 h）。没有放电条件的数值是不明确的。

9.1 金属 – 空气电池

金属空气电池利用了非贵金属在空气中的氧化。锂/空气系统可达到最大的实际电池电压，其次是碱土金属等：Li（2.4 V）> Ca（2.0 V）> Al（1.6 V）> Mg（1.4 V）> Zn（1.2 V）> Fe（1.0 V）。氧阴极下的电池电压可高出约

① secondary battery，二次电池。

50%，因为过电压比空气电极的低得多。

9.1.1 锌－空气电池

像 Leclanché 手电筒电池一样，碱性锌空气电池最初是由外层锌杯、氯化铵或氢氧化钾电解液、疏水性多孔活性炭筒（外部空气从端面进入）组成的。[①]

锌空气蓄电池包括一个中央糊状锌物质阳极，它是通过气体扩散薄膜电极（双功能氧电极）袋状封装的。

（1）糊状金属阳极（例如：ZnO + PTFE + PbO + 纤维素）。

（2）碱性电解质：分离器中的氢氧化钾溶液。

（3）铂活性炭阴极（放电期间氧气还原）；电解质侧镀镍（用于充电过程中的氧气分离）。

锌空气电池的里程碑见表 9.2。

表 9.2　锌空气电池的里程碑

1971 年 Sony：电动汽车。
1994 年 Deutsche Post 和电力燃料公司（以色列 EFL）：锌空气电池车辆：320 V，492 A · h，157 kW · h；208 W · h/kg，243 W · h/L；101 W/kg，118 W/L。

放电过程：

⊖阳极　$Zn + 2OH^{\ominus} \rightleftharpoons Zn(OH)_2 + 2e^{\ominus}$

⊕阴极　$\frac{1}{2}O_2 + H_2O + 2e^{\ominus} \rightleftharpoons 2OH^{\ominus}$

$$Zn + \frac{1}{2}O_2 + H_2O \rightleftharpoons Zn(OH)_2$$

或者　$Zn + \frac{1}{2}O_2 + H_2O + 2OH^{\ominus} \rightleftharpoons Zn(OH)_4^{2\ominus}$

额定数据：1.45～1.5 V；理论上，960 W · h/kg；实际上，650～800 W · h/L，300～380 W · h/kg；<80 W/kg。

应用：警示灯、助听器、时钟、应急电源。

存在的问题是：①充电和放电时的体积变化；②形成使隔膜短路的树枝状结晶体；③放电期间阳极钝化；④空气电极污染，使用寿命和循环稳定性低，

---

① 传统上只有 1 W/kg；由于氧气运输抑制而导致 2 mA/cm²。

充电过程中生成的氧气会将活性炭氧化成 CO_2，而 CO_2 在电解质中以碳酸盐形式溶解并使电池产生物理破坏。补救措施包括采用仅在充电时发生电接触的第三个电极（镍片）以分离氧气。

9.1.2 铝-空气电池

理论上 3 000 A·h/kg 铝和中性电解质（海水）的运行是可能的。合金化的 In，Ga，Tl，Cd，Zn 或汞可突破氧化层并改善电池电压。所使用的铝是可机械更换的。

$$\ominus\text{阳极} \quad 2Al + 6H_2O \rightleftharpoons 2Al(OH)_3 + 6H^{\oplus} + 6e^{\ominus}$$

$$\oplus\text{阴极} \quad \frac{3}{2}O_2 + 3H_2O + 6e^{\ominus} \rightleftharpoons 6OH^{\ominus}$$

$$2Al + \frac{3}{2}O_2 + 3H_2O \rightleftharpoons 2Al(OH)_3$$

在碱性溶液中，发生氢的剧烈释放和腐蚀。

9.1.3 铁-空气电池

铁的可用性、无毒性和机械稳定性及其理论上高达 764 W·h/kg 的能量密度使得这款电池十分吸引人。

由铁电极、电解液腔、空气电极和气隙的串联连接而成的结构较为简单。

电池反应： $$2Fe + \frac{1}{2}O_2 + H_2O \rightleftharpoons Fe(OH)_2 \qquad (1.28\ V)$$

在进一步的步骤中，形成 Fe_3O_4。但是，可循环性很差。在充电过程中，通过电解碱性溶液在空气电极处产生氧气；这会损坏电极载体和催化剂。充电后的铁电极腐蚀迅速，自放电高，低温下能量差，高温下会产生寄生氢。

性能数据：52 ~ 109 W·h/kg，102 ~ 146 W/kg，<500 次循环。

9.2 金属氧化物-氢电池

9.2.1 镍氢蓄电池

伴随着高比能，固有过充保护和可作为充电状态指示的电池压力的对立面是不利的自放电与高成本。

（1）正常运行中的电池反应

⊖阳极　　$NiOOH + H_2O + e^{\ominus} \rightleftharpoons Ni(OH)_2 + OH^{\ominus}$

⊕阴极　　$\frac{1}{2}H_2 + OH^{\ominus} \rightleftharpoons H_2O + e^{\ominus}$

$$\frac{1}{2}H_2 + NiO(OH) \rightleftharpoons Ni(OH)_2$$

或者　$\frac{1}{2}H_2 + NiO(OH) + H_2O \rightleftharpoons Ni(OH)_2 \cdot H_2O$

（2）过充电

⊖阳极　　$2OH^{\ominus} \rightleftharpoons 2e^{\ominus} + \frac{1}{2}O_2 + H_2O$

⊕阴极　　$2H_2O + 2e^{\ominus} \rightleftharpoons 2OH^{\ominus} + H_2$

$$2H_2O \rightleftharpoons 2H_2O$$

NiH 蓄电池的结构见表 9. 3。

表 9. 3　NiH 蓄电池的结构

氢气压力容器/bar	30 ~ 40
阳极：氢电极（Pt/Ni，PFTE/Pt）	
阴极：$NiO + 5\%Co(OH)_2$	
预充电时：$\beta - Ni(OH)_2$	
电解质	30 % KOH
电池电压/V	1. 32
自放电	6% ~ 12% / 日

9. 2. 2　镍 – 金属氢化物蓄电池

现代蓄电池有储氢电极（代替镍镉蓄电池中的镉电极），但没有如燃料电池中那样的气体扩散电极。镍钢杯中含有 30% KOH 中的轧制电极。当充电时，会产生渗透到储存电极的晶格中的原子氢。

（1）阳极（负极）：氢化镍储存电极（$LaNi_5$，$NiTi_2$，Ni，Co，Ce，La，Nd，Pr，Sm 等的合金）。

（2）阴极（正极）：泡沫镍。分离器：塑料毡。

额定值：1.2 V（5 h 额定电流下）；76 W · h /kg（5 h），275 W · h/L（5 h）；210 W/kg（20 min）；>2 000 次循环（1 h，100%）；工作温度 –20 ~ +60 ℃。记忆效应比镍镉电池低。可用于混合动力车辆。

镍氢蓄电池中的电池过程如图 9. 1 所示。

放电过程（1.3 V）

⊖阳极 $MH + OH^{\ominus} \rightleftharpoons H_2O + M + e^{\ominus}$

⊕阴极 $NiOOH + H_2O + e^{\ominus} \rightleftharpoons Ni(OH)_2 + OH^{\ominus}$

$NiOOH + MH \rightleftharpoons Ni(OH)_2 + M$

自放电（20%/月） $6NiOOH \longrightarrow 2Ni_3O_4 + 3H_2O + \frac{1}{2}O_2$

（1）充电镍电极 $6NiOOH + NH_3 + H_2O + OH^{\ominus} \longrightarrow 6Ni(OH)_2 + NO_2^{\ominus}$

（2）亚硝酸盐/氨氧化还原系统 $NO_2^{\ominus} + 6MH \longrightarrow NH_3 + H_2O + OH^{\ominus} + 6M$

（3）解吸氢 $2NiOOH + H_2 \longrightarrow 2Ni(OH)_2$

图 9.1　镍氢蓄电池中的电池过程

9.3　氧化还原燃料电池

氧化还原电池是可溶性反应物的电存储装置。

1. 经典氧化还原电池

氧化还原过程会发生在双极中的惰性电极（例如：金属氯化物盐酸溶液中的聚合物结合石墨）。通过氯化物可将渗透膜分开的阴极电解液和阳极电解液泵入单独的存储器中，并在放电过程中馈送给电极。

（1）铬-铁氧化还原存储器。与二次电池一样，充电是通过电流进行的，在负极形成 Cr（Ⅱ），在正极形成 Fe（Ⅲ）。

⊖阳极 $Fe^{2\oplus} \rightleftharpoons Fe^{3\oplus} + e^{\ominus}$ +0.77 V

⊕阴极 $Cr^{3\oplus} + e^{\ominus} \rightleftharpoons Cr^{2\oplus}$ −0.41 V

$$Fe^{2\oplus} + Cr^{3\oplus} \rightleftharpoons Fe^{3\oplus} + Cr^{2\oplus}$$

在充电过程中，除 Cr（Ⅲ）被还原外，还会发生析氢，由此导致 Cr（Ⅱ）比 Fe（Ⅲ）更少，而这必须在补偿电池阴极加以“消灭”（由此形成阳极氯）。

（2）全钒存储器（DE 914264）由通过钒离子锁定（发展目标）的选择性离子交换膜隔开的阳极和阴极空间组成。各自电解液回路中的阳极电解液和阴极电解液连续地通过电极被泵回存储器。充电过程如下（例如：通过光伏能量）：

$$\ominus \text{阳极} \qquad V^{4\oplus} \rightleftharpoons V^{5\oplus} + e^{\ominus}$$

$$\oplus \text{阴极} \qquad V^{3\oplus} + e^{\ominus} \rightleftharpoons V^{2\oplus}$$

$$V^{3\oplus} + V^{4\oplus} \rightleftharpoons V^{2\oplus} + V^{5\oplus}$$

放电过程则完全相反，并提供电流。

(3) Milennium Cell（美国专利号 6497973）会在电池中产生可在 1 s 内被消耗掉的硼氢化物离子。

2. 间接燃料电池

在氧化还原反应的再生中，氢和氧被用作间接燃料与氧化剂。使用 PEM 膜分离电池；对相同元素的氧化还原对，电池技术中的分离器已足够了。

(1) 发电

$$\ominus \text{阳极} \qquad Ti(OH)^{3\oplus} + H^{\oplus} + e^{\ominus} \rightleftharpoons Ti^{3\oplus} + H_2O \qquad (0.06\ V)$$

$$\oplus \text{阴极} \qquad VO_2^{\oplus} + 2H^{\oplus} + e^{\ominus} \rightleftharpoons VO^{2\oplus} + H_2O \qquad (1.00V)$$

(2) 再生

$$2Ti(OH)^{3\oplus} + H_2 \longrightarrow 2Ti^{3\oplus} + 2H_2O$$

$$2VO^{2\oplus} + \frac{1}{2}O_2 + H_2O \longrightarrow 2VO_2^{\oplus} + 2H^{\oplus}$$

再生发生在以下情况下：

① 60 ℃下氢气在 Pt - Al_2O_3 催化剂上。

② 75 ℃下氧气在浓硝酸中。

氧化还原燃料电池如图 9.2 所示。

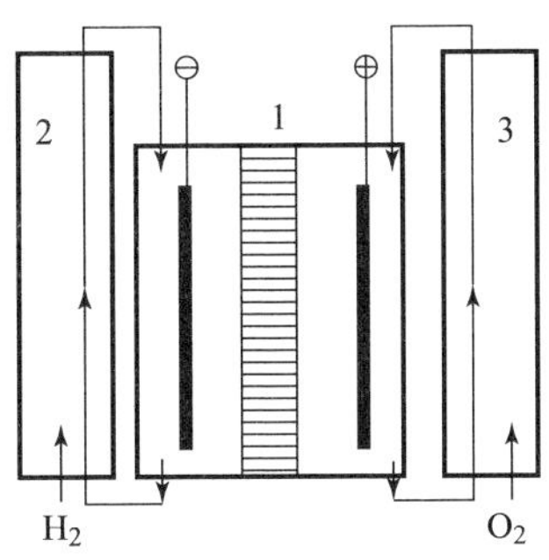

图 9.2　氧化还原燃料电池

1—分离器；2，3—气体渗透电解质

9.4 化学过程中的燃料电池

使用氧气和氢气消耗电极可以将化学合成与发电结合起来。

（1）在氯酸盐生产中，可在电化学电池中通过普通盐溶液制备次氯酸盐，并在随后的反应器中将其转化为氯酸盐。而那些原来被燃烧掉的废弃氢可用于单独的氢氧气体电池中。这时，氯酸盐合成所需的就不是 1.45 V，需要减去燃料电池产生的 1.23 V，那么就只需要 0.22 V 了。

（1a）阳极氧化	$6Cl^{\ominus}$	$\rightleftharpoons 3Cl_2 + 6e^{\ominus}$	$E^0_{氧化} = 1.36\ V$
	$3Cl_2 + 3H_2O$	$\rightleftharpoons 3ClO^{\ominus} + 3Cl^{\ominus} + 6H^{\oplus}$	
（1b）化学反应	$3ClO^{\ominus}$	$\rightleftharpoons ClO_3^{\ominus} + 2Cl^{\ominus}$	
	$Cl^{\ominus} + 3H_2O$	$\rightleftharpoons ClO_3^{\ominus} + 6H^{\oplus} + 6e^{\ominus}$	$E^0_{氧化} = 1.45V$
（2）阴极	$6H^{\oplus} + 6e^{\ominus}$	$\rightleftharpoons 3H_2$	$E^0_{还原} = 0.00\ V$
（3）燃料电池	$3H_2 + \frac{3}{2}O_2$	$\rightleftharpoons 3H_2O$	$E_0 = 1.23V$

这一过程可以汇集在一个电池中，当负极吹入氧时，就会发生氧还原。

阳极	$Cl^{\ominus} + 3H_2O$	$\rightleftharpoons ClO_3^{\ominus} + 6H^{\oplus} + 6e^{\ominus}$	$E^0_{氧化} = 1.45\ V$
阴极	$\frac{3}{2}O_2 + 6H^{\oplus} + 6e^{\ominus}$	$\rightleftharpoons 3H_2O$	$E^0_{还原} = 1.23\ V$
整体	$Cl^{\ominus} + \frac{3}{2}O_2$	$\rightleftharpoons ClO_3^{\ominus}$	$E_0 = 0.22\ V$

（2）在氯碱电解中，可通过耗氧阴极来节省能源（3.10 节）。

参考文献

电化学存储器

[1] P. KURZWEIL, O. K. DIETLMEIER, *Elektrochemische Speicher*, Wiesbaden:

Springer Vieweg,2015.

[2] B. E. CONWAY, *Electrochemical Supercapacitors*, New York: Kluwer Academic,Plenum Publishers,1999.

[3] S. TRASATTI, P. KURZWEIL, *Electrochemical Supercapacitors as versatile energy stores*,*Platinum Metals. Rev.* **38**(1994)46 - 56.

氧化还原燃料电池

[4] L. J. BLOMEN, M. N. MUGERWA (Hg.), *Fuel Cell Systems*, New York: Plenum Press, 1993, Nachdruck 2013, Chapt. 3. 7. 3 (Redoxzellen), 3. 7. 4 (Reaktoren).

[5] H. EBERT, *Elektrochemie*, Kap. 2. 8. 5. 3, Brennstoff – Elemente, Würzburg: Vogel, [2]1979.

[6] *Encyclopedia of Electrochemical Power Sources*, J. GARCHE, CH. DYER, P. MOSELEY, Z. OGUMI, D RAND, B. SCROSATI (Eds.), Vol. 5: Secondary Cells – Flow Systems. Amsterdam: Elsevier; 2009.

[7] (a) K. – J. EULER, *Entwicklung der elektrochemischen Brennstoffzellen*, München: Thieme, 1974. (Historischer Überblick)

(b) K. – J. EULER, *Energiedirektumwandlung*, München: Thiemig, 1967.

[8] (a) W. KANGO, DE 914264 (1949).

(b) B. SUN, M. SKYLLAS – KAZACOS, *Electrochim. Acta* **37** (1992) 2459 – 65, **36** (1991) 513 – 517.

(c) E. SUM, *J. Power Sources* **16** (1985) 85 – 95.

(d) *www. sei. co. jp*

[9] J. T. KUMMER, D. G. OEI, *J. Appl. Electrochem.* **15** (1985) 629. (Redoxzellen)

[10] R. W. SPILLMAN, R. M. SPOTNITZ, J. T. LUNDQUIST, *Chemtech* (1984) 176. (Reaktoren)

[11] *Ullmann's Encyclopedia of Industrial Chemistry*, 5. Auflage, Weinheim: VCH.

电池

[12] A. J. BARD, R. PARSONS, J. JORDAN, *Standard potentials in aqueous solution*, New York: M. Dekker, 1985.

[13] *The CRC Materials Science and Engineering Handbook*, CRC Press, [3]2000.

[14] N. FURUKAWA, *Development and commercialization of nickel (oxide) – metal hydride secondary batteries*, (Sanyo), *J. Power Sources* **51** (1994) 45 – 59.

[15] C. H. HAMANN, W. VIELSTICH, *Elektrochemie*, Weinheim: Wiley - VCH, [4]2005.

[16] H. - A. KIEHNE, *Batterien*. Renningen: Expert, [4]2000.

[17] K. KORDESCH, G. SIMADER, *Fuel Cells and Their Applications*. Weinheim: Wiley - VCH, [4]2001, Kap. 4. 8.

[18] P. KURZWEIL, *Chemie*, Kap. 9: Elektrochemie. Wiesbaden: Springer Vieweg, [10]2015.

[19] P. KURZWEIL, *Das Vieweg Formel - Lexikon*. Wiesbaden: Vieweg, 2002; Kap. 11: *Elektrochemie und Oberflächentechnik*, S. 507 - 567.

[20] (a) D. LINDEN (Ed.), *Handbook of Batteries*. New York: McGraw - Hill, [2]1995.

(b) D. L INDEN (Ed.), *Handbook of Batteries and Fuel Cells*. New York: McGraw - Hill, 1984.

[21] C. D. S. TUCK (Ed.), *Modern Battery Technology*. New York: Ellis Horwood, 1991.

应用

[22] U. BENZ, H. PREISS, O. SCHMID, FAE - Elektrolyse, *Dornier post*, No. 2 (1992).

[23] H. - H. BRAESS, U. SEIFFERT, *Vieweg Handbuch Kraftfahrzeugtechnik*, Wiesbaden: Springer Vieweg, [7]2013.

[24] DAIMLER CHRYSLER, *High Tech Report* 1994 bis 2003.

[25] K. KINOSHITA, *Electrochemical Oxygen Technology*. New York: J. Wiley & Sons, 1992.

[26] K. - P. MÜLLER, *Praktische Oberflächentechnik*, Wiesbaden: Vieweg, [4]2003.

[27] D. NAUNIN (Ed.), *Hybrid -, Batterie - und Brennstoffzellen - Elektrofahrzeuge: Technik, Strukturen und Entwicklungen*, Renningen: expert - Verlag, [4]2006.

[28] D. NAUNIN (Ed.), *Elektrische Straßenfahrzeuge*. Ehningen: Expert, 1994.

第 10 章

产气和燃料处理

有机燃料（天然气、石油化工产品、甲醇）初级能源必须在燃料电池内部或外部的燃料气体发生器（fuel processor）中转化为次级氢气。然后在尽可能不受燃料电池电压波动影响下将所产生的直流电流通过功率调节器（power conditioner）转换成交流电流。有机燃料缩写见表 10.1。

表 10.1　有机燃料缩写

LH_2	liquid hydrogen 液氢
GH_2	gaseous hydrogen（气态氢） 高压氢气
LNG	liquid natural gas 液化天然气
CNG	compressed natural gas 压缩天然气
LPG	liquid petroleum gas 液化石油气
RME	rapsöl methyl ester 菜籽油甲酯

10.1　制氢

经济地生产氢本质上决定了燃料电池技术能否在市场取得成功。为生产氨而引入的合成气工艺（Haber - Bosch 工艺）推动了石化工艺和替代工艺。原则上，以下方法在技术上都是可行的。

（1）用化石能源、风能、水力、太阳能或核能进行水电解。

（2）氢化合物的热裂解：

①碳氢化合物。

②煤（焦化）：形成焦油、H_2 和 CH_4（焦炉煤气）。

③原油（裂解）：形成炭黑和 H_2。

（3）裂解水：

①热分解：如通过太阳能（>2 000 ℃）；产量低和气体分离不完全。

②通过电离辐射裂解；但是效率极低。

③通过微生物光解水。

（4）用水蒸气和碳载体还原：

①将天然气、甲醇或石油通过蒸汽重整转化为合成气。

②通过水蒸气转化合成气。

③焦炭、生物质、褐煤、燃料油的煤气化。

（5）生物原料和废物中的氢气：生物质发酵成沼气，重整为氢气。

（6）氢气作为技术工艺的副产品：

①氯碱电解。

②炼油厂原油气：原油蒸馏。

③乙烷的脱氢。

④甲醇、氨或肼裂解。

（7）金属的化学转化：

①非贵金属与酸（锌、铁）。

②非贵金属与碱（铝、硅）。

③碱金属和碱土金属与水。

④非贵金属与热的水蒸气（Mg，Zn，Fe）。

图 10.1 所示为西萨克拉门托的加利福尼亚燃料电池合伙公司的加氢站。

图 10.1　西萨克拉门托的加利福尼亚燃料电池合伙公司的加氢站
资料来源：（CC）气候与能源基金

10.2　天然气制氢

来自纯沉积物的干燥天然气[①]由除了少量乙烷、水和天然气水合物外的甲烷组成。湿天然气还含有乙烷、丙烷、异丁烷、已烷、庚烷、氮气、硫化氢、二氧化碳、氦气和砷化合物。在冷凝物和馏出物中，也有沸点较高的碳氢化合物（C_7和更高的）。通过在油中吸附，压力下液化或低温蒸馏除去天然汽油。压缩丙烷和丁烷可作为液化石油气销售。德国自己生产的天然气占需求的25%以上。[②] 国内储量估计为 3 057 亿 m^3（2003），还可使用 15 年。另外 300 亿 m^3 的天然气以今天的工艺仍无法商业利用。

德国的天然气概况见表 10.2。

表 10.2　德国的天然气概况

天然气开采量（2002）	
-德国/m^3	20.2×10^9
天然气进口（2002）	
—从俄罗斯/%	30
—从挪威/%	25
—从荷兰/%	18
—从丹麦/英国/%	7

沼气（表 10.3）是在沼泽地和稻田中，作为反刍动物和降解过程（填埋垃圾）的代谢产物，以及开采和利用化石能源（煤炭、天然气、石油）时产生的。大约 500×10^6 t/年的积累导致大气中的甲烷含量每年比工业化前的值上升 0.7 ppm以上。在气候变暖的过程中，冻土地区从甲烷水合物释放 5×10^6 t/年。

表 10.3　沼气

熔点/℃	-182.5
沸点/℃	-161.5
密度/（$g\cdot cm^{-3}$）	0.424（-164 ℃）
分解焓/（$kJ\cdot mol^{-1}$）	435

甲烷水合物。与惰性气体，HCl，HBr，H_2S，SO_2，NO，CO，CO_2，HCN

① natural gas，天然气；landfill gas，垃圾填埋气。

② VDI 新闻，2003 年 4 月 4 日，德国开采的天然气……

一样，甲烷可形成包合物（clathrate，气体水合物）。与普通六角冰不同，立方体冰结构的每个晶胞（46 个 H_2O 分子）包含 8 个空穴。深海的冰层中以冷冻的天然气水合物形式存在着 15×10^{12}t 微生物分解产生的甲烷，① 储量超过了已知的煤炭、天然气和石油储量的 2 倍。

氢烷（H_2CNG）是一种氢气 – 天然气混合物，其热值低于天然气，但燃烧排放更为有利。

10.2.1 脱硫

北海天然气最多包含 20 mg/m^3 的硫化物，俄罗斯天然气低于 10 mg/m^3。硫化物会对蒸汽重整的镍催化剂造成毒害。即使是在高温燃料电池中，天然气、燃料油和煤的上游脱硫也是必不可少的。在小型系统中，活性炭过滤器或氧化锌床可收集硫化氢、硫醇和 COS。杂环硫化物（噻吩）则必须单独催化还原，用于加氢脱硫的有效催化剂很少。硫化物见表 10.4。

表 10.4　硫化物

硫化氢	H_2S
硫醇	R – SH
氧硫化碳	COS
噻吩	C_4H_4S

（1）加氢脱硫（HDS）：通过与水蒸气的催化反应，将有机硫化物（噻吩）和氧硫化物（毒化氧化锌）转化成硫化氢，见表 10.5。

表 10.5　脱硫过程

加氢脱硫	（Co/Mo，Ni/Mo，ZnO； 200 ~ 400 ℃，0 ~ 10 bar） $RSH + H_2 \longrightarrow RH + H_2S$ $COS + H_2O \longrightarrow CO_2 + H_2S$
锌床脱硫	$H_2S + ZnO \longrightarrow ZnS + H_2O$
活性炭脱硫	$2H_2S + O_2 \longrightarrow 2S + 2H_2O$ 洗气：3.4.3 节

① VDI 新闻，2003 年 3 月 7 日，来自冰之火。

（2）湿法脱硫：吸收溶液中的 H_2S 和 CO_2，然后进行热解吸。

①Rectisol 法®：用深度冷冻甲醇（ -60～ -30 ℃）加压冲洗。

②Sulfosolvan 法®，Carbosolvan 法或 Alkazide 法®（BASF）：在甲基氨基乙酸钠盐（肌氨酸钠，CH_3—NH—CH_2COONa）和热碳酸钾溶液中洗气。按照 Claus 方法将释放出的再生 H_2S 氧化成硫。

$$R_2N—CH_2COO^{\ominus}K^{\oplus} + H_2S \longrightarrow R_2N—CH_2OOH + KSH$$

③N - 甲基氨基吡咯烷酮（Purisol 法®，LURGI）。

④二乙醇胺水溶液（SNPA - DEA®）或二异丙醇胺（ADIP®）。

⑤含添加剂（胺硼酸盐、二乙醇胺、砷盐）的碳酸钾。

⑥苛性钠：硫醇（RSH）形式的盐；油中沉淀二硫化物。

（3）干法脱硫：除活性炭外，还可使用金属氧化物和合金（Zn - Fe - O，Zn - Ti - O，Cu - Fe - Al - O）生成稳定硫化物。TiO_2 可在高温下改善 ZnO 相对于 H_2 的稳定性。干法脱硫见表 10.6。

表 10.6　干法脱硫

（1）活性炭；
（2）金属氧化物（ZnO，Na_2O）；
（3）氢氧化铁（Ⅲ）；
（4）石灰或白云石；
（5）沸石（分子筛）

对于富硫的天然气，反应 $CH_4 + 2H_2S \longrightarrow 4H_2 + CS_2$ 间接用于制氢。

Basf 和 Wingas 为燃料电池热电厂开发了一种吸收剂盒，该装置可直接用于重整器上游的天然气管道。[①] 出于安全原因，天然气含有难闻气味的含硫气味剂（硫醇、噻吩）以检测泄漏。Haarmann & Reimer 与 Ruhrgas 销售无硫气味剂。

10.2.2　甲烷蒸汽重整

通过低硫的不可分解可汽化烃（天然气：750 ℃，汽油：870 ℃）或甲醇（300 ℃，CuO/ZnO）在负载镍或贵金属的催化剂（Ni/Al_2O_3，Ru/ZrO_2）上进行蒸汽重整（steam reforming）制氢。高于 800 ℃时，会发生不希望的非催化平行反应。

在下游的转换反应器中，体积百分比超过 10% 的一氧化碳在 Fe/Cr 或 Co/

① VDI 新闻，2003 年 2 月 21 日，燃气气味：燃料电池毒药。

Mo 催化时在 330 ~ 500 ℃下（高温转换）和黄铜或 CuO/ZnO 催化（低温转换）时在 190 ~ 280 ℃下放热转换为二氧化碳和氢气（ $<1\%$ CO）。甲烷催化蒸汽重整如图 10.2 所示。

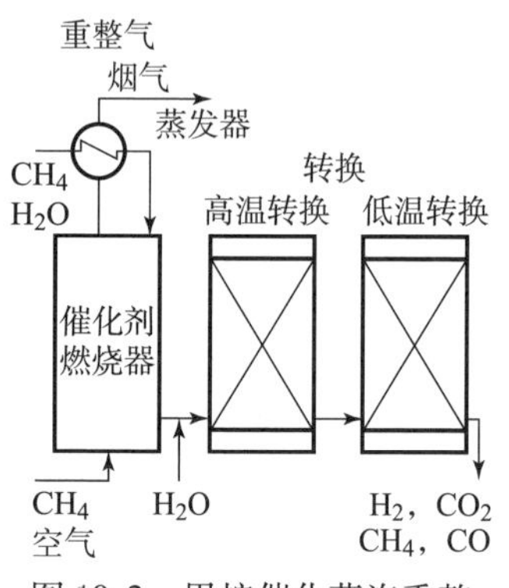

图 10.2　甲烷催化蒸汽重整

CO 和 H_2 的混合物称为合成气或水煤气。含有二氧化碳的沼气可提供比天然气更少的氢气。

（1）蒸汽重整			
烃：	$C_nH_{2n+2}+nH_2O$	$\longrightarrow nCO+(2n+1)H_2$	
甲烷：	CH_4+H_2O	$\longrightarrow CO+3H_2$	$\Delta_R H=+206$ kJ/mol
	CH_4+2H_2O	$\longrightarrow CO+4H_2$	$\Delta_R H=+165$ kJ/mol
丁烷（LPG）：	$C_4H_{10}+4H_2O$	$\longrightarrow 4CO+9H_2$	
原汽油（石脑油）：	$CH_{2.2}+H_2O$	$\longrightarrow CO+2.1H_2$	
	$C_6H_{14}+6H_2O$	$\longrightarrow 6CO+13H_2$	
沼气：	CH_4+CO_2	$\longrightarrow 2CO+2H_2$	
	CH_4+3CO_2	$\longrightarrow 4CO+2H_2O$	
甲醇：	CH_3OH+H_2O	$\longrightarrow CO_2+3H_2$	
煤：	$C+H_2O$	$\longrightarrow CO+H_2$	$\Delta_R H=+131$ kJ/mol
（2）水煤气转换反应（转换）	$CO+H_2O$	$\longrightarrow CO_2+H_2$	$\Delta_R H=-41$ kJ/mol
（3）甲烷化	$CO+3H_2$	$\longrightarrow CH_4+H_2O$	$\Delta_R H=-206$ kJ/mol

通过过量蒸汽、高温和低压来支持吸热蒸汽重整。在足够高的温度下，在接近热力学平衡时发生均相催化反应。CO 转换和不需要的甲烷化可迅速达到平衡。蒸汽/碳比见表 10.7。

表 10.7　蒸汽/碳比

$S/C = \frac{\text{mol 水蒸气}}{\text{mol 甲烷}} = 3$ 表示： $CH_4 + 3H_2O \longrightarrow CO + 3H_2 + 2H_2O$ 1mol 化学计量的水就足够了

（1）在高温（680 ℃）下，重整发生在蒸汽过剩（S/C = 2.5）的情况下，其中蒸汽中含约 72% 的 H_2，15% 的 CO，11% 的 CO_2 和 2% 的 CH_4[6]。较高的过量蒸汽（S/C）可提高 H_2 产量和燃料电池效率（更高的 pH_2），但会以降低热效率为代价并会降低气体发生系统的效率。

Leuna 的蒸汽重整装置如图 10.3 所示。

图 10.3　Leuna 的蒸汽重整装置

资料来源：Linde 股份公司

在重整炉中（烟囱后面），脱硫天然气/水蒸气混合物在 950 ℃和 2.5 MPa 压力下被裂解成氢气与一氧化碳。在随后的转换反应（转化）中，一氧化碳和水反应生成二氧化碳与另外的氢。效率：70% ~80%，气体纯度：<50 ppm CO。通过吸附剂上的变压吸附（Pressure Swing Absorption，PSA）可生产出 >99.9%的纯氢气。在从液体和固体碳氢化合物中生产氢气时，即使质量和纯度较差，也能在 1 300 ~1 500 ℃和 30 ~100 bar 条件下用氧气进行非催化部分氧化。

（2）重整温度在 650 ℃左右时，系统可以达到最大的净效率。超过 500 ℃温度下氢气产出率才能超过 70%，这时甲烷化被抑制，但 CO 含量增加。更高的温度有利于燃料电池效率（MCFC），但辐射热损失会降低重整器的效率。

（3）在所有燃料（甲烷、丙烷、甲醇）和温度下，二氧化碳含量为 10% ~20%。

如果蒸汽不足或运行温度过低（<700 ℃），催化转换器上会产生积炭（焦化），使用汽油时比使用天然气时要多。较小的金属微晶和加入碱性催化剂可改善催化剂的抗结焦性。

焦化	$2CO$	$\xrightarrow[-C]{} CO_2 \xrightarrow[-C]{+2H_2} 2H_2O$
	$CO + H_2$	$\longrightarrow C + H_2O$
	CH_4	$\longrightarrow C + 2H_2$
	$CH_4 + 2CO_2$	$\longrightarrow 3C + 2H_2O$
	$CH_4 + CO_2$	$\longrightarrow 3C + 2H_2O$

10.2.3 转换（转换反应）

（1）高温水煤气转换反应（HTS，340 ~420 ℃）必须超过 S/C 比的下限，以便能够发生 Fischer – Ropsch 反应，即以防止 CO/CO_2 和 H_2 在廉价且坚固的铁铬催化剂上生成烃。放热反应非常缓慢，因此需要更高的温度和过量的蒸气。催化器见表 10.8。

表 10.8　催化器 [32]

甲烷转换	(1) 蒸汽重整 Ni Ce +1% ~5% Nb 碳纤维上的 Ni (2) 高温转换 (350 ℃，<3% CO) Fe_2O_3/Cr_2O_3　(S 敏感) CoO/MoO_3　(固硫) (3) TT 转换 (225 ℃，<0.3% CO) CuO/ZnO
甲烷氧化	Pt

在较昂贵的铜－锌氧化物催化剂上的中温转换反应（MTS，200 ~320 ℃）可省去 HTS 和 LTS 反应器的区分。

(2) 放热低温水煤气转换反应（LTS，180 ~260 ℃）。反应物侧的平衡发生在活性高但昂贵且敏感的铜－锌氧化物催化剂上。所以根据 Lechatelier 原理，蒸汽过剩 S/C =3 有利于

$$CO + 3H_2 + 2H_2O \longrightarrow CO_2 + 4H_2 + H_2O$$

产物侧：平衡偏离外部强迫并寻求消耗剩余物质。

选择性催化剂旨在防止重新形成甲烷并有利于低 S/C 比。反应温度对于蒸汽重整来说太低，但是废热可以用于产生蒸汽。

10.2.4　大规模的氢气生产

氨合成时的氢气生产（Haber－Bosch 工艺：$3H_2 + N_2 \rightarrow 2NH_3$）是一个确定的四步过程，但不易转移到车辆应用中。

(1) 天然气或石脑油在管式裂解炉（700 ~830 ℃，40 bar，镍催化剂）中进行初步蒸汽重整。裂解气体仍含有 8% 体积百分比的未反应甲烷。

(2) 裂解气体在竖炉（1 050 ℃，镍催化剂）中二次蒸汽重整到 CH_4 含量低于 0.5% 的体积百分比。部分裂解气体可用作加热气体，其中添加的空气量已经包含合成 NH_3 所需的 N_2 量。

(3) 裂解气体的 CO 转换。

①高温转换：350 ℃；Fe_2O_3/Cr_2O_3；<3% CO；CoO/MoO_3：<0.3% CO。

②低温转换：225 ℃，CuO/ZnO；<0.3% CO。

蒸汽重整的理论产量见表 10.9。

表 10.9　蒸汽重整的理论产量

原料	H_2/%	CO_2/%
甲烷（天然气）	80	20
甲醇	75	25
己烷（石脑油）	76	24
丁烷（LPG）	76	24

10.2.5　蒸汽重整反应器

蒸汽重整反应器由燃烧器、催化剂床、工艺气体入口和重整器出口组成。其优点在于，可用来自燃料电池的阳极废气加热燃烧器。缺点是开始运行时需要相当长的加热时间。

（1）头部加热式管式反应器：优选紧凑型设计，过程气体和加热气体同向流动；上半部分（入口侧）的热流量最大。

（2）足部加热管式反应器：逆流；下半部分（加热气体入口）的热流量最大；过热的风险。

（3）侧向加热管式反应器：燃烧器和空气供应需要更多的花费；管道长度上的温度分布均匀。

膜反应器可分离由钯－银膜①产生的氢，其中，反应平衡转移到产物侧。在 650 ℃以上的工作温度下，可以经济地实现燃油消耗和供油压力。

10.2.6　气体净化

所有有机燃料的症结在于，蒸汽重整产物会被碳氧化物污染，而碳氧化物会对燃料电池的电催化剂造成毒害。高温燃料电池可耐受一定范围内的 CO。如果 PAFC 容许燃气中含1%以下的 CO，那么 CO 敏感的 PEM 燃料电池就需要对 CO 进行精细清洗（<10 ppmV）。根据系统的大小，可用不同的方法对低温燃料电池中的气体进行净化。制氢时的 CO_2 排放见表 10.10。

① 实际上，氢气可几乎不受阻碍地通过钯层。

表 10.10　制氢时的 CO_2 排放

	CO_2，g/(kW·h)
煤炭汽化	636
天然气重整	300
太阳能电解	94
生物质气化	74
以下过程产生的 CO_2 排放：	
燃料处理	
运输	
设备运行	

1. CO 净化

（1）冷冻：用液氮冲洗。

（2）洗气：用铵化氯化铜（Ⅰ）溶液（针对 CO）或碳酸盐溶液（针对 CO_2）、单乙醇胺、sulfinol®进行压力冲洗。

（3）甲烷化：在镍催化剂（30 bar，300 ℃）上将残留的 CO/CO_2 氢化为甲烷：

$$CO + 3H_2 \longrightarrow CH_4 + H_2O \qquad \Delta_R H = -206\ \text{kJ/mol}$$

存在于气流中的 CO_2 可在逆水煤气转换反应中与所产生的水重新生成 CO。对于小型系统来说，费用太高。纯度：97% ~98% H_2。

（4）在 100 ℃下，Al_2O_3 负载的贵金属催化剂（Ru，Rh，Pt）或氧化锌负载的铜粒子（$Cu/ZnO-Al_2O_3$）上会发生从 CO 到 CO_2（<5 ppm）的选择性氧化（Preferential Oxidation，PROX）。“选择性”是因为 H_2 不被氧化。热反应困难。

（5）水煤气转换反应：CO 和水蒸气转化成 CO_2 与 H_2 适合于 0.5% ~1% CO 的粗洗。

2. 气体精洗

从原料气体中提取纯氢需要进一步的纯化步骤。

（1）变压吸附（PSA）：残留气体被氢气能够通过的分子筛和活性炭吸附。纯度：>99% H_2。被污染的净化用气体可在环境温度下通过绝热解吸进行再生；其适用于重整器的加热。

（2）膜扩散：氢可几乎不受阻碍地通过钯－银膜（300 ℃，高压差）从气体混合物中分离出来。最近，也使用聚合物膜，高气体纯度。

（3）转化为氢化物：

氢化镧：$LaNi_5 + xH_2 \longrightarrow LaNi_5H_x$（$x \leqslant 6.5$）。

铀氢化物：$U + \frac{3}{2} H_2 \longrightarrow UH_3$

在 250 ℃下形成，在 500 ℃真空下分解。

图 10.4 和图 10.5 分别为英国蒂赛德的甲烷蒸汽重整厂与氢装置。

图 10.4　英国蒂赛德的甲烷蒸汽重整厂

MDEA 水柱和 PSA 氢气净化

资料来源：空气产品

MDEA ＝methyldiethylamin，甲基二乙胺

PSA 变压吸附

图 10.5　制氢装置

资料来源：Linde 公司

10.2.7　部分氧化

在天然气不经济的地区，可在催化剂下或者不用催化剂（1 200 ~ 1 500 ℃，30 ~ 40 bar）的条件下通过部分氧化[①]汽油和重质燃料油来生产合成气。该工艺对于富含硫的燃料是有利的。然后将裂解气体在 Co/Mo 氧化物催化剂上转化，通过洗气去除 CO_2 和 H_2S。

1. 天然气氧化

蒸汽重整过程中未反应的甲烷（天然气）进一步与空气形成合成气，其中，氧不足对于部分氧化（POX）而言是至关重要的。取决于温度，始终会产生 CO 和 CO_2 的混合物。铑和铱催化剂比铂、镍、钯和钴更具活性。

在 850 ℃下，Ni/Al_2O_3 可选择性催化形成 CO_2。$Ni/La/Al_2O_3$ 具有较低的活性和选择性；$Co/La/Al_2O_3$ 可在 750 ℃下使用；在 600 ℃时可使用 $Fe/La/Al_2O_3$。

$$①CH_4 + \frac{1}{2}O_2 \longrightarrow CO + 2\ H_2 \qquad \Delta_R H^0 = -36\ kJ/mol$$

$$②CH_4 + O_2 \longrightarrow CO_2 + 2\ H_2$$

在 1∶2 的摩尔比下，甲烷以微弱发光的火焰化学计量地燃烧成 CO_2。

---

① partial oxidation，部分氧化。

③$CH_4 + 2\ O_2 \longrightarrow CO_2 + 2\ H_2O \qquad \Delta_R H^0 = -803\ kJ/mol$

如果甲烷燃烧不完全，则会产生炭黑。这在燃料气体生产中是不希望的，但以最细的分布聚集的无定形煤气炭黑可以被用作为车轮胎的填充物、印刷油墨的颜料和电极材料的原材料。

④$CH_4 + O_2 \longrightarrow C + 2\ H_2O$

$CH_4 \longrightarrow C + 2\ H_2$

汽油制氢如图 10.6 所示。

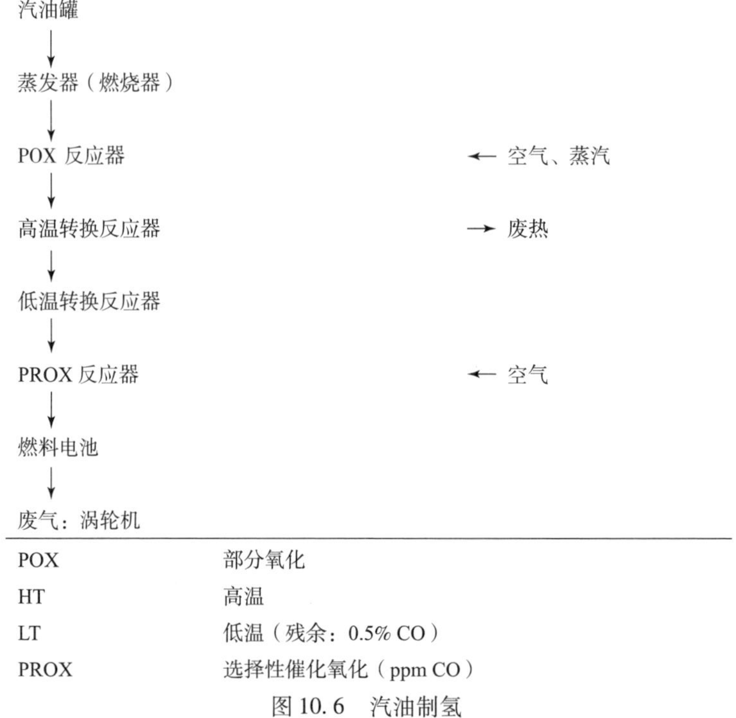

图 10.6　汽油制氢

2. 汽油氧化

构造与蒸汽重整类似的管式反应器不含催化剂。液态碳氢化合物、空气和水蒸气从头部进入，合成气在底部流出。

$$C_nH_m + nH_2O \longrightarrow n\ CO + (n + m/2)H_2(\text{吸热})$$

$$C_nH_m + (n + m/4)O_2 \longrightarrow n\ CO_2 + (m/2)H_2O(\text{放热})$$

在反应条件下，燃料中的含硫组分会生成 COS 和 H_2S。此外，必须除去炭黑和固体颗粒。

10.2.8　自热重整

烃的蒸汽重整和部分氧化的吸热组合适用于小型工厂。温度控制比传统的两阶段过程容易。通过部分氧化：①生成合成气释放的热量驱动吸热蒸汽重整；②在 850 ℃下，甲烷在 80% 的选择性下可提供优异的 60% ~65% 的氢产率，并且整体上降低了输入的能量。从副反应来看，通过 Boudouard 平衡，烃的热解和氢气对碳氧化物的还原可产生焦炭。因此，较高的操作温度，供应氧气来代替空气以及过量的水蒸气是有利的。使用的燃料是甲烷、天然气、液化石油气、汽油、柴油、重油和多元醇。

① $C_nH_m + \frac{n}{2}O_2 \longrightarrow n\,CO + \frac{m}{2}H_2$　　放热

② $C_nH_m + nH_2O \longrightarrow n\,CO + \left(n + \frac{m}{2}\right)H_2$　　吸热

③ $CO + H_2O \longrightarrow CO_2 + H_2$　　放热

副反应：$2\,CO \rightleftharpoons CO + C$

$$4\,CH_4 + O_2 + 2\,H_2O \longrightarrow 4\,CO + 10\,H_2 \qquad \Delta_R H^0 = +170\ \text{kJ/mol}$$

铑、钯、铂以及氧化铈和钙钛矿都可用作催化剂。反应器由带有空气供应装置的燃烧器、燃烧室和带耐火涂层的容器组成。

自热重整[①]（ATR）被用作直接从天然气中制备氢气并通过吸热反应冷却电池的 MCFC 和 SOFC 中的内部重整方式。

（1）直接内部重整（DIR）：在阳极上或燃气管线中，利用燃料电池的废热和水蒸气。

（2）间接内部重整（IIR）：在使用燃料电池废热的电池堆前室中。

对于 PEM 燃料电池，通过下游转化和纯化阶段可达到所需的气体纯度，如图 10.7 所示。

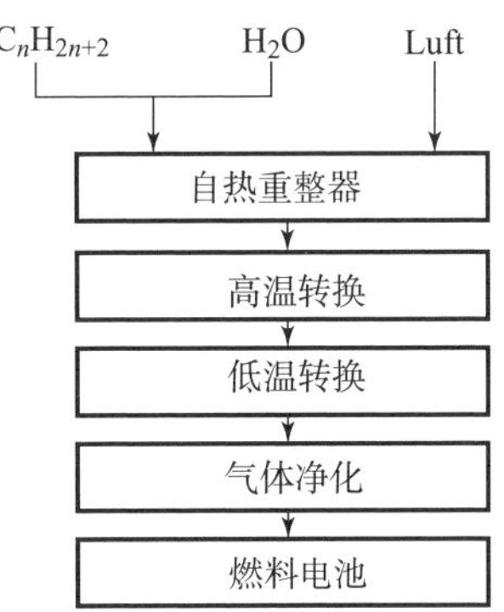

图 10.7　使用 ATR 反应器制备燃气

10.2.9　碳氢化合物的裂化

在 800 ℃以上（丙烷燃烧器），烃的热裂化或催化裂化可提供超过 90% 的氢气和中间体甲烷。所产生的碳在空气流中的再生阶段燃烧，以防止催化剂

① autothermal catalytic steam reforming，自热催化蒸汽重整。

焦化。

丙烷裂解：$C_3H_8 \longrightarrow 3C + 4H_2$，$\Delta_R H^0 = +104$ kJ/mol

通过下游的甲烷化，选择性氧化或催化燃烧可消除痕量的 CO。其优点是反应器设计简单，省略了 PEM 燃料电池复杂的转化和气体净化过程。然而，效率和氢气产量低于自热重整。催化裂解如图 10.8 所示。

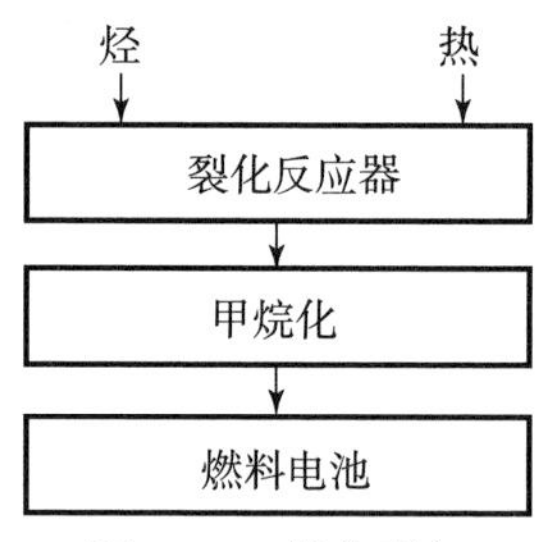

图 10.8　催化裂解

最初为工业生产炭黑而开发的甲烷裂解①需要有较高的反应温度。

对于甲烷：$CH_4 \longrightarrow C + 2H_2$，$\Delta_R H^0 = +75$ kJ/mol

放热副反应会干扰甲烷、碳和氢的燃烧。

等离子弧工艺：

在 1 500 ℃以上，气态烃在电弧中裂化成氢气和高纯度碳。

10.3　石油燃料

通过细菌分解海洋有机物质形成的石油可生成淡黄色至黑色的，饱和与不饱和烃的荧光混合物。

（1）烷烃 ＝链烷烃：从 CH_4 到 $C_{30}H_{62}$ 的直链或支链饱和烃（$C_{90}H_{182}$ 以下除外）。

烯烃＝链烯烃：不饱和烃起着次要作用。

（2）环烷 ＝环烷烃：环烃，特别是烷基化环戊烷和己烷与环庚烷。环烯烃不重要。

（3）芳烃：由苯衍生的烃，特别是烷基苯（甲苯、二甲苯等）。

石油的历史见表 10.11。

① methane cracking，甲烷裂解；methane decomposition，甲烷分解。

表 10.11　石油的历史

古代：采暖和照明材料，尸体香膏（埃及），砂浆（巴比伦），汽车润滑油，杀虫剂。
公元前 500 年：高加索地区的“圣火”（天然气）。
200 - 400 年：拜占庭油热水疗。
700 年：“希腊火”：CaO 和 H_2O 的反应热点燃了油蒸汽。拜占庭的 Kallinikos：由硫黄、石油，沥青、生石灰组成的火焰喷射器；用磷化钙和水（磷化氢）点火。
1810 - 1817 年，Hecker 和 Mitis：加利西亚石油钻探；布拉格的照明。
1854 年，Sillman：石油灯。
1859 年，Drake：宾夕法尼亚州第一口油井。
1860 年，Liebig 和 Eichler：巴库炼油；世界开采 7 万 t 原油。
1900 年，全球开采量：2 100 万 t。
1945 年：3.67 亿 t。
1970 年：23.4 亿 t 。

美国原油主要由链烷烃组成，高加索石油则主要是环烷烃，印度尼西亚石油含高达 40% 和芳烃。来自 Celle 地区的德国原油含有许多高沸点馏分。硫化物（高达 7% 硫醇，噻吩，苯并噻吩）的沸点低于 150 ~ 250 ℃ 的范围；元素硫很少见。在专业术语中，低硫石油被称为“甜的”，富硫（ > 1% ）被称为“酸的”。氮化物和氧化物也会出现在 400 ℃ 以上的沸腾部分。氧在环烷酸中。酚、树脂、醛等键合在一起。氮、硫和微量元素来源于细菌蛋白质。燃烧热（热值）为 38 ~ 46 MJ/kg。

10.3.1　石油开采和储量

国际能源机构的一项研究预测，2014 年前后，海湾地区（沙特阿拉伯、伊拉克、阿拉伯联合酋长国、科威特）的常规石油产量峰值将超过储量。未来，必须通过北美和南美低档矿藏（天然气、油页岩、油砂）来满足日益增长的需求。加拿大的近地表焦油砂可以用过热蒸汽进行开采，是最重要的中期能源矿藏。① 今天，美国消耗的石油约占世界石油产量的 1/4，其中进口量占一半。德国可满足自己石油需求的 17% 。德国石油点状分布于埃姆斯和易北河之间，汉诺威附近，泰根塞，布鲁赫萨尔以及大陆架下。在北海，正在建设 Friedrichskoog 附近的 Mittelplate 油田的 Dieksand 油井。② 国内石油储量估计为 6 030 万 t（2003）。石油生产方法随开采地层而不同[16] 。

德国石油和石油的成分分别见表 10.12 和表 10.13。

---

① 南德意志报，2003 年 5 月 30 日，加拿大及其巨大的石油储量，第 24 页。

② off shore = 离岸；开采平台，钻塔，钻井船。

表 10.12　德国石油（2002）　t

石油生产	
- 德国	3.7×10^6
- 国外产品	22×10^6
石油进口	105×10^6

表 10.13　石油的成分　%

C	85 ~ 90
H	10 ~ 14
O	至 1.5
S	0.1 ~ 3.0（max. 7）
N	0.1 ~ 0.5（max. 2）
灰分	0.001 ~ 0.05
痕量：	
Cl，I，P，As，Si，K，Na，	
Ca，Mg，Fe，V，Al，Mn，Cu，Ni	

（1）初级生产：通过井架和钻井液（用于冷却和卸压）从数千米深的地层中开采。[①] 高压天然气向上推动钻孔中的石油。用泵从贫油层抽出。

（2）二次开采：通过使用天然气或水加压从第二个钻孔进行开采。

（3）三次开采[②]使用流体将石油从地层中压出。

①用热水（200 ℃，40 bar），蒸汽（340 ℃）或地下燃烧对含油岩层进行采油。

②通过注入有机溶剂或 CO_2 来混合和溶剂采油。

③用苏打水、表面活性剂、聚合物溶液采油。

原油蒸馏馏分见表 10.14。

① 在 8000 m 深处，温度最高可达 270℃ 和 > 1700 bar。通过撞击钻柱的石块发出火花甚至可以点燃喷射的油。

② enhanced oil recovery，提高石油采收率。

表 10.14　原油蒸馏馏分　℃

煤气	<15
原汽油（高达 200℃）	
• 轻质汽油	15～70
• 重汽油	70～150
• 石脑油	150～180
中间馏分	175～350
• 石油	180～225
→煤油	175～280
→燃料油	
• 粗柴油	225～350
真空蒸馏	
• 重油	>350
• 真空减压瓦斯油	
减压渣油	
• 沥青、柏油	
• 石油蜡	
石脑油也指粗汽油（30～180 ℃，100～200 ℃）	

10.3.2　石油处理

在分离水、破乳（通过破乳剂）并将燃料气体和液化气（LPG）分离后，在精炼厂的分馏将提供以下几种物质。

（1）甲烷，乙烷和液化石油气（LPG = Liquefied Petroleum Gas：丙烷，丁烷）。

（2）石油醚（馏分 40～70 ℃）：主要是戊烷和己烷。轻汽油（70～90 ℃），主要是已烷和庚烷。中、重汽油（90～180 ℃）。

（3）石油（至 225 ℃）和粗柴油（至 350 ℃）。

（4）重燃料油（超过 350 ℃）；从中通过真空蒸馏获取减压瓦斯油、蜡馏分和沥青。

精炼过程可去除烯烃、硫、黑色组分、石蜡和芳香族化合物。石油蒸馏可提供 15% ～20% 机动车汽油（直馏汽油）；裂化和精炼过程（转换过程）可将产量提高到 40% ～60% 。

（1）热裂（已过时）。将石油中间馏分和蒸馏残余物在 400～500 ℃下通过将压力从 1 bar（蒸汽相）升高至 85 bar（液相）热分解成低沸点烃。同时，脱水成烯烃。含烯烃的裂化气体是聚合物汽油的有价值的原料。从小沸点区间的石油馏分中生产出抗爆汽油。[①] 产品返回分馏塔；残留物焦炭仍然留在反应室中。

$$R—CH_2—CH_2—R \longrightarrow R—H + CH_2=CH—R$$

汽油的沸腾限值见表 10. 15。

表 10.15　汽油的沸腾限值（DIN 51630～51636） ℃

轻质汽油 (gasoline)	25～80
汽油	60～180
沸点范围汽油	
－Ⅰ	60～95
－Ⅱ，清洗汽油	80～110
－Ⅲ	100～140
擦洗用酒精	40～70
FAM 标准汽油	65～95
煤油	60～160
溶剂油	130～220
脂肪烃	100～160
石油醚（ligroin）	150～180
煤油	180～270
灯油	130～280
汽油机燃料： <70 ℃馏分： 用于冬季启动发动机 150 ℃：炭黑形成	

（2）催化裂化（Houdry 法）：在 550 ℃和 2 bar 的蒸汽相中，真空馏分和中间馏分通过沸石催化剂[②]在流化床中转化为轻馏分、异链烷烃、烯烃和富含芳烃的抗振裂化汽油。热油和蒸汽通过立管注入流化床。产品从反应器头部排出；通过旋风分离器将夹带的催化剂颗粒分离出来。由于石油焦炭[③]的沉积，催化剂必须连续再生：吹入蒸汽将油从催化剂中提取出来，输送到邻近的再生器中并燃烧掉碳。在较短的停留时间内，通过短接触裂化（short－contact－cracking）可产生更高质量的汽油而不是气体和焦炭。

① 辛烷值：衡量汽油抗爆性的量，即在压缩过程中防止汽油－空气混合物过早燃烧的可靠性。正庚烷易于爆震（辛烷值为 0），异辛烷则耐爆震（辛烷值为 100）。

十六烷值：衡量柴油的易燃性和低排放的量。正十六烷（十六烷）极易点燃（十六烷值为 100），α－甲基萘点火惰性（十六烷值为 0）。在欧洲：51～55；在美国 >40。

② 沸石有利于碳离子中间体和异构化，环化，裂解，烷基化，脱烷基化，氢化，芳构化。

③ 在烃链裂解成少氢烷烃时，会产生（a）烷烃＋碳和（b）烯烃。在氢存在下，可减少焦化。

加氢裂化。氢化裂解可提供较高的饱和烃产出率，即高品质的汽油。硫化物生成硫化氢。

（3）催化重整。在氢气存在下，重质燃油可在 490 ~ 540 ℃和 10 ~ 30 bar 下精炼与芳构化（100 ~ 190 ℃）。正构烷烃脱氢生成烷基环己烷和环己烷生成芳烃；异构化正构烷烃，烷基环戊烷生成环己烷；长链烷烃通过加氢裂解裂化，从而实现 100 以上的总辛烷值。产品富含环烷烃和芳烃。催化重整如图 10.9 所示。

同时反应需要双功能催化剂：在铂重整下，Pt/Al_2O_3，在铼重整下，双金属 $Rh/Pt/Al_2O_3$。贵金属可作为氧化还原成分（尤其是脱氢）与酸性氧化铝或硅铝酸盐共同作用。砷、铜、铅以及含量超过 10 mg/kg 的硫（但少量有利）可使铂催化剂中毒。碱性氮化合物和水会损伤酸性载体。因此，需要先对原料进行催化氢处理①，其还可消除导致催化剂过早焦化的不饱和化合物。

为了通过较低的原料分子构建长链抗爆震燃料，则需要进一步进行与裂化相反的精炼过程。

（1）烯烃聚合。在裂化过程中得到的气态烯烃（例如：乙烯、丙烯、丁烯）与 70% 硫酸反应，并在压力（150 ℃，50 bar）下短暂加热，可得到二聚和三聚聚合物汽油。通过随后的氢化如用异丁烯生产高抗爆震飞机燃料异辛烷。异辛烷的合成如图 10.10 所示。

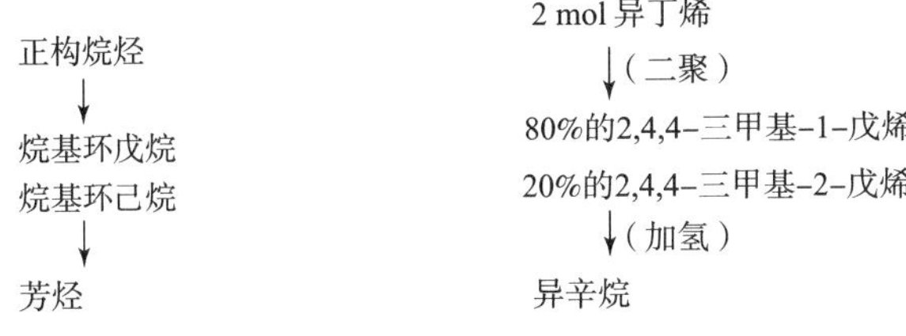

正构烷烃
↓
烷基环戊烷
烷基环己烷
↓
芳烃

图 10.9　催化重整

2 mol 异丁烯
↓（二聚）
80%的2,4,4–三甲基–1–戊烯
20%的2,4,4–三甲基–2–戊烯
↓（加氢）
异辛烷

图 10.10　异辛烷的合成

（2）异链烷烃的烷基化。异构烷烃在 −10 ~ + 35 ℃的硫酸或氢氟酸中与烯烃反应，生成烷基化油（更高的异烷烃）。正构烷烃需要氯化铝作为催化剂。烷基化如图 10.11 所示。

异丁烷+丙烯
↓
60%~80%的2, 2–二甲基戊烷
10%~30%的2–甲基己烷
7%~11%的2, 2, 3–三甲基丁烷

图 10.11　烷基化

① hydrotreating，氢化处理。

（3）石蜡异构化。在 Lewis 酸（$AlCl_3$）的存在下，正构烷烃在室温下转化成异烷烃。

用煤和天然气生产汽油。在汽油的其他生产方法中，只有天然气加工是最新的。

（1）天然气处理：甲烷、乙烷、丙烷和丁烷的裂解、异构化、脱氢、烷基化及聚合。

（2）从煤炭中提取的汽油：对煤进行焦化、加氢、萃取。

（3）Fischer - Tropsch 合成：可通过催化蒸汽重整从原油中廉价地提取氢气，其效率超过部分氧化和煤气化的效率。

10.4 从煤炭中获取燃料

第二次世界大战期间的原材料短缺迫使创造出许多从国内煤炭中提取燃料的创新性解决方案。尽管天然气和石油的蒸汽重整更便宜，效率更高，但 20 世纪 70 年代的石油危机和近期的观点给煤气化带来了新的生机。

（1）煤焦化。600 ℃时，褐煤热解，生成焦油、轻中油、低温干馏气和碳化废水；残留物是半焦炭。对于硬煤 450 ~ 600 ℃就足够了，但柴油和汽油品质较差。蒙旦蜡是从富沥青褐煤中使用含有芳香族醇溶剂混合物提取的。

（2）煤加氢（Bergiuspier 工艺）：在 1927—1944 年期间通过煤液化合成汽油有着非常重要的意义。①

低温加氢（TTH 法）。

褐煤闷烧焦油通过加氢过程（WS_2/NiS 接触，350 ℃，300 bar）可生产出柴油、润滑油、汽油、液体烷烃和硬链烷烃。

煤炭转化见表 10.16。

---

① 在德意志民主共和国：从 1 t 棕煤和硬煤（480 ℃，200 ~ 400 bar，100 m^3 H^2）中可获得 600 kg 的汽油。4 t 煤可产 1 t 汽油，包括通过蒸汽重整生产氢气。

表 10.16 煤炭转化

煤焦化	在无空气下（1 000 ℃）： (1) 焦炭和 (2) 馏出物： • 照明气体（50% H_2，32% CH_4，7% CO，5% N_2）或在更长的加热时间下：焦炉气（55% H_2，25% CH_4，5% CO，11% N_2） • 水煤气（NH_3） • 焦油（2% ~6%，富含芳烃） 煤焦油蒸馏： • 轻油（最高至 170 ℃裂解） • 中油（170 ~230 ℃裂解） • 重油（230 ~270 ℃裂解） • 蒽油（270 ~340 ℃裂解） • 残留物：沥青
煤低温干馏	低温炭化 (500 ℃)：更高的焦油、焦炭和苯产量，气体少
煤提取	（见正文）
煤气化	与蒸汽反应生成合成气（H_2 + CO）
煤加氢	（按照 Bergius 法） (1) 煤、铁氧化物、来自油槽相的重油（H_2，400 ~500 ℃，300 ~700 bar）； (2) 用自步骤（1）气相生产的中油（MoS_2/WS_2）。 生物质热解，见 10.8 节 煤气化，见 10.4 节

（3）高压氢脱水（DHD 工艺）。含氢丰富的褐煤干馏汽油通过脱水（Pt/Al_2O_3 - 接触，500 ℃，30 bar）生成富含芳香族的汽油。环烷烃和正构烷烃转化成芳烃。

（4）煤炭提取（Pott 和 Broche）：干的硬煤颗粒和褐煤颗粒与四氢萘、萘和酸性油（甲酚、酚）黏合，并在高压釜中 370 ~430 ℃，60 ~70 bar 下转化为有光泽的沥青样提取物；然后氢化成汽油。

（5）Fischer - Tropsch 合成法（Kogasin，煤气汽油法，1925）。[①] 在 190 ℃

① “煤炭液化”，Syncrude 工艺。

的恒温和 0 ~ 20 bar 压力下，合成气（来自煤气化）反应生成饱和与不饱和烃①。

$$nCO + 2nH_2 \xrightarrow[-nH_2O]{} nCH_2 \xrightarrow{H_2} H-[CH_2]n-H$$

通过铁接触改进后的工艺（210 ~ 250 ℃）：

$$(3n+1)\ CO + (n+1)\ H_2O \longrightarrow C_nH_{2n+2} + (2n+1)\ CO_2$$

（6）Mobil 油工艺：甲醇（来自合成气）生成汽油。

10.4.1 煤气化

石油和天然气的价格提升激发了从国内煤炭中提取氢气的努力。通过部分燃烧和放热形成水煤气进行煤气化②，其在很大程度上与碳的蒸汽重整相应。煤气③（$CO + H_2$）会被粉煤灰，硫化物，卤素，痕量金属（砷、锌），氨，芳香烃和有机物污染。一氧化碳与氢气的比例取决于水气平衡和 Boudouard 平衡。

（1）燃烧	$2C + O_2 \longrightarrow 2CO$	$\Delta_R H = -111$ kJ/mol
	$C + O_2 \longrightarrow CO_2$	$\Delta_R H = -394$ kJ/mol
（2）形成水煤气	$C + H_2O \longrightarrow CO + H_2$	$\Delta_R H = +131$ kJ/mol
	$C + 2H_2O \longrightarrow CO + 2H_2$	$\Delta_R H = +97$ kJ/mol
（3）水气平衡	$CO + H_2O \longrightarrow CO_2 + H_2$	$\Delta_R H = -42$ kJ/mol
（4）Boudouard 平衡	$C + CO_2 \longrightarrow 2CO$	$\Delta_R H = +172$ kJ/mol
	$3C + 2H_2O \longrightarrow 2CO + CH_4$	$\Delta_R H = +185$ kJ/mol
（5）甲烷化	$2C + 2H_2O \longrightarrow CO_2 + CH_4$	$\Delta_R H = +12$ kJ/mol

像天然气一样，煤气适合蒸汽重整和转化。

（1）蒸汽重整煤：从焦炭（在明亮赤热下，900 ℃）中获取合成气或水煤气。

$$C + H_2O \longrightarrow CO + H_2 \qquad \Delta_R H = +131.4\ \text{kJ/mol}$$

煤的部分燃烧满足了这种吸热煤气化的能源需求。在连续工作流化床反应器

① 蒸馏：60% 的 Kogasin Ⅰ（汽油）；22% 的 Kogasin Ⅱ（柴油），10% 的软石蜡（“松蜡”），3% 的硬石蜡（“接触地蜡”）。

② coal gasification，煤气化。

③ 水煤气，合成气，syngas，$CO + H_2$。

（Winkler 发生器）[1]中，将富氧水蒸气[2]供应给发光的褐色或硬煤粉（1 000 ℃）。或者将空气和水蒸气交替输送到煤上（“吹送热气和冷气”）。

煤气化见表 10.17。

表 10.17　煤气化

（1）British Gas －LurgI－ 工艺：逆流流化床；煤，水蒸气/空气（ >900 ℃）。91%效率；25% H_2，66% CO，副产物：CH_4，焦油。
（2）Shell 工艺：带煤尘和 O_2（ >1 200 ℃）的固定床，效率可达 83%。CH_4 和焦油很少。
（3）Texaco 工艺：含水 35% 的煤浆和 O_2；熔融（1 600 ℃），效率为 68%。没有 CH_4，焦油。
（4）Dow 工艺：煤泥；附加反应区煤水－O_2（1 800 ℃）。37% 的 H_2 产出率。

（2）合成气与水蒸气在 350 ~400 ℃（高温转化）和 200 ~ 300 ℃（低温转化）[3] 下发生转化（水煤气转换反应）。反应是放热的，但转化率很低；催化剂决定了反应温度。

$$CO + H_2O \longrightarrow CO_2 + H_2 \qquad \Delta_R H = -41.2\ \text{kJ/mol}$$

在 30 bar 的压力下，用热碳酸钾溶液通过逆流冲洗方法冲洗二氧化碳。

CO_2 洗气：

$$CO_2 + K_2CO_3 + H_2 \longrightarrow 2KHCO_3$$

通过一氧化碳在甲烷（30 bar，100 ~150 ℃）中的催化甲烷化反应进行精细净化，其中残余物会与 CO_2 和 O_2 发生反应；通过冷冻除去产生的水。

甲烷化：

$$CO + 3H_2 \longrightarrow CH_4 + H_2O$$

按照燃烧物分为以下几种情况。

（1）焦炭、煤或生物质在气体发生器（Winkler 发生器）中与水蒸气和富氧空气发生固态汽化。N_2，H_2，CO 和低 CO_2 的所得混合物经脱硫、转化，去除 CO_2 并被精细清洁。水煤气对氨合成技术很重要。

空气，发生器中的气体：　$2C + O_2 + 4N_2 \longrightarrow 2CO + 4N_2$

① Winkler 发生器：气化剂（O_2、H_2O）向上流过 15 m 高的井；输送螺杆连续地在横向于风喷嘴上方输入固体燃料。在流化床中，发光的燃料颗粒被汽化。然后，对气体除尘。

② 氧气会燃烧部分碳；放热反应可自热吸热的煤气化过程，即不依赖外部能量供应。

③ 低温转化需要有中间精细脱硫过程。

水煤气： $H_2O + C \longrightarrow H_2 + CO$

混合气： CO，H_2，N_2

（2）固体燃料焦化：用氢气和氧气（22 bar）将褐煤压力汽化成：焦炉煤气、民用煤气、远程煤气和城市煤气：H_2，CH_4，CO。

（3）液体燃料（燃料油和残油）的油压汽化。在钢管的头部，雾化油在火焰区（30～60 bar，1 200～1 600 ℃）内与水蒸气和氧气发生反应。产生的 CO/H_2 混合物脱碳，与水蒸气（$COS + H_2O \rightleftharpoons CO_2 + H_2S$）催化反应，脱硫，转化并精制。

10.4.2 煤的电化学氧化

在电解槽中，煤在 0.7～0.9 V 下发生阳极氧化，理论上比传统水电解（1.23 V）需要更少的能量。

阳极 $C + 2H_2O \longrightarrow CO_2 + 4H^{\oplus} + 4e^{\ominus}$ （0.21 V NHE）

阴极 $4H^{\oplus} + 4e^{\ominus} \longrightarrow 2H_2$

$$C + 2H_2O \longrightarrow CO_2 + 2H_2$$

碳粉被分散在硫酸中。铂或石墨阳极通过多孔分离器与阴极分离。碳粒子（<200 μm）越小，阳极电位和工作温度越高，氧化电流越大。[①] 除碳氧化物外，还生成脂肪族和芳香族羧酸与碳氢化合物。

10.5 甲醇制氢

分子中含有 4 个氢原子的甲醇（“木精”）（12.6%）被认为是未来的氢载体，但今天它仍是从化石燃料中获得的。从天然气或生物质中生产甲醇是基本方法如下。

从生物质中生产甲醇

（1）在管式反应炉中，将部分转化的水煤气进行低压甲醇合成[②]，其类似于用于氨合成[③]（60 bar，250～300 ℃，CuO/Cr_2O_3 催化剂）的反应。ICI 低压过程在 Cu/Zn/Al 催化剂上（250 ℃，50 bar）需要更少的能量。

---

① 由于燃耗，20 世纪 70 年代电极石墨在氯碱电解中被 DSA 电极所取代。

② A. Mittasch，M. Pier，K. W Winkler：ZnO/Cr_2O_3，400 ℃，200 bar（纯甲醇）。在碱化的 ZnO/Cr_2O_3 触点上在 435 ℃下，可生成 50% 的高级醇（11% 的异丁醇）。

③ 铬镍钢可抑制竞争性甲烷的形成。

蒸汽重整 $CH_4 + H_2O \longrightarrow CO + 3H_2$

甲醇合成 $CO + 2H_2 \longrightarrow CH_3OH$

（2）CO_2 加氢。用甲醇（来自天然气）或汽油（来自石油）通过整个能量转换链生产氢气的效率大致相同，不会形成氮氧化物。

10.5.1 甲醇的蒸汽重整

甲醇合成的逆过程中，在 700 ℃以上（不含催化剂）或者 350 ℃（含催化剂）下可产生氢气和二氧化碳。

催化剂见表 10.18。

表 10.18 催化剂[32]

甲烷重整
Al_2O_3 上的 Cu/Zn
Al_2O_3 上的 Cu/Cr
Al_2O_3 上的 Cu/Zr
合金：CuZn，NiCr

催化蒸汽重整可提供更好的产出率，其中吸热甲醇分解①之后紧跟着放热的水煤气转换反应②，其不需要单独的转换反应器。直接进行第二个反应路径③。

$$① \quad CH_3OH \longrightarrow CH + 2H_2 \qquad \Delta_R H = +92\ \text{kJ/mol}$$

$$② \quad CO + H_2O \longrightarrow CO_2 + H_2 \qquad \Delta_R H = -41\ \text{kJ/mol}$$

$$③ \quad CH_3OH + H_2O \longrightarrow CO_2 + 3H_2 \qquad \Delta_R H = +51\ \text{kJ/mol}$$

在 Cu－ZnO 或 CuO－Cr_2O_3 催化剂上，反应在 7～30 bar 和 250～300 ℃的固定床反应器中进行。通过催化燃烧甲醇来加热反应器。水和甲醇以 0.67～1.5 的摩尔比混合并蒸发。过量的水蒸气会降低气体分离的风险。在高温（约 500 ℃）下，如果要生产城市煤气（约 50% H_2，25% CH_4，4% CO，20% 二氧化碳），则除了吸热转化之外，还会发生一氧化碳的放热甲烷化。通过 CO_2 洗涤和变压吸附技术对氢气进行纯化；量小时，通过 Pd/Ag 膜扩散更适用。

在 500 ℃（进口）至 250 ℃（出口）的管式反应器中，自热甲醇重整在贵金属－铜催化剂上将绝热条件下的吸热蒸汽重整与部分氧化结合在一起。自热反应器结构紧凑，启动速度快。Johnson Matthey 产的 245 cm^3 HotSpot 反应器（1998）可在单个紧凑型催化剂床中将甲醇、水和空气转化

为 CO_2 与 750 L/h H_2（<10 ppm CO）。甲醇重整器的组件见表 10.19。

表 10.19　甲醇重整器的组件

甲醇/水的混合室
预热器
重整器
冷却系统，冷凝分离器
气体清洁：
- 变压吸附器
- 钯/银膜
- 洗气装置

10.5.2　甲醇的部分氧化

甲醇的部分氧化不如蒸汽重整高效。但是，反应器更为紧凑，预热阶段更短，动态特性更有利。甲醇被汽化，以化学计量与空气混合并且由于氧化而被加热。

$$CH_3OH + \frac{1}{2}O_2 \longrightarrow CO_2 + 2H_2 \qquad \Delta_R H = -667\ kJ/mol$$

在氧化锌负载的钯催化剂上，约含 40% H_2 的重整产物反应以较高的选择性进行。在高温下，H_2 的选择性以牺牲催化活性为代价。

催化剂见表 10.20。

表 10.20　催化剂[32]

甲醇的部分氧化
Al_2O_3 上的 Rh
Al_2O_3 上的 Cu/ZnO
ZnO 上的 Pd
CeO_2 上的 Pt
Cu/Cr + Fe，Zn，Ce

10.6　合成燃料

恰当的燃料混合能够在无须改变现今的内燃机的情况下降低污染物排放量并减少二氧化碳排放量。

（1）生物燃料（biofuels）使用来自植物部分的油、糖或淀粉，而不是整个植物，能源效率很低。通过酯化菜籽油获得的生物柴油表现出与常规柴油一样的性质。

（2）合成燃料(synfuels)。植物或残渣的能源利用提供了无硫和无芳烃的燃料，特别适用于清洁柴油车辆。

根据初级能源载体，其可分为以下几种。

（1）GTL（gas – to – liquid 气 – 液）燃料：来自天然气。

（2）VTL（carbon – to – liquid 碳 – 液）燃料：来自煤炭。

（3）BTL（biomass – to – liquid 生物质 – 液）燃料：来自生物质。

10.6.1　生物质生产的燃料

前 Choren Industries [①]在 2003—2009 年期间利用木屑、剩余或变薄的木材、废木材、动物饲料、干燥的污水污泥和生活垃圾（干燥稳定剂）合成柴油(syndiese)。

生物质 → 阴燃 → 合成气 →

Fischer – Tropsch 合成 → 烷烃混合物

多级过程通过添加氢气来补偿生物质的低氢含量。

（1）在 400 ~ 600 ℃下，干生物质低温汽化为生物炭和含焦油的碳化气体。

（2）高温汽化（carbo – V 工艺）：在 1 300 ~ 1 500 ℃下，在反应塔顶部的反应室中汽化为碳化气体、氧气、残余焦炭和灰分。[②] 焦油和长链烃生成 CO，CO_2，H_2 和 H_2O。热气体射流进入中部从侧面吹扫生物焦炭。炉渣沉积；热的无焦油粗制气体从反应器的上部逸出，并用于热交换器以产生蒸汽。粗制气体中的粉煤灰和残余焦炭由粉尘过滤器分离并循环使用。

（3）在喷雾塔中洗涤除尘后的原料气体。纯化的压缩合成气在多管反应器中与供应的氢反应，生成特定的燃料。

（4）在蒸馏塔中，液体原燃料被清洁。塔顶气体驱动燃气轮机发电。液体燃料馏分流入储罐。

萨克森州的 Choren 生物质汽化厂（2002）如图 10.12 所示。

① 在弗赖贝格的撒克逊公司。2005—2009：Shell 参股，2007 年：大众和 Daimler。2011 年：破产。

② 煤汽化：部分氧化和水煤气平衡：11.4 节。

图 10.12　萨克森州的 Choren 生物质汽化厂（2002）
资料来源：Daimler 公司

燃料由石蜡（长链碳氢化合物）组成，并且不含硫。不含普通柴油在燃烧过程中会促使发动机形成炭黑的芳烃。

10.6.2　从天然气中获取燃料

Shell 公司已经在马来西亚生产出了天然气合成燃料（GTL）。排放值与压缩天然气的排放值相互应。燃料可以与柴油混合并在传统发动机中燃烧。可以使用原油生产中迄今为止都被排放了的天然气。

天然气在燃烧过程中释放的二氧化碳少于等量的汽油或柴油。纯天然气汽车需要更大的油箱才能达到可比的续航里程。二氧化碳总平衡①包含了燃气管道和罐体泄漏情况。

10.6.3　生物燃料

作为可再生能源的生物质（特别是农业经济领域的）非常适合生产燃料、

① 二氧化碳是甲烷的天然分解产物。

甲醇和氢气。

（1）沼气：含有沼气的发酵产物。

（2）生物油：通过木材、污水污泥、动物饲料热解（400 ℃，在环境压力下排除空气）。

（3）菜籽油和菜籽油甲酯（RME）生产的生物柴油。[①]

生物质发酵的主要产品见表 10.21。

表 10.21　生物质发酵的主要产品

发酵	$\rightarrow CH_4$
暗发酵和甲烷发酵	$\rightarrow CH_4$
有机酸的光发酵	$\rightarrow H_2 + CO_2$
用微生物光解水	$H_2 + O_2$

可再生原材料生产的燃料被认为是二氧化碳中性的，因为它们燃烧时释放出的二氧化碳量与植物在其生长过程中从空气吸收的大致相当，这是不正确的。在整个过程链中，能源流平衡中还包括耕作、栽培、收获、加工和机器运输中燃烧的化石燃料。燃料、肥料和杀虫剂都基于石化产品。与原油生产的柴油相比，玉米产出的生物乙醇并没有减少二氧化碳排放（0%），而菜籽油生产的生物柴油可减少 68% 的二氧化碳排放。另外，还受到种植面积的限制。[②]

热化学利用生物质产品见表 10.22。

表 10.22　热化学利用生物质产品

汽化：
H_2/CO
CH_4/CO_2
热解：
HCHO
H_2/C
水热汽化：
CH_4/CO_2
H_2/CO_2

（4）生物乙醇是从发酵的含糖和淀粉的植物（油菜籽、玉米、甜菜、甘

① 通过甲醇酯化菜籽油；含有更多的低黏度短链组分。

② 德国 1 200 万公顷的耕地上种植了 1×10^6 公顷的油菜；3.7×10^6 公顷的小麦。全面的菜籽油供应仍依靠进口。

蔗）中蒸馏出来的。现有技术下可在汽油中混合至少5%的生物乙醇；在柴油中可混合至少5%的菜籽油甲酯。

（5）汽油－醇混合物。例如：由72%的汽油，25%叔丁醇和3%水组成的乙醇汽油在燃烧过程中释放的污染物较少。美国的加油站提供汽油和甲醇的混合物。需要对传统的汽油泵进行改进；因为甲醇会腐蚀铝和橡胶密封件，所以相应采用耐用的不锈钢和尼龙。甲醇可溶于水，这比汽油更具优势。无铅汽油含有作为抗爆添加剂的叔丁基甲基醚（MTBE）或1∶1的甲醇和叔丁醇（TBA）混合物。

10.7 生物质制氢

生产氢气的原料来自沼气和矿井气体、废木材和秸秆废物以及能源作物的甲烷。小麦和黑麦杂交而来的黑小麦在燃烧时有着与木材一样的热值。[①] 此外，还可利用来自原油生产的伴生气体、旧轮胎和有机废物。生物质制氢发展见表10.23。

表10.23 生物质制氢发展

2003年，Bekon公司，兰茨胡特：用于花园和厨房垃圾的慕尼黑弗雷曼干发酵厂。在25 m长的38 ℃密闭混凝土筒仓中，撒上沼气细菌溶液，沼气用于在燃气发动机中燃烧发电。四周后发酵的生物质被用作堆肥。

（1）生物质汽化。在400 ℃以上，生物质裂解成焦炭和含焦油的碳化气。与化石燃料一样，合成气对于蒸汽重整和转化也很有意义。

（2）在单独反应器中的甲醇合成中，二氧化碳和水蒸气被从重整气中分离出来。

① $CH_4 + H_2O \longrightarrow CO + 3H_2 \qquad \Delta_R H = +206\ \mathrm{kJ/mol}$

② $CO + H_2O \longrightarrow CO_2 + H_2 \qquad \Delta_R H = -41\ \mathrm{kJ/mol}$

③ $CO + 2H_2 \longrightarrow CH_3OH$

甲醇被连续冷凝出来，未反应的重整物则再次进入循环过程，从而可使98%以上的CO转化为甲醇。

（3）在氢气合成中，CO转换反应②应该尽可能完整。变压吸附去除CO_2、水和其他污染物；能够生产出纯度超过99.999%的H_2。碎木片，合成燃料的

---

① 南德意志日报，2001年3月23日，粮食作为能源来源。

潜在主要能源如图 10.13 所示。

图 10.13　碎木片，合成燃料的潜在主要能源
资料来源：Daimler 公司

10.8　可再生资源制氢

10.8.1 电解水

有限的化石能源储量促进了对风力发电、水电、太阳能和地热能等可再生能源的需求。[①] 电解水具有环境兼容性，气体纯度和氢气需求不断变化下的灵活性的优点；相比之下，天然气重整和甲醇分解则更具成本效益。1 m^3 H_2 需要 5 kW · h 的电能。而蒸汽电解则 241.98 kJ/mol 就足够了。

$$286.02\ \mathrm{kJ/mol} + H_2O \longrightarrow H_2 + \frac{1}{2}O_2$$

电解装置包括水处理、直流电源和电解槽和水分离器和气体流量调节器。小型电解槽如图 10.14 所示。

图 10.14　小型电解槽

电解技术的状态请参阅本章参考文献［1］。在碱性电解中，氢氧化钾在环境温度或稍高的压力下在镍电

① Icelandic Hydrogen 和 Fuel Cell Company，是 Daimler/MTU，Norsk Hydro 和 Royal Dutch Shell 的合资企业。在冰岛上通过电解水来获取 H_2。

极上分解①，可以用铁作阴极。现已证明，诸如氧化钌和氧化铱等铂系金属氧化物是长期稳定的电催化剂[26]。在具有“零间隙”几何形状的 SPE 电解槽中，铂被直接涂覆在离子导电膜上；电解质中的欧姆电压降很小。其他分离器见表 10. 24。

表 10. 24　分离器

镍网上的 NiO/TiO_2
聚醚砜（PES）
玻璃纤维增强聚苯硫醚（PPS）
钛酸钾

在 30 bar 的压力电解中，MTU 使用了选择性渗透膜，该膜可阻止气体产物的扩散和氢氧气体与水的再次结合。电极直接位于隔膜层上方，这可达到较高的功率密度。电解水技术见表 10. 25。

表 10. 25　电解水技术

碱性水电解： 大约 80 ℃，1 ~ 120 bar，小型发电设备到兆瓦级的装置。
PEM 电解：80 ℃左右，1 ~ 30 bar，20 m^3/h H_2（0 ℃）以下的小型设备。

10. 8. 2　氨化物制氢

氨气是一种极易液化的气体（在 300 K 时为 10. 6 bar），易于运输，但也是具有腐蚀性的刺激物。天然气蒸汽重整和转化获得的氢气或电解氢可用于 Haber Bosch 合成。氨很容易分解成氢和氮，其比较见表 10. 26。

$$2NH_3 \longrightarrow N_2 + 3H_2 \qquad \Delta_R H = +92\ kJ/mol$$

表 10. 26　氨和氢的比较

物理量	液态 NH_3	液态 H_2
密度/（$kg \cdot l^{-1}$）	0. 6	0. 07
燃烧热/（$MJ \cdot l^{-1}$）	11	8. 6
沸点/℃	- 33	- 253

① 另外还有 Raney 镍、用硫化镍活化的镍、镀镍钢（Demag 公司，Wasserelektrolyse Hydrotechnik 公司）。

在碱性电池中直接发电是无效的，在酸性溶液中可形成氨。但氨解决了所有有机燃料的 CO 问题。

肼是一种具有爆炸性和毒性的火箭燃料，其在室温下分解为镍或钯，水溶液（高达 64%）可用于碱性燃料电池。

10.9　非贵金属制氢

正常电位 <0 V（在酸性溶液中）或 > −0.828 V（在碱性溶液中，pH = 14）下，常见元素会从水溶液中释放氢（表 10.27）。非氧化性酸可加速在水中形成钝化氧化物层的元素（例如：Mg，Al，Ga，In，Tl，Sn，Pb）的析氢过程。在水中形成酸不溶性氧化物的元素（例如：B，Al，Ga，Si，Ge，Sn，Pb，P）可溶于碱液中。实验室中则使用锌和铝粉。

表 10.27　正常电位（25 ℃）　V

在酸性溶液中（pH = 0）	$Li/Li^{\oplus}$	−3.040
	$K/K^{\oplus}$	−2.925
	$Ca/Ca^{2\oplus}$	−2.84
	$Na/Na^{\oplus}$	−2.713
	$Mg/Mg^{2\oplus}$	−2.356
	$Al/Al^{3\oplus}$	−1.676
	$Zn/Zn^{2\oplus}$	−0.763
	$Fe/Fe^{2\oplus}$	−0.440
在碱溶液中（pH = 14）	$Ca/Ca(OH)_2$	−3.02
	$Mg/Mg(OH)_2$	−2.687
	$Al/Al(OH)_4^{\ominus}$	−2.310
	$Zn/Zn(OH)_4^{2\ominus}$	−1.285
	$Fe/Fe(OH)_2$	−0.877

1. 通过铁制氢

已经有百年历史的铁蒸汽工艺可在红热（500 ℃）下生产不会被碳氧化物或硫污染的纯氢气。海绵铁可用于气体净化和氢气储存。

① $$3Fe + 4H_2O \longrightarrow Fe_3O_4 + 4H_2$$

② $$Fe_3O_4 + H_2 \longrightarrow 3FeO + H_2O$$

$$FeO + H_2 \longrightarrow Fe + H_2O$$

③ $$Fe3O_4 + CO \longrightarrow 3FeO + CO_2$$

$$FeO + CO \longrightarrow Fe + CO_2$$

在 560 ℃以上时会形成氧化铁（Ⅱ），而不是混合氧化物磁铁矿 $Fe_3O_4 = FeO \cdot Fe_2O_3$。在现有技术中，在 380 ℃下用盐酸将磁铁矿转化为 $FeCl_2$ 和 Cl_2，其可以与水蒸气再次反应，这样可减少铁的使用量。

④ $$Fe_3O_4 + 8HCl \longrightarrow 3FeCl_2 + Cl_2 + 4H_2O$$

⑤ $$3FeCl_2 + 4H_2O \longrightarrow Fe_3O_4 + 6HCl + H_2$$

⑥ $$Cl_2 + H_2O \longrightarrow 2HCl + \frac{1}{2}O_2$$

$$H_2O \longrightarrow H_2 + \frac{1}{2}O_2$$

蒸汽－铁发电装置包括以下几个系统：

（1）煤汽化系统：用煤、水蒸气和空气生产合成气。

（2）铁再生器：用氢还原氧化铁成海绵铁。通过燃气和汽轮机将废气用于发电。

（3）铁－蒸汽反应器：用水蒸气氧化海绵铁。

（4）用燃料电池发电。

2. 通过硅和硅铁制氢

尽管硅具有负的标准电位，但硅不溶于除了含有硝酸的氢氟酸外的酸。

$$Si + 2H_2O \longrightarrow SiO_2 + 4H^{\oplus} + 4e^{\ominus} \qquad E^0 = -0.909\ V$$

硅在热烧碱中放热溶解，而碳类似的水煤气过程则是吸热的。

$$Si + 2OH^{\ominus} + H_2O \longrightarrow SiO_3^{2\ominus} + 2H_2$$

1 mol（28 g）Si 可形成 44.81 mol 的氢；即每千克 Si 可生产 1.6 m^3 的 H_2。细碎的硅反应比粗结晶更好。通过在芳香族碳氢化合物中用 Na 还原 $SiCl_4$ 获得的活性灰棕色硅即使是在空气中也会燃烧。它在粒径，微扰的晶体结构和氧含量方面与八面体结晶硅的不同。

硅铁（FeSi 90，FeSi 75，FeSi 45）是在 2 000 ℃的电炉中由石英、煤和铁屑生产的。可以使用廉价的 Söderberg 电极（石墨化无烟煤、煤尘、钢套中的焦油和沥青）代替硅生产中的预焙碳电极。

10.10 氢的储存

氢的理论储存密度按以下顺序下降：金属氢化物（150 kg/m^3）>碱金属

水解 >液态氢 >压缩气瓶 >物理吸附（表 10.28）。在燃料电池汽车中，使用了 700 bar 的压力容器。与当今的加油站基础设施兼容的车载汽油和甲醇重整并不遥远。化学品储存功能不充分可逆。

表 10.28　燃料和储存的能量密度：1 kW·h = 3.6 MJ

燃料	kW·h/kg　（kW·h/L）
氢	
-液态，26 K，4 bar	33.3（2.1）
-气态，300 bar	（0.7）
-气态，700 bar	（1.3）
丙烷	12.9（0.03）
天然气	12.2（0.01）
汽油	12.1（8.8）
柴油	11.8（9.8）
煤炭	7.8（11.7）
乙醇	7.5（5.9）
甲醇	5.6（4.4）
金属氢化物	0.28（1.05）
锂电池	0.13（0.35）
铅酸蓄电池	0.04（0.1）

（1）储氢装置。氢气在 20 K = −253 ℃时冷凝。

①液态氢储存在真空绝热罐（低温储存）中。技术上已经在很大程度上解决了缓慢蒸发的问题，如图 10.15 所示。

图 10.15　液氢储罐的结构（根据 Linde）

- 内部金属容器与 LH_2
- 绝热层：金属箔，玻璃棉，真空套
- 附加冷却：蒸发，H_2 液化泵送，干燥空气
- 外部金属容器

②压缩气罐（400 bar）的储存密度比液态 H_2 的低，并且必须符合安全标准。在 700 bar 时，储存密度接近液态氢。[①] 氢的密度见表 10.29。

表 10.29　氢的密度　kg/m^3

350 bar（300 K）	23
700 bar（300 K）	39
理想气体，700 bar	57

（2）氢化物储存：金属氢化物，复合氢化物（如 $NaBH_4$），储存合金，见表 10.30。

表 10.30　氢化物储存

石墨纳米管： 5% ~10% kg H_2/kg C； 解吸：2%（25 ℃），100%（>530 ℃）。 碳纳米纤维： 约 14% kg H_2/kg C（120 bar）；解吸：<40 bar。 微玻璃珠（微球）： ϕ<0.1 mm，壁厚 1 μm；吸附：200 ~400 ℃，至 10 000 bar；解吸：加热。 导电聚合物： H_2 在聚苯胺和聚吡咯中可达 8%

（3）在沸石、碳纳米管和纤维、玻璃微珠、有机金属网（如 77K 下的 $[Zn_4O(CO_2)_6]_x$ 上）的吸附，几乎不可逆。

（4）氢前体：甲醇，碳氢化合物，氨，肼，二甲醚，环己烷，水。

10.10.1　来自氢化物的氢

迄今为止，金属氢化物和碳纳米结构中的储存和回收尚未达到满意的程度，储存密度仍太低。金属氢化物在与水反应或加热时释放氢。以前用氢化钙填充气象气球。

$$CaH_2 + 2H_2O \longrightarrow Ca(OH)_2 + 2H_2$$

复合氢化物可提供 H/M≥2 的氢/金属比。硼氢化钠理论上可以承载其质量的 18% 的氢。

---

① 加拿大 Dynetek 公司（2002）研制出了 H_2 和天然气用铝芯与由 C 纤维增强环氧树脂制成的护套的 825 bar 压力气体容器。

硼氢化锂 $LiBH_4$18% 的 H_2 达到了其最高的单位质量存储密度。Mg_2FeH_6 和 Al（BH_4）$_3$ 有超过 150 kg/m^3 的液态氢储存密度。$NaReH_9$ 具有 4.5 的最大氢与金属比。但是，非常缓慢的 H_2 释放动力学需要更高的运行温度。金属氢化物见表 10.31。

表 10.31　金属氢化物

复合氢化物	Al（BH_4）$_3$ NaH，LiH $NaBH_4$，$LiBH_4$ $LiAlH_4$ $NaAlH_4$（<150 ℃），Na_3AlH_6 MgH_2，CaH_2 UH_3（500 ℃）
储存合金	$TiCr_{1.8}H_{1.7}$（0 ℃） $LaNi_5H_x$（x ≤6.5） $BaReH_9$ $TiFeH_x$（x ≤ 2，<60 ℃） $MgNiH_x$（x ≤ 4），Mg_2NiH_4 Mg_2FeH_6 $CaNi_5H_4$（<100 ℃） $PdH_{0.6}$（<300 ℃） $LaNi_4AlH_5$（<200 ℃） $ZrV_2H_{5,5}$（Laves 相） $CeNi_3H_4$ $Y_2Ni_7H_3$ $Ho_6Fe_{23}H_{12}$

硼氢化钠（natriumborhydrid）$NaBH_4$ 是一种水溶性白色固体，400 ℃以下稳定，与催化剂（例如：Raney－Ni，Ru，Co）或碱性溶液接触后立即分解成氢和硼酸钠。

$$NaBH_4 + 2H_2O \longrightarrow 4H_2 + NaBO_2$$

在通过氢化钠转化硼酸三甲酯（schlesinger 方法）或在通过钠和氢与精细研磨的硼硅酸盐玻璃反应中可形成 $NaBH_4$。

克莱斯勒的实验性混合动力汽车 Natrium（2002）中包含了 55 kW 锂离子

电池，燃料电池和 $NaBH_4$ 储罐，氢氧化钠和回收氢化物用废污泥。

10.10.2 安全技术

在临界点（-240 ℃，1.3 MPa）以上，氢气不能再液化并储存在压力气瓶中。在液氮夹套的真空绝热容器中运输和储存低温液态氢 LH_2（-253 ℃）作为低温液体（图 10.15）。

与小体积能源不同，氢的比能（120 MJ/kg）超过所有化石燃料。在相同压力和相同尺寸下，释放的氢气比释放的天然气更少；单位时间可释放更多的氢气分子，但总能量损失较低。氢可以以闪电般的速度通过最小的裂缝逸出，因此可燃混合物可被迅速稀释。在空气中（20 ℃，常压），爆炸上限和爆炸下限分别为 4.0% 和 75.6%（体积百分比）。40% 以上的湿度下会起爆，而 60% 以上的湿度下氢气不再会被点燃。

0.02 mJ 的氢气-空气混合物点火能量比天然气和液体气体混合物的要低 10 倍。点火温度为 585 ℃，但燃烧（空气中 3.5 m/s），爆炸速度（1.5~2.2 km/s）和单位质量爆炸能量（1 g H_2 ≙24 g TNT）都超过了天然气与汽油。2 045 ℃的火焰温度大致相当于丙烷。氢气的燃烧不如伴随着大量煤烟发生的汽油燃烧那样危险，因此在紧急情况下可通过处理氢气来控制火灾损失。

10.10.3 氢的安全数据表

从 TRGS 220 所规定的 EC 安全数据表中摘录的氢气（067 A）和低温液化氢气（067 B）的数据。

氢气	液氢（低温氢）
1. 物质/制备名称	
氢气，H_2	液化低温氢，H_2
2. 产品名称	
物质—成分。不含其他成分或杂质。—气体编号：01333-74-0；EC 编号：2156057	
3. 危险	
压缩气体。极易燃。 接触：冷灼伤，冻伤。	低温液化气。极易燃。
4. 急救	

吸入。高浓度下会窒息。症状：无法移动，意识丧失。受害者因窒息而无意识，用自给式呼吸器为他们提供新鲜空气。保持温暖和冷静。打电话给医生。呼吸停止，人工呼吸。
吞咽。不可能发生。

皮肤接触和眼睛接触：眼睛和冷灼伤 >15 min，用水清洗。无菌覆盖。给医生打电话。

5. 消防
特殊风险：容器爆裂/爆炸。－有害燃烧产物：无。－灭火剂：所有已知的。－特殊方法：阻止气体泄漏。取出容器或用水冷却保护位置。如果可能，请勿熄灭正在燃烧的逸出气体。否则可能发生自发的爆炸性重燃。扑灭其他所有的火灾。－消防部门的防护设备。在封闭的房间内：自给式呼吸器。
6. 意外释放

个人防护措施：自给式呼吸器；检查环境的无害性。清空该区域。通风。消除点火源。－清洁方法：通风。－环境预防措施：阻止气体泄漏。

防止渗入下水道，地下室，工作坑或其他封闭的地方。

7. 搬运和储存

将容器存放在 <50 ℃的通风良好的地方。远离点火源和静电放电源，氧化性气体和易燃物品。防止进水和回流。设备接地，不用空气冲洗。

8. 个人防护设备

确保通风。禁止吸烟。

保护眼睛，面部，皮肤免受飞溅。

9. 理化性质

摩尔质量：2 g/mol；熔点：－259 ℃；沸点：－253 ℃；临界温度：－240 ℃；水中溶解度：1.6 mg/L；点火温度：560 ℃；爆炸极限：空气中按体积计 4 %～75%。燃烧时带有无色不可见的火焰。

相对密度：相当于空气的相对密度：0.07。
外观：无色无臭气体。

相对密度：相当于水的相对密度：0.07。
外观：无色无臭液体。

10. 稳定性和反应性

与空气一起可形成爆炸性混合物。与易燃物品发生剧烈反应。

使建筑材料变脆。

11. 毒理学

没有已知毒性，高浓度下窒息。

12. 环境危害

没有已知的有害影响。

对植物生长的霜冻影响。

13. 处置

不要排入可形成爆鸣气体或有积聚危险的地方（下水道、地下室、工作坑）。用带有阻火器的燃烧器燃烧残余气体。

14. 运输

类别/部门：2.1，UN 编号：1049 ADR/RID 编号：2.1b；危险编号：230 组别数据表编号：20g04	类别/部门：2.1，UN 编号：1966 ADR/RID 编号：2.7b；危险编号：223 组别数据表编号：20g23

道路运输标记：模式3：可燃气体。- 运输信息：应将货舱与驾驶室分开。告知司机有关危险，应急措施和适用法规。运输前要固定气瓶。确保充足的通风。瓶阀关闭并密封。正确地紧固阀门锁和保护装置。

15. 规定

GHS 分类：易燃气体，类别 1，H220。加压气体，压缩气体；H280

气瓶标记：红色 EC 符号：F +；高度易燃（R 12）。	R12 和 RFb：会导致冻伤。

安全提示：P210：远离热源/火花/明火/热表面。禁吸烟。P377：流出气体的火：不要熄灭直到安全消除了泄漏。P381：如果安全，则消灭所有点火源。P403：存放在通风良好的地方。

参考文献

氢气

[1] P. KURZWEIL, O. K. DIETLMEIER, *Elektrochemische Speicher*, Wiesbaden: Springer Vieweg, 2015.

[2] D. BERNABEI, *Sicherheit, Handbuch für das Labor*. Darmstadt: GIT Verlag, 1991.

[3] L. J. BLOMEN, M. N. MUGERWA (Hg.), *Fuel Cell Systems*. New York: Plenum Press, 1993, Chapt. 6.

[4] *Encyclopedia of Electrochemical Power Sources*, J. GARCHE, CH. DYER, P. MOSELEY, Z. OGUMI, D RAND, B. SCROSATI (Eds.), Vol. 3: Fuels - Hydrogen Production, Hydrogen Storage. Amsterdam: Elsevier; 2009.

[5] A. F. HOLLEMAN, E. WIBERG, *Lehrbuch der Anorganischen Chemie*, Kap. Ⅷ. 1. 2 (Wasserstoffdarstellung), Kap. XV. 2. 1. 4 (Silicium), Kap. XI. 3 (Clathrate). Berlin: de Gruyter, Berlin [101] 1995.

[6] K. KORDESCH, G. SIMADER, *Fuel Cells and Their Applications*. Weinheim: Wiley – VCH, [4] 2001, Kap. 8.

[7] P. KURZWEIL, *Chemie*, Kap. 9: Elektrochemie. Wiesbaden: Springer Vieweg, [10] 2015.

燃料

[8] H. BEYER, W. WALTER, *Lehrbuch der Organischen Chemie*. Stuttgart: Hirzel, [24] 2004.

[9] C. B LIEFERT, *Umweltchemie*, Kap. 12. 2 (Methan). Weinheim: Wiley – VCH, [2] 1997.

[10] L. C ARETTE, F. A. F RIEDRICH, U. S TIMMING, *Fuel Cells – Fundamentals and Applications*, *Fuel cells* 1 (2001) 5 – 39.

[11] D AIMLER C HRYSLER, *Hightech Report*, 1/2003; vgl. ferner Literatur zur PEMFC.

[12] *DIN – Taschenbücher* 20, 32, 57, 59 (Mineralöl – und Brennstoffnormen). Berlin: Beuth, 1984.

[13] F. K LAGES, *Einführung in die organische Chemie*. Berlin: de Gruyter, [3] 1969, Kap. 13.

[14] L ANDOLT – BÖRNSTEIN, *Zahlenwerte und Funktionen aus Physik, Chemie, Astronomie, Geophysik und Technik und Numerical Data and Functional Relationships in Science and Technology*, mehrbändig. Berlin: Springer.

[15] K. L EDJEFF – H EY, F. M AHLENDORF, J. R OES, *Brennstoffzellen*. Heidelberg: C. F. Müller, [2] 2001, Kap. 1.

[16] *Römpp Chemie Lexikon*, J. FALBE, M. REGITZ (Hrsg.), 9. Aufl., Stuttgart: Thieme, 1989 – 1993, Stichwort, "Erdöl".

[17] J. R. R OSTRUP – N IELSEN, *Catalytic steam reforming*. Berlin: Springer, 1984.

[18] M. V. T WIGG (Ed.), *ICI Catalyst Handbook*. Prescott: Wolfe Publishing, [2] 1989.

[19] *Ullmann's Encyclopedia of Industrial Chemistry*. Weinheim: VCH, [5] 1989; Vol. A 12 (Gas Production), S. 169 – 306; Vol. A 16 (Methanol), S. 465 – 486.

Ullmanns Enzyklopädie der Technischen Chemie. Weinheim: VCH,[4] 1976; Bd. 10 (Erdölverarbeitung), Bd. 12 (Galvanische Elemente), Bd. 24 (Wasserstoff).

[20] Partielle Oxidation: (a) J. M. OGDEN et. al., *J. Power Sources* 79 (1999) 143.

(b) M. L. CUBIERO, J. L. G. FIERRO, *J. Catalysis* 179(1998) 150.

(c) V. RECUPERTO et. al., *J. Power Sources* 71(1998) 208.

(d) Ä. SLAGTERN et. al., *Catalysis Today* 46(1998) 107.

[21] Methanolreformierung: (a) R. EMONTS et. al., *J. Power Sources* 71 (1998) 288.

(b) H. G. DUSTERWALD et. al., *Chem. Eng. and Technol.* 20(1997) 617.

[22] Autotherme Reformierung: (a) N. EDWARDS et. al., *J. Power Sources* 71 (1998) 123.

(b) K. AASBERG - PETERSEN et. al., *Catalysis Today* 46(1998) 193.

(c) L. MA et. al., *The Chem. Eng. J.* 62(1996) 103.

[23] Selektive Oxidation: K. SEKIZAWA et. al., *Appl. Catalysis A* 169 (1998)291.

应用

[24] MAN, Wasserstoffprojekt Flughafen München, Broschüre 2000.

[25] B. NIERHAUVE, Alternative Kraftstoffe, Aral AG, 1997.

[26] (a) O. SCHMID, P. KURZWEIL, Elektrolyseur mit immobilisiertem Elektrolyt für die Raumfahrt, *F. u. E. - Bericht* 0850227, Dornier GmbH, Friedrichshafen 1991.

(b) P. KURZWEIL, O. SCHMID, DE 195 35 212 C2 (1997).

[27] TÜ V SÜDDEUTSCHLAND Holding AG, Hydrogen —a world of energy, B. CHEN (Ed.), München 2002.

[28] Gaserzeugung und -reinigung. (a) BALLARD: DE4423587 C2 (1996).

(b) XCELLSIS: US 6486087 (2002), US 6268075 (2001).

(c) NIPPON CHEM. PLANT CONSULT.: US 6506359 (2003).

(d) DAIHATSU: US 6475655 (2002).